高等学校物理实验教学示范中心系列教材

# 大学物理实验

主　编　李书光　张亚萍

副主编　朱海丰　李　静　马红章

中国教育出版传媒集团

高等教育出版社·北京

DAXUE WULI SHIYAN

内容简介

　　本书是根据教育部高等学校物理学与天文学教学指导委员会编制的
《理工科类大学物理实验课程教学基本要求》(2010年版),在作者团队多
年来物理实验教学改革的成果及经验的基础上编写的。全书共分5章,第
1章、第2章着重介绍物理实验的基础理论知识、基本测量方法与操作技
术,第3章、第4章、第5章按基础性实验、综合提高性实验、设计与研究性
实验三个层次编写,以满足不同层次读者的学习要求。

　　本书可作为普通高等学校理工科类专业学生大学物理实验课程的教
材,也可作为从事物理实验教学的教师和实验工作者的参考书。

## 图书在版编目(CIP)数据

　　大学物理实验／李书光,张亚萍主编;朱海丰,李
静,马红章副主编. -- 北京:高等教育出版社,2022.8(2023.8重印)
　　ISBN 978-7-04-058753-1

　　Ⅰ.①大… Ⅱ.①李… ②张… ③朱… ④李… ⑤马
… Ⅲ.①物理学-实验-高等学校-教材 Ⅳ.①O4-33

　　中国版本图书馆CIP数据核字(2022)第098633号

| 策划编辑　张琦玮 | 责任编辑　张琦玮 | 封面设计　李沛蓉 | 版式设计　徐艳妮 |
| --- | --- | --- | --- |
| 责任绘图　黄云燕 | 责任校对　王　雨 | 责任印制　高　峰 | |

| | | | |
| --- | --- | --- | --- |
| 出版发行 | 高等教育出版社 | 网　　址 | http://www.hep.edu.cn |
| 社　址 | 北京市西城区德外大街4号 | | http://www.hep.com.cn |
| 邮政编码 | 100120 | 网上订购 | http://www.hepmall.com.cn |
| 印　刷 | 北京汇林印务有限公司 | | http://www.hepmall.com |
| 开　本 | 787 mm × 1092 mm　1/16 | | http://www.hepmall.cn |
| 印　张 | 22.75 | | |
| 字　数 | 510千字 | 版　次 | 2022年8月第1版 |
| 购书热线 | 010-58581118 | 印　次 | 2023年8月第2次印刷 |
| 咨询电话 | 400-810-0598 | 定　价 | 46.60元 |

本书如有缺页、倒页、脱页等质量问题,请到所购图书销售部门联系调换

# 前言

    大学物理实验是为理工科类专业学生开设的一门重要实验课程,通过该课程的学习,学生除了能够受到严格、系统的实验技能训练,掌握从事科学实验的基本知识和方法外,更重要的是他们的科学思维,以及分析问题、解决问题等方面的综合能力得到有效培养,特别是与科技发展相适应的创新精神和能力会大大提升。随着科学技术的迅猛发展和物理实验教学改革的不断深入,大学物理实验教学从教学理念、教学内容到实验技术都在不断更新变化。新的理念、新的方法、新的实验技术和科研领域中的新成果已逐步在物理实验课程中得到反映。本书正是在这样的形势下,根据教育部高等学校物理学与天文学教学指导委员会编制的《理工科类大学物理实验课程教学基本要求》(2010 年版),结合中国石油大学(华东)物理实验中心多年的教学改革成果,经过反复实践、不断改进、充实完善,编写的一部教材。

    本书具有以下几个特点:

    1. 教材充分体现了教学改革,"增强课程教材育人功能""分阶段、分类、分层次、开放教学、创新培养"等物理实验教学指导思想在教材编写中得到贯彻,新的理念、新的方法、新的成果尽量得到反映。

    2. 教材内容丰富、多样,便于实行分类教学和开放教学。实验项目体现了"基础与提高相结合,经典与现代相结合,物理与石油相结合"的特点,部分实验项目中增加了实验发展背景、应用领域及著名科学家等方面的介绍,尽可能给学生提供更多的素材,拓宽实验知识领域,满足学生的学习需求;"基础性实验、综合提高性实验、设计与研究性实验""必做内容和选做内容"的设计,有利于开展分层次教学,加强了对学生创新意识和创新能力的培养。

    3. 根据计量学和科学技术的发展对大学物理实验提出的新要求,在"测量不确定度与数据处理"一章中,对涉及的基本术语和数据处理方法,按现代误差及不确定度表示体系进行了规范修订。

    4. 教材实现了纸质教材与数字技术的结合,提供了所有实验的电子课件,部分实验配有数字化的拓展学习内容,部分操作性比较强的实验仪器和装置录制了视频或进行了AR 技术处理,学习者可以开展线上线下混合式学习,有利于提高学习效率。

    全书共分 5 章。

    第 1 章为"测量不确定度与数据处理",讲述了测量、误差、不确定度、有效数字等基本概念和数据处理的几种常用方法,这些内容是学习本课程必备的基础理论知识。

    第 2 章为"物理实验的基本测量方法与操作技术",介绍了实验过程中经常用到的一些基本测量方法、仪器的调节技术和操作技术。

    第 3 章为"基础性实验",共选入 16 个实验(部分实验由多个部分构成)。本章的主要目的是使学生在学习基本物理量的测量、基本实验仪器的使用、基本实验技能和基本测量方法等的基础上,强化他们对基本实验知识的学习和基本实验技能的训练。

第4章为"综合提高性实验",共选入18个实验。本章中,部分实验体现了多学科知识的综合应用,或者体现了多种实验方法的运用;部分实验引入了现代测量技术,如非电学量电测技术、计算机数据采集与通信技术等;另外,本章还包括一部分与现代科技紧密结合的实验,如液晶相关实验、光纤相关实验等,目的是提高学生的综合运用能力。

第5章为"设计与研究性实验",共选入5个实验(部分实验由多个部分构成),主要培养学生文献查阅、独立思考、知识应用和创新等方面的能力。

全书由李书光、张亚萍任主编,朱海丰、李静、马红章任副主编。内容编写具体分工如下:李书光编写绪论,第1章,第2章,第3章的实验3.3、3.9、3.16和第4章的实验4.1、4.17;张亚萍编写第3章的实验3.10、3.12、3.14,第4章的实验4.3、4.13、4.14和第5章的实验5.1(A—C)、5.3、5.5;朱海丰编写第3章的实验3.1、3.6、3.15,第4章的实验4.2、4.6、4.9、4.11、4.12、4.15;李静编写第3章的实验3.4、3.5、3.8、3.11、3.13(A—D),第4章的实验4.5、4.7、4.18和第5章的实验5.4;马红章编写第3章的实验3.2、3.7,第4章的实验4.4、4.8、4.10、4.16和第5章的实验5.2。

实验教学是一项集体事业,本书吸收了中国石油大学(华东)物理实验中心多年来的教改成果。不少同志对本书的编写和出版提供了帮助和宝贵的建议,同时在编写过程中,作者还参阅了许多兄弟院校的相关教材,吸收了许多先进经验,在此一并致以诚挚的谢意。

由于编者的水平有限和编写时间仓促,书中难免存在不当之处,望读者批评指正。

编者

2022 年 3 月

# 目录

# 绪论

物理实验在物理学的建立和发展过程中,起到了直接的推动作用.从经典物理到近代、现代物理,物理实验在发现新事物、总结新规律、检验理论、测量物理量等诸多方面发挥着巨大的作用.物理实验的思想、方法、技术体现了科学实验的共性,是自然科学与工程技术的基础.大学物理实验课程是学生进入大学后系统地接受科学实验方法和实验技能训练的开端.本课程的学习可以提高学生用实验手段发现、分析和解决问题的能力,激发学生的创新意识和创造力,培养学生良好的科学素质与正确的世界观.因此,学好大学物理实验课程对学生来说是十分重要的.

1. 课程的主要任务

(1)学习并掌握物理实验的基础知识.

通过对实验现象的观察分析和对物理量的测量,学生得以扎实地掌握物理实验的基础知识、基本方法和基本技能,并能灵活运用,这为他们今后从事科学实验打下了坚实基础.

(2)培养与提高学生进行科学实验的能力.

① 自学能力.能够自行阅读实验教材与参考资料,正确理解实验内容,做好实验前的准备工作.

② 动手能力.能借助教材与仪器说明书,正确调节和使用仪器,制作样品,发现和排除故障.

③ 思维判断能力.运用物理学理论,对实验现象与结果进行分析和判断.

④ 书面表达能力.能够正确记录和处理实验数据,绘制图表,分析实验结果,撰写规范、合格的实验报告或总结报告.

⑤ 综合运用能力.能够将多种实验方法、实验仪器结合在一起,运用经典与现代测量技术和手段,完成某项实验任务.

⑥ 初步的实验设计、研究能力.根据课题要求,能够确定实验方法和条件,合理选择、搭配仪器,拟定具体的实施步骤.

(3)培养学生从事科学研究的素质.

培养学生理论联系实际、实事求是的科学作风,严肃认真的工作态度,不怕困难、勇于探索的创新精神,遵章守纪、爱护公物的优良品德,团结协作、共同进取的作风等.

2. 课程的基本程序

(1)实验预约.

大学物理实验课程采用开放式教学的方式,即学生可在实验室提供的上课时间内和开设的实验项目中,根据自己的专业特点、兴趣爱好及时间安排,自主选择实验项目和实验时间.因此,做好上课前的预约工作至关重要.实验预约主要通过计算机网络实现,学生在预约时应仔细阅读开放实验的有关管理规定和预约指南,合理地安排好自己的实验课表,保证实验课程的顺利进行.

（2）实验前的预习.

预习是训练和提高自学能力的最佳途径,为了在规定时间内高质量地完成实验内容,学生必须做好预习工作.

预习时,学生应通过阅读实验教材及参考资料,重点做好以下工作:

① 明确学习目标和主要任务,也就是明确实验要做什么.

② 理解实验原理和方法,这是完成实验任务的理论基础和根据.

③ 弄清实验方案、实验条件、实验步骤和关键技术,这是实验具体实施的关键.

④ 写好预习报告.预习报告主要包括实验名称、学习目标（实验目的）、实验原理与方法、实验内容、必要的数据记录表格等.预习报告是一种归纳、提炼的基本训练,既要求完整又要求简明扼要,切忌盲目地抄袭实验教材.

对于设计性实验,除了做好一般实验项目的预习工作以外,还应重点做好以下三方面工作:

① 根据实验要求,查阅有关资料,写出实验原理,设计出实验方案.

② 根据实验方案的要求,选择测量仪器、测量方法和测量条件.

③ 确定实验过程,拟定详细的实验步骤.

（3）实验中的操作.

实验操作是对动手能力、思维判断能力和综合运用能力的训练过程,也是培养学生科学实验素养的主要环节.在教师指导性讲解的基础上,主要有以下要求:

① 弄清实验的具体要求和注意事项.

② 熟悉仪器,并进行调节测试,符合要求后,进行试做和正式操作、测量.

③ 科学地、实事求是地记录下实验中观察到的各种现象和测量数据,同时记录与实验结果有关的实验条件,如环境（温度、湿度、压力等）、主要仪器（名称、型号、规格、准确度等）,记录数据时要注意有效数字和单位的准确性.

④ 实验完毕,将实验结果交给任课老师审阅、签字,确认无误后,整理仪器结束实验.

（4）实验后的报告.

实验报告是实验工作的全面总结,可加深学生对实验的理解,也可作为学生撰写科技论文的基本训练.

一份完整的实验报告,应包括以下内容:

① 实验名称.

② 实验者的姓名、学号、专业、班级,实验日期.

③ 实验目的.

④ 实验原理:应简明扼要、语言通顺、图文并茂,并包括必要的测量计算公式等.

⑤ 实验仪器:给出实验主要仪器及其附件.

⑥ 实验数据:根据原始数据整理记录,应条理清晰,尽量采用列表法.表格设计应规范,注明获得数据的环境条件,并在报告中附上原始数据.

⑦ 数据处理:应做到处理方法思路清晰、结果明确、表示规范.

⑧ 结论及分析:包括实验结论、实验现象解释、误差分析、对实验的体会与建议、问题讨论、应用前景等.

实验报告采用专用报告纸(册)书写,要求内容完整、逻辑清晰、语言通顺、格式规范,需要独立完成并及时上交.

3. 学生实验守则

(1)实验前学生必须认真预习实验内容,明确实验目的和要求,了解实验的基本原理、方法、步骤,熟悉仪器设备的操作规程及注意事项,掌握实验的安全常识.

(2)学生必须在指定的实验台上进行实验,注意检查实验仪器、用具是否齐全、完好,如有缺损,应及时告知实验指导教师,不得随意挪用邻桌的仪器、用具或动用实验室其他仪器设备.

(3)实验准备就绪后,学生须经实验指导教师检查并同意,方可进行实验.

(4)实验中,学生要严格按照实验操作规程进行实验,认真思考,仔细操作.

(5)学生要作好原始实验记录,爱护实验室内的仪器设备、用具,节约药品、材料.

(6)学生在实验中不得擅自离开座位,确需离开时,须征得实验指导教师同意;要注意安全,若发生事故,应及时向实验指导教师报告,待查明原因、排除故障后,方可继续进行实验.

(7)学生要注意保持实验室内整洁卫生,严禁吸烟、吃零食、乱扔杂物等行为.

(8)实验结束后,学生必须将实验仪器和用具整理复原,打扫实验室并关好水源、电源、气源及门窗,确保实验室安全、整洁.

(9)在实验室开放教学中,学生应自觉维护实验教学秩序,增强自主实验、主动学习的自我管理观念.

(10)若丢失或损坏设备器材,学生应及时报告实验指导教师,并按照学校有关规定进行赔偿.

(11)学生要按照实验指导教师的要求认真完成实验报告.

# 第1章
## 测量不确定度与数据处理

# 第1章
## 测量不确定度与数据处理

　　在科学研究和实验过程中,除了定性地观察现象外,我们还需要对某些量进行定量测量,并确定各个量之间的关系.但由于测量设备、环境、人员、方法及测量对象等诸多因素的影响,某量的测量结果与真实值并不完全一致,这种差异在数学上表现为误差.随着科技水平的日益发展和人们认知能力的不断提高,人们虽然可以将误差控制得越来越小,却始终不能完全消除它.误差存在的必然性和普遍性,已被大量实验所证明.为了充分认识进而减小误差,我们必须对测量过程和科学实验中始终存在的误差进行研究,并通过合理的方法对测量数据进行处理,提高测量结果的可靠性和利用价值.本章将简单介绍测量不确定度与数据处理的基础知识.

## 1.1　测量的基本概念

　　1. 常用的几个基本术语

　　**量**:现象、物体或物质的特性,称为量.

　　量可指一般概念的量或特定量,对它们可作定性区别或定量测量.例如,长度、能量属一般概念量,它们之间可定性区别;某个圆的半径、某一根杆的长度、某一导线的电阻、给定系统中某质点的动能等属于特定量,可定量确定.

　　**被测量**:拟测量的量.

　　被测量的定义中应说明量的种类,含有该量时的现象、对物体或物质状态的描述,并考虑有影响的相关量.否则,定义的不完善会带来测量不确定度.例如,定义的被测量是一根标称值为 1 m 的钢棒的长度,如果要求测准至微米数量级,则这样的定义就不够完善.因为被测钢棒受温度和压强的影响此时已不能忽略,而这些条件在定义中没有说明.由于定义不完善,测量结果在不同的温度和压强下是不同的.完整的定义应为:一根标称值为 1 m 的钢棒在 25 ℃ 和 101325 Pa 时的长度.

　　**量值**:用数和参照对象一起表示的量的大小.常见的参照对象是计量单位或量纲一.

　　量值是量的表示形式.要注意区别数值和量值.数值是量值的组成部分,与计量单位一起构成量值.

　　**量的真值**:与量的定义一致的量值,简称真值.

　　一个量在特定的条件下,理论上都有一个对应的客观、实际值存在,我们称之为理论真值.之所以称为理论真值,是因为测量时的定义条件实际上都是理想的,量的真值只有通过完善的测量才有可能获得.而对某被测量完全按定义测量是无法实现的,也就是说真值只是一个理想的概念,无法获得.极个别被测量的理论真值是可定量描述的,如平面三角形的三个内角之和的理论真值是 $180°$,平面直角理论真值是 $90°$.

**约定量值**:出于给定目的,由协议赋予某量的量值,又称量的约定值,简称约定值.

该值是被约定采用的.就给定目的而言,约定量值通常被认为具有较小(可能为零)的不确定度,可作为真值的最佳估计值.主要包括以下几种类型.

(1)指定值:国际计量局(BIPM)和国际计量委员会(CIPM)等国际标准化和计量权威组织定义、推荐和指定的量值,如 7 个 SI 基本单位的值.

(2)约定值:如高一等级计量标准器具的不确定度(或误差)与低一等级的计量器具不确定度(或误差)之比小于等于 1/2 或 1/3 时,则高一等级计量器具的量值相对于低一等级计量器具的量值为约定真值.又如光在真空中的传播速度约定为 299792458 m/s,水三相点热力学温度约定为 273.16 K 等.

(3)最佳估计值:通常将某量在重复性条件或复现性条件多次测量结果的平均值作为最佳估计值,并作为约定真值.如国际数据委员会(CODATA)公布的部分物理常量的值.

**测量结果**:测量结果是指与其他有用的相关信息一起赋予被测量的一组量值.

给出测量结果时,应表明它是示值、未修正测量结果或已修正测量结果,还应表明它是单次测量还是多次测量所得.除非测量不确定度可以忽略不计,完整的测量结果应包含被测量的估计值及其测量不确定度,必要时还要给出不确定度的自由度等其他信息.

**测量值**:代表测量结果的量值.

对重复性测量,每个示值可提供相应的测量值,用于测量过程的详细描述.而这一组独立测量值的平均值,可作为结果的测量值,与测量不确定度等其他信息一起描述最后的测量结果.

**测量准确度**:被测量的测量值与其真值间的一致程度.

测量准确度是一个定性概念,只能用准确度高、准确度为 0.25 级及准确度符合 xx 标准等说法定性地表示测量质量.

应特别注意的是,测量准确度不应与测量正确度和测量精密度混淆.

测量正确度反映无穷多次重复测量所得量值的平均值与一个参考量值间的一致程度,与系统误差有关;测量精密度是表示在规定条件下,对同一或类似测量对象重复测量所得示值或测量值间的一致程度,与随机误差有关.

**2. 测量的定义**

所谓测量(measurement),就是通过实验获得并合理赋予某量一个或多个量值的过程,包括测量设备、测量方法、测量环境、测量人员和测量对象五个要素.

测量由测量过程与测量结果组成.

测量过程是将被测量与已知的标准量(计量器具的示值)相比较的过程.

**3. 测量的分类**

从不同的角度考虑,测量有多种分类法.

(1)按测量值获得方法不同,可分为直接测量与间接测量.

用预先校对好的计量器具与被测量直接比较,得到被测量量值的测量,称为直接测量(direct measurement),如用螺旋测微器测量圆柱体直径,用秒表测时间,用天平与砝码测物体的质量,用电压表(或电流表)测电压(或电流)等都属于直接测量.直接测量的数学模型可简化为 $Y=X$.

如果被测量的量值是由若干个直接测量的量值经过一定的函数运算获得的,这种测量称为间接测量(indirect measurement),如面积、体积、密度等物理量的测量往往采用间接测量.间接测量的数学模型为 $Y=f(X_1,X_2,\cdots,X_n)$.

实际测量中多数为间接测量,但直接测量简单、直观,是一切间接测量的基础.

(2)按照测量条件不同,可分为等精度测量与非等精度测量.

等精度测量是指测量五要素(测量设备、测量方法、测量环境、测量人员和测量对象)在测量过程中均不发生改变时的多次重复测量,又称重复性测量.

非等精度测量是指测量五要素除测量对象不能改变外,其他四个因素全部或部分发生改变的测量,又称复现性测量.

等精度测量获得的所有数据的可信赖程度是相同的,在数据处理过程中地位相同,应一视同仁;非等精度测量获得的所有数据的可信赖程度是不同的,在数据处理过程中应考虑"权重",区别对待.

尽管在实际测量中,很难保证所有条件不变,但由于等精度测量数据处理方法相对简单,因此,只要测量条件变化不大,一般都可近似视为等精度测量.大学物理实验学习阶段,主要考虑等精度测量.

# 1.2　误差的基本概念

1. 误差的定义

误差(error)是指测得的量值(简称测量值)与参考量值(简称参考值)之差,可用数学表达式表示为

$$误差(\delta)=测量值(x)-参考值(x_0) \tag{1-2-1}$$

误差可正可负,给出测量误差时必须注明误差值的符号.

参考值是指与同类量的值进行比较的量值,它可以是被测量的真值,也可以是约定量值.

2. 误差的来源

在测量过程中,误差有以下几个来源:

(1)测量装置.

由于使用条件或设计制作不够完善等原因,各种标准器(如标准电池、标准量块、标准电阻等)、测量仪器(如天平、电桥等比较仪器;温度计、秒表、检流计等指示仪器)会造成测量误差,各种辅助配件(如开关、导线、电源等)也会引入误差.

(2)测量环境.

由各种环境因素(如温度、湿度、压力、震动、电磁场等)与要求的标准状态不一致而引起的测量装置和被测量本身的变化会造成误差.

（3）测量方法.

测量方法或计算方法不完善、不合理等因素会引起误差.例如,瞬时测量时取样间隔不为零、用单摆测量重力加速度时公式 $g = 4\pi^2 L/T^2$ 的近似性、用伏安法测电阻时忽略电表内阻的影响等都会引起误差.

（4）测量人员.

测量人员分辨力有限、感官的生理变化、反应速度及固有习惯等原因会引起误差,例如测量滞后与超前、读数倾斜等.

（5）测量对象变化.

测量对象在整个测量过程中处于不断的变化中.由测量对象自身的变化而引起的测量误差称为测量对象变化误差.例如被测光度灯的光度、被测温度计的温度、被测量块的尺寸等,在测量过程中均处于不停的变化中,它们的变化会带来误差.

需要说明的是,上述误差来源的分类方法并不是唯一的,从某种意义上,若将人员造成的误差看成是测量方法引起的,那么误差可归纳为测量装置误差、测量环境误差、测量方法误差和测量对象变化误差四种.因此,在具体分析误差时,重要的不是将误差的来源归类,而是要全面分析引起误差的各个因素,力求不遗漏、不重复,特别要注意那些对误差影响较大的因素.

3. 误差的分类

根据误差的性质,我们可将误差分为系统误差(systematic error)、随机误差(random error)和粗大误差(gross error)三类.

（1）系统误差.

在重复测量中,保持不变或按可预见方式变化的测量误差分量,称为系统误差,它是系统测量误差的简称.

按对误差掌握的程度,可将系统误差分为已定系统误差和未定系统误差.已定系统误差的大小和符号是可以确定的,如螺旋测微器、电表的零点误差,用伏安法测电阻时电表内阻引起的误差等,这类误差可以修正.未定系统误差是大小和符号不能确定,只能估计出大小变化范围的系统误差,如仪器误差等.

按误差的变化规律,系统误差又可分为定值系统误差、线性系统误差、周期性系统误差和复杂规律系统误差.定值系统误差的大小和符号保持恒定不变.定值系统误差又称恒定系统误差或常差,例如仪器仪表的零点误差.线性系统误差是指按线性规律变化的系统误差,典型例子是温度变化对物体长度计量的影响产生的误差.周期性系统误差是呈周期性变化的系统误差,典型例子是圆盘式指针仪表由指针偏心所造成的误差,这种误差是按正弦函数规律变化的系统误差.复杂规律系统误差是指按非线性、非周期性的复杂规律变化的系统误差.

（2）随机误差.

在重复测量中,按不可预见的方式变化的测量误差分量,称为随机误差,是随机测量误差的简称.

随机误差是由测量过程中一些随机的或不确定的微小变化因素引起的.例如,人的感官灵敏度及仪器精度有限、实验环境(温度、湿度、气流等)变化、电源电压起伏、微小振动等都会导致随机误差.由于引起随机误差的因素复杂,又往往交叉在一起,不能分开,因此,随机误差是无法控制的,无法从实验中完全消除,一般通过多次测量来达到减小随机误差的目的.

从一次测量来看,随机误差是随机的.但当测量次数足够多时,随机误差服从一定的统计规律,可按统计规律对误差进行估计.

（3）粗大误差.

超出在规定条件下预期的误差称为粗大误差,简称粗差.

粗大误差的主要特征是明显歪曲测量结果.它是由测量条件的突变所致.如测量方法错误、测量人员技术水平低下、使用有缺陷的仪器以及由于责任心差而造成的过失等导致的测量误差,均属粗大误差.

粗大误差属非正常测量误差,含有粗大误差的测量值称为异常值,在数据处理时,应首先按判断准则检验数据,并将含有粗大误差的异常值剔除.

应指出,系统误差是测量过程中某一突出因素变化引起的,随机误差是测量过程中多种因素微小变化综合作用而引起的,两者不存在绝对的界限,随机误差和系统误差有时可以相互转化.

4. 误差的表示形式

测量误差的最基本表示方法分为绝对误差（absolute error）、相对误差（relative error）和引用误差（fiducial error）三种.

（1）绝对误差.

绝对误差的定义与测量误差的定义相同,即

$$绝对误差 = 测量值 - 参考值 \tag{1-2-2}$$

绝对误差是一个具有确定大小、计量单位和正负号的量值.

例 1-2-1　某加工车间加工一批直径为 30.0 mm 的轴,抽检其中两根轴的直径,测量值分别为 29.9 mm 和 29.8 mm,则两根轴的绝对误差分别为

$$\delta_1 = 29.9 \text{ mm} - 30.0 \text{ mm} = -0.1 \text{ mm}$$
$$\delta_2 = 29.8 \text{ mm} - 30.0 \text{ mm} = -0.2 \text{ mm}$$

显然第一根轴的绝对误差的绝对值比第二根轴的绝对误差的绝对值小,可认为第一根轴的加工准确度高.

由绝对误差的定义还可以引出修正值的概念:修正值 = -绝对误差,表示对估计的系统误差的补偿.

（2）相对误差.

绝对误差与真值（或约定量值）的比值称为相对误差,即

$$相对误差(E_r) = 绝对误差 / 真值 \tag{1-2-3}$$

相对误差具有确定的大小和正负,量纲为一,通常用百分数表示.对于不同大小的被测量或不同的物理量,采用相对误差反映测量的准确度更确切.

例 1-2-2　测量两个长度量,测量值分别为 $L_1 = 100.0$ mm,$L_2 = 80.0$ mm,其测量误差分别为 $\delta_1 = 0.8$ mm,$\delta_2 = 0.7$ mm.试比较两个测量结果准确度的高低.

解：$E_{r1} = \dfrac{\delta_1}{L_1} = \dfrac{0.8\ \text{mm}}{100.0\ \text{mm}} = 0.8\%$，　$E_{r2} = \dfrac{\delta_2}{L_2} = \dfrac{0.7\ \text{mm}}{80.0\ \text{mm}} = 0.9\%$

虽然第一个量比第二个量的绝对误差大，但第一个量的测量准确度却高于第二个量.

（3）引用误差.

绝对误差和相对误差通常用于单值点测量误差的表示，而对于具有连续刻度和多量程的测量仪器的误差则用引用误差表示.

引用误差定义为测量仪器或测量系统的误差与特定值的比值，即

$$\text{引用误差} = \text{示值误差}/\text{特定值} \tag{1-2-4}$$

示值误差用测量仪器各示值点上的绝对误差来表示，通常取绝对值最大者；特定值一般称为引用值，例如，可以是测量仪器的标称范围上限或量程.

引用误差实质上是一种简化和使用方便的仪器仪表的相对误差，通常用百分数表示.引用误差去掉正负号及"%"后，为仪器的准确度等级（accuracy class）的计算值.

国家标准和国家计量技术规范将某些专业的仪器仪表，按引用误差的大小分为若干等级.例如，电压表和电流表的准确度等级分为 0.1、0.2、0.5、1.0、1.5、2.5 和 5.0，共七级.若仪表符合某一等级 $\alpha$，说明在整个测量范围内，各示值点的引用误差均不会超过 $\alpha\%$，同时也只有在仪表整个测量范围内，各示值点的引用误差不超过 $\alpha\%$ 时，才能确定该仪表符合 $\alpha$ 级.

例 1-2-3　检定 2.5 级、上限为 100 V 的电压表时，发现 50 V 分度点的示值误差为 2 V，并且比其他各点处的误差大，试问该电表的引用误差为多少？该表是否合格？

解：由引用误差定义可知，该表的引用误差为 $\dfrac{2\ \text{V}}{100\ \text{V}} = 2\%$.根据准确度等级的定义，$2\% < 2.5\%$，显然该电表合格.

# 1.3　误差的处理

1. 随机误差的处理

尽管单次测量时随机误差的大小与正负是不确定的，但对多次测量来说随机误差服从一定的统计规律.因此，随机误差可依据概率论与数理统计理论进行处理.具体参量可用随机变量的数学期望（算术平均值）、方差（标准偏差）和置信概率等特征量来描述.

（1）正态分布规律及其特点.

服从正态分布的随机误差的概率密度（probability density）函数为

$$f(\delta) = \dfrac{1}{\sigma\sqrt{2\pi}}\, e^{-\frac{\delta^2}{2\sigma^2}} \tag{1-3-1a}$$

或

$$f(x) = \dfrac{1}{\sigma\sqrt{2\pi}}\, e^{-\frac{(x-x_0)^2}{2\sigma^2}} \tag{1-3-1b}$$

式中,$x$ 为测量值,$x_0$ 为真值,$\delta$ 为误差,$f$ 表示在 $\delta$(或 $x$)附近单位区间内,被测量误差(或测量值)出现的概率.正态分布曲线如图 1-3-1 所示.

根据概率密度函数的含义,数学上可以证明:
数学期望为

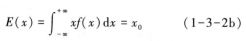

$$E(\delta) = \int_{-\infty}^{+\infty} \delta f(\delta)\,\mathrm{d}\delta = 0 \qquad (1\text{-}3\text{-}2\mathrm{a})$$

或

$$E(x) = \int_{-\infty}^{+\infty} x f(x)\,\mathrm{d}x = x_0 \qquad (1\text{-}3\text{-}2\mathrm{b})$$

图 1-3-1　正态分布曲线

方差为

$$D(\delta) = \int_{-\infty}^{+\infty} \delta^2 f(\delta)\,\mathrm{d}\delta = \sigma^2 \qquad (1\text{-}3\text{-}3\mathrm{a})$$

或

$$D(x) = \int_{-\infty}^{+\infty} (x - x_0)^2 f(x)\,\mathrm{d}x = \sigma^2 \qquad (1\text{-}3\text{-}3\mathrm{b})$$

标准偏差为

$$\sigma = \sqrt{D(\delta)} \qquad (1\text{-}3\text{-}4)$$

式(1-3-2a)和式(1-3-2b)说明,随机误差具有抵偿性(或对称性).

式(1-3-3a)和式(1-3-3b)说明,$\sigma$ 是一个反映随机误差(或测量值)分散程度的量,是随机误差波动性的表征参量,称为标准偏差.$\sigma$ 越小,分散程度越小,测量的精密度越高;反之,分散程度越大,如图 1-3-2 所示.

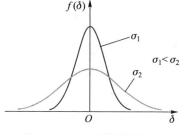

误差出现在区间 $[-\sigma, \sigma]$ 内的概率为

$$P = \int_{-\sigma}^{\sigma} f(\delta)\,\mathrm{d}\delta = 68.3\% \qquad (1\text{-}3\text{-}5)$$

图 1-3-2　$\sigma$ 对曲线的影响

式(1-3-5)表示,在一组测量数据中,有 68.3% 的数据测量误差落在区间 $[-\sigma, \sigma]$ 内.也可以认为,任一测量数据的误差落在区间 $[-\sigma, \sigma]$ 内的概率为 68.3%.把 $P$ 称为置信概率(confidence probability),而 $[-\sigma, \sigma]$ 称为 68.3% 的置信概率所对应的置信区间(confidence interval).

由以上分析可以得到,正态分布的随机误差具有以下特点.

① 单峰性:绝对值小的误差比绝对值大的误差出现的概率大;

② 对称性(抵偿性):大小相同、符号相反的误差出现的概率相同;

③ 有界性:实际测量中,绝对值超过一定限度(如 $3\sigma$)的误差一般不太会出现.

(2)均匀分布的规律及特征.

均匀分布的基本特征是随机误差在其界限内,出现的概率处处相等,因此,均匀分布又称等概率分布.服从均匀分布误差的概率密度函数为

$$f(\delta) = \begin{cases} \dfrac{1}{2a}, & |\delta| \leqslant a \\[2mm] 0, & |\delta| > a \end{cases} \qquad (1\text{-}3\text{-}6)$$

如图 1-3-3 所示,因其函数图形为矩形,又称矩形分布.

均匀分布的数值特征为:

数学期望

$$E(\delta) = 0 \qquad (1-3-7)$$

方差

$$\sigma^2 = \frac{a}{\sqrt{3}} \qquad (1-3-8)$$

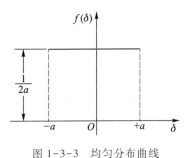

图 1-3-3  均匀分布曲线

标准偏差

$$\sigma = \frac{a}{\sqrt{3}} \qquad (1-3-9)$$

仪表刻度引起的误差、仪器最小分辨率限制引起的误差、数字仪表的量化误差($\pm 1$)以及数字计算中的舍入误差等均属于均匀分布误差.

(3)算术平均值.

对真值为 $x_0$ 的某一量 $X$ 作等精度测量,得到一测量列 $x_1, x_2, \cdots, x_n$,则该测量列的算术平均值为

$$\bar{x} = \frac{\sum\limits_{i=1}^{n} x_i}{n} \qquad (1-3-10)$$

若测量数据中只存在随机误差,由正态分布随机误差的对称性特点可知,在测量次数 $n \to \infty$ 时,有算术平均值

$$\bar{x} = \lim_{n \to \infty} \frac{\sum\limits_{i=1}^{n} x_i}{n} = x_0 \qquad (1-3-11)$$

由此可见,当测量次数无限大时,算术平均值无限接近于真值.由于实际测量都是有限次测量,在实验中,一般把算术平均值近似地作为被测量的真值,即最佳估计值.

(4)测量的标准偏差.

由随机误差的分布及特性可知,标准偏差决定了分布曲线的形状,它的大小决定了随机误差分布的分散与集中.因此,标准偏差可作为衡量随机误差分散性的指标.

① 单次测量的标准偏差.

对同一被测量,在相同测量条件下,测量列中单次测量的标准偏差是表征被测量 $n$ 次测量结果分散性的参量,按下式计算.

$$\sigma = \lim_{n \to \infty} \sqrt{\frac{\sum\limits_{i=1}^{n} (x_i - x_0)^2}{n}} \qquad (1-3-12)$$

在实际测量中,真值往往是不可知的,这使得标准偏差理论上不可求.由于算术平均值可作为真值的最佳估计值,从而可通过估算获得测量列标准偏差.估算标准偏差的方法很多,最常用的是贝塞尔法,即单次测量标准偏差的估计值为

$$s(x) = \sqrt{\frac{\sum\limits_{i=1}^{n}(x_i - \overline{x})^2}{n-1}} = \sqrt{\frac{\sum\limits_{i=1}^{n}\nu_i^2}{n-1}} \tag{1-3-13}$$

式中 $\nu_i = x_i - \overline{x}$,称为残差(residual error).

② 算术平均值标准偏差.

在多次测量的测量列中,我们以算术平均值作为测量结果,因此必须研究算术平均值不可靠性评定标准.

如果在相同测量条件下对同一量进行多组重复的系列测量,每一系列测量都有一个算术平均值.由于随机误差的存在,各测量列的算术平均值互不相同,具有一定的分散性.而算术平均值标准偏差则是表征同一被测量的各个测量列算术平均值分散性的参量.

可以证明,算术平均值标准偏差与单次测量(或测量列)标准偏差之间的关系为

$$s(\overline{x}) = \frac{s(x)}{\sqrt{n}} = \sqrt{\frac{\sum\limits_{i=1}^{n}(x_i - \overline{x})^2}{n(n-1)}} \tag{1-3-14}$$

由式(1-3-14)可看出,算术平均值的标准偏差比单次测量的标准偏差小,如图 1-3-4 所示.随着测量次数的增加,算术平均值的标准偏差越来越小,增加测量次数,可以提高测量精度.但当测量次数 $n>10$ 以后,增加次数对算术平均值标准偏差的降低效果较小.而且,由于测量次数越大,越难保证测量条件的一致性,从而可能带来新的误差,因此不能够单纯通过增加测量次数来提高测量准确性.一般取测量次数 $n \leqslant 10$ 较为适宜.要提高测量精度,应采用适当的仪器和适当的测量次数.

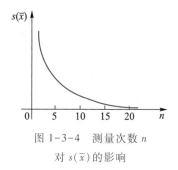

图 1-3-4　测量次数 $n$ 对 $s(\overline{x})$ 的影响

2. 系统误差的处理

任何测量误差均由随机误差和系统误差两部分组成.因此,为了提高测量准确度,在减少随机误差的同时,还应考虑系统误差的处理.研究系统误差的重要性主要体现在以下三个方面:

第一,随机误差的基本处理方法是统计方法,它的基本前提是完全排除了系统误差的影响,认为误差的出现纯粹是随机的.因此,实际测量中,必须设法最大限度地消除或减小系统误差的影响,否则,随机误差的研究方法及由此而得出的测量结果就失去了意义.

第二,系统误差与随机误差不同,尽管有确定的变化规律,但往往隐藏于测量数据中,不易被发现.又因系统误差服从的规律一般各不相同,在处理时,没有一种通用的处理方法,只能具体情况具体分析.处理方法是否得当,很大程度上取决于测量者的经验、知识和技巧.所以,系统误差虽然有规律,但处理起来要比随机误差困难得多.

第三,通过对系统误差的研究,我们可以发现一些新事物.例如,惰性气体是人们通过对用不同方法获取的实验数据进行误差分析而发现的.

（1）发现系统误差的方法.

系统误差往往隐藏于测量数据中,不易被发现,一般也不能通过多次测量来减小或消除.因此,发现系统误差对后续的处理是至关重要的.发现系统误差的常用方法有以下几种.

① 理论分析法.

包括分析实验所依据的理论和实验方法是否完善;仪器的工作状态是否正常,要求的使用条件是否得到满足;实验人员在实验过程中是否有产生系统误差的心理和生理因素等.

② 实验对比法.

通过改变实验方法、测量方法、实验条件(如仪器、人员、参量等)等手段,对测量数据进行比较,对比研究数据之间的一致性,从而发现系统误差.实验对比法是发现并确定定值系统误差的最有效、最实用和最常用的方法.例如,高一等级标准仪器对低一等级标准仪器的计量检定,目的就是找出低一等级标准仪器的定值系统误差.

③ 数据观察与分析法.

在无其他误差存在的情况下,随机误差是服从统计规律的,如果测量结果不符合预想的统计规律,则可怀疑存在系统误差.对于一测量列,可采用列表或作图的方法,观察残差随测量顺序的变化规律,如有明确的变化规律(如线性、周期性等),则可判断存在系统误差,否则,不能怀疑存在系统误差.另外,也可以采用按统计规律建立的方法进行判断,如残差校核法(又称马利科夫准则)、阿贝−赫梅特准则等,详见有关专著.

（2）消除系统误差的措施.

① 从产生误差的根源上消除系统误差.

用排除误差源的方法消除系统误差是最理想的方法.测量之前,先对所采用的原理和方法及仪器环境等作全面的检查和分析,确定是否有明显能产生系统误差的因素,并采取相应措施,避免系统误差在实验过程中出现.例如,为了防止产生系统误差,我们需要对仪器设备的工作状态进行调节、检查测量方法和计算方法是否合理、在稳定的环境条件下进行测量等.

② 实验过程中选择适当的测量方法消除系统误差.

对难以避免的系统误差,测量过程中也可以采用一些专门的测量技术或方法减小或消除系统误差.对此后续将作专门介绍.

③ 采用修正方法消除系统误差.

实验后,如果系统误差可以通过实验或计算得到其符号和大小,那么在实验结果中可以引入修正值对误差加以消除.例如,对仪器、标准件等事先作检定,可以得到修正曲线或修正值,然后修正实验结果;修正某些量具或仪表的零点误差等.

（3）消除系统误差的方法.

① 定值系统误差的消除方法.

（a）替代法.

在一定条件下,对某一被测量进行测量后,不改变测量条件,再以同性质的一个标准量代替被测量,并使测量仪器的示数保持不变,用替代的标准量量值作为被测量的测量结果.这样就消除了除标准量本身的定值系统误差以外的其他系统误差.例如,用天平测量质量时,用标准砝码代替被测物体,测量电阻时,用可调的标准电阻替代被测电阻等,都可消除定值系统误差.

（b）异号法.

改变测量中的某些条件(例如改变测量方向、电压极性等),保证其他条件不变,进行再次测量,使得两次测量结果中的系统误差大小相等,符号相反,通过求取平均值作为测量结果,可以消除系统误差.例如,用检流计(光点反射式)测电流时,改变流经检流计的电流方向,使指针左右偏转,求平均值,可以消除起始零点不准引入的系统误差;用拉伸法测量杨氏模量实验中,采用加减砝码的方法,记录不同拉力时的两组读数,最后对同一拉力的两个读数求平均值,可以消除钢丝形变滞后效应引起的系统误差;弱电流测量时,周围磁场可能对测量结果有影响,这时可以把电流表旋转 180° 再测量一次,取两次测量结果的平均值,可抵消外磁场引入的定值系统误差.

（c）交换法.

交换法实质上也属于异号法.它是将被测量与标准量的位置相互交换,进行两次测量,使产生系统误差的因素对测量结果的影响起相反作用,从而达到消除定值系统误差的目的.例如,用物理天平称量物体质量 $m$ 时,可将被测质量与标准砝码交换位置,记录两次平衡标准砝码的质量 $m_1$ 和 $m_2$,用 $m = \sqrt{m_1 \cdot m_2}$ 计算质量,以消除天平不等臂所产生的系统误差;利用电桥测量电阻时,可以交换被测电阻 $R_x$ 和标准可变电阻 $R_n$ 的位置,测量两次,取 $R_x = \sqrt{R_{n1} \cdot R_{n2}}$ 为测量结果,以消除电桥比率臂电阻不等产生的系统误差.

（d）差值法.

差值法是通过改变实验参量(如自变量)进行测量,并对测量数据求差值来获取未知量的方法.这种方法可以消除某些定值系统误差.例如,用伏安法测量电阻的实验中,改变电压、读取电流值,通过差值法可以消除电表零点不准带来的系统误差.同样,在差值法基础上发展起来的逐差法,也具有消除系统误差的作用.

② 线性系统误差的消除方法——对称测量法.

对称测量法是减弱或消除系统误差的一种有效方法.如果测量过程中存在随时间或其他因素呈线性规律变化的系统误差,则可以选择某一时刻点为中心,取与该时刻对称的任意两个时刻测量值的平均值作为一个测量值,这样就把线性变化的系统误差转化为可修正的定值系统误差.当选择中点的系统误差值为零时,测量结果中不存在系统误差,从而达到消除系统误差的目的.例如,用电势差计测量电动势或电压时,如果采用蓄电池作为工作电源,由于定标和测量不能同时完成,则蓄电池电动势随放电时间而线性下降,从而引起线性递减的系统误差.为消除这种误差,可以采用"定标—测量—定标"或"测量—定标—测量"的对称测量法.

③ 周期性系统误差的消除方法——半周期偶数测量法.

所谓半周期偶数测量法就是按系统误差变化的半个周期进行一次测量,每个周期内得到两个测量值,取平均值作为测量结果,从而实现消除周期性系统误差的目的.

由仪表指针回转中心与圆形刻度盘中心不重合等引起的周期性系统误差,都可以用半周期偶数测量法予以消除.例如,分光计中,人们采用在刻度盘直径两端设置两个游标的方法进行读数,从而消除由刻度盘和转轴中心不重合引起的周期性系统误差.

上述介绍的系统误差的减小和消除方法,仅仅是测量中常用的几种方法.实际测量过程中,由于系统误差的复杂性,处理系统误差的方法与措施是多种多样的,且随着计量科学技术的发展,消除系统误差的新方法也不断涌现,我们应具体问题具体分析,选择适合的方法.

3. 粗大误差的处理

含有粗大误差的测量值(称为异常值或坏值)必然导致测量结果的失真,从而使测量结果失去可靠性和使用价值,数据处理时应设法从测量数据中剔除异常值;另一方面,测量数据含有随机误差和系统误差是正常现象,通常测量值具有一定程度的分散性,因此不能随意地将少数看起来误差较大的测量值作为异常值剔除,否则,所得结果是虚假的.因此,建立一些规则来判断实验数据的合理性是必要的,通常粗大误差的判别方法分为物理判别法和统计判别法,这不在本教材讲解范围内,感兴趣者可参阅误差理论有关专著.

# 1.4　测量不确定度及评定

由于真值的未知性,测量误差的大小与正负难以确定.因此,在对测量结果的质量进行定量评定时,往往只是给出误差以一定的概率出现的范围.而这个用来定量评定测量结果质量的参量,即为测量不确定度.

1. 测量不确定度定义

根据所获信息,表征被测量值分散性的非负参量,称为测量不确定度(measurement uncertainty),简称不确定度(uncertainty).此参量可以是标准偏差或其倍数,或是说明了置信水平的区间的半宽度,其值恒为正值.

(1) 标准不确定度.

标准测量不确定度(standard measurement uncertainty)简称标准不确定度(standard uncertainty),指用标准偏差表示的测量不确定度,符号为 $u$,由标准偏差的估计值表示,表征测量值的分散性.

(2) 合成标准不确定度.

合成标准测量不确定度(combined standard measurement uncertainty)简称合成标准不确定度(combined standard uncertainty),指由在一个测量模型中各输入量的标准测量不确定度获得的输出量的标准测量不确定度,用符号 $u_c$ 表示.合成标准不确定度仍然是标准偏差,是输出量概率分布的标准偏差估计值,它表征了输出量估计值的分散性.

我们可用不确定度传递公式求得合成标准不确定度.在测量模型中若输入量间相关,则计算合成标准不确定度时必须考虑协方差,合成标准不确定度是这些输入量的方差与协方差和的正平方根.

(3) 相对标准不确定度.

相对标准测量不确定度(relative standard measurement uncertainty)简称相对标准不确定度(relative standard uncertainty),指标准不确定度除以测量值的绝对值,可以用符号 $u_{cr}$ 或 $u_{crel}$ 表示.

（4）扩展不确定度.

合成标准不确定度可表示测量结果的不确定度,但它仅对应于标准偏差,置信水平还不够高,在正态分布时仅约为 68.3%.在一些实际应用中,如高精度对比、与安全生产及身体健康有关的测量等,往往要求置信水平较高,为此需要用扩展不确定度（expanded uncertainty）表示测量结果.

扩展不确定度全称扩展测量不确定度（expanded measurement uncertainty）,是合成标准不确定度与一个大于 1 的数字因子的乘积,用符号 $U$ 表示,即 $U = ku_c$. $k$ 称为包含因子,是大于 1 的数,其大小取决于测量模型中输出量的概率分布及所取的包含概率,一般在 2 ~3 范围内.若对应的包含概率为 $P$ 时,扩展不确定度和包含因子也可用符号 $U_P$ 和 $k_P$ 表示.

（5）测量不确定度与测量误差的关系.

测量误差与测量不确定度是误差理论中两个重要的概念,它们具有相同点,都是评价测量结果质量高低的重要指标,但它们又有明显的区别,我们应正确认识和区分它们,以防混淆.表 1-4-1 列出了二者的主要区别.

表 1-4-1    测量不确定度与测量误差的主要区别

| 序号 | 测量误差 | 测量不确定度 |
|---|---|---|
| 1 | 测量误差表明被测量估计值偏离参考量值的程度 | 测量不确定度表明测量值的分散性 |
| 2 | 测量误差是一个有正号或负号的量值,其值为测量值减去被测量的参考量值,参考量值可以是真值或标准值、约定值等 | 测量不确定度是被测量估计值概率分布的一个参量,用标准偏差或标准偏差的倍数表示该参量的值,是一个非负的参量.测量不确定度与真值无关 |
| 3 | 参考量值为真值时,测量误差是未知的 | 测量不确定度可以由人们根据测量数据、资料、经验等信息评定,从而可以定量评定测量不确定度的大小 |
| 4 | 测量误差客观存在,不因人的认识程度而改变 | 测量不确定度与人们对被测量和影响量及测量过程的认识有关 |
| 5 | 测量误差按其性质可分为随机误差和系统误差,涉及真值时,随机误差和系统误差都是理想概念 | 测量不确定度分量评定时一般不必区分其性质,若需要区分时可表述为"由随机影响引入的测量不确定度分量"和"由系统影响引入的测量不确定度分量" |
| 6 | 测量误差的大小说明赋予被测量的值的准确程度 | 测量不确定度的大小说明赋予被测量的值的可信程度 |
| 7 | 当用标准值或约定值作为参考量值时,可以得到系统误差的估计值,已知系统误差的估计值时,可以对测量值进行修正,得到已修正的被测量估计值 | 不能用测量不确定度对测量值进行修正,已修正的被测量估计值的测量不确定度中应考虑由修正不完善引入的测量不确定度 |

误差理论是测量不确定度的基础,测量不确定度理论体系是对误差理论的充实和完善.研究测量不确定度首先需要研究误差,只有对误差的性质、分布规律、相互联系及对测

量结果的影响有了充分的认识和了解,才能更好地估计各测量不确定度分量,正确得到测量结果的不确定度.

2. 测量不确定度的评定

测量不确定度一般由若干分量组成,其中一些分量可根据一系列测量值的统计分布,按测量不确定度的 A 类评定进行评定,并用实验标准偏差表征.而另一些分量则可根据经验或其他信息假设的概率分布,按测量不确定度的 B 类评定进行评定,也用标准偏差表征.

A 类评定(type A evaluation):对规定测量条件下测得的量值用统计分析方法进行的测量不确定度分量的评定.其特点是必须对被测量进行多次测量,用实验标准偏差定量表征.

B 类评定(type B evaluation):用不同于测量不确定度 A 类评定的方法对测量不确定度分量进行的评定.评定基于的有关信息包括:权威机构发布的量值、有证标准物质的量值、校准证书、仪器的漂移、经检定的测量仪器的准确度等级、根据人员经验推断的极限值等.也用标准偏差定量表征.

具体评定方法按照国际标准 ISO/IEC GUIDE 98-3:2008《测量不确定度 第 3 部分:测量不确定度表示指南》(Uncertainty of Measurement-Part 3:Guide to the Expression of Uncertainty in Measurement)执行,简称 GUM 法.GUM 法一般流程包括:分析测量不确定度来源和建立测量模型→评定输入量的标准不确定度→计算合成标准不确定度→确定扩展不确定度→报告测量结果.本教材根据教学基本要求在某些环节作了简化处理.

(1) 测量不确定度的来源.

测量不确定度来源的分析,除了取决于对被测量的定义充分理解外,还取决于对测量原理、测量方法、测量设备、测量条件的详细了解和认识,必须具体问题具体分析.根据实际测量情况分析对被测量值有明显影响的不确定度来源,主要考虑以下几方面因素:

① 被测量的定义不完整.例如,定义被测量是一根标称值为 1 m 的钢棒的长度.如果要求测准到 μm 数量级,则被测量的定义就不够完整.因为此时被测钢棒受温度和压力的影响已经比较明显,而这些条件没有在定义中说明,由于定义的不完整使测量结果中引入了温度和压力造成的不确定度.这时完整的被测量定义应是:标称值为 1 m 的钢棒在 25.0 ℃和 101325 Pa 时的长度.若在定义要求的温度和压强下测量,就可避免由此引入的不确定度.

② 被测量定义的复现不理想,包括复现被测量的测量方法不理想.例如对上例所述的长度进行测量,如果温度和压强实际上达不到定义的要求,即温度和压强的测量本身存在较大不确定度,被测量估计值仍然引入了不确定度.

③ 取样的代表性不够,即被测量的样本不能完全代表所定义的被测量.例如,被测量为某种介质材料在给定频率时的相对介电常量.由于测量方法和测量设备的限制,只能取这种材料的一部分做成试样块进行测量,如果该试样块在材料的成分或均匀性等方面不能完全代表定义的被测量,则试样块就引入了测量不确定度.

④ 对测量过程受环境条件的影响认识不足,或对环境条件的测量与控制不完善.同样以上述钢棒测量为例,不仅温度和压力会影响其长度,实际上,湿度和钢棒的支撑方式也会产生影响.由于认识不足,没有注意采取措施,也会引入测量不确定度.另外,测量温

度和压力的温度计和压力表的不确定度也是测量不确定度的来源之一.

⑤ 模拟式仪器的人员读数偏移.模拟式仪器在读取其示值时,一般要在分度值内估读,而且一般是估读到分度值的 1/10.由于观测者的位置或个人习惯不同,可能仪器对同一状态会有不同的读数,这种差异会引入不确定度.

⑥ 测量仪器计量性能(如仪器的分辨力、灵敏度、鉴别阈、死区及稳定性等)的局限性.通常情况下,测量仪器的性能不理想(其技术指标用最大允许误差表示)是影响测量结果最主要的不确定度来源,因此我们引入仪器的不确定度的概念.例如,由于测量仪器的分辨力不够,对于差别较小的两个输入信号,仪器的示值差为零,这个零值中存在由分辨力不够引入的测量不确定度.又如,用频谱分析仪测量信号的相位噪声时,当被测量小到低于相位噪声测试仪的噪声门限(鉴别阈)时,就测不出来了,此时要考虑噪声门限引入的不确定度.

⑦ 测量标准或标准物质提供的标准值不准确.计量校准中,被检或被校仪器是用与测量标准比较的方法实现校准的.对于给出的校准值来说,测量标准(包括标准物质)的不确定度通常是其主要的不确定度来源.例如,用天平测量时,测得质量的不确定度中除了所用天平的性能不理想引入的不确定度外,还应包括标准砝码的不确定度.用卡尺测长度时,测量长度量的不确定度中包括对该卡尺校准时所用标准量的不确定度.

⑧ 引用的数据或其他参量值的不准确.例如,测量黄铜棒的长度时,为考虑长度随温度的变化,要用到黄铜的线膨胀系数 $\alpha$,查数据手册可以得到所需的 $\alpha$ 值.该值的不确定度是测量不确定度的一个来源.

⑨ 测量方法、测量程序和测量系统中的近似、假设和不完善.例如,被测量表达式的近似程度、自动测试程序的迭代程度、电测量中由测量系统不完善引起的绝缘漏电、热电势、引线电阻上的压降等,均会导致测量不确定度.

⑩ 在相同条件下被测量重复观测值的随机变化.在实际工作中,通常多次测量可以得到一系列不完全相同的数据,测量值具有一定的分散性,这是由诸多的随机因素影响造成的,这种随机变化常用测量重复性表征,也就是重复性是测量不确定度来源之一.

⑪ 修正不完善.在有系统误差影响的情形下,应尽量设法找出其影响的大小,并对测量结果予以修正,对于修正后剩余的影响应把它当作随机影响,在评定测量结果的不确定度中予以考虑.然而,当无法考虑对该系统误差的影响进行修正时,这部分对结果的影响原则上也对测量结果的不确定度有贡献.

(2) 建立测量模型.

测量中涉及的所有已知量间的数学关系称为测量模型.其通用形式是方程 $h(Y, X_1, X_2, \cdots, X_k) = 0$,其中测量模型中的输出量 $Y$ 是被测量,其量值由测量模型中输入量 $X_1$, $X_2, \cdots, X_k$ 的有关信息推导得到.如果测量模型可明确写成 $Y = f(X_1, X_2, \cdots, X_k)$,则函数 $f$ 是测量函数.测量模型与测量方法有关.物理量测量的测量模型一般根据物理原理确定,非物理量或在不能用物理原理确定的情况下,测量模型也可以用实验方法确定,或仅以数值方程给出.直接测量中测量模型可能简单到 $Y = X$ 的形式.

通过输入量 $X_1, X_2, \cdots, X_k$ 的估计值 $\bar{x}_1, \bar{x}_2, \cdots, \bar{x}_k$ 得出被测量 $Y$ 的最佳估计值 $y$ 时,可按式(1-4-1)计算.

$$y = f(\bar{x}_1, \bar{x}_2, \cdots, \bar{x}_k) \tag{1-4-1}$$

（3）标准不确定度的评定.

建立测量模型后,要定量评定各输入量的标准不确定度 $u(x_i)$.测量不确定度评定的重点应放在识别并评定那些对测量结果有明显影响的(即重要的、占支配地位的)分量上.

① 标准不确定度的 A 类评定.

对被测量进行重复测量,通过所得到的一系列测量值,用统计分析方法获得测量列实验标准偏差 $s(x_i)$,当用算术平均值 $\bar{x}$ 作为被测量估计值时,A 类评定的被测量估计值的标准不确定度按式(1-4-2)计算.

$$u_A(x_i) = s(\bar{x}_i) = \frac{s(x_i)}{\sqrt{n}} \tag{1-4-2}$$

单次测量标准偏差 $s(x_i)$ 可根据不同测量条件采用合适的计算方法得出.大学物理实验中采用贝塞尔公式计算,即式(1-3-13).

② 标准不确定度的 B 类评定.

B 类评定的方法是根据有关的信息或经验,判断被测量的可能值区间 $(x-a, x+a)$,假设被测量值的概率分布,根据概率分布和要求的概率 $P$ 确定 $k$,则 B 类评定的标准不确定度可由下式得到.

$$u_B(x) = \frac{a}{k} \tag{1-4-3}$$

式中,$a$ 为被测量可能值区间的半宽度,一般根据以下信息确定:

（a）以前测量的数据;

（b）对有关材料和测量仪器特性的了解和经验;

（c）生产厂提供的技术说明书;

（d）校准证书、检定证书或其他文件提供的数据;

（e）手册或某些资料给出的参考数据及其不确定度;

（f）检定规程、校准规范或测试标准中给出的数据;

（g）其他有用的信息.

$k$ 称置信因子,一般应按照概率分布来选择,如概率分布难以获得或不清晰,一般可按均匀分布处理.

在大学物理实验中,我们简化处理,B 类不确定度影响主要考虑仪器示值误差限 $\Delta_仪$ 的等价标准偏差,即 $a = \Delta_仪$,并且仪器示值误差可视为均匀分布,则不确定度为

$$u_B(x) = \frac{\Delta_仪}{\sqrt{3}} \tag{1-4-4}$$

（4）合成标准不确定度及扩展不确定度评定.

① 合成标准不确定度的评定.

当被测量 $Y$ 由 $k$ 个其他量 $X_1, X_2, \cdots, X_k$ 通过测量函数 $f$ 确定时,被测量 $Y$ 的估计值为 $y = f(x_i, x_2, \cdots, x_k)$,其合成标准不确定度 $u_c(y)$ 按下式计算:

$$u_c(y) = \sqrt{\sum_{i=1}^{k}\left(\frac{\partial f}{\partial x_i}\right)^2 u^2(x_i) + 2\sum_{i=1}^{k-1}\sum_{j=i+1}^{k}\frac{\partial f}{\partial x_i}\frac{\partial f}{\partial x_j}r(x_i, x_j)u(x_i)u(x_j)} \tag{1-4-5}$$

式中，$y$ 是被测量 $Y$ 的估计值，又称输出量的估计值；$x_i$ 是输入量的估计值；$\dfrac{\partial y}{\partial x_i}$ 是被测量 $Y$ 与有关的输入量 $X_i$ 之间的函数对于输入量 $X_i$ 的偏导数，称为灵敏系数. $u(x_i)$ 是输入量 $X_i$ 的标准不确定度；$r(x_i,x_j)$ 是输入量 $X_i$ 与 $X_j$ 的相关系数.

式（1-4-5）是基于 $y=f(x_i,x_2,\cdots,x_k)$ 的泰勒级数一级近似得出的，没有考虑高阶项，被称为不确定度传递公式，是计算合成标准不确定度的通用公式.

大学物理实验中，一般都按不相关处理，也不用高阶项.这时，被测量的估计值 $y$ 的合成标准不确定度 $u_c(y)$ 按式（1-4-6）计算.

$$u_c(y) = \sqrt{\sum_{i=1}^{k}\left(\frac{\partial f}{\partial x_i}\right)^2 u^2(x_i)} \qquad (1-4-6)$$

当测量模型为 $Y=AX_1^{P_1}X_2^{P_2}\cdots X_n^{P_n}$，其中 $P_i$ 为常量，且各输入量间不相关时，合成标准不确定度可用式（1-4-7）计算.

$$u_c(y)/|y| = \sqrt{\sum_{i=1}^{k}\left[P_i u(x_i)/x_i\right]^2} \qquad (1-4-7)$$

这里采用相对不确定度进行评定比较方便，但要求 $y\neq 0,x_i\neq 0$.

② 扩展不确定度的评定.

扩展不确定度 $U$ 由合成标准不确定度 $u_c(y)$ 乘以包含因子 $k$ 得到，按式（1-4-8）计算.

$$U=ku_c(y) \qquad (1-4-8)$$

测量结果可表示为 $Y=y\pm U$，被测量 $Y$ 的可能值以较高的概率落在区间 $[y-U,y+U]$ 内，即 $y-U\leqslant Y\leqslant y+U$.被测量的值落在区间内的概率取决于所取的包含因子 $k$ 的值，$k$ 值一般取 2 或 3.在通常的测量中，一般取 $k=2$.当取其他值时，应说明其来源.给出扩展不确定度 $U$ 时，一般应注明所取的 $k$ 值，若未注明，则指 $k=2$.

当 $y$ 和 $u_c(y)$ 所表征的概率分布近似为正态分布，且 $u_c(y)$ 的有效自由度较大的情况下，若 $k=2$，则由 $U=2u_c(y)$ 所确定的区间具有的包含概率约为 95%.若 $k=3$，则由 $U=3u_c(y)$ 所确定的区间具有的包含概率约为 99%.

如果要求接近于规定的包含概率 $P$ 的扩展不确定度时，扩展不确定度用符号 $U_P$ 表示，当 $P$ 为 0.95、0.99 时，分别表示为 $U_{95}$ 和 $U_{99}$. $U_P$ 由式（1-4-9）获得.

$$U_P=k_P u_c(y) \qquad (1-4-9)$$

$k_P$ 是包含概率为 $P$ 时的包含因子，可根据合成标准不确定度 $u_c(y)$ 的有效自由度 $\nu_{\text{eff}}$ 和需要的包含概率，结合分布情况（$t$ 分布、均匀分布等）得到.

（5）测量不确定度的报告.

对测量不确定度的陈述包括测量不确定度的分量及其计算和合成，称为测量不确定度报告（uncertainty budget）.完整的测量结果应报告被测量的最佳估计值、测量不确定度以及有关的信息.报告应尽可能详细，以便使用者正确地利用测量结果.

① 报告的基本内容.

通常在报告基础计量学研究、基本物理常量测量的结果时，使用合成标准不确定度，必要时给出其自由度.在报告其他测量结果时，都用扩展不确定度表示，并说明计算它时所依据的合成标准不确定度、自由度、包含概率及包含因子.

② 测量结果的表示.

（a）当用合成标准不确定度 $u_c(y)$ 报告时,可用以下形式之一表示测量结果.

例如,标准砝码的质量为 $m_s$,测量结果为 100.02147 g,合成标准不确定度 $u_c(m_s) = 0.35$ mg,则测量结果表示为:

i) $m_s = 100.02147$ g,合成标准不确定度 $u_c(m_s) = 0.35$ mg.

ii) $m_s = 100.02147(35)$ g,括号内的数是合成标准不确定度的值,其末位与前面结果内末位数对齐.

iii) $m_s = 100.02147(0.00035)$ g,括号内是合成标准不确定度的值,与前面的结果有相同的计量单位,常用于公布常数、常量.

（b）当用扩展不确定度 $U$ 或 $U_P$ 报告时,为了明确起见,推荐以下方式表示测量结果.

例如对于上述报告的标准砝码,测量结果为

用 $U$ 表示：$m_s = (100.02147 \pm 0.00070)$ g,$k = 2$.

用 $U_P$ 表示：$m_s = (100.02147 \pm 0.00079)$ g,$u_c(m_s) = 0.35$ g,$k_P = 2.26$,$P = 95\%$,$\nu_{\text{eff}} = 9$.

（c）不确定度也可以用相对不确定度表示,若相对合成标准不确定度为 $u_r$ 或 $u_{\text{rel}}$,若相对扩展不确定度则为 $U_r$ 或 $U_{\text{rel}}$.

例如对于上述报告的标准砝码,测量结果为

$$m_s = 100.02147 \text{ g}, \quad U_{95,r} = 7.9 \times 10^{-6} = 0.00079\%$$

③ 测量结果及不确定度有效数字.

估计值 $y$ 和它的合成标准不确定度 $u_c(y)$ 或扩展不确定度 $U$ 的数值都不应该给出过多的位数.通常最终报告的 $u_c(y)$ 和 $U$ 根据需要取一位或两位有效数字.

当不确定度有效数字的首位为 1 或 2 时,一般应给出两位有效数字,当不确定度有效数字的首位大于 2 时,可只取一位有效数字.对于评定过程中的各标准不确定度分量,为了在连续计算中避免修约误差导致不确定度可以适当保留多一些位数.最终报告的不确定度,一般采用常规修约规则（参见 GB/T 8170—2008）将数据修约到需要的有效数字.有时也可以将不确定度最末位后面的数都进位而不是舍去.例如若 $U = 28.05$ kHz 需取两位有效数字,则按常规修约规则修约后可写成 28 kHz,也可以写成 29 kHz.

一旦测量不确定度的有效数字确定后,在相同计量单位下,被测量的估计值应修约到其末位与不确定度的末位一致.例如,计算得到 $y = 10.05762 \ \Omega$,其不确定度 $U = 27$ m$\Omega$,测量结果表示为 $y = (10.058 \pm 0.027) \ \Omega$.

3. 测量不确定度的评定步骤及举例

（1）直接测量的评定步骤及举例.

对某一量 $x$ 作等精度（重复性）直接测量,得到一测量列 $x_1, x_2, \cdots, x_n$.数据处理应按以下步骤进行.

① 测量数据的预处理.

（a）系统误差的消除.

通过分析产生系统误差的因素,采用从根源上消除系统误差、设计合理的测量方法、加修正值等方式,消除系统误差对测量结果的影响.

（b）异常值的剔除.

根据粗大误差的判别准则,判别测量列中是否存在异常值.若发现异常值,应予以剔除,直至测量列中不存在异常值为止.

② 测量不确定度的评定.

无已定系统误差和粗差后,对直接测量列的处理主要包括以下几方面:

(a) 计算测量列算术平均值 $\bar{x}$.

$$\bar{x} = \frac{\sum\limits_{i=1}^{n} x_i}{n} \tag{1-4-10}$$

$\bar{x}$ 为测量结果的最佳估计值.

(b) 标准不确定度的 A 类评定.

以算术平均值的标准偏差计算,公式为

$$u_A(x) = s(\bar{x}) = \sqrt{\frac{\sum\limits_{i=1}^{n}(x_i - \bar{x})^2}{n(n-1)}} \tag{1-4-11}$$

(c) 标准不确定度 B 类评定.

本课程只考虑仪器误差的影响,标准不确定度 B 类分量为

$$u_B(x) = \frac{\Delta_{仪}}{\sqrt{3}} \tag{1-4-12}$$

(d) 合成标准不确定度与扩展不确定度.

假设不确定度各分量之间相互独立,则

合成标准不确定度

$$u_c(x) = \sqrt{u_A^2(x) + u_B^2(x)} \tag{1-4-13}$$

扩展不确定度

$$U = ku_c(x), \quad k=2 \tag{1-4-14}$$

(e) 测量结果表示.

若用合成标准不确定度作为测量不确定度,则测量结果为

$$X = \bar{x}, \quad u_c(x) = ? \tag{1-4-15}$$

若用扩展不确定度作为测量不确定度,则测量结果为

$$X = \bar{x} \pm U \tag{1-4-16}$$

③ 直接测量数据处理举例.

**例 1-4-1**  用量程为 0~25 mm 的一级螺旋测微器测钢球的直径 $d$.零点读数为 $-0.006$ mm,测量数据中不存在粗大误差,数据记录在表 1-4-2 中,求测量结果.

表 1-4-2  直径测量数据

| 测量次数 | 1 | 2 | 3 | 4 | 5 | 6 |
|---|---|---|---|---|---|---|
| $d$/mm | 3.115 | 3.122 | 3.119 | 3.117 | 3.120 | 3.118 |

**解:**(1) 直径的算术平均值为

$$\bar{d} = \frac{1}{6}\sum_{i=1}^{6} d_i = \frac{1}{6}(3.115+3.122+3.119+3.117+3.120+3.118) \text{ mm} = 3.1185 \text{ mm}$$

注意:为防止计算误差过大,多取 1 位有效数字.

由于螺旋测微器的零点不准,存在已定系统误差,修正后的算术平均值为

$$\bar{d} = [3.1185 - (-0.006)] \text{ mm} = 3.1245 \text{ mm}$$

(2) 标准不确定度 A 类评定

$$u_{\text{A}}(d) = s(\bar{d}) = \sqrt{\frac{\sum_{i=1}^{6} (d_i - \bar{d})^2}{n(n-1)}} = 0.00099 \text{ mm}$$

(3) 标准不确定度 B 类评定

按国家计量标准,测量范围为 0~25 mm 的一级螺旋测微器的仪器极限误差 $\Delta_{仪} = 0.004$ mm,故

$$u_{\text{B}}(d) = \frac{\Delta_{仪}}{\sqrt{3}} = \frac{0.004}{\sqrt{3}} \text{ mm} = 0.0023 \text{ mm}$$

(4) 合成标准不确定度

$$u_{\text{c}}(\bar{d}) = \sqrt{u_{\text{A}}^2(d) + u_{\text{B}}^2(d)} = \sqrt{0.00099^2 + 0.0023^2} \text{ mm} = 0.0025 \text{ mm}$$

(5) 扩展不确定度

$$U = ku_{\text{c}}(\bar{d}) = 2 \times 0.0025 \text{ mm} = 0.005 \text{ mm}$$

(6) 测量结果表示

$$d = (3.124 \pm 0.005) \text{ mm}, \quad k = 2$$

(2) 间接测量的评定步骤及举例.

若间接测量量 $y$ 与直接测量量 $x_1, x_2, \cdots, x_k$ 的函数关系为 $y = f(x_1, x_2, \cdots, x_k)$,间接测量量不确定度按以下方法与步骤进行评定.

① 间接测量量的最佳估计值.

先将各直接测量量 $x_i$ 的算术平均值 $\bar{x}_i$ 计算出来,代入间接测量量的函数关系式,则间接测量量的最佳估计值为

$$\bar{y} = f(\bar{x}_1, \bar{x}_2, \cdots, \bar{x}_k) \tag{1-4-17}$$

② 合成标准不确定度的评定.

首先计算各标准不确定度分量 $u_i = \dfrac{\partial f}{\partial x_i} u(x_i)$,如果各直接测量量之间是相互独立的,则合成标准不确定度

$$u_{\text{c}}(y) = \sqrt{\sum_{i=1}^{k} \left(\frac{\partial f}{\partial x_i}\right)^2 u^2(x_i)} \tag{1-4-18}$$

③ 扩展不确定度的评定.

若需要给出扩展不确定度,则将合成标准不确定度 $u_{\text{c}}(y)$ 乘以包含因子 $k$ 或 $k_P$,得到扩展不确定度,即

$$U = ku_{\text{c}}(y), \quad k = 2 \tag{1-4-19}$$

④ 测量结果表示.

若用合成标准不确定度作为测量不确定度,则测量结果为

$$Y = \bar{y}, \quad u_c(y) = ? \tag{1-4-20}$$

若用扩展不确定度作为测量不确定度,则测量结果为

$$Y = \bar{y} \pm U \tag{1-4-21}$$

⑤ 间接测量数据处理举例.

**例 1-4-2** 用一量程为 0~25 mm 的一级螺旋测微器测圆柱体的直径和高度各 6 次,测量数据如表 1-4-3.

表 1-4-3　圆柱体直径和高度的测量数据

| 测量次数 | 1 | 2 | 3 | 4 | 5 | 6 |
|---|---|---|---|---|---|---|
| 直径 $d$/mm | 6.075 | 6.087 | 6.091 | 6.060 | 6.085 | 6.080 |
| 高度 $h$/mm | 10.105 | 10.107 | 10.103 | 10.110 | 10.100 | 10.108 |

若测量数据无已定系统误差和粗大误差,试求该圆柱体的体积测量结果.

解:(1) 体积 $V$ 的最佳估计值.

直径 $d$ 的算术平均值 $\bar{d} = 6.0797$ mm,高度 $h$ 的算术平均值 $\bar{h} = 10.1055$ mm,则体积 $V$ 的最佳估计值为

$$V = \frac{\pi \bar{d}^2}{4} \bar{h} = 293.367 \text{ mm}^3$$

(2) 合成标准不确定度的评定.

分析测量方法可知,对体积测量不确定度影响显著的因素主要有:直径和高度的测量重复性引起的不确定度 $u_1$、$u_2$;测量仪器示值误差引起的不确定度 $u_3$.分析这些不确定度的特点,不确定度 $u_1$、$u_2$ 应采用 A 类评定,不确定度 $u_3$ 应采用 B 类评定.

① 直径 $d$ 的测量重复性引起的不确定度分量.

直径 $d$ 的测量标准不确定度

$$u(d) = s(\bar{d}) = \sqrt{\frac{\sum_{i=1}^{6} (d_i - \bar{d})^2}{6(6-1)}} = 0.0045 \text{ mm}$$

直径 $d$ 的灵敏系数 $\dfrac{\partial V}{\partial d} = \dfrac{\pi d}{2} h$,故直径 $d$ 的测量重复性引起的不确定度分量为

$$u_1 = \left| \frac{\partial V}{\partial d} \right| u(d) = 0.43 \text{ mm}^3$$

② 高度 $h$ 的测量重复性引起的不确定度分量.

高度 $h$ 的测量标准不确定度

$$u(h) = s(\bar{h}) = \sqrt{\frac{\sum_{i=1}^{6} (h_i - \bar{h})^2}{6(6-1)}} = 0.0015 \text{ mm}$$

高度 $h$ 的灵敏系数 $\dfrac{\partial V}{\partial h} = \dfrac{\pi d^2}{4}$,故高度 $h$ 的测量重复性引起的不确定度分量为

$$u_2 = \left| \frac{\partial V}{\partial h} \right| u(h) = 0.044 \text{ mm}^3$$

③ 测量仪器引起的不确定度分量.

按技术规程,所用一级螺旋测微器的极限误差 $\Delta_{仪}=0.004$ mm,按均匀分布,可计算得到测量仪器的标准不确定度为 $u=\dfrac{0.004}{\sqrt{3}}$ mm $=0.0023$ mm,测量直径和高度时引起的标准不确定度分量分别为

$$u_{3d}=\left|\frac{\partial V}{\partial d}\right|u,\quad u_{3h}=\left|\frac{\partial V}{\partial h}\right|u$$

由此引起的体积测量不确定度分量为

$$u_3=\sqrt{\left(\frac{\partial V}{\partial d}\right)^2+\left(\frac{\partial V}{\partial h}\right)^2}\,u=\sqrt{\left(\frac{\pi d}{2}h\right)^2+\left(\frac{\pi d^2}{4}\right)^2}\,u=0.23\ \text{mm}^3$$

④ 合成标准不确定度.

假设不确定度各分量之间相互独立,则体积测量的合成标准不确定度为

$$u(V)=\sqrt{u_1^2+u_2^2+u_3^2}=\sqrt{0.43^2+0.044^2+0.23^2}\ \text{mm}^3=0.5\ \text{mm}^3$$

(3) 扩展不确定度.

取 $k=2$,则扩展不确定度为

$$U=ku(V)=2\times0.5\ \text{mm}^3=1.0\ \text{mm}^3$$

(4) 测量结果表示.

用合成标准不确定度评定体积测量的不确定度,则测量结果为

$$V=293.4\ \text{mm}^3,\quad u(V)=0.5\ \text{mm}^3$$

用扩展不确定度评定体积测量的不确定度,则测量结果为

$$V=(293.4\pm1.0)\ \text{mm}^3,\quad k=2$$

# 1.5　有效数字及数据运算

由于测量误差的存在,所有的测量数据均为近似数,所得到的测量结果仅是真值的近似估计值,自然也是近似数.因此测量数据的处理从某种意义上来说就是近似数的运算,确定用几位数来表示测量和数据运算的结果是一个重要问题.如果认为,不论测量结果的准确度如何,在一个数据中小数点后面的位数越多,这个数据越准;或者在数据运算中,保留的位数越多,准确度越高,这种认识是片面的.对于一个近似数,若将不必要的数字写出来,既浪费时间,又无意义.反之,若随意简化近似数的数字也是错误的.一个近似数其近似程度都有一定的限度,在记录测量结果的数据位数或进行数据运算取值多少时,均应以测量所能达到的准确度为依据.

1. 有效数字的概念

有效数字(significant figure)是指能正确表达某量测量结果和测量准确度的一个近似数,由准确数字和可疑数字组成.如果该近似数的绝对误差限是最末位数的半个单位,那么从这个近似数左边第一个非零数字起到最末一位数字止的所有数字,都叫有效数字.

　　为了便于理解,举一例子加以说明.如图1-5-1所示,用分度值为1 mm的米尺测量一物体的长度,不同的测量者测得的结果不同,可能为2.56 cm、2.57 cm等.其中,前两位数是根据米尺的刻度准确读出的,不随观测者变化,是可靠的,称为准确数字;最后一位数是在两个刻度之间估计读出的,可能随观测者个人情况略有不同,显然是不准确的,称为可疑数字.尽管可疑数字不准确,但它能客观、合理地反映出该物体比2.5 cm长、比2.6 cm短的事实,是有效的.因此,测量结果的有效数字是由若干位准确数字和一位可疑数字组成的.

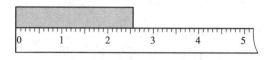

图1-5-1　长度测量示意图

　　从上面的测量结果可以看出,测量结果的有效数字位数由测量条件和被测量的大小共同决定.对于大小已定的量,测量仪器的准确度越高,有效数字位数越多.因此,有效数字可以在某种程度上反映出测量仪器的准确度.例如,上述物体的长度,用米尺测量是3位有效数字,而采用1/50游标卡尺测量,可得4位有效数字.当测量条件一定时,被测量越大,有效数字位数越多.

　　2. 学习有效数字应注意的几个问题

　　(1)直接测量量有效数字的读取.

　　由于有效数字与仪器的准确度是联系在一起的,进行直接测量,从仪器和量具上直接读数时,必须正确读取有效数字.总的读数原则是:应读到仪器产生误差的那一位,即除了读取整刻度数值外,还应进行整刻度以下的估读.特别是读取的数据数值恰好为整数时,则需在后面补"0",一直补到可疑位为止.例如,用图1-5-1中的米尺测量物体长度时,若物体的末端恰好与25 mm刻线对齐,则测量结果应记为2.50 cm,而不能写为2.5 cm.

　　(2)数字"0"在有效数字中的作用.

　　根据"0"在数据中的位置不同,它可能是有效数字,也可能不是有效数字.例如,0.03020 m这个数中共有4个"0",其中数字"3"前面的两个"0"只用来表示小数点位置,不是有效数字,而其余两个"0",即数字中间和末尾的"0"是有效数字.

　　既然数字末尾的"0"是有效数字,那么就不能在数字的末尾随意加"0"或去掉"0",否则物理意义将发生变化.要注意,一个物理量的测量值和数学上的一个数意义是不同的.数学上,0.0302 m与0.03020 m没有区别,但在物理上,0.0302 m $\neq$ 0.03020 m,因为0.03020 m中的"2"是准确测量出来的,是可靠的,而0.0302 m中的"2"则是可疑数字,是不准确的.

　　由于数字"3"前面的两个"0"只用来表示小数点位置,不是有效数字,那么数字0.03020 m、3.020 cm、30.20 mm的有效数字都是4位.

　　(3)单位换算时有效数字的确定.

　　在十进制单位进行换算时,有效数字的位数不应发生变化.例如,3.5 A的电流值,若用mA单位表示,不能写成3500 mA,而应采用科学记数法,写成$3.5\times10^{3}$ mA.

　　(4)常数的有效数字问题.

　　参与计算的常数,如$\sqrt{2}$、$\pi$、e、1/3等,其有效数字可以认为是无限的,它们参与计算时,取几位数可以根据需要选择,不影响结果有效数字的位数.

**3. 数字的修约规则**

对于位数很多的近似数,当有效位数确定后,其后面多余的数字应舍去,而保留的有效数字最末一位数字应按"四舍六入五凑偶"的原则进行,即:

(1)若舍去部分的数值,大于保留部分末位的半个单位,则舍去后末位加 1.

(2)若舍去部分的数值,小于保留部分末位的半个单位,则舍去后末位不变.

(3)若舍去部分的数值,等于保留部分末位的半个单位,则舍去后末位凑偶,即当末位为奇数时末位加 1,末位为偶数时保持不变.

例如,按照修约规则,将下面各个数据保留 4 位有效数字,结果为

大于 5,进位:$3.171623 \rightarrow 3.172$,　$4.376701 \rightarrow 4.377$

小于 5,舍去:$4.376499 \rightarrow 4.376$,　$2.717295 \rightarrow 2.717$

等于 5,凑偶:$5.101500 \rightarrow 5.102$,　$5.102500 \rightarrow 5.102$

按照上述修约规则修约数据,可保证数据的修约误差最小,在数据运算中不会因修约误差的累积而产生系统误差.

对于表示测量准确度的数据(如误差、测量不确定度),一般遵循只入不舍的修约规则.

**4. 数据运算规则**

在数据运算过程中,如果参与运算的量比较多,有效数字的位数又不一致,这时可采用以下规则进行运算:

(1)近似数加减运算.

应以参与运算各数据中小数位数最少的数据为准,其余各数据在中间计算过程中向后可多取一位,最后结果与小数点位数最少的那一数据的位数相同.例如,$71.3 - 0.753 + 6.262 + 271 = 71.3 - 0.8 + 6.3 + 271 = 347.8 = 348$.

(2)近似数乘除运算.

以参与运算各数据中有效数字位数最少的为准,其余数字在中间运算过程中可多取一位有效数字,最后结果的有效数字与有效数字位数最少的那个数相同.例如,$39.5 \times 4.08437 \times 0.0013 = 39.5 \times 4.08 \times 0.0013 = 0.21$.

(3)近似数乘方和开方运算.

结果的有效数字与该数据的有效数据位数相同.例如,$1.40^2 = 1.96$,$\sqrt{200} = 14.1$.

(4)对数函数、指数函数和三角函数运算.

对数函数运算结果的有效数字中,小数点后面的位数与真数的有效数字位数相同.例如,$\lg 1.983 = 0.2973$.指数函数运算结果的有效数字中,小数点后面的位数与指数中小数点后面的位数相同.例如,$10^{6.25} = 1.79 \times 10^6$;三角函数运算结果的有效数字的取法,可采用试探法来决定,即将自变量可疑位上下波动一个单位(或分度值),观察结果在哪一位上变化,结果的可疑位就取在该位上.例如,某角度测量值为 $20°6'$,如果角度测量仪的分度值为 $30''$,则 $\sin 20°6' = 0.343660$,$\sin 20°6'30'' = 0.343796$.比较可知,两者的差异出现在小数点后的第四位上,这一位可认为是可疑位.所以,结果应为 $\sin 20°6' = 0.3437$.

(5)自然数与常数的有效数字取法.

例如,球体的表面积 $S$ 与半径 $R$ 有关系式 $S = 4\pi R^2$.式中"4"是自然数,"$\pi$"是常数.自然数与常数不是测量得到的,不存在误差,故有效数字是无穷多位,在运算过程中其

有效数字位数,不能少于参与运算的各数据中有效数字位数最少的那个数据,一般可以多取一位.

以上所述有效数字的运算规则,只是一个基本原则.实际问题中,为了防止取舍所造成的误差过大,常常在运算过程中多取几位,特别是随着计算机和计算器的普及,这种处理不会带来太多的麻烦,只是在最后结果根据不确定度所在位进行截断即可.

# 1.6　数据处理的几种常用方法

数据处理是实验的重要组成部分,它贯穿于实验的始终,与实验操作、误差分析及评定形成一有机整体,对实验的成败、测量结果的准确度高低起着至关重要的作用.

数据处理的能力,往往代表着实验者水平的高低.高明的实验者可以利用精度不高的仪器,通过选择合适巧妙的数据处理方法,如作图法、列表法、逐差法和最小二乘法等,发现极其有价值的自然规律或自然界的新事物.因此,掌握基本的数据处理方法,提高数据处理的能力,对提高实验能力是非常有用的.

常用的数据处理方法包括以下几种.

1. 列表法

列表法是实验中常用的记录数据、表示物理量之间关系的一种方法.它具有记录和表示数据简单明了、便于表示物理量之间的对应关系、在测量和计算过程中可随时检查数据合理性、处理数据效率高等优点.列表的要求如下:

（1）表格应简单明了,便于表示物理量的对应关系,处理数据方便.

（2）表的上方写明表的序号和名称,表头栏中标明物理量、所用单位和量值的数量级等.

（3）表中所列数据应是正确反映结果的有效数字.

（4）测量日期、说明和必要的实验条件记录在表外.

例 1-6-1　用刚体转动法测量转动惯量的数据见表 1-6-1.

表 1-6-1　$r$-$t$ 对应数值表　　　　　　　　2020 年 12 月 31 日

| $t/\text{s}$ | | $r/\text{cm}$ | | | | |
|---|---|---|---|---|---|---|
| | | 1.00 | 1.50 | 2.00 | 2.50 | 3.00 |
| $n$ | 1 | 13.50 | 8.80 | 6.70 | 5.65 | 4.59 |
| | 2 | 13.45 | 8.88 | 6.80 | 5.60 | 4.50 |
| | 3 | 13.47 | 8.85 | 6.70 | 5.67 | 4.54 |
| | 4 | 13.44 | 8.85 | 6.73 | 5.65 | 4.57 |
| | 5 | 13.43 | 8.87 | 6.75 | 5.63 | 4.55 |
| $\bar{t}$ | | 13.46 | 8.85 | 6.74 | 5.64 | 4.55 |
| $\dfrac{1}{\bar{t}}\Big/\text{s}^{-1}$ | | 0.07430 | 0.113 | 0.148 | 0.177 | 0.220 |

注:$r$—绕线半径;$t$—下落时间.

2. 作图法

（1）作图法的优点.

① 能够直观地反映各物理量之间的变化规律，帮助实验者找出合适的经验公式.

② 可从图上用外延、内插等方法求得实验点以外的其他点.

③ 可以消除某些定值系统误差.

④ 具有取平均、减小随机误差的作用.

⑤ 通过作图还可以对实验中出现的粗差作出判断.

（2）作图要求.

① 根据各量之间的变化规律，选择相应类型的坐标纸，如毫米直角坐标纸、双对数坐标纸、单对数坐标纸等；坐标纸的大小要适中，一般应根据测量数据的有效数字来确定.

② 正确选择坐标比例及坐标原点，使图线能均匀位于坐标纸中间；两坐标轴的交点可以不为零.

③ 写明图名及各坐标轴所代表的物理量、单位和数值的数量级.

④ 描点时应采用"×""△""○"等比较明显的标识符号.

⑤ 对变化规律容易判断的曲线以平滑线连接，曲线不必通过每个实验点，各实验点应均匀分布在曲线两边；难以确定规律的曲线可以用折线连接.图 1-6-1 和图 1-6-2 给出了两种不同连线方法的例子.

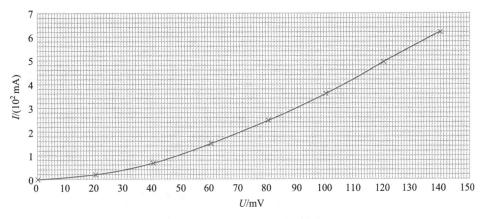

图 1-6-1　小灯泡伏安特性曲线

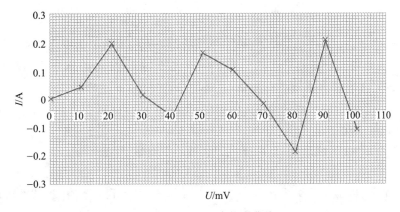

图 1-6-2　电压表校准曲线

（3）作图法的应用.

作图法的应用主要表现在以下两方面.

① 判断各量的相互关系——图示法.

在没有完全掌握科学实验的规律,或还没有找出合适的函数表达式时,作图法是找出函数关系式并求得经验公式的最常用的方法之一.如在二极管的伏安特性曲线、电阻的温度变化曲线等图中,各量之间的相互关系都可清楚地表示出来.

② 图上求未知量——图解法.

（a）从直线上求物理量.

线性关系的函数中,通过斜率和截距,往往可求得未知量.例如,匀速直线运动 $s = s_0 + vt$,若作 $s$–$t$ 关系直线,其斜率就是速度,截距就是运动物体的初始位置.因此,从直线上可以通过求斜率和截距来获取未知量.

求斜率时,从直线上接近两端取两点 $(x_1, y_1)$ 和 $(x_2, y_2)$,应避免使用实验点,则斜率为

$$k = \frac{y_2 - y_1}{x_2 - x_1} \qquad (1\text{-}6\text{-}1)$$

把图线延长到 $x = 0$ 时,$y$ 的值即为截距.如果 $x$ 坐标轴的起点不为零,则可利用图线上第三点的数据 $(x_3, y_3)$,代入公式 $y = a + kx$ 求出截距 $a$,即

$$a = y_3 - \frac{y_2 - y_1}{x_2 - x_1} x_3 \qquad (1\text{-}6\text{-}2)$$

（b）非线性函数中未知量的求法——曲线改直问题.

物理实验中经常遇到的图线类型如表 1-6-2 所示.由于直线是最能够精确绘制的图线,因而总希望通过坐标代换将非直线变成直线.这被称为曲线改直技术.

表 1-6-2　常见图线类型

| 图线类型 | 方程式 | 例子 | 物理公式 |
|---|---|---|---|
| 直线 | $y = ax + b$ | 金属棒的热膨胀 | $L_t = (L_0 a) t + L_0$ |
| 抛物线 | $y = ax^2$ | 单摆的摆动 | $L = gT^2/4\pi^2$ |
| 双曲线 | $xy = a$ | 玻意耳定律 | $pV = $ 常量 |
| 指数函数曲线 | $y = Ae^{-Bx}$ | 电容器放电 | $q = Qe^{-\frac{t}{RC}}$ |

如表 1-6-2 所示,单摆的摆动一例中,单摆的摆长 $L$ 随周期 $T$ 的变化关系,具有 $y = ax^b$ 的形式（$a$、$b$ 为常量）.若观测单摆的周期 $T$ 随摆长 $L$ 的变化,可得到一系列数据 $(T_i, L_i)$ $(i = 1, 2, \cdots, n)$.在直角坐标纸上画出 $L$–$T$ 曲线,则得到一条抛物线.如用 $L$ 作纵轴、$T^2$ 作横轴,将得到一条通过原点的直线,其斜率等于 $g/(4\pi^2)$,从图上求出斜率后,可以计算出实验所在地的重力加速度.

对上述 $y = ax^b$ 的函数形式,也可以将方程两边取对数,得到

$$\lg y = b \cdot \lg x + \lg a$$

在直角坐标纸上,以 $\lg y$ 为纵坐标、$\lg x$ 为横坐标作图,可得到一条直线,从而可以求出系数 $a$ 和 $b$.

再如,电容器的放电过程中,$q$-$t$ 关系 $q=Q\mathrm{e}^{-\frac{t}{RC}}$,具有 $y=A\mathrm{e}^{Bx}$ 的形式,$A$、$B$ 为常量.对这种形式的函数,两边取对数得到

$$\ln y = Bx + \ln A$$

显然,$\ln y$ 和 $x$ 间具有线性关系,在直角坐标纸上呈现一条直线.通过求斜率和截距可以求出常量 $A$ 和 $B$.对于其他较为复杂的关系式,我们也可用类似的方法处理.

③ 作图举例.

**例 1-6-2**　为确定电阻随温度变化的关系式,测得不同温度下的电阻值如表 1-6-3 所示,试用作图法作出 $R$-$t$ 关系曲线,并确定关系式 $R=a+bt$.

表 1-6-3　$R$-$t$ 对应数值表

| $t/℃$ | 19.1 | 25.0 | 30.1 | 36.0 | 40.0 | 45.1 | 50.0 |
|---|---|---|---|---|---|---|---|
| $R/\Omega$ | 76.30 | 77.80 | 79.75 | 80.80 | 82.35 | 83.90 | 85.10 |

解:选用直角坐标纸作图,横坐标表示温度,最小刻度为 1.0 ℃;纵坐标表示电阻 $R$,最小刻度为 0.1 Ω.所得图像如图 1-6-3 所示.

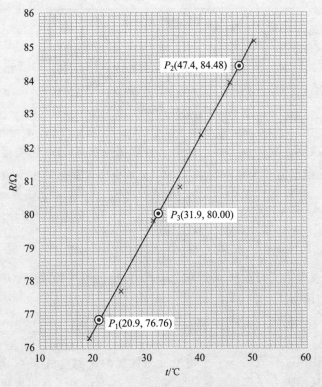

图 1-6-3　电阻随温度变化曲线

在图中直线上任选两点 $P_1(20.9,76.76)$ 和 $P_2(47.4,84.48)$,由式(1-6-1)得到斜率

$$b = \frac{84.48\ \Omega - 76.76\ \Omega}{47.4\ ℃ - 20.9\ ℃} = 0.291\ \Omega/℃$$

由于图中无 $t=0$ 点,将第三点 $P_3(31.9,80.00)$ 代入式 (1-6-2),得到截距

$$a=80.00\ \Omega-0.291\times31.9\ \Omega=70.72\ \Omega$$

因此电阻与温度的关系为

$$R=(70.72+0.291t)\ (\Omega)$$

式中 $t$ 的单位为℃.

### 3. 逐差法

所谓逐差法,就是把测量数据中的因变量进行逐项相减或按顺序分为两组进行对应项相减,然后将所得差值进行数据处理的方法.逐差法是实验中常用的一种数据处理方法,特别是当变量之间存在多项式关系,且自变量等间距变化时,这种方法更显现出它的优点和方便.

(1) 逐差法的主要应用及特点.

下面以一个例子来说明.

例 1-6-3    用伏安法测电阻,所得数据如表 1-6-4 所示.

表 1-6-4    伏安法测电阻数据表

| $i$ | 1 | 2 | 3 | 4 | 5 | 6 |
|---|---|---|---|---|---|---|
| $U_i/\text{V}$ | 0 | 2.00 | 4.00 | 6.00 | 8.00 | 10.00 |
| $I_i/\text{mA}$ | 0 | 3.85 | 8.15 | 12.05 | 15.80 | 19.90 |
| $\Delta_1 I=(I_{i+1}-I_i)/\text{mA}$ | 3.85 | 4.30 | 3.90 | 3.75 | 4.10 | — |
| $\Delta_3 I=(I_{i+3}-I_i)/\text{mA}$ | 12.05 | 11.95 | 11.75 | — | — | — |

解:通过逐项逐差公式 $\Delta_1 I=I_{i+1}-I_i$ 得表中第四行数据.通过逐项逐差,使原来在不同电压下测得的电流值变为在相同电压 $\Delta U=2$ V 下多次测量的电流值,最佳估计值即算术平均值为

$$\overline{\Delta_1 I}=\frac{\sum_{i=1}^{n-1}\Delta_1 I_i}{n-1}=\frac{I_6-I_1}{5}$$

隔三项逐差,得表中第五行数据.通过隔三项逐差,得到电压每改变 $\Delta U=6$ V 时电流改变值的算术平均值为

$$\overline{\Delta_3 I}=\frac{(I_4-I_1)+(I_5-I_2)+(I_6-I_3)}{3}$$

可以看出,逐项逐差值的算术平均值只与首尾两次测量值有关,其他值在运算过程中相互抵消,从而失去了多次测量的意义,因此逐项逐差不宜用来求未知量.而隔三项逐差则充分利用了所有数据,可大大降低随机误差对结果的影响.同样可以证明,隔两项逐差仍不能充分利用数据.所以,数据处理应按隔三项(即 $n/2$ 项)逐差进行,$\overline{\Delta_3 I}=$ 11.92 mA.

由欧姆定律可得电阻

$$R = \frac{\Delta U}{\Delta_3 I} = \frac{6.00}{11.92 \times 10^{-3}} \, \Omega = 503 \, \Omega$$

还可以看出,逐项逐差结果 $\Delta_1 I$ 值趋于某一常量,这与 $I$、$U$ 所遵循的线性关系有关.可以证明,如果变量之间关系式为二次多项式形式,则在一次逐项逐差的基础上进行逐项逐差所得值也趋于某一常量.因此,往往用逐项逐差来验证多项式的形式,即若一次逐项逐差值趋于某一常量,则说明变量间具有线性关系;若经两次逐项逐差值趋于某一常量,变量之间具有二次多项式形式;依此类推.

综上所述,逐差法具有以下应用特点:

① 可以用来验证多项式的形式.

② 可用于计算线性函数的斜率或截距,并由此求取物理量.

③ 充分利用了测量所得的数据,对数据具有取平均的效果.

④ 可以消除一些已定系统误差,如电流表的零点误差.

（2）逐差法的应用条件.

在具备以下两个条件时,可以用逐差法处理数据.

① 函数为多项式形式,即

$$y = a_0 + a_1 x + a_2 x^2 + a_3 x^3 + \cdots \tag{1-6-3}$$

或经过变换可以写成以上形式的函数.如弹簧振子的周期公式 $T = 2\pi\sqrt{m/k}$,可以写成 $T^2 = \frac{4\pi^2}{k} m$,$T^2$ 是 $m$ 的线性函数.再如阻尼振动的振幅衰减公式 $A = A_0 e^{-\beta t}$,可以写成 $\ln A = \ln A_0 - \beta t$,$\ln A$ 是 $t$ 的线性函数等.

② 自变量 $x$ 是等间距变化,即

$$x_{i+1} - x_i = 常量 \tag{1-6-4}$$

4. 最小二乘法

根据前面的介绍,我们知道了作图法或逐差法都可以用来确定两个物理量之间的函数关系.然而,两者也都存在着某些不足和限制.不同的人用相同的实验数据作图,由于主观性,他们拟合出的直线(或曲线)往往是不一致的,因此通过斜率或截距计算的结果也是不同的;逐差法也受到函数形式和自变量变化要求的限制.相比而言,最小二乘法是更严格、准确度更高的一种数据处理方法.

最小二乘法是回归分析法的重要环节,是建立在数理统计理论基础之上的一种方法,被广泛地应用在工程和实验技术等方面.一个完整的回归分析过程应包括回归方程的假设、方程系数的确定、回归方程合理性分析和检验等三个环节.限于本课程教学要求,在此只讨论如何用最小二乘法确定方程中的系数,而且只讨论一元线性函数.

（1）最小二乘原理.

所谓最小二乘原理就是在满足各残差平方和最小的条件下得到的未知量值为最佳值.用公式表示为

$$\sum_{i=1}^{n} (x_i - x_{最佳})^2 = \min \tag{1-6-5}$$

最小二乘中的"二"指的是平方.

（2）用最小二乘法进行线性拟合.

设已知函数形式为

$$y = a + bx \tag{1-6-6}$$

在等精度测量条件下得到一组测量数据为

$$x_1, x_2, \cdots, x_n$$

$$y_1, y_2, \cdots, y_n$$

由此得到 $n$ 个观测方程：

$$y_1 = a + bx_1$$

$$y_2 = a + bx_2$$

$$\cdots\cdots\cdots\cdots$$

$$y_n = a + bx_n$$

一般情况下，为减小随机误差，观测方程个数大于未知量的数目，$a$、$b$ 的解不确定.因此，如何从这 $n$ 个观测方程中确定出 $a$、$b$ 的最佳值，或者说如何从以 $x_i$、$y_i (i = 1, 2, \cdots, n)$ 为实验点画出的直线中确定出最佳直线是关键问题.使用最小二乘法可以解决这个问题.

假定最佳直线方程为

$$y = a_0 + b_0 x \tag{1-6-7}$$

式中，$a_0$ 和 $b_0$ 为直线方程的最佳系数.为了简化，设测量中 $x$ 方向的误差远小于 $y$ 方向的，可以忽略，只研究 $y$ 方向的差异.则有

$$\delta y_i = y_i - (a_0 + b_0 x_i) \quad (i = 1, 2, \cdots, n) \tag{1-6-8}$$

根据最小二乘法原理，系数 $a_0$、$b_0$ 的最佳值应满足

$$\sum_{i=1}^{n} (\delta y_i)^2 = \sum_{i=1}^{n} (y_i - a_0 - b_0 x_i)^2 = \min \tag{1-6-9}$$

要使上式成立，显然应有

$$\frac{\partial}{\partial a_0}\left[ \sum_{i=1}^{n} (\delta y_i)^2 \right] = 0 \quad 及 \quad \frac{\partial}{\partial b_0}\left[ \sum_{i=1}^{n} (\delta y_i)^2 \right] = 0$$

将式（1-6-9）代入，整理后得以下方程组：

$$\begin{cases} na_0 + b_0 \sum\limits_{i=1}^{n} x_i = \sum\limits_{i=1}^{n} y_i \\ a_0 \sum\limits_{i=1}^{n} x_i + b_0 \sum\limits_{i=1}^{n} x_i^2 = \sum\limits_{i=1}^{n} x_i y_i \end{cases} \tag{1-6-10}$$

或

$$\begin{cases} a_0 + b_0 \bar{x} = \bar{y} \\ a_0 \bar{x} + b_0 \overline{x^2} = \overline{xy} \end{cases} \tag{1-6-11}$$

式中，$\bar{x} = \dfrac{1}{n} \sum\limits_{i=1}^{n} x_i, \bar{y} = \dfrac{1}{n} \sum\limits_{i=1}^{n} y_i, \overline{x^2} = \dfrac{1}{n} \sum\limits_{i=1}^{n} x_i^2, \overline{xy} = \dfrac{1}{n} \sum\limits_{i=1}^{n} x_i y_i$.

求解方程组（1-6-11）得

$$a_0 = \frac{\bar{x} \cdot \overline{xy} - \bar{y} \cdot \overline{x^2}}{\bar{x}^2 - \overline{x^2}} \tag{1-6-12}$$

$$b_0 = \frac{\overline{x} \cdot \overline{y} - \overline{xy}}{\overline{x}^2 - \overline{x^2}} \tag{1-6-13}$$

由 $a_0$、$b_0$ 所确定的方程即是最佳直线方程.

（3）最小二乘法应用举例.

例 1-6-4　根据例 1-6-2 数据,试用最小二乘法确定关系式 $R = a + bt$.

解:列表(如表 1-6-5 所示),计算出 $\sum\limits_{i=1}^{n} t_i$、$\sum\limits_{i=1}^{n} R_i$、$\sum\limits_{i=1}^{n} t_i^2$、$\sum\limits_{i=1}^{n} R_i t_i$.

表 1-6-5　用最小二乘法处理数据表

| $n$ | $t/℃$ | $R/\Omega$ | $t^2/(℃)^2$ | $R \cdot t/(\Omega \cdot ℃)$ |
|---|---|---|---|---|
| 1 | 19.1 | 76.30 | 365 | 1457 |
| 2 | 25.0 | 77.80 | 625 | 1945 |
| 3 | 30.1 | 79.75 | 906 | 2400 |
| 4 | 36.0 | 80.80 | 1296 | 2909 |
| 5 | 40.0 | 82.35 | 1600 | 3294 |
| 6 | 45.1 | 83.90 | 2034 | 3784 |
| 7 | 50.0 | 85.10 | 2500 | 4255 |
| 合计 | $\sum\limits_{i=1}^{7} t_i = 245.3$ | $\sum\limits_{i=1}^{7} R_i = 566.00$ | $\sum\limits_{i=1}^{7} t_i^2 = 9326$ | $\sum\limits_{i=1}^{7} R_i t_i = 20044$ |

由表 1-6-5 可得

$$\overline{t} = \frac{\sum\limits_{i=1}^{7} t_i}{n} = \frac{245.3}{7} ℃ = 35.04 ℃$$

$$\overline{R} = \frac{\sum\limits_{i=1}^{7} R_i}{n} = \frac{566.00}{7} \Omega = 80.857 \Omega$$

$$\overline{t^2} = \frac{\sum\limits_{i=1}^{7} t_i^2}{n} = \frac{9326}{7} ℃^2 = 1332.3 ℃^2$$

$$\overline{Rt} = \frac{\sum\limits_{i=1}^{7} R_i t_i}{n} = \frac{20044}{7} \Omega \cdot ℃ = 2863.4 \Omega \cdot ℃$$

$a$、$b$ 的最佳值 $a_0$、$b_0$ 为

$$a_0 = \frac{\overline{t} \cdot \overline{Rt} - \overline{R} \cdot \overline{t^2}}{\overline{t}^2 - \overline{t^2}} = \frac{35.04 \times 2863.4 - 80.857 \times 1332.3}{35.04^2 - 1332.3} \Omega = 70.74 \Omega$$

$$b_0 = \frac{\overline{t} \cdot \overline{R} - \overline{Rt}}{\overline{t}^2 - \overline{t^2}} = \frac{35.04 \times 80.857 - 2863.4}{35.04^2 - 1332.3} \Omega/℃ = 0.289 \Omega/℃$$

待求关系式为

$$R = 70.74 \ \Omega + 0.289 \ \Omega \cdot {}^{\circ}\text{C}^{-1} \cdot t$$

# 思考与讨论

1. 举例说明什么是直接测量？什么是间接测量？

2. 误差主要分哪几大类？举例说明.

3. 学习有效数字时应注意哪些问题？

4. 简述有效数字的修约规则.

5. 正态分布的误差有什么特点？

6. 误差与不确定度有什么区别和联系？

7. 简述直接测量和间接测量数据处理的主要步骤.

8. 作图时应注意哪些问题？如何从直线上求斜率和截距？

9. 用逐差法处理数据有什么优点？其应用条件有哪些？

10. 与作图法、逐差法相比，最小二乘法处理数据有什么优点？

# 习　　题

1. 指出下列各量有效数字的位数.

（1）$U = 1.000$ kV

（2）$L = 0.000123$ mm

（3）$m = 10.010$ kg

（4）自然数 4

2. 判断下列写法是否正确，并对错误的加以改正.

（1）$I = 3.5\text{A} = 3500$ mA

（2）$m = (53.3+0.3)$ kg

（3）$x = (4.325 \pm 0.004)$ A

（4）$L = (10.8000 \pm 0.2)$ cm

（5）$g = (9.805 \pm 0.0002)$ m/s$^2$

（6）$t = (60.658 \pm 0.0062)$ s

3. 试按有效数字修约规则，将下列各数据保留三位有效数字.

　3.8547，　2.3429，　1.5451，　3.8750，　5.4349，　7.6850，　3.6612，　6.2638

4. 按有效数字的确定规则，计算下列各式.

（1）$98.765 + 1.3$

（2）$237.5 \div 0.10$

（3）$\dfrac{50.00 \times (18.30 - 16.3)}{(103 - 3.0) \times (1.00 + 0.001)}$

（4）$\dfrac{100.0 \times (5.6 + 4.412)}{(78.00 - 77.00) \times 10.000} + 110.0$

5. 分别写出下列各式的不确定度传播公式，假定各量之间不相关.

（1）$Q = \dfrac{1}{2} K (A^2 + B^2)$（$K$ 为常量）

（2）$N = \dfrac{1}{A}(B - C)D^2 - \dfrac{1}{2}F$

（3）$f = \dfrac{A^2 - B^2}{4A}$                    （4）$V = \dfrac{\pi d^2 h}{4}$

（5）$E = \dfrac{8FLD}{\pi d^2 b \Delta_n}$                （6）$\alpha = \dfrac{L - l}{L(T - t)}$

6. 用螺旋测微器（仪器误差为±0.004 mm）测量一钢球直径 6 次，测量数据分别为 14.256 mm、14.278 mm、14.262 mm、14.263 mm、14.258 mm、14.272 mm；用天平（仪器误差为±0.06 g）测量它的质量 1 次，测量值为 11.84 g，试求钢球密度的最佳值与不确定度.

7. 计算 $\rho = \dfrac{4m}{\pi D^2 H}$ 的结果及不确定度，并分析 $m$、$D$、$H$ 三个直接测量量中哪个量的不确定度对间接测量量 $\rho$ 的不确定度影响最大. 其中，$m = 236.124$ g，$u(m) = 0.002$ g，$D = 2.345$ cm，$u(D) = 0.005$ cm；$H = 8.210$ cm，$u(H) = 0.010$ cm.

8. 根据公式 $l_T = l_0(1 + \alpha T)$ 测量某金属丝的线膨胀系数 $\alpha$. $l_0$ 为金属丝在 0 ℃时的长度. 实验测得温度 $T$ 与对应的金属丝的长度 $l_T$ 数据如下表所示.

| $T/℃$ | 23.3 | 32.0 | 41.0 | 53.0 | 62.0 | 71.0 | 87.0 | 99.0 |
|---|---|---|---|---|---|---|---|---|
| $l_T/\text{mm}$ | 71.0 | 73.0 | 75.0 | 78.0 | 80.0 | 82.0 | 86.0 | 89.1 |

试用图解法求 $\alpha$ 和 $l_0$ 的值.

9. 示波管磁偏转实验中，偏转距离与电流的数据如下表所示.

| $I/\text{mA}$ | 6.0 | 10.5 | 15.5 | 21.0 | 26.2 | 31.6 | 36.8 | 42.1 |
|---|---|---|---|---|---|---|---|---|
| $L/\text{mm}$ | 5.0 | 10.0 | 15.0 | 20.0 | 25.0 | 30.0 | 35.0 | 40.0 |

试用逐差法求出 $I$-$L$ 之间的关系式.

10. 已知某两个量 $u$ 与 $L$ 之间满足关系 $L = ku + b$，测量数据如下表所示.

| $u/(\times 10^3)$ | 8.75 | 19.43 | 30.52 | 41.86 | 52.71 | 63.44 |
|---|---|---|---|---|---|---|
| $L/(\times 10^{-2})$ | 0.72 | 5.70 | 10.81 | 15.69 | 20.71 | 25.83 |

用最小二乘法计算出 $u$ 与 $L$ 的关系式.

# 本章参考文献

# 第 2 章
## 物理实验的基本测量方法与操作技术

# 第 2 章
## 物理实验的基本测量方法与操作技术

## 2.1　物理实验的基本测量方法

测量方法是对测量过程中使用的操作所给出的逻辑性安排的一般描述,是测量时所采用的测量原理、计量器具和测量条件的综合,亦即获得测量结果的方式.因使用目的、学科领域的不同,其内容广泛,分类方式多样.在此,仅介绍物理实验中遇到的几种基本测量方法,有些方法之间存在必然的联系,并在其他学科领域具有普适性.

1. 比较测量法

比较测量法是物理实验中最普遍、最基本的测量方法,它是通过将被测量与标准量进行比较来确定测量值的.测量装置称为比较系统.因比较方式不同,比较测量法又可分为直接比较法和间接比较法两种.

（1）直接比较法.

直接比较法是将被测量与同类物理量的标准量具直接比较的测量方法,如用米尺测长度、用天平测质量、利用平衡法(如电势差计、电桥等)通过和标准电压或标准电阻的比较测电压或电阻等.直接比较法的特点是标准量与被测量的量纲相同,且简便实用、准确,它几乎存在于一切物理量测量中.但它也有一定的局限性,即它要求标准量必须与被测量有相同的量纲且大小可比拟,例如,用米尺可以测定桌椅的尺寸,却不能测量原子的间距.

直接比较法的测量准确度取决于标准量具(或测量仪器)的准确度.因此,标准量具和测量仪器一定要定期校准,还要按照规定条件使用,否则就会产生较大的系统误差.

（2）间接比较法.

很多情况下,被测量是无法直接比较的,只能利用某些关系将它们转换成能够直接比较的物理量进行测量,这就是间接比较法.间接比较法是测量中应用更为普遍的比较法,是直接比较法的延续与补充.例如,指针式电压表、电流表是采用通电线圈在磁场中受到的电磁力矩与游丝的扭转力矩平衡时,电流的大小与电表指针的偏转角度之间有一一对应关系而制成的,从而可以用电表指针的偏转量测量电路中的电压或电流;再如,利用物体体积膨胀制成的温度计可用于测量温度.虽然它们能直接读出结果,但根据其测量原理它们应属间接比较.

应指出,间接比较法是以物理量之间的函数关系为依据的.为了使测量更加方便、准确,在可能的情况下,应尽量将上述物理量之间的关系转换呈线性关系,使读数能用均匀刻度的量具实现.例如,磁电式电表为了使电流与偏转角之间呈线性关系,设计时在线圈

中加一铁芯,使磁场由横向变为轴向,得到线圈转角 $\varphi$(或偏转格数 $n$)正比于电流 $I$,即

$$I = \frac{D}{BNS}\varphi$$

这样,便可在表盘上刻以均匀刻线,使读数比较方便准确.

有时,只有标准量具还不够,我们还需要借助其他的仪器设备或装置,即组成比较系统,使被测量与标准量具能够实现比较.例如,只有标准电池不能测量电压,还需要电势差计及其他附属配件组成比较系统来测量电压.

测量中常用的互换法、置换法是将被测量与标准量换位测量来消除系统误差的方法,它们都可视为比较法,但它们的特点是异时比较.广义来讲,所有的物理量测量都是被测量与标准量进行比较的过程,只不过有时比较形式不明显.比较法是各种测量方法中最基本、最重要的方法.

2. 放大测量法

当被测量或被测信号数值过小、无法测准时,我们可以通过某种途径将其放大再进行测量,这种方法称为放大法.由于被测物理量不同,放大的原理和方法也不同,常用的放大法有以下几种.

(1) 累积(计)放大法.

例如,要直接用毫米尺测出一根很细的金属丝的直径是很困难的.这时,可以把它密绕在一个光滑且直径均匀的圆柱体上.用毫米尺测量 $n$ 匝金属丝的长度 $L$,则 $L/n$ 就是金属丝的直径,$n$ 就是放大倍数;再如,测定单摆振动周期、劈尖干涉条纹间距或光栅常量等时,因被测量值比较小,故我们都可以将原被测量扩大 $n$ 倍,变为较大的被测量后再进行测量.这种方法即称为累积(计)放大法.

累积(计)放大法的特点:不需要改变测量仪器的准确度,而使仪器示值误差对测量结果的影响大为降低(降为 $1/n$),因而提高了测量准确度.这种方法适用于被测量值比较小,可以放大测量的情况.

(2) 机械放大法.

机械放大法是利用机械部件之间的几何关系,将被测量进行放大测量的方法.例如,螺旋测微器由主尺与鼓轮组成,将沿螺距的移动转化为沿周长的移动.若螺距为 0.5 mm,鼓轮上划分 50 格,则放大倍数为 100.由于放大作用提高了测量仪器的分辨率,由 1.0 mm 提高到 0.01 mm,从而提高了测量准确度.读数显微镜、迈克耳孙干涉仪中都用到了螺旋放大原理;再如,游标卡尺也利用放大原理,将主尺上的 1.0 mm 放大为游标上的 $n$ 格,$n$ 一般为 10、20 或 50,仪器的分辨率分别提高到 0.1 mm、0.5 mm、0.02 mm.

(3) 电学放大法.

借助于电路或电子仪器将微弱的电信号放大后进行测量的方法,就是电学放大法.电学放大法中有直流放大法和交流放大法,有单级放大法和多级放大法,放大率可以远高于其他放大方式.为了避免失真,要求电学放大的过程应尽可能是线性放大,而且要求抗外界干扰(温度、湿度、振动、电磁场影响)性能好,工作稳定,不发生漂移.

(4) 光学放大法.

光学中利用透镜和透镜组的放大构成的各种光学仪器,既可"望远",又可"显微",已成为精密测量中必不可少的工具.光学显微镜就是光学放大仪器的典型例子,它的放大倍

数最高可以达到 1000.除了直接进行光学放大外,也可以利用光学原理进行转换放大,例如,"用静态拉伸法测量金属材料的杨氏模量"实验中用到的光杠杆法就是典型一例.

3. 平衡测量法

平衡是物理学上的一个重要概念.通过满足某种平衡条件实现对物理量的测量的方法就称为平衡测量法.天平利用力学平衡原理实现了物体质量的测量.单臂电桥利用电流、电压等电学量之间的电学平衡,可以用于测量电阻.同样,稳态法也是平衡法在物理测量中的具体应用,是物理实验中经常采用的测量方法.当物理系统处于静态或动态平衡时,系统内的各项参量不随时间变化.利用这一状态进行的测量就是稳态测量.例如,在用稳态法测量不良导体的导热系数时,只有在稳定条件下,才满足导热速率等于散热速率这一关系,这是稳态法测导热系数的基本条件.

4. 补偿测量法

若某测量系统受某种作用产生 A 效应,同时受另一种同类作用产生 B 效应,如果 B 效应的存在使 A 效应显示不出来,就叫 B 对 A 进行了补偿.利用这一原理进行物理量测量的方法就称为补偿测量法.补偿法大多用在补偿测量和补偿校正系统误差两个方面,往往与比较法结合使用.

完整的补偿测量系统由被测量装置、补偿装置、测量装置和指零装置组成.被测量装置产生需被测量的效应,要求被测量尽量稳定,便于补偿.补偿装置产生补偿效应,要求补偿量值准确、达到设计精度.测量装置将被测量与补偿量联系起来进行比较.指零装置是一个比较仪器,由它来判断被测量与补偿量是否达到完全补偿.

电势差计是测量电动势和电势差的主要仪器,其中就用到了补偿原理和比较法,使得测量准确度大为提高.如果用电压表测量电源的电动势,由于有电流产生,使得电源内阻有压降,实际测得是电源的端电压而非电动势.电势差计的基本原理如图 2-1-1 所示.$E_0$ 为一连续可调的标准电动势(或电压),而 $E_x$ 为被测电动势.若调节 $E_0$ 使检流计 G 指零,回路中电流为零,则有 $E_x = E_0$.$E_x$ 产生的效应与 $E_0$ 产生的效应相补偿.

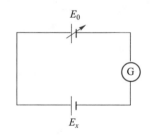

图 2-1-1　电势差计
基本原理图

另外,在一些测量中,由于存在某些不合理因素而产生系统误差,且无法排除.于是人们想办法制造另一种因素去补偿不合理因素的影响,使得这种影响减弱、消失或对测量结果无影响,这个过程就是用补偿法校正系统误差.例如,箱式电势差计中的温度补偿、迈克耳孙干涉仪中的光路补偿等.

5. 模拟测量法

模拟测量法是以相似理论为基础,不直接研究自然现象或过程的本身,而用与这些自然现象或过程相似的模型来进行研究的一种方法,一般可以分为以下两种类型.

(1)物理模拟法.

物理模拟法是在相同物理本质的前提下,对物理现象或过程的模拟.例如,在风洞实验中,通过在风洞中放置飞机或其他飞行器模型,可以研究飞机或飞行器在大气中的飞行;在水洞实验中,通过在水洞中放置舰船模型,可以研究舰船在海洋(或湖泊)中的运行;用光测弹性法可模拟工件内部应力分布情况;人造太空舱可用于培训宇航员等.这种方法的特点是能在较短的时间内,以较小的代价,方便可靠地取得有关数据.

（2）数学模拟法.

数学模拟法又称为类比法,这种模拟的模型与原型在物理形式上和实质上可能毫无共同之处,但它们却遵循着相同的数学规律.例如,机电（力电）类比中,力学的共振与电学的共振虽然不同,但它们却具有相同的二阶常微分方程,声电类比也是如此;在物理实验中,静电场既不易获得,又易发生畸变,很难直接测量,可以用恒定电流场来模拟静电场.

随着计算机技术的不断发展和应用,用计算机进行的模拟实验越来越多,并且能够有效地将两种模拟方法相结合,取得更好的结果.

6. 转换测量法

转换测量法是根据物理量之间的各种效应和定量函数关系,利用变换原理将不能或不易测的物理量转换成能测或易测的物理量的一种方法.由于物理量之间的关系是多种多样的,物理效应丰富多样,因此有各种不同的转换法.随着科学技术的不断发展,这种方法已经渗透到各学科领域.科学实验能够不断地向高精确度、宽领域、非接触测量、快速测量、遥感测量和自动化测量发展,这一切与转换测量密切相关.

转换测量法实际上是间接测量法的具体应用,一般分成参量转换法和能量换测法两大类.

（1）参量转换法.

参量转换法是利用各物理量之间的函数关系进行的间接测量法.例如,用伏安法测电阻,用单摆测量重力加速度,以及前面介绍的间接比较法大都属于此类.

（2）能量换测法.

与参量转换不同,能量换测是利用将一种运动形式转换为另一种运动形式时,物理量之间的对应关系所进行的测量.这种方式在物理实验中大量存在,其中应用最多的是非电磁运动和电磁运动之间的转换,即非电学量电测方法.下面介绍几种典型的非电学量电测方法.

① 热电转换.

将热学量转换成电学量的测量.例如,用热电偶测温度,是将温度的测量转换成温差电动势的测量;用热敏电阻测温度,是利用电阻随温度变化的规律,将测温转换为对电阻（或电阻响应的电学量）的测量.

② 压电转换.

这是一种力与电势的转换.例如,话筒或水下声接收装置（水听器）就是把声波的压力变化转换成相应的电压变化,即把声信号转换为电信号.

③ 光电转换.

将光学量转换为电学量的测量,其转换原理是光电效应.例如,摄像机将影像转换为电信号,并存储在磁带上;再如各种光电转换器件,如光电管、光电倍增管、光电池、光敏二极管、光敏三极管等的应用.

④ 磁电转换.

将磁学量转换为电学量的测量.例如,在用霍尔元件测磁场实验中,利用半导体霍尔效应将磁感应强度转换成电势差;将霍尔元件与磁针结合构成开关装置等.

实现非电学量电测的关键部件称为传感器.按工作原理,常用传感器分为电阻式传感器、电容式传感器、电感式传感器、压电式传感器、磁电式传感器、热电式传感器、光电式传感器等.

以上我们介绍了几种基本测量方法,但是每一种方法都不是孤立的,有些实验中可能综合运用了多种方法,例如"用静态拉伸法测量金属材料的杨氏模量"实验中,我们将难以测准的钢丝的微小长度变化转化为较易测量的标尺读数的变化,这里就涉及比较法、转换法、放大法的结合.因此,在大学物理实验学习阶段应善于总结,注意它们之间的互相联系,学会灵活运用和综合使用,以便在今后的工作中有所发明、创造.

## 2.2　物理实验的基本调节技术

使用仪器、仪表和装置测量之前,应首先对这些设备的工作状态进行调节,以达到最佳状态.这样才能将设备产生的系统误差减小到最低限度,保证测量结果的准确性和有效性.下面介绍几种常用实验设备的基本调节技术.

1. 零点调节

在测量之前应首先检查各仪器的零点是否正确.虽然仪器出厂时已经校准,但由于搬运、使用磨损或环境的变化等原因,其零点往往会发生变化.如果实验前未检查、校准,测量结果中将人为地引入系统误差.

零点校准时,如果测量仪器本身有零点校准器(如电表等),可直接进行调节,使仪器在测量前处于零点.如仪器零点不准,且无法调节、校准(如磨损了的米尺、游标卡尺、螺旋测微器等),则需在测量前记录初始读数,以备在测量结果中加以修正.

2. 水平、竖直调节

物理实验所用的仪器或装置,有些需进行水平或竖直调节,如平台的水平、支柱的竖直等.大部分需调节的仪器或装置自身装有水平仪或悬锤,底座有两个或三个排成等边或等腰三角形可调节的螺钉,只需调节螺钉,使水平仪的气泡居中或悬锤的锤尖对准底座上的座尖,即可达到调节要求.对有些没有水平仪或悬锤的仪器,需要调节水平或竖直时,可用自身装置进行调节,如约利弹簧秤可以通过调节底座螺钉使悬镜处在玻璃的中间等.

对于既没有配置水平仪又不能用自身装置来调节水平的仪器,可选用相应的水平仪来调节,如用长方形水平仪来调节一般的平面,可在互相垂直的两个方向上调节;用圆形水平仪,可较方便地调节较小的圆形平面,例如三线摆的上下圆盘、分光计的载物台等.

3. 消除视差的调节

使用仪器测量、读取数据时,会遇到读数准线(如电表的指针、光学仪器中的叉丝等)与标尺平面不重合的情况,这时若观察者的眼睛在不同方位读数,得到的示值就会有一定的差异,这就是视差.

有无视差可根据观察者在调节仪器或读取示值,眼睛上下或左右稍微移动时,观察标线与标尺刻线间是否有相对移动来判断.要避免视差的出现,对于一般仪器仪表,在读数时应做到正面垂直观测.如精密的电表在刻度盘下有平面反射镜,读数时只有垂直正视,指针和其平面镜中的像重合时,读出的标尺上的示值才是无视差的正确数值.

　　在光学实验中,消除视差是测量前必不可少的操作步骤.对于测量用光学仪器,如测微目镜、望远镜、读数显微镜等,这些仪器在其目镜焦平面内侧装有作为读数准线的十字叉丝(或刻有读数准线的玻璃分划板).当用这些仪器观测被测物体时,有时会发现随着眼睛的移动,物体的像和叉丝或分划板间有相对位移,这说明二者之间有视差存在.调节目镜(包括叉丝)与物镜的距离,边调节边稍稍移动眼睛观察,直到叉丝与物体所成的像之间基本无相对移动,则说明被测物体经物镜成像到叉丝所在的平面上,视差消除.

　　4. 等高共轴调节

　　在由两个或两个以上的光学元件组成的实验系统中,为获得高质量的像,满足近轴成像条件,必须使各光学元件的主光轴重合,这就需要在观测前进行共轴调节.

　　调节可分两步进行.首先可进行目测粗调,把光学元件和光源的中心都调到同一高度,同时要求调节各光学元件相互平行.这时各光学元件的光轴已接近重合.然后,依据光学成像的基本规律来细调.调节可根据自准直法、二次成像法(共轭法)等,利用光学系统本身或借助其他光学仪器来进行.

　　5. 逐次逼近法

　　仪器都需经过仔细的反复调节,才能达到预期状态.依据一定的判据,由粗及细逐次缩小调节范围,快捷而有效地获得所需状态的方法,称为逐次逼近法.物理实验中常采用逐次逼近法进行调节,特别是运用指零法或指零仪器的实验,如天平测质量、电势差计测电压或电动势、电桥测电阻等实验;在光路共轴调节、分光计调节中也要用到逐次逼近法.

# 2.3　物理实验的基本操作原则

　　1. 先定性、后定量原则

　　实验前,通过预习实验内容,我们对将使用的仪器设备都已经有所了解,在进行实验时,不要急于获取实验结果,而是根据"先定性、后定量"的原则进行实验.具体做法是:仪器调节好,在进行定量测定前,先定性地观察实验变化的全过程,了解物理量的变化规律.对于有函数关系的两个或多个物理量,要注意观察一个量随其他量改变而变化的情况,得到函数曲线的大致图形,在定量测试时,可根据曲线变化趋势分配测量间隔,曲线变化平缓处,测量间隔应大些,变化急剧处,测量间隔就应小些.这样,采用由不同测量间隔测得的数据作图就比较合理.

　　2. 电学实验的基本操作原则

　　电学实验需要电源、电气仪表、电子仪器等,许多仪表都比较精密,实验中既要完成测试任务,又要注意人身安全和仪器的安全,为此应注意以下几个方面.

　　(1) 安全用电.

　　实验中常用电源有 220 V 交流电源和 0~30 V 直流电源,有的实验电压高达上万伏,一般人体接触 36 V 以上的电压时,就会有触电的危险.因此实验中一定要注意用电安全,不要随意移动电源,接、拆线路时应先关闭电源,测试中不要触摸仪器的高压带电部位,能单手操作的,不要双手操作.

　　(2) 合理布局.

实验前对实验线路进行分析,按实验要求安排布置仪器,布局应遵循"便于连线与操作,易于观察,保证安全"的原则.需经常操作和读数的仪器应放在面前,开关应放在便于使用的位置.

（3）正确接线.

接线前应先将开关断开,弄清电源及直流电表的"+""-"极性,然后从电源的正极开始,从高电势到低电势依次连接.如果电路比较复杂,可分成几个回路,应逐个连接电路图的各个回路,一个回路接完后再接另一个回路.例如,图 2-3-1 所示的电路,可以分为 6 个回路（①-⑥）,连线时应从回路①开始,依次连接到回路⑥.连线时,要合理分配每个接线端上的导线,注意利用等势点,以使每个接线端的线尽量少,还要注意接头要旋紧.电路接线完成、通电之前,必须进行复查,确认电路无误,经指导教师检查同意后,方可接通电源进行实验.

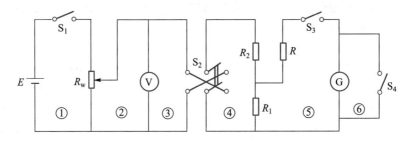

图 2-3-1    正确接线方法示意图

（4）通电试验.

通电试验前,各器件同时要调节到安全位置.在不知电压或电流大小时,电表应取最大量程,分压器应调到输出电压最小的位置,限流器的阻值要调到最大等.

接通电路的顺序为:先接通电源,再接通测试仪器（如示波器等）;断电时顺序相反.其目的是以防电源通断时因含有电感性元件产生瞬间高压损坏仪器.接通电源时,应关注所有仪器和元件,发现异常应立即切断电源,进行排查.实验过程中要暂停实验或改接电路时,必须断开电源.

（5）断电与拆线.

实验完成后,经教师检查数据,合格后,先切断电源,再拆除线路,拆线要按与接线相反的顺序进行.同时要整理好仪器,并注意将仪器恢复到原来的状态.有零点保护的仪器（如检流计）要置于保护状态（将开关扳至短路挡）.

3. 光学实验操作技术

（1）光学仪器的使用.

① 光学仪器是精密仪器,其机械部分大都经过精密加工,易损坏,有些仪器结构复杂,使用之前需进行仔细调节,操作时要动作轻缓,用力均匀平稳,以达到最佳使用状态.仪器应在通风、干燥和洁净的环境中使用和保存,以防受潮后发霉、受腐蚀.对长期搁置不用或备用的仪器,要按仪器说明妥善保管,并定期进行保养.

② 光学元件大部分都是由特种玻璃经过精密加工制成的,光学面经过精细抛光,表面光洁（如三棱镜）,有些元件表面有均匀镀膜（如平面反射镜）,在使用时要防止磕、碰、打碎,取放时手不要接触光学面,避免擦、划、污损表面.若光学元件表面不洁,需根据元件

表面的具体情况,用镜头纸或无水乙醇、乙醚等来处理,切忌哈气、手擦等违规操作.光学仪器、元件平时要注意防尘.

③ 对于光学实验所用的各种光源,实验前应了解其性能,正确使用,光源的高压电源要注意防护.不要直视高亮度的光源,特别是切勿用眼睛正视激光,以防灼伤眼睛.

④ 在暗室工作时,各种器皿、药品要按固定位置摆放,不能随意放置,以防用错药品,造成操作失误.

以上几条只是一般光学仪器和元件使用时应注意的问题.随着科学技术的发展,实验仪器、设备不断更新,对于特殊的光学仪器和元件,操作时会有特殊要求,使用与保管时应具体问题具体对待.

(2)成像位置的判断.

在光学实验中,有时要根据成像位置完成物理量的测量,这时对成像位置的准确判断是很重要的,例如透镜焦距的测量实验中,需要测量物距、像距,才能计算出焦距.根据透镜成像规律,像与物是共轭的,只有在共轭像平面上才能得到理想的像.要准确地确定共轭像面位置,必须有意识地找出焦深范围,即前后移动光屏,找到像开始变模糊的前后两个位置,两个位置之间的距离即焦深.焦深的中点就是共轭像面的位置.

# 思考与讨论

1. 放大测量法主要有哪几种? 分别举出几例.
2. 举例说明平衡测量法的测量原理.
3. 简述补偿测量法的主要思路.
4. 简述物理模拟与数学模拟的异同.
5. 你见过的能量换测法中的传感器有哪些? 举出几例.
6. 如果不对仪器进行零点调节,会产生什么误差?
7. 使用光学仪器,如读数显微镜、望远镜等时,应如何消除视差?
8. 光学实验的等高共轴调节主要分哪两步?
9. 简述电学实验中正确接线的基本方法.

# 本章参考文献

# 第 3 章
## 基础性实验

# 第3章
## 基础性实验

基础性实验的主要目的是学习基本物理量的测量、基本实验仪器的使用、基本实验技能和基本测量方法、误差与不确定度及数据处理的理论与方法等,强化基本实验知识的学习和基本实验技能的训练,逐步培养和提高学生对基本实验知识和实验技能的运用能力,加强理论知识与实验技能相结合的综合训练,为后续综合提高性实验、设计与研究性实验的学习打下良好的基础.

本章包括16个基础性实验,内容涉及力学、热学、电磁学、光学以及近代物理等各个方面.基础性实验的开设,使学生熟悉和明确物理实验的基本环节和要求,学会长度、质量、时间、电压、电流等基本物理量的测量;了解常用的测量工具和实验仪器,如游标卡尺、螺旋测微器、天平、电表、电桥、示波器、分光计等的基本原理,掌握它们的操作使用方法;初步掌握比较法、放大法、补偿法、转换法、模拟法和干涉法等基本实验方法;学习零点调节、水平调节、竖直调节、仪器初态和安全位置调节、消除空程误差、消除视差、逐次逼近、各半调节等基本调节操作技术;掌握列表法、作图法、逐差法、最小二乘法等常用的实验数据处理方法和测量不确定度的评定方法.

## 实验 3.1    用落球法测量液体的黏度

**课件**

**实验
相关**

在稳定流动的液体中,由于平行于流动方向的各层流体的流速不同,相互接触的两层液体之间存在力的作用,流速较慢与流速较快的两相邻液层的作用力,既使流速较快的液层减速,又使流速较慢的液层加速,两相邻液层间的这一作用力称为黏性力,液体的这种性质称为黏性.各种实际液体都具有不同程度的黏性.

黏性力的方向平行于接触面而与流动方向相反,其大小与速度的梯度及接触面积成正比,比例系数称为黏度(viscosity),它表征了液体黏性的强弱,是反映流体物理特性的一个重要参量,与液体的性质和温度有关.液体黏度的测量在化学、医学、水利工程、材料科学、机械工业以及国防建设等方面都有重要的意义,例如可用于研究水、石油等流体在长距离输送过程中的能量损耗,研究造船工业中如何减小船只在水中的阻力,医学上通过测定血液的黏性力可以得到有价值的诊断等.

测量液体黏度的方法主要有毛细管法、同轴圆筒旋转法(即转筒法)、落球法等,对于黏度较小的液体,如水、乙醇、四氯化碳等,常用毛细管法进行测量,即通过测量在恒定压强差作用下,流经一毛细管的液体流量来求得;而对于黏度较大的透明和半透明的液体,如机油、蓖麻油、甘油等,常用落球法测量,即通过测量小球在液体中下落的运动状态来求得;对于黏度较大的不透明液体,可用转筒法测量黏度,即在两同轴圆筒间充以待测液体,使外筒作匀速转动,通过测内筒受到的黏性力矩来求得.本实验采用落球法测量待测液体的黏度.

【实验目的】

1. 观察小球在液体中的运动现象,理解液体的黏性,了解液体黏度的测量意义.
2. 学习利用落球法和斯托克斯公式测量液体的黏度.
3. 学习一种数据处理方法——外推法.

【实验原理】

1. 黏度

将流动的液体沿流动方向分为若干层,若每层液体的流动速度不同,则相邻两层液体之间存在力的作用,该力称为内摩擦力或黏性力,记为 $F_{黏}$.实验证明,黏性力大小与摩擦液层的面积 $S$、液层间速度的梯度 $\dfrac{\mathrm{d}v}{\mathrm{d}x}$ 的乘积成正比,可表示为式(3-1-1):

$$F_{黏} = \eta \cdot \frac{\mathrm{d}v}{\mathrm{d}x} \cdot S \qquad\qquad (3\text{-}1\text{-}1)$$

式中 $\eta$ 称为黏度,它取决于液体的性质与温度.对于某特定液体,如果温度升高,一般来说黏度会迅速减小.黏度的单位为帕斯卡·秒,记为 Pa·s,1 Pa·s = 1 N·s/m².

2. 斯托克斯公式及液体黏度的测定

一个光滑的固体小球在静止的液体中作竖直下落运动时,附着在小球表面并随小球一起运动的液层与邻近液层之间存在黏性阻力的作用,阻碍小球的运动.如果液体在各个方向上都是无限广延的,液体的黏性较大,小球的半径较小,在运动中不产生漩涡,则小球受到的黏性力如式(3-1-2)所示:

$$F_{黏} = 6\pi r \eta v \qquad\qquad (3\text{-}1\text{-}2)$$

此式称为斯托克斯公式,式中 $r$ 为小球半径,$v$ 为小球运动速度.

如图 3-1-1 所示,当小球自由下落、进入液体后,将受到黏性力、浮力和重力的作用,三个力都在竖直方向,当三者达到平衡时,即三力之和为零,小球达到最终速度 $v_0$(终极速度),并以该速度匀速下落.根据力的平衡条件,可得到式(3-1-3):

$$\eta = \frac{(m - \rho V)g}{3\pi d v_0} \qquad (3\text{-}1\text{-}3)$$

式中,$m$ 为小球质量,$V$ 为小球体积,$d$ 为小球直径,$\rho$ 为液体密度.一般来说,$\rho$ 是温度 $\theta$ 的函数,可表示为

$$\rho = \rho_0 / (1 + \beta\theta) \qquad (3\text{-}1\text{-}4)$$

式中,$\rho_0$ 为 0 ℃时液体的密度,$\theta$ 为液体的温度,$\beta$ 为修正系数.本实验待测液体选用蓖麻

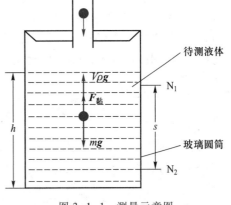

图 3-1-1　测量示意图

油, $\rho_0 = 0.95 \times 10^3 \ \mathrm{kg/m^3}, \beta = 5 \times 10^{-4} \ \mathrm{°C^{-1}}$.

3. 公式的修正

（1）因为液体是放在容器里, 并不是无限广延的. 若小球沿半径为 $R$ 的圆筒下落, 筒内液体高度为 $h$, 考虑器壁的影响, 则小球的终极速度 $v_0'$ （液面无限广延）应修正为式（3-1-5）所示的形式：

$$v_0' = v_0 \left(1 + k_1 \frac{r}{R}\right)\left(1 + k_2 \frac{r}{h}\right) \tag{3-1-5}$$

式中 $k_1$、$k_2$ 为修正系数, 公认值分别为 $k_1 = 2.4$、$k_2 = 3.3$; $v_0$ 为实验测得的小球的终极速度. 在本实验中, 小球的半径 $r$ 远小于液体的高度, 故式（3-1-5）可近似写为

$$v_0' = v_0 \left(1 + k_1 \frac{r}{R}\right) \tag{3-1-6}$$

式（3-1-3）变为

$$\eta = \frac{(m - \rho V)g}{3\pi d v_0'} = \frac{(m - \rho V)g}{3\pi d v_0 \left(1 + k_1 \dfrac{r}{R}\right)} \tag{3-1-7}$$

式（3-1-6）两边同时除以 $v_0 v_0'$, 得

$$\frac{1}{v_0} = \frac{1}{v_0'} + \frac{k_1}{v_0'} \frac{r}{R} \tag{3-1-8}$$

根据式（3-1-8）, 让半径为 $r$ 的小球分别在不同内径的管子中下落, 管子的内半径记为 $R$. 测量小球通过两标志线（如图 3-1-1 中的 $N_1$ 和 $N_2$）所需的时间 $t$, 计算各自的终极速度 $v_0$, 以 $1/v_0$ 为纵轴, 以 $r/R$ 为横轴, 画出图 3-1-2 所示的直线. 将直线延伸至与纵轴相交, 交点处值的倒数即相当于液体无限广延时的终极速度 $v_0'$. 这种通过作图求 $v_0'$ 的方法称为外推法.

得到液体无限广延的终极速度 $v_0'$ 后, 再从图中通过求斜率, 计算出修正系数 $k_1$.

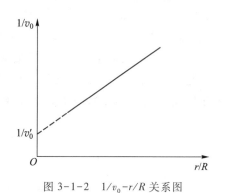

图 3-1-2   $1/v_0$-$r/R$ 关系图

（2）斯托克斯公式（3-1-2）是根据理想状态下（无涡流）的流体普遍运动方程导出的. 在具体实验中, 应引入描述流体运动状态的一个重要参量——雷诺数 $Re$, 其值由式（3-1-9）给出：

$$Re = \frac{d v_0' \rho}{\eta} \tag{3-1-9}$$

我们可由 $Re$ 来检验是否存在涡流. 若存在涡流, 因小球还受到涡流造成的阻力, 原方程变为式（3-1-10）：

$$F_{\text{黏}} = 6\pi r \eta v_0' \left(1 + \frac{3}{16}Re - \frac{19}{1080}Re^2 + \cdots\right) \tag{3-1-10}$$

该式称为奥西恩-果尔斯公式. 可以把 $\dfrac{3}{16}Re$ 和 $\dfrac{19}{1080}Re^2$ 视为斯托克斯公式的一级和二级修

正项.当 $Re=0.1$ 时,零级解与一级解相差约 $2\%$,二级修正项约为 $2\times10^{-4}$,可略去不计;当 $Re=0.5$ 时,零级解与一级解相差约 $10\%$,二级修正项约为 $5\times10^{-3}$,仍可略去不计;但当 $Re=1$ 时,二级修正项约为 $2\times10^{-2}$.显然随着 $Re$ 的增大,高次项的影响变大.

由对 $Re$ 的讨论,我们得到以下三种情况:

① 当 $Re<0.1$ 时,可以取零级解 $\eta$,即式(3-1-7);

② 当 $0.1<Re<0.5$ 时,可取一级近似解,则有

$$F_{黏}=6\pi r\eta_1 v_0'\left(1+\frac{3}{16}Re\right) \tag{3-1-11}$$

代入式(3-1-7),考虑其修正,可得

$$\eta_1=\frac{(m-\rho V)g}{3\pi dv_0\left(1+k_1\dfrac{r}{R}\right)}-\frac{3}{16}\rho dv_0\left(1+k_1\frac{r}{R}\right)$$

$$=\eta-\frac{3}{16}\rho dv_0\left(1+k_1\frac{r}{R}\right)=\eta-\frac{3}{16}\rho dv_0' \tag{3-1-12}$$

$\eta_1$ 是对涡流阻力作一级修正的结果.

③ 如果 $Re>0.5$,还必须考虑二级修正,则有式(3-1-13)、式(3-1-14):

$$F_{黏}=6\pi r\eta_2 v_0'\left(1+\frac{3}{16}Re-\frac{19}{1080}Re^2\right) \tag{3-1-13}$$

$$\eta_2=\frac{1}{2}\eta_1\left[1+\sqrt{1+\frac{19}{270}\left(\frac{\rho dv_0'}{\eta_1}\right)^2}\right] \tag{3-1-14}$$

在实验完成后,数据处理时,必须对 $Re$ 进行验算,确定它的范围并进行修正.

【实验器材】

多管黏度测量仪、待测液体、电子天平、秒表、小球、游标卡尺、螺旋测微器、毫米尺、镊子等.

【实验内容与要求】

调节多管黏度测量仪底盘水平,使水平仪内气泡居中.记录待测液体温度(室温),用电子天平、螺旋测微器和游标卡尺分别测量小球的质量、直径以及玻璃管的内径,在玻璃管上选定一段距离,用秒表测量小球在不同内径的玻璃管中的选定距离内匀速下落的时间,计算待测液体的黏度.

【数据记录与处理】

1. 测量小球在不同内径玻璃管中某一段距离内的匀速下落时间,每个玻璃管测量五次,取时间平均值,分别计算各玻璃管对应的终极速度 $v_0$.

2. 用游标卡尺在玻璃管的不同部位测管的内径,每个玻璃管测量五次,取平均值,计算管内半径 $R$.

3. 作出 $1/v_0$-$r/R$ 图,采用外推法求得 $v_0'$,计算修正系数 $k_1$ 和雷诺数 $Re$,最后求出待测液体的黏度 $\eta$.

**【注意事项】**

1. 用镊子夹起小钢球,在往玻璃管中投放小球之前,要先将小球在待测液体中浸一下.

2. 液体的黏度与温度关系密切,实验中不要手握玻璃管.

3. 为保证小球沿玻璃管中心线竖直下落,注意调节多管黏度测量仪底座水平.

**【思考与讨论】**

1. 落球法测量液体黏度的适用条件有哪些?

2. 如果筒内的液体温度升高一些,对小球的终极速度和黏度各有什么影响?

# 实验 3.2　用电热法测量液体的比热容

📁 课件

📄 实验
　相关

　　物质的比热容(specific heat capacity)是热力学中一个非常重要的物理量,其含义是 1 kg 的物质温度升高(或降低)1 K 时所吸收(或放出)的热量,单位为 J/(kg·K),常用符号 $c$ 来表示.对于同种物质,特别是气体,比热容的大小与条件(如温度、压强和体积等)变化有关.例如,气体在体积恒定和压强恒定两种条件下的比热容有很大不同,分别称为比定容热容(specific heat capacity at constant volume)和比定压热容(specific heat capacity at constant pressure). 对固体和液体而言,二者差别很小,但在不同温度下也会有所变化.同种物质在不同物态下的比热容也不同.

　　由于物体间的热交换比较复杂,要了解热量的具体数值,往往用纯理论方法无法解决,而用实验方法测量比较容易解决,这属于量热学的范畴.量热技术在许多领域中应用广泛,特别在新能源开发和新材料的研制中,量热技术是必不可少的.做量热实验,必须满足两个基本条件:一是系统孤立,即系统与外界没有热交换;二是温度测量的准确性,即系统温度应均匀一致.然而,由于散热因素多且不易控制和测量,这些条件很难满足,因此量热实验的精度往往较低,这就需要分析产生各种误差的因素,选用恰当的实验方法减小误差.

　　目前测量物质比热容的方法有混合法、冷却法、物态变化法、电流量热法(简称电热法)等,本实验采用电热法测量油品的比热容,通过误差分析与实验方法学习,提高学生的实验能力.

**【实验目的】**

1. 学习用电热法测量液体比热容的原理和方法.

2. 熟悉量热器的基本结构,正确使用量热器.

3. 能正确分析实验中产生误差的因素,学会减小误差的方法.

**【实验原理】**

1. 用电热法测量比热容的基本思想

所谓电热法就是利用电流的热效应实现比热容测量的方法.

当一个孤立的热学系统最初处于平衡态时,它有一个初温 $T_1$;当外界给予该系统一定热量后,它又达到新的平衡态时,有一个末温 $T_2$.如果该系统中没有发生化学变化或相的转变,那么该系统获得的热量为

$$Q = (m_1 c_1 + m_2 c_2 + \cdots + m_n c_n)(T_2 - T_1) \tag{3-2-1}$$

式中,$m_1, m_2, \cdots, m_n$ 为组成该系统的各种物质的质量;$c_1, c_2, \cdots, c_n$ 为相应物质的比热容,单位为 J/(kg·K).物质的质量 $m$ 与其比热容 $c$ 的乘积称为热容,用大写字母 $C$ 表示,单位为 J/K.

在量热系统内安装电阻丝,根据焦耳-楞次定律,当有电流 $I$ 通过该电阻丝 $R$ 时,若加在电阻丝两端的电压为 $U$,则在一定的通电时间 $t$ 内电阻丝放出的热量为

$$Q = UIt \tag{3-2-2}$$

如果系统与环境没有热量交换,即系统绝热,则热平衡方程式为

$$UIt = (m_1 c_1 + m_2 c_2 + \cdots + m_n c_n)(T_2 - T_1) \tag{3-2-3}$$

根据某些已知物质的比热容,再通过测量电压、电流、加热时间、初温、末温及质量等参量,即可求出待测液体的比热容.

2. 测量系统的确定及处理方法

实际测量系统中,除了量热器中所盛放的待测液体外,还包含量热器内筒、搅拌器、电阻丝、接线柱、温度计等实验器材.

如果系统的各组成部分及物质性质确定,且除了待测物质的比热容外,其他比热容皆为已知,则可按式(3-2-3)进行测量.例如,本实验选用的量热器内筒、搅拌器、电阻丝、接线柱都是由铜质材料制成,它们的质量之和用 $m_0$ 表示,比热容为 $c_0 = 387$ J/(kg·K);待测液体的质量为 $m$,比热容为 $c$.如果忽略温度计的影响,则式(3-2-3)变为

$$UIt = (mc + m_0 c_0)(T_2 - T_1) \tag{3-2-4}$$

由此可得

$$c = \frac{UIt - m_0 c_0 (T_2 - T_1)}{m(T_2 - T_1)} \tag{3-2-5}$$

如果系统的各组成部分及物质性质不能确定,为了简便而不影响测量结果,可将量热系统里除待测物质以外的其他所有器具的热容,折合成与所测物质相当的热容 $C_W$,称为待测物质当量.这时,式(3-2-3)变为

$$UIt = (mc + C_W)(T_2 - T_1) \tag{3-2-6}$$

变换后得到

$$\frac{UIt}{T_2 - T_1} = mc + C_W \tag{3-2-7}$$

显然,量热系统的总热容 $C = \dfrac{UIt}{T_2 - T_1}$ 与待测物质的质量 $m$ 是线性关系,直线斜率即为待测物质的比热容 $c$.这样,在同一量热器中,我们可以改变待测液体的质量做几次实验,分别测出各次实验中的液体质量 $m_i$ 及相应的总热容 $C_i$,通过直线拟合的方法求出待测液体的比热容,从而解决了求待测物质当量 $C_W$ 的困难.

3. 散热的修正

式(3-2-3)成立的条件是在量热实验过程中没有热量散失,即系统绝热.然而,理想

的绝热系统往往是很难实现的,也就是说只要有温差存在,总会发生系统与外界热交换的现象,而不管系统与外界的热交换是放热还是吸热,都会给测量结果带来系统误差.为了减小这种系统误差,除了改善量热器的结构外,我们还可以通过以下两种途径解决.

方法一:进行吸、放热补偿测量.如果室温为 $\theta$,所取初温为 $T_1$,末温为 $T_2$,实验中使得 $\theta-T_1 \approx T_2-\theta$,这样可以使得系统从外界吸收的热量与系统向外界放出的热量近似相等.

方法二:通过牛顿冷却定律对温度进行修正,具体方法如下:

实验中系统从 $T_1$ 升温到 $T_2$ 的过程中不可避免地存在散热问题,导致所测系统的末温数值比绝热系统在相同过程下的末温低 $\Delta T$.为了减少散热,实验时使量热器内外温差以及量热器的初末温差不要过大(也不要过小,以免降低测量准确度),在这种情况下,系统散热服从牛顿冷却定律,可运用牛顿冷却定律进行 $\Delta T$ 的计算.

牛顿冷却定律:当一个系统的温度与环境温度相差不大时,系统冷却速率 $\mathrm{d}T/\mathrm{d}t$ 与系统和环境间的温差成正比,用数学表达式可表示为

$$\frac{\mathrm{d}T}{\mathrm{d}t} = -K(T-\theta) \tag{3-2-8}$$

式中,$T$ 为系统温度,$\theta$ 为环境温度,$K$ 为散热系数(取决于系统的表面状况及其与环境间的关系).在 $\theta$ 保持不变,且一般 $|T-\theta| \leqslant 20\ ℃$ 的情况下,对某一定质量的系统来说,$K$ 为一常量.对式(3-2-8)进行积分可得

$$\ln|T-\theta| = -Kt+b \tag{3-2-9}$$

式(3-2-9)表明,量热器内外的温差随时间按指数规律减小,这对散热和吸热情况均适用,并且 $\ln|T-\theta|-t$ 图线是一条直线,该直线的斜率为散热系数 $K$.

将式(3-2-8)改写为

$$\Delta T_i = -K(\overline{T}_i-\theta)\Delta t \quad (i=1,2,\cdots) \tag{3-2-10}$$

式中,$\Delta T_i$ 表示第 $i$ 个时间间隔 $\Delta t$ 内系统由于散热而降低的温度;$\overline{T}_i$ 为该时间间隔 $\Delta t$ 内量热系统的平均温度,可按 $\overline{T}_i=(T_i+T_{i-1})/2$ 来计算.整个实验过程中,由系统与外界间热交换导致的温度的变化量为

$$\Delta T = \sum \Delta T_i = -\sum K(\overline{T}_i-\theta)\Delta t \tag{3-2-11}$$

修正值为 $\Delta T'=-\Delta T$,则最终温度为

$$T_2' = T_2+\Delta T' \tag{3-2-12}$$

一般情况下,散热系数 $K$ 是未知的,为了对系统加热所达到的末温进行修正,实验时不仅要记录加热过程中每隔 $\Delta t$ 时间的系统温度(升温阶段),还要记录断电后系统自然冷却阶段每隔 $\Delta t$ 时间的系统温度(降温阶段).然后,利用降温数据作 $\ln|T-\theta|-t$ 图线,求出散热系数 $K$,进而得到升温全过程中的 $\Delta T$.需要注意的是,由于升温的滞后效应,断电时刻的温度并不是系统加热所达到的最高温度.

【实验器材】

量热器、温度计、天平、秒表、电压表、电流表、直流稳压电源、待测油品、开关、冰箱等.

实验装置如图 3-2-1 所示,图中 D 为量热器外筒,B 为内筒,M 为温度计,R 为加热电阻丝,F 为搅拌器,P、H 为加热电阻丝的两个接线柱,V 为电压表,A 为电流表,S 为电

源开关,N 为待测油品,E 为工作电源.

量热器是一种专门用来进行热交换的"绝热"容器,是为了尽量减少实验系统与环境之间的传导、对流和辐射而设计的,主要由内筒和外筒组成.内、外筒用绝热胶木圈和绝热盖隔开,且二者之间充有热的不良导体——空气,因此可减小热量的传导与对流.绝热盖上开有小孔,可放入温度计和搅拌器(带有绝热柄).量热器的内筒外表面和外筒内、外表面筒壁均电镀得很光亮,减少了因辐射而产生的热传递.因此,量热器粗略地接近于一个与外界没有热量交换的孤立系统.为了尽量减少系统与外界的热交换,实验操作时也要注意绝热问题.例如,尽量少用手触摸量热器的任何部分,应在远离热源、空气流速较慢的地方做实验,使系统与外界温差尽可能小等.尽管如此,在不同的热学实验中,根据不同情况还应该进行散热修正.

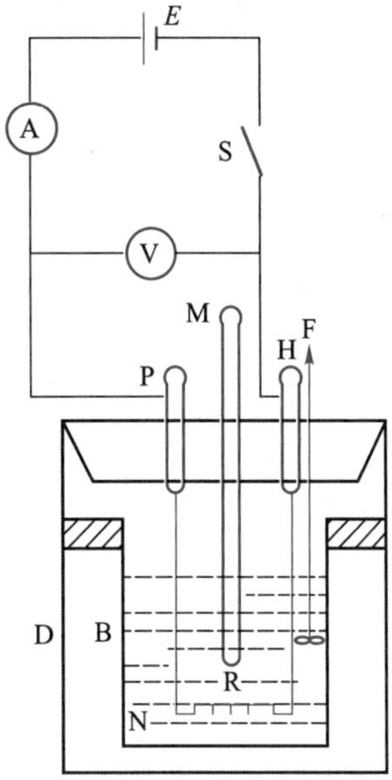

图 3-2-1　液体比热容测量装置

【实验内容与要求】

1. 用电热法测量油品比热容

(1) 按图 3-2-1 接好电路,安装好实验装置,闭合开关,调试好加热功率.

(2) 断开开关,取出装有待测油品的内筒,将其放入冰箱内冷却,使其温度降至比室温低 5 ℃以上.

(3) 待测油品温度稳定后记录初温 $T_1$,同时记录室温 $\theta$,按照吸、放热补偿原则确定出预定的末温.

(4) 升温测量:闭合开关 S 的同时启动秒表开始计时,加热过程中要不断轻轻上下搅拌待测油品,使油品与内筒温度均匀,并每隔 1 min(或 2 min)记录一次系统温度和环境温度;加热过程中,如果电压表或电流表示数不稳定,则每隔一段时间记录电压 $U$ 和电流 $I$;当油品温度达到预定的温度时,切断电源并同时停止计时,再继续搅拌,直至升至最高温度时,记录温度 $T_2$.

(5) 降温测量:系统自然冷却降温,任取计时起点,每隔 1 min(或 2 min)记录一次环境温度和系统温度,大约记录 20 min.

(6) 将内筒及待测油品放到天平上进行称量,记录下测量结果 $m'$,则油品质量 $m = m'-m_0'$($m_0'$ 为内筒质量,其值由实验室给出).

2. 通过改变油品质量的方法测量油品比热容(选做)

改变油品质量 4~5 次,自行设计实验方案,利用直线拟合方法测量油品比热容.

【数据记录与处理】

1. 用电热法测量油品比热容

(1) 室温 $T =$ _____ ℃.

(2) 内筒、搅拌器、接线柱、加热电阻丝等的质量和 $m_0 =$ _____ g;待测油品质量 $m =$ _____ g.

（3）待测油品的初温 $T_1 =$ _____ ℃；待测油品的末温 $T_2 =$ _____ ℃.

（4）通电时间 $t =$ _____ s.

（5）加热过程中的电压、电流、系统温度、环境温度（见表 3-2-1）.

表 3-2-1   加热过程数据记录表

| 物理量 | 序数 | | | | | | | | | | |
|---|---|---|---|---|---|---|---|---|---|---|---|
| | 1 | 2 | 3 | 4 | 5 | 6 | 7 | 8 | 9 | 10 | ... |
| 电压 $U/V$ | | | | | | | | | | | |
| 电流 $I/A$ | | | | | | | | | | | |
| 系统温度 $T_i$/℃ | | | | | | | | | | | |
| 环境温度 $\theta_i$/℃ | | | | | | | | | | | |
| 时间 $t/s$ | | | | | | | | | | | |

（6）冷却过程中的温度（见表 3-2-2）.

表 3-2-2   冷却过程数据记录表

| 物理量 | 序数 | | | | | | | | | | |
|---|---|---|---|---|---|---|---|---|---|---|---|
| | 1 | 2 | 3 | 4 | 5 | 6 | 7 | 8 | 9 | 10 | ... |
| 系统温度 $T_i$/℃ | | | | | | | | | | | |
| 环境温度 $\theta_i$/℃ | | | | | | | | | | | |
| 时间 $t/s$ | | | | | | | | | | | |

由自然冷却过程的实验数据求出散热系数 $K$；由升温阶段的实验数据结合已求出的散热系数 $K$，求出温度修正值 $\Delta T$ 及升温最终温度值 $T_2'$.

（7）按式（3-2-5）求出待测油品的比热容.

2. 设计利用直线拟合方法测量油品比热容（选做）

自拟数据记录表格，利用作图法或最小二乘法求出油品的比热容.

【注意事项】

1. 温度计不要太靠近加热电阻丝.

2. 加热不可太快，搅拌必须充分，使系统温度分布均匀，不要让液体溅出.

3. 适当控制升温速度和测量时间，测量时间应控制在 40 min 左右.

4. 量热器中无液体时，加热电阻丝不得在空气中通电.

5. 量热器、搅拌器、加热电阻丝不要短路，尤其在搅拌时，应注意勿使搅拌器与电极相碰.

【思考与讨论】

1. 为了测准温度，实验中应采取哪些措施？

2. 试分析影响本实验测量结果的因素有哪些？对于哪些因素，已采取了措施？还需要作哪些改进?

3. 在测量过程中,如果电压、电流总是在不断变化,这种变化给测量结果所带来的误差属于什么性质的误差?

4. 在测量过程中,如果出现故障(如秒表停止计时,电压表、电流表不显示读数),在排除故障后,能马上继续进行实验吗? 应该怎样处理这种情况?

# 实验 3.3　气体比热容比的测量

气体的比定压热容和比定容热容之比为 $\gamma = c_p / c_V$, 称为比热容比(ratio of specific-heat capacity),对于理想气体来讲,又称气体的绝热指数.比热容比是反映气体性质的一个重要热力学参量,在热力学理论和工程技术应用等方面起着重要的作用.测定比热容比对研究气体的内能、气体分子内部运动及其规律等十分重要.热机的效率、气体中声波的传播特性等都与比热容比相关.发动机的热力计算或气动计算,经常用到燃油燃烧产物的比热容比.比热容比是制冷剂的一个主要参量,在制冷设备的设计、低温的获得中有着重要意义.天然气运输过程中安全阀的相关计算及喷管的设计,经常需要用到气体的比热容比;在火箭技术中,表征能量效率的特征速度和推力系数都与比热容比的大小直接相关.

📁 课件

📄 实验
相关

测量气体比热容比的方法主要有振动法、声速法、绝热膨胀(或压缩)法等.振动法是通过实现热力学的准静态过程,由测定振动物体的振动周期来计算比热容比的方法.声速法是利用声波在理想气体中的传播可以认为是一个绝热过程,通过测量声速来计算比热容比的方法.这两种方法测量误差小,精确度高,但内在的热力学意义不明显.绝热膨胀法能加深学生对空气热力学过程参量变化规律的理解、了解实验设计思想并提升对实验结果误差分析的能力,因此本实验将采用气体绝热膨胀法测定空气的比热容比.

【实验目的】

1. 学习并掌握用绝热膨胀法测定空气比热容比的原理和方法.
2. 观察和分析热力学系统的状态变化及其物理规律.
3. 了解扩散硅压阻式差压传感器和 AD590 集成温度传感器的工作原理和使用方法.

【实验原理】

绝热过程是指热力学系统与外界无热量交换时的状态变化过程.在良好的绝热材料隔绝的系统中进行的过程,或由于过程进行得很快以至于同外界没有显著热量交换的过程都可以近似地看作绝热过程.

在绝热的准静态过程中,热力学系统状态参量之间存在一定的关系,称为绝热过程方程.理想气体准静态绝热过程方程有以下三种等价的表述形式:

$$pV^{\gamma} = 常量$$
$$TV^{\gamma-1} = 常量$$
$$p^{\gamma-1}/T^{\gamma} = 常量$$

本实验利用第一式进行测量、计算,对如图 3-3-1 所示的系统,采用如下的实验过程.

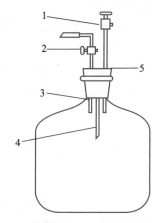

（1）首先打开放气阀门 1,使储气瓶与大气相通,再关闭放气阀门.此时瓶内气体的压强为 $p_0$,温度为 $T_0$.

（2）打开进气阀门 2,用充气球向瓶内打气,充入一定量的气体后关闭进气阀门.此时瓶内气体被压缩,压强增大,温度升高.由于瓶内气体温度高于室温,气体将通过容器壁向外放热,直至达到室温,瓶内气体状态稳定,此时瓶内气体的压强为 $p_1$,温度为 $T_0$,气体处于状态 I.

（3）迅速打开放气阀门 1,使瓶内气体与外界大气相通,由于瓶内气体压强 $p_1$ 高于大气压强 $p_0$,一部分气体迅速喷出储气瓶.当瓶内压强降至 $p_0$ 时,立刻关闭放气阀门.由于放气过程较快,瓶内保留的气体来不及与

1—放气阀门； 2—进气阀门；
3—差压传感器；4—AD590；5—橡皮塞.

图 3-3-1   储气瓶结构示意图

外界进行热量交换,可以认为是一个绝热膨胀的过程.此时瓶内保留的气体由状态 I（$p_1$,$V_1$,$T_0$）转变为状态 II（$p_0$,$V_2$,$T_1$）.$V_2$ 为储气瓶的体积,$V_1$ 为瓶中保留的气体膨胀前的体积.

（4）由于瓶内气体温度 $T_1$ 低于室温 $T_0$,所以瓶内气体将慢慢从外界吸热,直至达到室温 $T_0$ 为止,此时瓶内气体压强也随之增大至 $p_2$.稳定后的气体处于状态 III（$p_2$,$V_2$,$T_0$）.这一过程可以视为一个等容吸热的过程.

所研究气体经历状态 I→状态 II→状态 III 的热力学过程如图 3-3-2 所示.

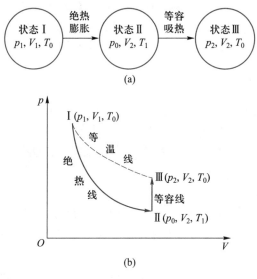

图 3-3-2   气体状态变化及 $p$-$V$ 图

由状态 I（$p_1$,$V_1$,$T_0$）变为状态 II（$p_0$,$V_2$,$T_1$）的过程近似为绝热过程,满足绝热过程方程

$$p_1 V_1^{\gamma} = p_0 V_2^{\gamma} \tag{3-3-1}$$

由状态 Ⅰ $(p_1,V_1,T_0)$ 变为状态 Ⅲ $(p_2,V_2,T_0)$ 的过程可视为等温过程,满足等温过程方程

$$p_1V_1=p_2V_2 \tag{3-3-2}$$

联立式(3-3-1)、式(3-3-2),消去 $V_1$、$V_2$ 并对两边取对数,整理后有

$$\gamma=\frac{\ln p_1-\ln p_0}{\ln p_1-\ln p_2} \tag{3-3-3}$$

于是,只要测得 $p_0$、$p_1$、$p_2$ 就可求得气体的比热容比 $\gamma$.

由气体动理论可知,理想气体的比热容比 $\gamma$ 与气体分子的自由度 $i$ 有关,关系式为

$$\gamma=1+\frac{2}{i} \tag{3-3-4}$$

对于单原子气体,只有三个平动自由度,$i=3$,比热容比 $\gamma=1.67$;对于双原子刚性气体,除了三个平动自由度以外,还有两个转动自由度,比热容比 $\gamma=1.40$;对于多原子刚性气体,则具有三个转动自由度,比热容比 $\gamma=1.33$.我们可以将按式(3-3-4)计算的理论值与实验值进行对比.

【实验器材】

FD-NCD 空气比热容比测量系统.该系统主要由储气瓶和测量显示两部分组成,主要包括玻璃瓶、进气阀门、放气阀门、橡皮塞、充气球、扩散硅压阻式差压传感器、AD590 集成温度传感器,电压表等.扩散硅压阻式差压传感器与三位半数字电压表相接,用于显示气压,灵敏度为 20 mV/kPa,测量精度为 5 Pa,测量范围为高于环境气压 0~10 kPa;集成温度传感器 AD590 与四位半数字电压表相接,用于显示温度,灵敏度为 1 μA/℃,测量精度为 0.02 ℃.(扩散硅压阻式差压传感器和 AD590 的原理详见本实验附录 3-3-1 和附录 3-3-2.)

【实验内容与要求】

1. 测量空气的比热容比

(1) 接好测量电路,接通电源,使仪器预热.

(2) 打开进气阀门和放气阀门足够长时间,使储气瓶与外界大气相通,调节调零电位器,使 $p=p_0$ 时测量压强的三位半数字电压表示数为 0 mV.

(3) 检查系统是否漏气.关闭储气瓶放气阀门,打开进气阀门,用充气球向瓶内打气,使瓶内压强升高 6 kPa 左右(测量压强数字电压表示数约为 120 mV),然后关闭进气阀门,观察气压表示数.如果示数下降一段时间后稳定下来,说明系统密封性良好,可以进行实验;否则,应检查瓶塞和各阀门的密封性.

(4) 关闭放气阀门,打开进气阀门,用充气球把空气徐徐地压入储气瓶中,观测温度和压强的变化.当电压表示数在 100~140 mV 之间时,关闭进气阀门.待瓶中空气温度降到室温 $T_0$ 或压强稳定后,此时瓶内被研究的气体处于状态 Ⅰ $(p_1,V_1,T_0)$,记录瓶中压强的示数 $U_{p1}$ 和室温 $T_0$.

(5) 迅速打开放气阀门,使瓶内气体与大气相通,当瓶内压强降至 $p_0$ 时("嗤"声刚刚结束),迅速关闭放气阀门,此时瓶内气体处于状态 Ⅱ $(p_0,V_2,T_1)$.注意:放气要迅速,关

闭时间要恰到好处,放气声一消失,应立即关闭,否则将影响实验结果.

(6) 观察此过程中瓶内气体的压强和温度变化,当瓶内气体温度 $T_1$ 升至室温 $T_0$,即压强稳定时,瓶内气体处于状态Ⅲ$(p_2, V_2, T_0)$,记录瓶中压强的示数 $U_{p2}$ 和室温 $T_0$.

(7) 重复步骤(4)—(6),测量 10 次.

将上述步骤(5)改为用差压传感器电压表是否为零判断,重复上述内容测量.

2. 温度对实验结果影响的研究(选做)

实验过程中会出现环境温度变化,膨胀前后平衡状态Ⅰ、Ⅲ气体温度不一致等现象,这时应考虑环境温度变化,进行温度测量并修正.请设计实验方法,并完成测量.

【数据记录与处理】

1. 测量空气比热容比

将测量空气比热容比的数据填入表 3-3-1 中.

表 3-3-1　测量空气比热容比数据记录与处理

| 测量次数 | 测量值 | | | | 计算值 | | |
|---|---|---|---|---|---|---|---|
| | $U_{p_1}$/mV | $U_{p_2}$/mV | $p_0$/kPa | $T_0$/℃ | $p_1$/kPa | $p_2$/kPa | $\gamma$ |
| 1 | | | | | | | |
| 2 | | | | | | | |
| 3 | | | | | | | |
| 4 | | | | | | | |
| 5 | | | | | | | |
| 6 | | | | | | | |
| 7 | | | | | | | |
| 8 | | | | | | | |
| 9 | | | | | | | |
| 10 | | | | | | | |
| $\bar{\gamma}=$ | | | | | | | |

按式(3-3-7)计算出相应的压强值 $p_1$、$p_2$,用式(3-3-3)分别计算两种不同判断方法测量出的 $\gamma$ 结果,并与理论值进行比较.分析讨论造成两种方法结果差异的主要原因.

2. 温度对实验结果影响的研究(选做)

阐述实验方法,并通过数据处理分析温度变化对结果的影响.

【注意事项】

1. 由于不同扩散硅压阻式差压传感器的灵敏度各不相同,务必保证传感器与测量显示仪器的匹配,不可在各仪器间混用.

2. 实验中所用的储气瓶、进气阀门、放气阀门及其连接管等均由玻璃材料制成,为防止破损,打开或关闭进气阀门、放气阀门时,一定要双手操作,一手扶住阀门,另一只手缓慢转动活塞.

3. 完成实验后,必须将放气阀门、进气阀门全部打开,保证差压传感器空载.

【思考与讨论】

1. 本实验研究的热力学系统,是指哪部分气体?
2. 为了使实验测量 $\gamma$ 的公式成立,必须保证哪些实验条件?
3. 若空气中混有 5% 二氧化碳,试分析这将如何影响 $\gamma$ 值.

【附录 3-3-1】

### 扩散硅压阻式差压传感器测量原理简介

扩散硅压阻式差压传感器是利用半导体材料硅的压阻效应制成的,外形如图 3-3-3 所示.测量压强时将差压传感器 C 端与瓶内待测气体连通,D 端与外界大气连通.在差压传感器 1、3 端输入一恒定电压,当瓶内待测气体压强发生变化时,传感器 2、4 端的输出电压值相应产生变化.传感器输出电压和压强的变化呈线性关系,可表示为

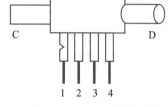

1—电源输入(+); 2—信号输出(+);
3—电源输入(−); 4—信号输出(−).

图 3-3-3　差压传感器外形图

$$U_{p_i}=U_{p_0}+K_p(p_i-p_0)\qquad(3\text{-}3\text{-}5)$$

式中,$p_i$ 为待测气体压强,$p_0$ 为大气压强,$U_{p_i}$ 为 C、D 两端压强差为 $p_i-p_0$ 时传感器的输出电压值,$U_{p_0}$ 为 C、D 两端压强差为零时传感器的输出电压值,$K_p$ 为传感器的灵敏度(传感器系数).根据式(3-3-5),待测气体的压强为

$$p_i=p_0+\frac{U_{p_i}-U_{p_0}}{K_p}\qquad(3\text{-}3\text{-}6)$$

若已知 $U_{p_i}$、$U_{p_0}$ 和 $K_p$,可求出气体的压强 $p_i$.

实验中所用的差压传感器的灵敏度 $K_p=2.000\times10^{-2}$ mV/Pa,通过测量前的校正,使 $U_{p_0}=0$ mV,由式(3-3-6)可得

$$p_i=p_0+\frac{U_{p_i}}{2.000}\times10^2\qquad(3\text{-}3\text{-}7)$$

式中,电压的单位为 mV,压强的单位为 Pa.根据式(3-3-7),测出 $U_{p_i}$ 和 $p_0$,即可求出待测气体的压强 $p_i$.

【附录 3-3-2】

### AD590 集成温度传感器测量原理简介

AD590 集成温度传感器(简称 AD590)是一种新型的电流输出型半导体集成温度传感器,是利用 pn 结的正向压降随温度变化的特性制成的.它的测温范围为 −55～150 ℃.当施加 +4～+30 V 的激励电压时,这种传感器起恒流源的作用,其输出电流与传感器所处的热力学温度 $T$(单位为 K)成正比,且转换系数为 $K_c=1$ μA/K 或 1 μA/℃.如用摄氏温度 $t$ 表示温度,则输出电流为

$$I=K_c t+273.2\ \mu A\qquad(3\text{-}3\text{-}8)$$

AD590 输出的电流 $I$ 可以在远距离处通过一个适当阻值的电阻 $R$, 转化为一个电压 $U$, 由 $I = \dfrac{U}{R}$ 算出 AD590 输出的电流, 从而计算出温度值.

AD590 测量温度的基本电路图如图 3-3-4 所示. 图中 $R_1$ 为取样电阻, 其两端电压为 $R_1 I$, 而 $R_2 + R_{w2}$ 与 $R_3$ 组成分压电路, 在 0 ℃ 时调节 $R_w$ 使 $R_3$ 上所分得的电压正好为 273.2 mV, 此电压用来补偿 0 ℃ 时流过 AD590 的电流 (273.2 μA) 在 $R_1$ 上所形成的压降, 以使 0 ℃ 时电压表的示数为零. 不难看出此电路的转换系数为 1 mV/℃, 这样数字电压表上的示数即

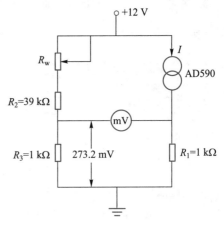

图 3-3-4    AD590 测温电路

代表以 ℃ 为单位的温度值. 例如: 环境温度为 20.0 ℃ 时, 数字电压表的示数为 20.00 mV.

# 实验 3.4    刚体转动惯量的测量

■ 课件

📄 实验
相关

刚体是在外力作用下, 形状、大小皆不变的物体. 通常将受外力作用形变甚微的物体视为刚体. 转动惯量是表征转动刚体惯性大小的物理量, 是研究转动物体运动规律的重要工程技术参量, 它与刚体的质量分布、形状和转轴的位置等都有关系. 对于几何形状较规则、质量分布均匀的刚体, 我们可以通过数学方法计算出绕给定转轴的转动惯量, 但对于形状较复杂、质量分布不均匀的刚体, 用数学方法计算其转动惯量是非常困难的, 通常采用实验方法来测量.

转动惯量的测量, 对于机电制造、航空、航天、航海、军工等工程技术领域和科学研究具有十分重要的意义, 如钟表摆轮、精密电表动圈、枪炮弹丸、电机转子、机器零件的设计, 导弹和卫星的发射中, 都不能忽视转动惯量的影响.

转动惯量不能直接测量, 一般进行参量换测, 即设计一种装置, 使待测刚体以一定形式运动, 通过表征这种运动特征物理量与转动惯量的关系, 进行转换测量. 对于不同形状的刚体, 人们设计了不同的测量方法和仪器. 测量转动惯量有多种方法, 如落体法 (转动惯量仪)、双线摆法、复摆法、扭摆法 (三线摆、金属杆扭摆、单悬丝扭摆、双悬丝扭摆、涡簧扭摆) 等. 本实验采用扭摆法测量刚体的转动惯量, 利用涡簧扭摆使刚体作扭转摆动, 通过对摆动周期及其他参量的测定计算出刚体的转动惯量.

【实验目的】

1. 熟悉扭摆的构造和使用方法.

2. 掌握用扭摆法测量转动惯量的基本原理, 测定扭摆的扭转常量和不同形状刚体的转动惯量.

3. 了解刚体转动惯量的平行轴定理, 理解用对称法证明平行轴定理的实验思想和实

验方法.

4. 掌握长度、质量、时间(周期)等物理量的基本测量方法.

【实验原理】

1. 扭摆的基本原理

扭摆的基本构造如图 3-4-1 所示,在垂直轴 1 上
装有一根薄片状的螺旋弹簧(涡簧)2,用以产生回复
力矩.各种待测刚体可以被装在轴上作扭转摆动.垂直
轴与支座间装有轴承,以降低摩擦力矩.水平仪 3 和底
座上的三个螺钉用来调节系统水平.

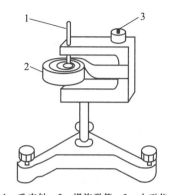

1—垂直轴;2—螺旋弹簧;3—水平仪.

图 3-4-1　扭摆的基本构造

安装在扭摆垂直轴上的刚体,在水平面内转过一
角度 $\theta$ 后释放,在弹簧的回复力矩作用下,刚体就开始
绕垂直轴作往返扭转运动.根据胡克定律,弹簧受扭转
而产生的回复力矩 $M$ 与所转过的角度 $\theta$ 成正比,即

$$M = -k\theta \qquad (3\text{-}4\text{-}1)$$

式中,$k$ 为弹簧的扭转常量.根据转动定律有

$$M = J\beta \qquad (3\text{-}4\text{-}2)$$

式中,$J$ 为刚体绕转轴的转动惯量,$\beta$ 为角加速度.由式(3-4-2)可得

$$\beta = \frac{M}{J} \qquad (3\text{-}4\text{-}3)$$

令 $\omega^2 = \dfrac{k}{J}$,且忽略轴承的摩擦阻力矩,由式(3-4-1)和式(3-4-3)可得

$$\beta = \frac{\mathrm{d}^2\theta}{\mathrm{d}t^2} = -\frac{k}{J}\theta = -\omega^2\theta \qquad (3\text{-}4\text{-}4)$$

式(3-4-4)表示扭摆运动具有角简谐振动的特性,角加速度与角位移成正比,且方
向相反,式(3-4-4)的解为

$$\theta = A\cos(\omega t + \varphi) \qquad (3\text{-}4\text{-}5)$$

式中,$A$ 为谐振动的角振幅,$\varphi$ 为初相位,$\omega$ 为角速度.此谐振动的周期为

$$T = \frac{2\pi}{\omega} = 2\pi\sqrt{\frac{J}{k}} \qquad (3\text{-}4\text{-}6)$$

实验测得刚体的摆动周期 $T$ 后,利用式(3-4-6),在转动惯量 $J$ 和扭转常量 $k$ 两个量
中任何一个量已知时,即可计算出另一个量.

2. 用间接比较法测量转动惯量和扭转常量 $k$

实验中可以采用间接比较法测量刚体的转动惯量和扭转常量.具体方法如下.

(1)测量金属载物盘的摆动周期 $T_0$,设金属载物盘绕垂直轴的转动惯量为 $J_0$,根据
式(3-4-6)有

$$J_0 = \frac{T_0^2 k}{4\pi^2} \qquad (3\text{-}4\text{-}7)$$

(2)将一个质量均匀、几何形状规则的刚体(其转动惯量可根据它的质量和几何尺

寸用理论公式直接计算得到)放在金属载物盘上,并使其质心轴与垂直轴重合,测出两个复合体的摆动周期 $T_1$,已知标准刚体的转动惯量为 $J_1$,由式(3-4-6)可得

$$J_0 + J_1 = \frac{T_1^2 k}{4\pi^2} \tag{3-4-8}$$

由式(3-4-7)和式(3-4-8)可得载物盘的转动惯量 $J_0$ 和扭转常量 $k$ 分别为

$$J_0 = J_1 \frac{T_0^2}{T_1^2 - T_0^2} \tag{3-4-9}$$

$$k = 4\pi^2 \frac{J_1}{T_1^2 - T_0^2} \tag{3-4-10}$$

确定扭摆扭转常量的过程也称为给仪器定标.为扭摆定标、确定扭转常量 $k$ 值后,若要测定其他形状刚体的转动惯量,只需将待测刚体安放在仪器顶部的各种夹具上,测定其摆动周期,由式(3-4-6)即可算出刚体和夹具绕转轴的转动惯量,减去夹具的转动惯量即得刚体的转动惯量.

3. 用对称法证明平行轴定理

理论分析证明,若质量为 $m$ 的刚体绕质心轴的转动惯量为 $J_c$,当转轴平行移动距离 $x$ 时,则此刚体对新轴的转动惯量变为 $J_x$,根据转动惯量的平行轴定理,有

$$J_x = J_c + mx^2 \tag{3-4-11}$$

根据式(3-4-11)可知,$J_x$ 与 $x^2$ 呈线性关系.实验中改变 $x$ 大小,测量出相应的 $J_x$ 值,作 $J_x$-$x^2$ 关系曲线,若为直线,则证明平行轴定理是正确的.

为了证明金属滑块转动惯量的平行轴定理,本实验中以金属杆和夹具为辅助物体,实验装置如图 3-4-2 所示,设夹具和金属杆的转动惯量为 $J'$,金属滑块绕通过质心轴的转动惯量为 $J_c$,滑块质心与转轴的距离为 $x$.为了减小随 $x$ 的增大而增大的摩擦力矩所产生的线性系统误差,本实验采用对称测量法,将两个相同的金属滑块对称放置.这时系统的总转动惯量 $J$ 为

$$J = J' + 2J_c + 2mx^2 \tag{3-4-12}$$

如果测出系统的摆动周期为 $T$,由式(3-4-6)有

$$J = \frac{T^2 k}{4\pi^2} \tag{3-4-13}$$

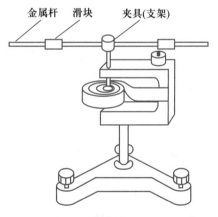

图 3-4-2　证明平行轴定理的实验装置

由式(3-4-12)和式(3-4-13)可得

$$J = \frac{T^2 k}{4\pi^2} = J' + 2J_c + 2mx^2 = c + 2mx^2 \tag{3-4-14}$$

在实验室仪器给定的情况下,式(3-4-14)中的 $c$ 为定值.因此,实验中对称地改变滑块的位置,测出不同 $x$ 值对应的 $T_x$ 值,作 $T_x^2$-$x^2$ 图线,若为直线,则平行轴定理得到了证明.

4. 光电转换测量周期

将光电传感器(光电门)和通用计数器组成光电计时系统,用以测量摆动周期.光电

门(光电传感器)由红外发射管和红外接收管构成,将光信号转换为脉冲电信号,送入通用计数器测量周期(计数测量时间).为了提高周期的测量精度,实验中可采用累积放大法.

【实验器材】

1. 扭摆
扭摆的基本构造和工作原理参见实验原理的部分内容.
2. 转动惯量测试仪
(1)组成与功能.
转动惯量测试仪的面板结构如图 3-4-3 所示,由主机和光电传感器两部分组成,用于测量物体转动或摆动的周期以及旋转体的转速.

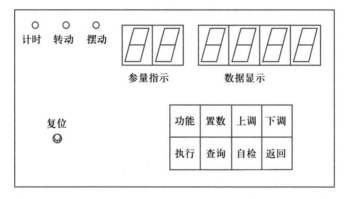

图 3-4-3　转动惯量测试仪面板结构图

主机采用新型的单片机控制系统,能自动记录、存储多组实验数据并能精确计算其平均值.光电传感器主要由红外发射管和红外接收管组成,将光信号转换为脉冲电信号,送入主机.因人眼无法直接判断仪器工作是否正常,但可用遮光物体反复遮挡光电探头发射的光束通路,检查计时器是否开始计数和到达预定周期数时是否停止计数.为防止过强光线对光电探头的影响,光电探头不能置于强光下,实验时可采用窗帘遮光,确保计时的准确.

(2)仪器使用方法.

① 调节光电传感器在固定支架上的高度及位置,使其处于待测物体挡光杆的平衡位置处,挡光杆应位于空隙中央,既能遮住发射接收红外线的小孔,又不与探头接触,确保待测物体上的挡光杆能自由地往返通过光电门,再将光电传感器的信号传输线插入主机输入端(位于测试仪背面).

② 开启主机电源,"摆动"指示灯亮,参量指示为"$P_1$"(第一次测量)、数据显示为"————".

③ 默认设定扭摆的周期数为 10,如要更改,按"置数"键,显示"n=10",按"上调"键,周期数依次加 1,按"下调"键,周期数依次减 1,周期数只能在 1~20 范围内设定.再按"置数"键确认,显示"F1 end",周期数一旦预置完毕,除复位和再次置数外,其他操作均不改变预置的周期数,但更改后的周期数不具有记忆功能,一旦切断电源或按"复位"键,将恢复原来的默认周期数.

④ 按"执行"键,数据显示为"0000",表示仪器已处于等待测量状态.此时,当待测物体上的挡光杆第一次通过光电门时,仪器即开始连续计时,直至周期数等于仪器所设定值时,便自动停止计时,由"数据显示"给出累计的时间,同时自行计算周期 $T_1$ 并存储,以供查询和作多次测量求取平均值.至此,$P_1$ 测量完毕.

⑤ 按"执行"键,"$P_1$"变为"$P_2$",数据显示又回到"0000",仪器处于第二次等待测量状态,最多可重复测量 5 次,即 $P_1,P_2,\cdots,P_5$.通过"查询"键可得知各次测量的周期值 $T_i$ ($i=1,2,\cdots,5$)以及它们的平均值 $\bar{T}$.

⑥ 按"返回"键,系统将无条件回到最初状态,清除当前状态的所有执行数据,但预置周期数不变;按"复位"键,实验所得数据全部清除,所有参量恢复初始状态的默认值.

3. 长度和质量测量工具

游标卡尺、米尺、电子天平.

4. 待测刚体

待测刚体包括载物盘、圆筒、实心圆柱体、球、支架、金属杆,它们与两个滑块及夹具配合,用于转动惯量平行轴定理的证明.金属杆上刻有凹槽,凹槽间距为 5.00 cm,金属滑块可在杆上滑动并固定于凹槽上.

【实验内容与要求】

刚体的
安装

1. 仪器调节与使用

(1) 熟悉扭摆的构造及使用方法.

(2) 调节仪器水平.调节扭摆底座螺钉,使水平仪的气泡居中.

(3) 掌握转动惯量测试仪的使用方法.

2. 测量待测刚体的外形尺寸和质量

选用游标卡尺或米尺分别测量实心圆柱体的直径、圆筒的内外径、球直径、金属杆的长度、金属滑块的内外径和长度,各测量次数不少于 5 次.用电子天平测量各物体的质量.

3. 测定扭摆的扭转常量(仪器定标)

(1) 将金属载物盘装在扭摆垂直轴上并固定好,调节光电探头的位置,使载物盘上挡光杆处于其缺口中央且能遮住发射、接收红外线的小孔,测定摆动周期 $T_0$.

(2) 将作为标准刚体的实心圆柱体(转动惯量理论值可算出)垂直放于载物盘上,测定组合体的摆动周期 $T_1$.

4. 测定圆筒、球与金属杆的转动惯量

(1) 取下实心圆柱体,将圆筒垂直放于载物盘上,测定组合体的摆动周期 $T_2$.

(2) 取下载物盘,在垂直轴上装好支架与球,测定组合体的摆动周期 $T_3$.

(3) 取下球与支架,在垂直轴上装好夹具与金属杆,金属杆的中心位于转轴处并固定,测定组合体的摆动周期 $T_4$.

5. 转动惯量平行轴定理的证明

将两金属滑块对称放置于杆质心两侧的凹槽内,如图 3-4-2 所示.改变滑块在金属杆上的位置,使滑块质心到转轴的距离 $x$ 分别为 5.00 cm、10.00 cm、15.00 cm、20.00 cm、25.00 cm,分别测定其摆动周期 $T_x$.

6. 设计实验方案测量任意形状刚体的转动惯量(选做)

设计要求:(1)阐述基本实验原理和实验方法;(2)说明基本实验步骤;(3)进行实际实验测量;(4)说明数据处理方法,给出实验结果;(5)分析和讨论实验结果.

【数据记录与处理】

1. 根据实验要求,自拟数据表格,列表记录和处理数据.

2. 刚体转动惯量理论值计算公式及参考值.

(1)均匀圆柱体对其质心轴的转动惯量:$J_1 = \dfrac{1}{8}mD^2$.

(2)均匀圆筒对其质心轴的转动惯量:$J_2 = \dfrac{1}{8}m(D_外^2 + D_内^2)$.

(3)转轴为球体直径时均匀球的转动惯量:$J_3 = \dfrac{1}{10}mD^2$.

(4)均匀杆绕竖直通过质心的转轴的转动惯量:$J_4 = \dfrac{1}{12}mL^2$.

(5)金属滑块(均匀空心圆柱体)绕竖直通过质心的转轴的转动惯量:$J_c = \dfrac{1}{16}m(D_外^2 + D_内^2) + \dfrac{1}{12}mL^2$.

上述各公式中 $m$ 为刚体质量,$D$ 为刚体直径,$L$ 为刚体长度.

(6)金属杆的夹具转动惯量实验参考值:$J_夹 = 2.32 \times 10^{-5}$ kg·m².

(7)球支架转动惯量实验参考值:$J_支 = 1.79 \times 10^{-5}$ kg·m².

3. 根据理论公式计算实心圆柱体的转动惯量,由式(3-4-9)和式(3-4-10)求出载物盘的转动惯量和弹簧的扭转常量.

4. 计算出圆筒、球及金属杆转动惯量的实验值(计算时应扣除支架的转动惯量)和理论值,用百分数表示相对误差,并对误差进行比较分析.同时评定圆筒转动惯量理论值的测量不确定度,正确表示其结果.

5. 根据证明转动惯量平行轴定理实验的数据,作出 $T_x^2 - x^2$ 图线,分析图线特点,得出实验结论.

【注意事项】

1. 扭摆的底座应保持水平状态.

2. 光电探头宜放置于挡光杆的平衡位置处,不要与挡光杆相互接触,以免增大摩擦力矩.

3. 在安装待测刚体时,支架必须全部套入扭摆主轴,并将制动螺钉旋紧,否则扭摆不能正常工作.

4. 弹簧的扭转常量 $k$ 值不是固定常量,与摆动角度的大小有关,在测定各刚体的摆动周期时,初始摆动角度应始终保持在 90°左右.

5. 在称量金属杆和球的质量时,必须取下夹具或支架.

6. 扭摆的弹簧有一定的使用寿命和强度,切勿随意把玩.

【思考与讨论】

1. 实验中为什么要测量扭转常量？采用了什么方法？

2. 在平行轴定理的证明实验中,证明的是金属滑块的还是金属杆的？为什么？

3. 摆动角的大小是否会影响摆动周期？如何确定摆动角的大小？

4. 测量摆动周期时为什么要采用测量多个周期的方法？此方法被称为什么方法？一般用于什么情况下？

5. 实验中哪些因素会影响待测刚体转动惯量测量的准确性？依据误差分析,要使结果精确,关键应注意哪几个量的测量？为什么？

6. 实验中对各个长度的测量为什么要使用不同的测量仪器？

# 实验 3.5　液体表面张力系数的测量

📁 课件

📁 实验相关

液体表面张力(surface tension)在物理学中既是一个古老而传统的研究课题,又是一个极为活跃、不断创新的研究热点问题.液体表面与张紧的弹性薄膜非常相似,如果想要扩大液体表面积就会感到一种收缩力的存在,这个收缩力就是表面张力.液体表面张力是表征液态性质的重要物性参量之一,是液体表面层内分子力作用的结果.利用表面张力人们可以解释液态物质所特有的许多现象,如泡沫的形成、润湿现象和毛细现象等.

液体表面张力的测量在工业和日常生活中有很多应用价值,如工业技术中的浮选技术、液体输送技术、电镀技术、铸造成型技术等方面都涉及对液体表面张力的研究和应用.在石油工业中,表面张力也是研究油气渗流特性和石油加工工艺计算的重要参量之一.液体的表面张力与液体的温度和浓度等有关,在液体中加入表面活性剂也可以改变液体的表面张力.

测量液体表面张力系数有多种方法,可以分为动态法和静态法两大类.动态法,如振动喷射法和立波高度法等,一般设备复杂,测定难度大,应用范围较窄.常用的静态法有毛细管法、平板法、滴重法、最大气泡压力法、激光散射法、拉脱法等.其中,毛细管法是一种间接测量法,适用于所有液体,理论简单,但测量精度较差,测试过程麻烦;激光散射法虽然精度较高,但多数装置只能在实验室条件下应用,测试设备成本较高;拉脱法是一种直接测定法,通常采用物体的弹性形变(伸长或扭转)来量度力的大小,测量直观,概念清楚.本实验采用拉脱法通过界面张力仪直接量度力的大小来测量液体表面张力系数.

【实验目的】

1. 理解液体表面张力的基本概念,掌握用拉脱法测量液体表面张力系数的原理和方法.

2. 了解利用物体弹性形变来测量微小力的基本原理,学会使用界面张力仪测量微小力.

3. 测定室温下不同液体的表面张力系数.

【实验原理】

1. 液体表面张力

液体表面是指厚度为分子力有效半径(约 $10^{-10}$ m)的薄层,称为表面层.液体表面张力产生于表面分子之间的相互作用.分子的作用力由引力与斥力两部分组成,二者均是短程力.引力作用距离为分子直径的几倍,而斥力起作用的距离更短,仅在分子相接触时才起作用.处于液体表面层以下的分子,四周均被其他分子所包围,它受到周围分子各个方向的作用力,总体呈相互抵消的态势,因此所受合力为零.而在液体表面层内的分子,因液面上方气相层的分子很少,表面层中每一个分子受到向上的引力比向下的引力小,所受合力不为零,如图 3-5-1 所示.这个合力垂直于液面并指向液体内部,于是在液体表面层形成一个分子引力场,这就使表面层内的分子有从液体表面进入液体内部的自然收缩趋势.这种收缩直到在同一时间内脱离液面、进入液体内部的分子数与因热运动到达液面的分子数处于动态平衡为止.

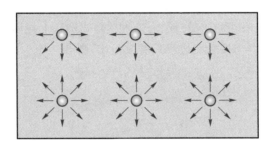

图 3-5-1　液体表面分子的受力情况

从能量的观点来看,液体内部任何分子要进入表面层都要克服这个吸引力而做功,即表面层有比液体内部更大的势能,这就是表面能.任何体系总以势能最小的状态为最稳定状态.因此,液体要处于稳定状态,液面就必须缩小,致使整个液面好像一个张紧的弹性薄膜.这种沿着液体表面使液面收缩的力称为液体的表面张力.作用于液面单位长度上的表面张力,称为表面张力系数.

如图 3-5-2 所示,从宏观上看,若在液面上所设想的一条分界线 AB 把液面分为 M 和 N 两部分,$F_1$ 表示液面 N 对液面 M 的拉力,$F_2$ 表示液面 M 对液面 N 的拉力.这两个力大小相等,方向相反,且都与液面相切,与 AB 垂直.这就是液体表面相互接触的两部分液面间相互作用的表面张力.显然,表面张力 $F$ 的大小与 AB 的长度 $l$ 成正比,即

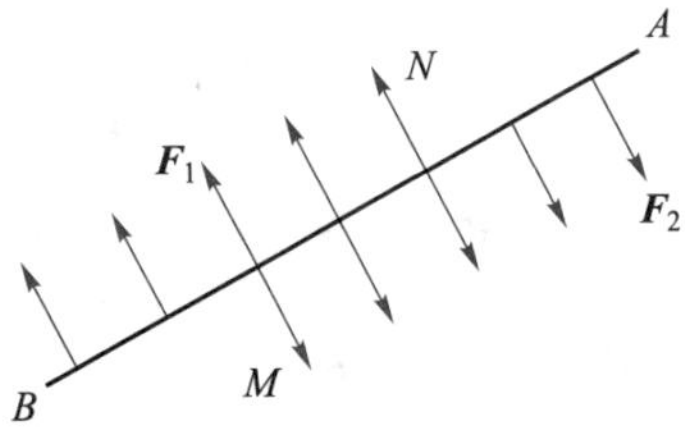

$$F = \alpha l \qquad (3-5-1)$$

图 3-5-2　液体表面张力

式中,$\alpha$ 表示沿液面作用在液体表面单位长度线段两侧液面之间的表面张力,称为表面张力系数,即

$$\alpha = \frac{F}{l} \qquad (3-5-2)$$

表面张力系数 $\alpha$ 与液体的种类、纯度、温度和液面上方气体的成分有关,单位为 N/m.实验表明,不同液体的表面张力系数 $\alpha$ 不同,温度越高,$\alpha$ 越小.在一定条件下,液体表面张力系数是常量.

2. 用拉脱法测量液体表面张力系数的原理

如图 3-5-3 所示,将一洁净的金属圆环浸入待测液体中,然后缓慢地将其向上提拉,圆环逐渐露出液面,拉起两层液体薄膜.被拉起的表面层有收缩的趋势,产生沿着液面切线方向向下的表面张力,角度 $\varphi$ 称为湿润角(或接触角).当继续向上提拉金属圆环时,$\varphi$ 角逐渐变小而接近于零,在液体薄膜被拉破的瞬间,这时所拉出的内、外两层液膜的表面张力 $F_1$、$F_2$ 均竖直向下.设液膜破裂时向上的拉力为 $F_T$,则有

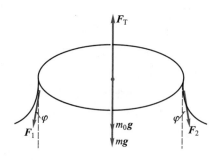

图 3-5-3　金属圆环受力示意图

$$F_T = (m+m_0)g + F_1 + F_2 \tag{3-5-3}$$

式(3-5-3)中,$m$ 为金属圆环的质量,$m_0$ 为黏附在金属圆环上液体的质量.

因为表面张力的大小与接触面边界长度成正比,则有

$$F_1 + F_2 = \pi(D_{内} + D_{外})\alpha \tag{3-5-4}$$

由式(3-5-3)和式(3-5-4)可得

$$\alpha = \frac{F_T - (m+m_0)g}{\pi(D_{内} + D_{外})} \tag{3-5-5}$$

由于金属圆环很细,被拉起的液膜也很薄,$m_0$ 很小可忽略,于是式(3-5-5)简化为

$$\alpha = \frac{F_T - mg}{\pi(D_{内} + D_{外})} \tag{3-5-6}$$

根据式(3-5-6),只要测出液膜表面张力 $F_T - mg$ 和金属圆环的内外直径 $D_{内}$、$D_{外}$,即可求出液体的表面张力系数 $\alpha$.

若用补偿法消除金属圆环重力 $mg$ 的影响,则有

$$\alpha = \frac{F}{\pi(D_{内} + D_{外})} \tag{3-5-7}$$

式(3-5-7)中 $F$ 为液体表面张力,是一个微小力,实验中采用界面张力仪测量.

【实验器材】

界面张力仪、标准砝码、环形测试件、玻璃杯、镊子、NaOH 溶液、温度计、待测液体等.

界面张力仪是一种测量微小力的仪器,基本结构如图 3-5-4 所示.其主体为一根拉紧的钢丝 16,其一端固定在微调涡轮 17 的轴上,另一端固定在与游标相连的涡轮轴上.钢丝的中段紧固一根杠杆(臂 2)的一端.杠杆的另一端与悬挂测试件的吊杆臂相连接.吊杆臂上有一指针 8,指针紧靠着一个标有红线的反射镜 11.由指针和指针在反射镜中的像及反射镜红线可以判断界面张力仪是否达到平衡.

界面张力仪测量微小力的基本原理是:钢丝在扭转时产生扭转力,在弹性限度内,扭转力的大小与钢丝转过的角度 $\phi$ 成正比.而钢丝转过的角度 $\phi$ 可以从刻度盘和游标上读

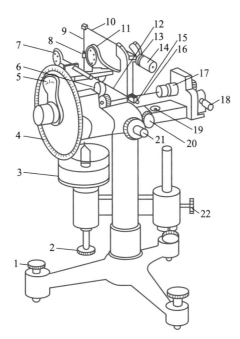

1—底座螺钉；2—样品座螺钉；3—样品座；4—刻度盘；5—游标；6 和 20—臂的制动器；
7—放大镜；8—指针；9—吊杆臂；10—臂 1；11—反射镜；12—臂 2；
13 和 15—臂 1 和臂 2 调节螺钉；14—游码；16—钢丝；17—微调涡轮；
18—微调涡轮把手；19—水平仪；21—涡轮把手；22—样品座制动器.

图 3-5-4　界面张力仪结构图

出,从而确定出扭转力 $F$ 的大小.

扭转力大小 $F_T$ 与钢丝转过的角度 $\phi$ 成正比,即

$$F = k\phi \tag{3-5-8}$$

使用时一般先采用标准砝码施加外力,确定出常量 $k$ 的大小,这被称为界面张力仪定标.

【实验内容与要求】

1. 仪器调节

（1）调节仪器到水平状态.

（2）将金属圆环挂在吊杆臂下端,将一块小纸片放置在金属圆环上,旋转涡轮把手 21 使游标 5 指向刻度盘零点位置.打开制动器 6 和 20,调好放大镜 7,旋转微调涡轮把手 18 使指针、指针的像与红线三者重合,即"三线对齐".

2. 仪器定标

在小纸片上分别放上 100 mg、200 mg、300 mg、400 mg、500 mg、600 mg、700 mg、800 mg、900 mg 标准砝码,调节涡轮把手,分别记录指针、指针的像与红线重合时对应的指示值 $F'$.

3. 用具清洁

将金属圆环放在 NaOH 溶液中浸泡 20～30 s,用镊子夹脱脂棉蘸 NaOH 溶液擦洗容器,再用清水（最好用蒸馏水）冲洗干净金属圆环和容器,以彻底清除油污.

▶ 定标
操作

4. 测定水的表面张力系数

（1）将金属圆环挂在吊杆臂下端，调节涡轮把手使刻度盘读数为零，调节微调涡轮把手使"三线对齐".

（2）在容器中倒入待测水，深为 20～30 mm，将容器放在样品座的中间位置，调节样品座的位置和高度，使金属圆环水平浸入水中.

（3）用右手慢慢调节涡轮把手，逐渐增大拉力，同时用左手缓慢调节样品座螺钉，始终保持"三线对齐"，直到水膜被拉破为止，记下刻度盘读数 $F'$，重复测量 6 次.

（4）测量并记录水的温度值.

5. 测定其他液体的表面张力系数

按照上述"4.测定水的表面张力系数"中的测量方法和步骤，测量实验室给定的其他液体的表面张力系数.

6. 设计测量油与水界面的表面张力系数的实验方案（选做）

设计要求：（1）阐述基本实验原理和实验方法；（2）说明基本实验步骤；（3）进行实际实验测量；（4）说明数据处理方法，给出实验结果.

【数据记录与处理】

1. 自行设计适合实验内容的数据表格，列表记录和处理数据.

测量校准曲线的参考数据记录表格如表 3-5-1 所示.

表 3-5-1　测量校准曲线数据记录

| 砝码质量 $m$/mg | 100 | 200 | 300 | 400 | 500 | 600 | 700 | 800 | 900 |
|---|---|---|---|---|---|---|---|---|---|
| 测量读数 $F'$/(°) | | | | | | | | | |

2. 绘制校准曲线

（1）以 $F'$ 为横坐标、所加砝码重力 $mg$ 为纵坐标作出校准曲线.

（2）通过作图法或最小二乘法求出定标校准关系式，即 $F = kF'$.

3. 根据测量的 $F'$ 和 $k$ 计算水的表面张力，利用式（3-5-7）求出水的表面张力系数 $\alpha$，评定其测量不确定度，完整表示测量结果.

4. 比较水的表面张力系数的测量值 $\alpha$ 与标准值 $\alpha_标$，计算相对误差 $E_r = \dfrac{|\alpha - \alpha_标|}{\alpha_标} \times 100\%$，对测量结果进行分析.

5. 根据测量数据，利用式（3-5-7）计算实验室给定的其他液体的表面张力系数 $\alpha$，评定其测量不确定度，完整表示测量结果.

6. 对实验结果进行误差分析，得出相关结论.

【注意事项】

1. 保持测量用具洁净，切勿用手触摸清洁后的用具，取放时要用镊子.

2. 金属圆环在待测液体中应尽量保持水平，否则会过早地拉破液膜，影响测量结果.

3. 保持环境稳定和平静，尽量避免各种振动、空气流动和温度变化的干扰.实验操作中一定要动作轻缓，谨慎操作.

4. 液膜必须充分地被拉伸开,而且使其不过早地破裂.液膜被拉伸的过程中,必须时刻保持"三线对齐".

5. 为保证钢丝在弹性限度内工作,扭转不要超过 360°.

6. 待测液体的温度与实验室温度应尽量相同,实验时应避免阳光直接照射待测液体,否则会影响测量结果.

7. 保持仪器清洁,使用完毕,应将金属圆环和容器清洗干净.

8. 仪器使用完毕后,应调节涡轮把手,将刻度盘读数调节至零,同时用偏心轴和夹板固定好吊杆臂.

【思考与讨论】

1. 实验中要求金属圆环在待测液体中保持水平,若圆环不水平,会给实验结果带来什么影响?

2. 实验中是如何消除重力影响的?将小纸片放在金属圆环上对实验有没有影响?

3. 一般情况下水的表面张力系数的测量值都要小于标准值,试分析产生该结果的主要原因.

4. 在阳光下和在流动的空气中做实验对实验结果有没有影响?为什么?

5. 从水中缓慢地拉起金属圆环时为什么要时刻保证"三线对齐"?

6. 钢丝的扭转形变与扭转力矩的大小成正比.为了测出扭转力的大小,必须始终保持"力臂"不变,这一点是如何判断的?在实验操作过程中又是如何实现的?

7. 本实验中的界面张力仪可否直接用来测量液体表面张力系数?如果可以,应如何操作?

# 实验 3.6　电学元件的伏安特性研究

电学元件是各种电路的基本组成部分,品种繁多,应用广泛,包括各种电阻、半导体二极管、三极管、光敏和热敏元件等.为正确选用各种电学元件,确定元件在电路中的作用,常常需要了解元件的伏安特性.伏安特性给出了元件上电压与电流的函数关系,全面地描述了元件的电阻特性.

■ 课件

测量元件的伏安特性有很多方法,最简单、最常用的方法就是用电压表和电流表来测量的伏安法.另外,利用示波器测量元件的伏安特性也是一种常用方法,可称为示波器法.本实验将使用伏安法测量金属膜电阻、半导体二极管和小灯泡的伏安特性曲线,帮助学生学习测绘伏安特性曲线、建立经验公式、研究伏安特性规律的基本方法.

■ 实验
相关

【实验目的】

1. 掌握测量电学元件伏安特性的基本方法,学习如何正确选用测量电路来减小系统误差.

2. 熟悉分压电路和限流电路的工作原理以及合理选择电表量程的原则.

3. 学会建立经验公式的基本方法.

【实验原理】

1. 线性元件与非线性元件

通过电学元件的电流与两端电压之间的关系称为电学元件的伏安特性.一般以电压为横坐标、电流为纵坐标作出的元件的电压-电流关系曲线,称为伏安特性曲线,如图 3-6-1 所示.伏安特性曲线为直线的元件称为线性元件,如碳膜电阻、金属膜电阻、绕线电阻等一般电阻元件;伏安特性曲线为非直线的元件称为非线性元件,如二极管、三极管、光敏电阻、热敏电阻等.从伏安特性曲线遵循的规律,可以得知元件的导电特性,从而确定元件在电路中的作用.这种通过测量伏安特性曲线研究元件特性的方法称为伏安法.

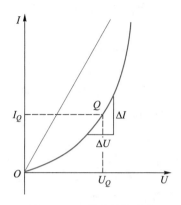

图 3-6-1　伏安特性曲线

当一个元件两端加上电压、元件内有电流通过时,电压与电流之比称为元件电阻.线性元件和非线性元件的电阻特性不同.线性元件的伏安特性曲线是一条直线,通过元件的电流 $I$ 与加在元件两端的电压 $U$ 成正比,电阻 $R$ 为一定值,即 $R = \dfrac{U}{I}$.非线性元件的伏安特性曲线不是一条直线,通过元件的电流 $I$ 与加在元件两端的电压 $U$ 不按线性规律变化,电阻随电压或电流的变化而变化.因此,分析非线性元件的电阻时必须指出其工作状态(电压或电流).对于非线性元件,电阻可以用静态电阻和动态电阻两种方法表示.静态电阻等于工作点的电压和电流之比;动态电阻等于工作点附近的电压改变量和电流改变量之比,即工作点切线的斜率.如图 3-6-1 所示,工作点 $Q$ 的静态电阻为

$$R = \frac{U_Q}{I_Q} \tag{3-6-1}$$

动态电阻为

$$R' = \lim \frac{\Delta U}{\Delta I} = \frac{\mathrm{d}U}{\mathrm{d}I}\bigg|_{U=U_Q, I=I_Q} \tag{3-6-2}$$

显然,非线性元件的电阻是工作状态的函数.

2. 二极管的伏安特性

根据所用材料的不同,半导体二极管可分为硅二极管和锗二极管等,其核心是 pn 结,最重要的特性是单向导电性.当外加正向电压时,二极管呈现的电阻很小,能够通过很大的电流.当外加反向电压时,二极管所呈现的电阻则很大,流过的电流却很小.二极管的电流随电压变化的规律常用伏安特性曲线描述,某种二极管的伏安特性曲线如图 3-6-2 所示.在二极管的正端接高电势、负端接低电势(正向接法)的条件下,两端电压不到 1 V 时,电流就可达 400 mA.在二极管的负端接高电势、正端接低电势(反向接法)的条件下,两端电压小于 120 V 时,反向电流很小;但电压超过 120 V 时,反向电流就会急剧增加.根据二极管正向电流和正向电压的对应关系作图,就可以得到正向伏安特性曲线;根据二极管反向电流和反向电压的对应关系作图,就可以得到反向伏安特性曲线.

由伏安特性曲线可以看出,当二极管采用正向接法时,随着电压 $U$ 的逐渐增加,电流

$I$ 也增加.但是,在开始段,由于外加电压很低,pn 结的内电场对载流子的运动仍起到阻挡作用,基本上没有电流流过 pn 结,这一段称为死区.硅管的死区电压在 0~0.5 V 之间,锗管的死区电压在 0~0.2 V 之间.当外加电压 $U$ 超过死区电压以后,电流随电压的增加变得很快,但电流和电压并不成正比.

当二极管采用反向接法时,只能有少数载流子形成反向电流,电流值很小,一般硅管的反向电流小于几十微安,锗管的小于几百微安.由于载流子数量少,所以电流值基本上不随反向电压的变化而变化.但是,当反向电压增加到一定数值时,外电场将把半导体内被束缚的电子强行拉出,造成反向电流突然增加,这种现象称为反向击穿.对于普通二极管,反向击穿可导致管子发热、被烧毁,这是由于普通二极管最大耗散功率不够,无法在反向击穿区工作.稳压二极管一般能承受较大的工作电流和耗散功率,可以在反向击穿区工作.2CW 型硅稳压二极管的伏安特性曲线如图 3-6-3 所示.当反向电压加到 $A$ 点时,管子开始被击穿,如果进一步增加输入电压,则稳压二极管两端的电压几乎不再增加,只是反向电流从 $A$ 点增到 $B$ 点、再达到 $C$ 点,因此起到了稳压作用.稳压二极管在反向击穿区工作时,只要不超过最大工作电流 $I_{max}$ 和最大耗散功率 $P_{max}$,一般是不会烧毁的.

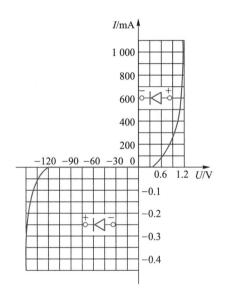
图 3-6-2  某种二极管的伏安特性曲线

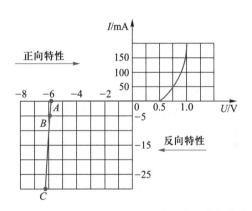
图 3-6-3  2CW 型硅稳压二极管的伏安特性曲线

### 3. 伏安特性的测量

用伏安法测量元件的伏安特性时,常有两种电路连接方法,分别是电流表内接法和电流表外接法,如图 3-6-4 所示.简化处理时直接采用电压表读数 $U$ 和电流表读数 $I$ 之比 $\dfrac{U}{I}$ 得出待测元件电阻 $R$,由于电压表和电流表都有一定的内阻,所以无论采用哪种连接方法都会引入一定的系统误差.

（1）电流表内接法.

当电流表内接时,电流表的读数 $I$ 为通过电阻 $R_x$ 的电流,而电压表的读数为 $U=U_x+U_A$,所以实验中测得的电阻值为

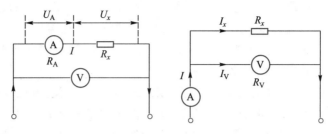

(a) 电流表内接法      (b) 电流表外接法

图 3-6-4    伏安法的两种电路连接方式

$$R = \frac{U}{I} = \frac{U_x + U_A}{I} = R_x + R_A = R_x\left(1 + \frac{R_A}{R_x}\right) \qquad (3-6-3)$$

式中,$R_A$ 为电流表内阻. 因此,若采用电流表内接法,测得的 $R$ 值比实际值 $R_x$ 偏大. 只有当 $R_x \gg R_A$ 时才有 $R_x \approx R = \dfrac{U}{I}$,所以电流表内接法适合测量高值电阻.

（2）电流表外接法.

当电流表外接时,电压表的读数 $U$ 为电阻 $R_x$ 两端的电压,而电流表的读数为 $I = I_x + I_V$,所以实验中测得的电阻值为

$$R = \frac{U}{I} = \frac{U}{I_x + I_V} = R_x\left(1 + \frac{R_x}{R_V}\right)^{-1} \qquad (3-6-4)$$

式中,$R_V$ 为电压表内阻. 因此,若采用电流表外接法,测得的 $R$ 值比实际值 $R_x$ 偏小. 只有当 $R_x \ll R_V$ 时才有 $R_x \approx R = \dfrac{U}{I}$,所以电流表外接法适合测量低值电阻.

根据式（3-6-3）和式（3-6-4）,已知电流表和电压表的内阻 $R_A$ 和 $R_V$ 时,可以利用下列公式对待测元件电阻 $R_x$ 进行修正.

电流表内接时

$$R_x = \frac{U}{I} - R_A \qquad (3-6-5)$$

电流表外接时

$$\frac{1}{R_x} = \frac{I}{U} - \frac{1}{R_V} \qquad (3-6-6)$$

因此,采用式（3-6-5）和式（3-6-6）可分别消除电流表内接法和电流表外接法因电表内阻引入的系统误差.

在简化处理的实验场合,只简单地采用 $\dfrac{U}{I}$ 作为待测元件电阻 $R_x$ 值时,为了减小因电表内阻引入的系统误差,应合理地选择电表的连接方法. 一般待测元件的电阻值很高时,选用电流表内接法;反之,选用电流表外接法. 在具体选择时可用比较法,先粗测待测电阻 $R_x$ 的值,比较 $\dfrac{R_V}{R_x}$ 和 $\dfrac{R_x}{R_A}$ 的大小,当 $\dfrac{R_V}{R_x} > \dfrac{R_x}{R_A}$ 时,选用电流表外接法;反之,选用电流表内接法.

因此,在设计测量电学元件伏安特性的电路时,除了了解待测元件和所需仪器的规格,所加电压和通过电流均不能超过元件和仪器的使用范围外,还要考虑根据这些条件所选用的电路连接方式(内接法或外接法),应尽可能地减小测量的系统误差.测量稳压二极管伏安特性的参考电路如图 3-6-5 所示,为实现微小电压调节,采用二级分压电路.

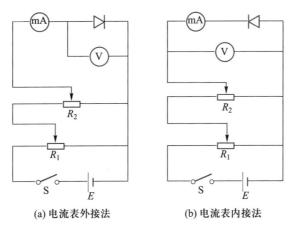

(a) 电流表外接法　　　　(b) 电流表内接法

图 3-6-5　测量稳压二极管伏安特性的电路

4. 经验公式的建立

物理过程中所涉及的物理量相互之间往往按照确定的规律变化,例如加在电阻元件上的电压 $U$ 和通过的电流 $I$、流体的温度 $T$ 与黏度 $\eta$ 等.当其中一个量变化时,另一个量也会发生变化.要研究这些相关物理量的变化规律,首先应该测绘出物理量之间的关系曲线;要进一步揭示变化规律,还需找出经验公式,也就是要找出所得关系曲线的解析表达式.

通过实验方法探索物理规律,寻找两个相关物理量之间的函数关系式即建立经验公式,其基本方法如下:

(1) 测量两个相关物理量之间变化关系的实验数据.

(2) 作出物理量之间的关系曲线,并根据曲线形状选择合适的函数形式,建立数学模型.

(3) 利用数据处理的有关知识,求解函数关系式中的常量,确定经验公式.一般采用计算机进行曲线拟合,也可以将曲线改直,用作图法、最小二乘法、逐差法等数据处理方法进行计算.

(4) 用实验数据验证经验公式.

下面通过举例具体说明建立经验公式的方法和步骤.

例:建立 2CW 型硅稳压二极管正向电压 $U$ 和电流 $I$ 之间关系的经验公式.电压 $U$ 和电流 $I$ 的测量数据见表 3-6-1.

表 3-6-1　二极管正向电压和电流数据记录表(电表量程:0~1.5 V,0~200 mA)

| $U/\text{V}$ | 0 | 0.10 | 0.50 | 0.60 | 0.65 | 0.70 | 0.71 | 0.72 | 0.73 | 0.74 | 0.75 | 0.77 | 0.78 |
|---|---|---|---|---|---|---|---|---|---|---|---|---|---|
| $I/\text{mA}$ | 0 | 0 | 0 | 1.0 | 4.8 | 18.0 | 24.0 | 33.0 | 40.6 | 58.0 | 80.0 | 147.0 | 194.0 |

① 在直角坐标纸上作出 $U$-$I$ 关系图,如图 3-6-6 所示,观察曲线符合的数学形式,写出函数式的一般表达式.

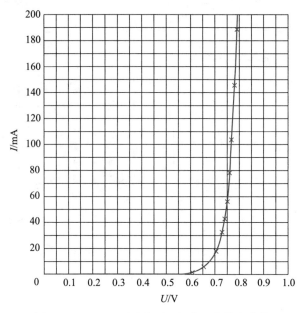

图 3-6-6    2CW 型硅稳压二极管正向伏安曲线

由图 3-6-6 可知,除去 0~0.5 V 的死区外,正向伏安特性曲线可近似按指数函数关系 $I=Be^{AU}$ 分析,利用曲线改直的方法,两边取对数,则有方程

$$\ln I=AU+\ln B \tag{3-6-7}$$

这是一个斜率为 $A$ 的直线方程,根据表 3-6-1 中的数据,把 $I$ 取对数,在直角坐标纸上作图,如图 3-6-7 所示.

② 求函数式中的未知常量.

由图 3-6-7 可以看出,变化规律近似为一直线.这说明对数关系成立,可按直线处理,求出式中的 $A$ 和 $\ln B$.在直线上取 $P_1(0.62,\ln 1.8)$、$P_2(0.76,\ln 105.0)$ 两点,可得

$$A=\frac{\ln 105.0-\ln 1.8}{0.76-0.62}\approx29$$

在直线上取第三点 $P_3(0.69,\ln 13.4)$,代入式(3-6-7)中可得 $\ln B=17.44$,这样就可确定描述二极管正向伏安特性的经验公式为

$$\ln I=29U-17.44 \tag{3-6-8}$$

其中,$I$ 的单位为 mA,$U$ 的单位为 V.

③ 用实验数据验证经验公式.

为了验证经验公式的正确性,可从实验数据中任取一个电流值 $I$,代入经验公式,看算出的电压 $U$ 是否与原值相近.若相近,说明所建立的经验公式正确,否则就要重新建立.例如,取 $I=18.0$ mA,将其代入式(3-6-8)中,可算出 $U\approx0.70$ V,与实验数据 $U=0.70$ V 符合得很好;再取 $I=80.0$ mA,算出 $U\approx0.75$ V,与实验数据 $U=0.75$ V 也符合得很好.通过验证可知,所建立的经验公式符合这种稳压二极管的伏安特性.

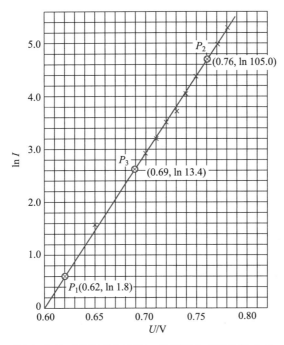

图 3-6-7　2CW 型硅稳压二极管正向对数伏安曲线

## 【实验器材】

直流稳压电源、稳压二极管、金属膜电阻、小灯泡、万用表、电压表、电流表、滑线变阻器、九孔板、导线、开关等.

## 【实验内容与要求】

1. 测量稳压二极管的正向和反向伏安特性

（1）根据稳压二极管的方向（正向或反向），参考图 3-6-5 所示的电路接好测量电路，适当选择电流表和电压表的量程.

（2）在测量范围内，从 0 开始逐步增大电压，合理选取测量间隔，记录电压值和相应的电流值.

2. 测量小灯泡的伏安特性

根据小灯泡的额定电压和电流，估算静态电阻的大小，选择适用的测量电路，自己设计实验步骤进行测量.

3. 测量金属膜电阻的伏安特性（选做）

（1）用万用表的欧姆挡粗测待测电阻值的大小.

（2）根据待测电阻值的大小，参考图 3-6-5 所示电路选择电流表内接法或外接法，适当选择电流表和电压表的量程.

（3）在测量范围内，从 0 开始逐步增大电压，合理选取测量间隔，记录电压值和相应的电流值.

（4）改变加在待测电阻上的电压方向，从 0 开始逐步增大电压，合理选取测量间隔，记录电压值和相应的电流值.

**【数据记录与处理】**

1. 自拟数据表格,列表记录.

2. 以电压为横坐标、电流为纵坐标,利用测得的电压和电流数据,分别绘制出稳压二极管、小灯泡的伏安特性曲线,分析各自伏安特性曲线的特点和规律.将正、反向伏安特性曲线作在一张图上,对于稳压二极管,正、反向坐标可以取不同单位长度.

3. 分别求出电压方向相反、大小相等时稳压二极管的静态电阻,根据正、反向电阻分析稳压二极管的导电特性.

4. 根据建立经验公式的方法和步骤,建立稳压二极管正向的电压与电流变化关系的经验公式,总结和分析电压与电流的变化规律.

**【注意事项】**

1. 测量过程中不要改变电压表和电流表的量程,以免测量曲线出现跃变.

2. 待测电学元件上的电流(或电压)不能超过额定最大值,避免损坏元件.

3. 确定测量范围时,既要保证元件安全,又要覆盖正常工作范围,以全面反映元件的伏安特性.

4. 测量非线性伏安特性曲线时,不应等间隔地取点,而是在电流变化缓慢的区间电压间隔可以大一些,在电流变化迅速的区间电压间隔要小一些.

**【思考与讨论】**

1. 用伏安法测量伏安特性曲线时有哪两种接线方法? 分别在什么条件下使用?

2. 什么是二极管的死区电压和反向击穿区电压?

3. 稳压二极管为什么能起到稳压作用?

4. 如何选择电表的量程? 为什么量程不能选择太大或太小?

# 实验 3.7　用稳态法测量不良导体的导热系数

课件

实验
相关

导热系数(coefficient of thermal conductivity)是表征物质热传导性能的物理量,也是表征材料性质的基本参量之一.导热系数的大小不仅与物质本身的性质有关,还取决于物质所处的状态,如温度、湿度、压力和密度等.材料制造工艺、结构的变化和所含杂质对导热系数都有明显的影响.

在涉及热传导的新材料研制和工程设计中,导热系数是必不可少的数据.热传导研究在工程技术、科研、生产等领域有着广泛的应用,如航天器内外温度差值达到一两千摄氏度,就需要非常好的不良导体作为隔热材料.在工程计算中,当温度变化范围不是很大时,如在常温范围内,常将材料的导热系数作为常量来处理,由此带来的误差并不大,却使计算更为方便.

不同材料的导热系数通常采用不同的实验方法来具体测定.对热的良导体可用流体

换热法直接测量所传递的热量,而对热的不良导体则常通过传热速率间接测量.另外,导热系数的测定方法一般分为稳态法和动态法两种.稳态法是在加热和散热达到平衡状态、在待测样品内部形成稳定温度分布的条件下,用热电偶测量其温度的方法.而动态法在测量时,待测样品内部的温度分布按一定的规律变化(例如成周期性变化等),且变化规律不仅受实验条件的影响,还与导热系数的大小有关.

【实验目的】

1. 了解热传导的物理过程,掌握用稳态法测量不良导体导热系数的实验方法.
2. 了解温度传感器的工作原理,学会用温度传感器通过热电转换测量温度的方法.
3. 观察和学习达到稳定热传导最佳实验条件的方法.
4. 掌握利用物体的散热速率间接测量传热速率的实验方法.

【实验原理】

1. 傅里叶定律

热传导也称"导热",它是指物体内各部分或不同物体之间直接接触时由物质分子、原子及自由电子等微观粒子热运动而产生的热量传递现象.热传导是靠物体内存在的温度梯度使热量从高温区域向低温区域传递的过程,即热传导的动力是温差.

1822 年,法国数学家、物理学家傅里叶(J.Fourier)在他所出版的《热的分析理论》一书中详细地研究了热在介质中的传播问题,并提出了傅里叶定律.

如图 3-7-1 所示,设在 A、B 两平板间充以某种物质,其温度由下而上逐渐降低,温度 $T$ 是 $z$ 的函数,而温度的变化情况可用温度梯度 $dT/dz$ 表示.设想在 $z=z_0$ 处有一分界面,面积为 $dS$,根据傅里叶热传导方程,在 $dt$ 时间内通过 $dS$ 沿 $z$ 轴方向传递的热量为

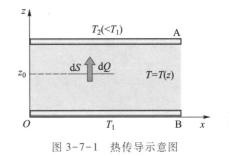

图 3-7-1　热传导示意图

$$dQ = -\lambda \left( \frac{dT}{dz} \right)_{z_0} dSdt \qquad (3-7-1)$$

式中,$\lambda$ 称为导热系数(热导率),负号表明热量传递方向总是与温度梯度方向相反.$\lambda$ 越大,材料的传热性能越好.$\lambda$ 的物理意义是:相距单位长度的两平行平面间温度相差一个单位时,单位时间内通过单位面积所传递的热量.在国际单位制中,$\lambda$ 的单位为 $W/(m \cdot K)$ 或 $J/(s \cdot m \cdot \text{℃})$.

根据导热系数的大小,可以将材料分为热的良导体和不良导体.

金属材料属于热的良导体,其导热机理主要是金属材料中自由电子的迁移,从这个意义上讲,电的良导体也就是热的良导体.纯金属的导热性能较好,纯金属掺入杂质、形成合金后,导热系数比纯金属的小.温度升高时,会造成导热系数减小.各种金属的导热系数一般在 2.2~420 $W/(m \cdot K)$ 范围内.

导热性能差的材料称为热的不良导体,一般非金属材料属于不良导体.不良导体的导热系数一般在 0.025~3.0 $W/(m \cdot K)$ 范围内.导热系数为 0.025~0.2 $W/(m \cdot K)$ 的材料,常被用作隔热保温材料,如泡沫塑料等.这类材料受空气湿度的影响较大,空气湿度增大,

材料整体导热系数将增大.

2. 用稳态法测量导热系数

若热传导过程中,物体各部分的温度不随时间而变化,这样的导热称为稳态导热.在稳态导热过程中,对于每一个物质单元,流入和流出的热量均相等,这称为热平衡.与稳态导热相对应的是非稳态导热,它发生在热平衡建立之前或热平衡破坏之后.非稳态导热过程中,对于每一个物质单元,流入和流出的热量是不相等的,因此,物体各部分的温度是随时间而变化的.

1898 年,利斯(C.H.Lees)首先用平板法测量了不良导体的导热系数,这就是一种稳态法.实验中,样品(橡胶板)被做成半径为 $R_B$、厚度为 $h_B$ 的圆盘状,不但保证有较大的横截面积而且在热流方向上长度也较小,如图 3-7-2 所示.

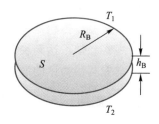

图 3-7-2    橡胶板样品

本实验的实验装置如图 3-7-3 所示,它主要由电加热器、铜加热盘 A、待测样品盘 B、铜散热盘 C、支架与调节螺钉以及温度测量系统组成.在底座的支架上依次放上铜散热盘 C、待测样品盘 B 和带电加热器的铜加热盘 A.实验过程中,加热盘直接将热量通过样品盘 B 上表面传入样品,同时散热盘 C 把样品盘传递过来的热量不断地散向周围空气.由于三个盘的横截面积比侧面积大得多,因此忽略侧面散热,将导热视为仅沿三个盘的轴向进行的一维导热过程.当热传导达到稳态时,导热系统各物质单元的温度不再随时间变化,样品盘 B 上表面的温度(与铜加热盘 A 的温度相同) $T_1$ 与下表面的温度(与铜散热盘 C 的温度相同) $T_2$ 不再随时间变化,这一点可作为判断导热系统达到热平衡的依据.由热传导的知识可知,若某一物质单元的温度不再随时间变化,那么单位时间内流入该单元的热量必然等于单位时间内流出该单元的热量.

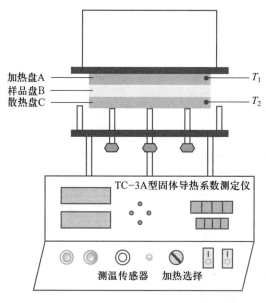

图 3-7-3    实验装置图

由一维傅里叶热传导方程可知,达到稳态时导热系统的传热速率(热流量)为

$$\frac{\mathrm{d}Q}{\mathrm{d}t} = -\lambda S \frac{\mathrm{d}T}{\mathrm{d}z} \tag{3-7-2}$$

式中，$\mathrm{d}Q/\mathrm{d}t$ 为传热速率，即导热系统中单位时间内传递的热量，单位为 J/s 或 W；$S$ 为沿热流方向的横截面积，即样品盘的横截面积 $\pi R_B^2$；$\mathrm{d}T/\mathrm{d}z$ 为热传导方向上的温度梯度.

当样品盘质地均匀、厚度较小时，可认为样品盘内沿热传导方向的温度梯度分布均匀且恒定，则上式可改写为

$$\frac{\mathrm{d}Q}{\mathrm{d}t} = -\lambda \frac{T_1 - T_2}{h_B} \pi R_B^2 \tag{3-7-3}$$

当传热达到稳定状态，$T_1$、$T_2$ 的值稳定不变时，可认为加热盘 A 通过样品盘 B 上表面的传热速率与散热盘 C 向周围环境的散热速率相等.因此，可通过散热盘 C 在稳定温度 $T_2$ 时的散热速率求出样品盘的传热速率 $\mathrm{d}Q/\mathrm{d}t$.

当测得传热达到稳定状态时的 $T_1$、$T_2$ 后，即可将样品盘 B 抽去，用加热盘 A 直接对散热盘 C 加热，使散热盘 C 的温度上升到比稳态时的温度 $T_2$ 高若干摄氏度（比 $T_2$ 高 10.0 ℃左右）.再将加热盘 A 移开，让散热盘 C 自然冷却，观察其温度随时间 $t$ 的变化情况，每隔一段时间测量一次散热盘 C 的温度 $T$，直到它的温度比 $T_2$ 低若干摄氏度（比 $T_2$ 低 10.0 ℃左右）.然后根据这些测量数据绘出散热盘 C 的冷却曲线，如图 3-7-4 所示

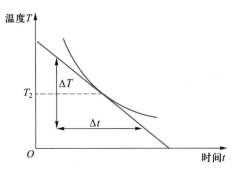

图 3-7-4　冷却曲线

（冷却时间较短时，对冷却曲线可近似作线性处理）.在曲线上过 $T = T_2$ 点作曲线的切线，切线的斜率即为散热盘 C 在 $T_2$ 附近的冷却速率 $\left.\dfrac{\mathrm{d}T}{\mathrm{d}t}\right|_{T=T_2}$.则散热盘 C 在温度 $T_2$ 时的散热速率为 $\left.mc_0\dfrac{\mathrm{d}T}{\mathrm{d}t}\right|_{T=T_2}$（$m$ 为散热盘 C 的质量，$c_0$ 为其比热容）.

此外，还应注意到传热达到稳定状态时，散热盘 C 上表面与样品盘 B 紧密接触，并未向外界散热，散热面积仅为 $\pi R_C^2 + 2\pi R_C h_C$（其中 $R_C$、$h_C$ 分别是散热盘 C 的半径与厚度）.而测其冷却速率时移开了样品盘 B，散热盘 C 的上、下表面和侧面均向周围空气散热，此时其散热面积为 $2\pi R_C^2 + 2\pi R_C h_C$.考虑到冷却速率与它的散热面积成正比，因此传热达稳定状态时散热盘 C 的散热速率实际为

$$\begin{aligned}
\frac{\mathrm{d}Q}{\mathrm{d}t} &= \left.mc_0\frac{\mathrm{d}T}{\mathrm{d}t}\right|_{T=T_2} \cdot \frac{\pi R_C^2 + 2\pi R_C h_C}{2\pi R_C^2 + 2\pi R_C h_C} \\
&= \left.mc_0\frac{\mathrm{d}T}{\mathrm{d}t}\right|_{T=T_2} \cdot \frac{R_C + 2h_C}{2R_C + 2h_C}
\end{aligned} \tag{3-7-4}$$

将式（3-7-4）代入式（3-7-3）可得

$$\lambda = -mc_0\left.\frac{\mathrm{d}T}{\mathrm{d}t}\right|_{T=T_2} \left(\frac{R_C + 2h_C}{2R_C + 2h_C}\right) \cdot \left(\frac{h_B}{T_1 - T_2}\right) \cdot \frac{1}{\pi R_B^2}$$

$$= -2mc_0 \frac{\mathrm{d}T}{\mathrm{d}t}\bigg|_{T=T_2} \left(\frac{D_C+4h_C}{D_C+2h_C}\right) \cdot \left(\frac{h_B}{T_1-T_2}\right) \cdot \frac{1}{\pi D_B^2} \tag{3-7-5}$$

式(3-7-5)就是导热系数的测量计算式.可见本实验的关键是测量系统达到稳态导热状态时的温度 $T_1$、$T_2$ 和冷却速率 $\dfrac{\mathrm{d}T}{\mathrm{d}t}\bigg|_{T=T_2}$.

【实验器材】

TC-3A 型固体导热系数测定仪、待测样品盘、游标卡尺、电子天平等.

【实验内容与要求】

1. 测量样品盘和散热盘的参量

用游标卡尺测量待测样品盘 B 和散热盘 C 的直径及厚度 $D_B$、$h_B$、$D_C$、$h_C$,再用电子天平测量散热盘 C 的质量 $m$.除了对质量 $m$ 进行单次测量外,其余各量均进行多次测量,测量次数不少于 5 次,将测量结果记入表 3-7-1.

2. 建立热传导的稳定状态并测定 $T_1$ 和 $T_2$

(1)按图 3-7-3 安装好仪器,连接好电路.注意:加热盘 A 和散热盘 C 的侧面都有安装温度传感器的测温孔,安放时,将两个测温孔皆放置在方便插入温度传感器的位置.将样品盘 B 放置在加热盘 A 与散热盘 C 之间,且加热盘 A、散热盘 C 与样品盘 B 应保持同轴并紧密贴合,若有明显缝隙,可微调底部水平调节螺钉予以消除.

(2)设置好加热温度,接通加热电源,为缩短达到热传导稳定状态的时间,先用大功率加热一段时间,再换用低功率加热.升温过程中,每隔 2 min 左右读取一次温度值.若在 5 min 内温度 $T_1$、$T_2$ 示数无明显变化或在小范围内上下波动,就可认为系统热传导达到稳定状态.此后每隔 30 s 记录一组 $T_1$、$T_2$ 数据,计算出它们的平均值 $\overline{T_1}$、$\overline{T_2}$ 作为达到稳态时样品盘 B 上、下表面的温度值.

3. 测量散热盘在 $T_2$ 附近的冷却速率

取出样品盘 B,使加热盘 A 与散热盘 C 直接接触,继续加热.当散热盘 C 温度比 $T_2$ 高出 10.0 ℃ 左右时,关闭加热电源,并将加热盘 A 移开,让散热盘 C 在空气中自然冷却,每隔 30 s 读取一次散热盘的温度值并列表记录数据,直至其温度降至低于 $T_2$ 约 10.0 ℃ 后停止测量.在 $(T_2\pm1)$ ℃ 温度范围内应更密集地测量.

【数据记录与处理】

1. 由表 3-7-1 中数据计算出 $D_B$、$h_B$、$D_C$、$h_C$ 的平均值,并评定其测量不确定度.

表 3-7-1   待测样品盘 B 和散热盘 C 测量数据记录处理表

| 物理量 | 测量次数 | | | | | 平均值 |
|---|---|---|---|---|---|---|
| | 1 | 2 | 3 | 4 | 5 | |
| $D_B$/mm | | | | | | |
| $h_B$/mm | | | | | | |

续表

| 物理量 | 测量次数 | | | | | 平均值 |
| --- | --- | --- | --- | --- | --- | --- |
| | 1 | 2 | 3 | 4 | 5 | |
| $D_C$/mm | | | | | | |
| $h_C$/mm | | | | | | |
| $m$/g | | | | | | |

2. 每隔 30 s 记录稳态时导热系统的温度 $T_1$、$T_2$,并计算其平均值 $\overline{T}_1$、$\overline{T}_2$.

3. 作出散热盘 C 的冷却曲线.选取邻近 $T_2$ 的前后各 5~6 个数值填入表 3-7-2,用作图法或逐差法求出散热盘的冷却速率 $\left.\dfrac{\mathrm{d}T}{\mathrm{d}t}\right|_{T=T_2}$(可近似按线性处理).

表 3-7-2　冷却曲线测量数据表

| $t$/s | 0 | 30 | 60 | 90 | 120 | 150 | 180 | 210 | ⋯ |
| --- | --- | --- | --- | --- | --- | --- | --- | --- | --- |
| $T$/℃ | | | | | | | | | |

4. 将所得数据代入式(3-7-5)求出样品盘的导热系数 $\lambda$,并根据实验室给出的参考值,计算相对误差,并分析误差来源.

【注意事项】

1. 温度传感器在放置和取出时要格外仔细,防止损坏.

2. $T_1$、$T_2$ 值一定要在系统热传导达到稳定状态,即当其在 5 min 内无明显变化或小幅度波动时进行测量.

3. 测量冷却速率前抽出待测样品盘或者移开加热盘时,一定先关闭加热电源,小心操作,防止被高温烫伤.

【思考与讨论】

1. 什么是稳态导热? 如何在实验中判断系统达到了稳态导热?

2. 本实验的系统误差是什么? 它将使测量结果偏大还是偏小?

3. 测量冷却速率时,为什么要在稳态温度 $T_2$ 附近选值?

4. 待测样品盘是厚一点好,还是薄一点好? 为什么?

# 实验 3.8　数字存储示波器的原理与使用

示波器是用来显示待测信号的波形和记录、存储、处理待研究变化过程波形参量的电子测量仪器.示波器的种类和型号很多,分类方法也多种多样.例如,按所能测量的频率范围(简称带宽),示波器可分为低频示波器和高频示波器;按结构原理,可分为模拟示波器和数字示波器;按显示方式,可分为阴极射线示波管显示示波器和液晶显示示波器;按

▪ 课件

功能,可分为通用示波器、存储示波器和数字智能化示波器.

　　数字示波器是模拟示波器、数字化测量技术、示波器计算机技术的综合产物.与模拟示波器相比,数字示波器有许多优点.(1)由于数字示波器实现了对波形的数字化测量、采集,所以很容易实现对信号的存储;而模拟示波器要实现对信号的存储非常困难.(2)数字示波器要改善带宽,只需要提高前端的 A/D 转换器的性能,所以,它的带宽很容易超过模拟示波器的带宽.(3)数字示波器能低成本地实现各种智能化测量,使很多在模拟示波器中难以实现的测量变得十分方便.(4)数字示波器的测量精度大幅度提高,测量功能和内容极大扩展,而测量难度却大大减小.(5)数字示波器还可以对测量结果进行各种修正和补偿,将测量结果直接输入计算机.目前,数字示波器在数字存储示波器的基础上又发展出了数字荧光示波器,在采样频率和带宽上有了新的突破,再加上所具有的上述各种优点,数字示波器全面超越模拟示波器已是必然的发展趋势.

　　本实验以数字存储示波器为对象,介绍数字存储示波器的基本原理,主要按键、旋钮的功能和操作方法,以及用示波器观察和测量信号的基本方法.

【实验目的】

　　1. 了解数字存储示波器的结构、原理和功能.

　　2. 掌握用数字存储示波器观察和测量连续信号的振幅、频率(周期)和波形的基本方法,学会观测李萨如图形.

　　3. 学会用光标法精确测量脉冲信号的脉冲宽度、波形的上升时间和下降时间等.

　　4. 学习用数字存储示波器捕捉和测量单脉冲信号的基本方法.

【实验原理】

　　1. 数字存储示波器的基本结构和工作原理

　　数字存储示波器(下面简称数字示波器)的结构不同于模拟示波器,它以微处理器(CPU)系统为核心,再配以数据采集系统、显示系统、时基电路、面板控制电路、存储器及外设接口控制器等.简单的原理结构图如图 3-8-1 所示.

　　波形图是某一时间间隔内信号电压的大小随时间变化的关系.输入的模拟信号首先经垂直增益电路进行放大或衰减,变成适合数据采集的模拟信号,随后的数据采集过程是将连续的模拟信号通过采样保持电路离散化,经 A/D 变换器变成二进制数码,再将其存入存储器.采集是在时基电路的控制下进行的,采集到的是一串数据流(二进制编码信息),在 CPU 的控制下依次写入采集存储器,这些数据就是数字化的波形数据,CPU 再不断将这些数据以固定速度依次读出,通过显示电路将其还原成连续的模拟信号,使其在显示器上显示出来.屏幕在显示波形的同时,还可以通过 CPU 对采集到的波形数据进行各种运算和分析,并将结果在显示器适当的位置上显示出来.数字示波器还有 RS-232,GPIB 等标准通信接口,可根据需要将波形数据送至计算机作更进一步的处理.

　　2. TDS1000 和 TDS2000 系列数字存储示波器的面板结构与功能简介

　　TDS1000 和 TDS2000 系列数字存储示波器的前面板功能区划分如图 3-8-2 所示,1 为信号连接区,2 为水平控制功能区,3 为垂直控制功能区,4 为触发控制功能区,5 为菜单选项控制功能区,6 为总体控制功能区,7 为显示区.

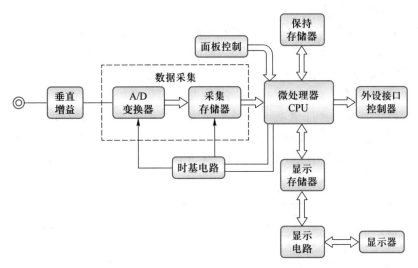

图 3-8-1　数字示波器原理结构图

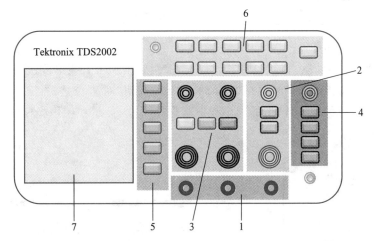

图 3-8-2　TDS1000 和 TDS2000 系列数字存储示波器前面板功能区划分

（1）信号连接区.

如图 3-8-3 所示,信号连接区由三个外接信号输入连接器和一个探头补偿器组成,"CH1"和"CH2"分别是通道 1 和通道 2 的输入信号连接器;"外来触发（EXT TRIG）"是外部触发信号的输入连接器."探头补偿"实际上是示波器提供的一个内部信号源,产生周期为 1 ms 的 5 V 方波信号.人们常用该信号来检验和校正探头与输入电路的匹配程度,以及观察和检查示波器是否处于正常工作状态.

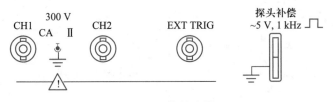

图 3-8-3　信号连接区

（2）水平控制功能区.

水平控制功能区由两个控制旋钮和两个按钮组成，如图3-8-4所示."水平位置"旋钮用来控制触发相对于显示屏中心的位置,同时调节两个通道波形以及数学波形的水平位置.旋转"水平位置"旋钮,所有波形会左右移动,但波形的大小保持不变."秒/格"旋钮用于改变水平时间刻度,以便放大或缩小波形.旋转"秒/格"旋钮可以设定波形的水平方向上每一大格代表多长时间.若当时正处于视窗扩展状态,旋转"秒/格"旋钮,同时也会使视窗的宽度发生变化."设置为零（SET TO ZERO）"按钮用来将水平位置设置为零.

按下"水平菜单（HORIZ MENU）"按钮,可以开启或关闭表3-8-1所示的功能菜单.

表 3-8-1　水平菜单的功能

| 选项 | 设置 | 注释 |
|---|---|---|
| 主时基 | | 水平主时基设置用于显示波形 |
| 窗口设定 | | 两个光标定义一个窗口区,用"水平位置"和"秒/格"控制调节窗口区 |
| 窗口扩展 | | 改变显示,以便使在所设定的窗口区中显示的波形段扩展到显示屏的宽度 |
| 触发钮 | 电平/释抑 | 选择"触发电平"旋钮是调节触发电平（单位:伏）还是调节释抑时间（单位:秒） |

（3）垂直控制功能区.

如图3-8-5所示,垂直控制功能区由四个控制旋钮和三个菜单按钮组成."垂直位置（POSITION）"旋钮控制对应信号的垂直显示位置.转动"垂直位置"旋钮时,对应通道上的信号波形会上下移动,而波形的大小和形状保持不变;显示和使用光标时,两旋钮可以控制光标线的移动.

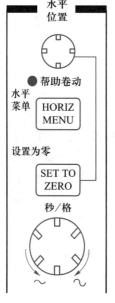

图 3-8-4　水平控制功能区

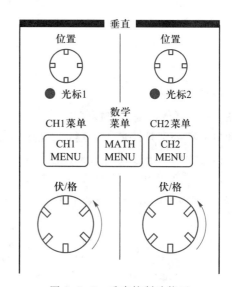

图 3-8-5　垂直控制功能区

转动"伏/格（SCALE）"旋钮改变对应通道的垂直标尺系数,可以看到显示屏状态栏对应通道的标尺系数发生相应的变化,或者说波形在垂直方向上每大格所代表的电压大小发生变化,这时波形在垂直方向上的形状发生变化.改变信号波形在垂直方向上的标尺系数,不会影响波形在垂直方向上的参量值的大小,但可以使波形尽可能大地显示在屏幕上,从而可以更加精确地测量.

按"CH1 MENU""CH2 MENU"按钮,可以显示垂直菜单选项并打开或者关闭对应通道的波形显示.按"数学菜单(MATH MENU)"按钮可以对波形进行数学运算,并可用于打开或关闭数学波形.

(4) 触发控制功能区.

触发控制功能区由一个触发电平控制旋钮和四个按钮组成,如图 3-8-6 所示.示波器的作用是捕捉待测信号并呈现在显示屏上.如果待测信号是一个连续的重复变化信号,示波器则在处于自动测量工作模式时,每隔一段时间对待测信号采样一次,并呈现在显示屏上.示波器不断采样,因而显示屏上的波形不断更新.由于不同待测信号的频率和相位是各不相同的,如果示波器的采样时间是固定的,每次采样并呈现在显示屏上的波形一般不会相同,显示屏上的波形就会不断变化和滚动.这不但造成视觉疲劳,而且人们难以对待测信号波形进行精确观察和测量.为了解决这个问题,示波器采用了所谓的同步触发技术.

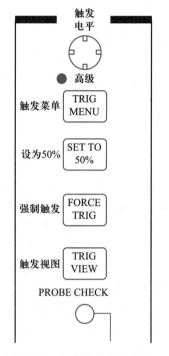

图 3-8-6　触发控制功能区

同步触发就是使示波器的采样时间能主动地随着待测波形的频率和相位而变化,使二者同步."触发电平(LEVEL)"控制旋钮的作用就是用来设定一个电压值,当待测信号上升到该电压值时,示波器才开始采样(上升沿触发),经过一段时间的采样后,示波器进入等待状态.当待测信号波形再次上升到该电压值时,示波器再一次开始采样,如此循环往复.这种采样方式,能保证每次采样并呈现在显示屏上的波形都是相同的,因而我们在显示屏上就可以看到一个不变的、稳定的波形.

"触发电平"控制旋钮具有双重作用,一个作用是调节触发电平,另一个作用是"释抑",即通过"触发电平"控制旋钮来设定接受下一个触发事件之前的时间值(类似于模拟示波器的一次扫描时间).

"触发菜单(TRIG MENU)"按钮用来打开触发功能菜单,用户可通过该菜单来选择触发的信号来源(来自哪一个通道)以及选择触发信号的类型,比如选择上升沿或下降沿.

"设为 50%(SET TO 50%)"按钮用来将触发电平设定在待测信号幅值的 50% 处,而不管原来触发电平处于何处.该按钮功能单一,但十分好用和有用.如果显示屏上出现不停滚动的波形,按"设为 50%"后波形能立刻稳定下来.

"强制触发(FORCE TRIG)"按钮用来强制产生一个触发信号,主要用于触发方式中的"普通"和"单次"触发.

"触发视图(TRIG VIEW)"按钮用来显示触发波形而不显示通道波形,可以查看诸如耦合之类的触发设置对触发信号的影响.

　　善于设置合理的触发电平和触发方式,对获得稳定的待测信号波形、进行精确的测量是至关重要的.这是示波器操作中最有技术性、最困难也是最重要的一种技能.数字示波器充分发挥了计算机的智能化优势,采用人机对话的方式,一步一步引导用户进行合理的触发选择和操作,大大减轻了在各种情况下触发同步操作的困难.

　　(5) 菜单选项控制功能区.

　　与一般的模拟示波器一样,数字示波器上也有一些专用的波段开关或旋钮,人们可以方便地进行一些常规的、频繁的操作.这可以使长期使用模拟示波器的老用户比较容易地操作数字示波器,同时使数字示波器的操作者也能较熟练地操作模拟示波器.但是,数字示波器实际上是一个配备了高速 A/D 变换器的计算机,具有很多模拟示波器所没有的测量和数据处理功能.为了方便用户使用,数字示波器以计算机中常见的功能键和相应的菜单形式来帮助用户实现多种功能的操作.菜单系统选项按钮的作用就是使用户通过菜单方便地实现数字示波器的特殊功能.

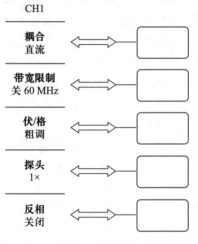

图 3-8-7　菜单与对应的选项控制按钮

　　按下示波器前面板上的各"菜单"按钮,可进入相应的菜单操作界面,与之对应的菜单信息显示在屏幕的右侧,如图 3-8-7 所示.菜单的顶部为菜单名,下面为子菜单,子菜单有时可多达 5 项.每一个子菜单可用各自对应的菜单选项按钮来改变子菜单设置或选择子菜单项目.

　　(6) 总体控制功能区.

　　如图 3-8-8 所示,总体控制功能区共有 12 个按钮,决定着示波器的整体工作情况."存储/调出(SAVE/RECALL)"按钮用来打开功能菜单,可存储或调出一些常用量或需反复测量的某一特殊量的专门设置.

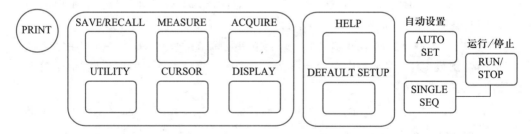

图 3-8-8　总体控制功能区

　　"测量(MEASURE)"按钮用来实现自动测量功能,并可用于打开测量功能菜单.可自动测量的量共有 11 种类型,各测量量类型及其定义见表 3-8-2,一次最多可以设置显示其中的 5 种.按下菜单选项或控制功能区顶部的选项按钮显示测量功能菜单,在"信源"选项中可以选择测量的通道;在"类型"选项中可以选择所采用的测量类型.按"返回"选项按钮可返回到自动测量菜单并显示选定的测量结果.

表 3-8-2 可自动测量的量的类型及其定义

| 测量类型 | 定义 |
|---|---|
| 频率 | 通过测定第一个周期,计算波形的频率 |
| 周期 | 计算第一个周期的时间 |
| 平均值 | 计算整个记录内的平均电压 |
| 峰–峰值 | 计算整个波形最大和最小峰值间的绝对差值 |
| 均方根值 | 计算波形第一个完整周期的实际均方根值 |
| 最小值 | 检查全部 2500 个点的波形记录并显示最小值 |
| 最大值 | 检查全部 2500 个点的波形记录并显示最大值 |
| 上升时间 | 测定波形第一个上升沿的 10% 和 90% 电平之间的时间 |
| 下降时间 | 测定波形第一个下降沿的 90% 和 10% 电平之间的时间 |
| 正频宽 | 测定波形第一个上升沿和邻近下降沿的 50% 电平之间的时间 |
| 负频宽 | 测定波形第一个下降沿和邻近上升沿的 50% 电平之间的时间 |

"获取(ACQUIRE)"按钮用于打开获取功能菜单、设置采集参量.通过各个相应菜单按钮,可以选择数字示波器采集数据的三种不同获取方式:"采样""峰值检测"和"平均值".

"单次序列(SINGLE SEQ)"按钮用来采集单次触发波形.每次按下该按钮后,示波器开始重新采集波形,当检测到某个触发后完成采集,然后停止.

"显示(DISPLAY)"按钮用于打开显示功能菜单."格式"菜单可选择波形的"YT"或"XY"工作模式."YT"工作模式表示通道上的待测信号加在垂直方向上(Y 方向),水平轴则代表时间.通常在测量一个未知信号的波形时,采用"YT"工作模式."XY"工作模式表示通道 1(CH1)信号作为水平方向(X 轴)的信号,垂直方向(Y 轴)上加的是通道 2(CH2)上的信号.通常在测量李萨如图形时,采用"XY"工作模式.

"光标(CURSOR)"按钮用于打开光标功能菜单.通过该菜单可用光标对待测信号波形中的任何一部分进行电压和时间两种类型的精确测量.只有在光标菜单显示时才能移动光标,使用"光标 1"和"光标 2"旋钮来移动光标 1 和光标 2 的位置.

"辅助功能(UTILITY)"按钮用于打开辅助功能菜单.用户由此可查询示波器的工作状态、进行系统"自校正"、设置显示菜单的语言等.

"自动设置(AUTO SET)"按钮用来自动设置示波器适于观察和测量的各种控制值."自动设置"按钮对初学者十分有用,当实验者难以获得满意或稳定的波形时,按下该按钮常常能得到稳定的波形显示.

"默认设置(DEFAULT SETUP)"按钮用来调出示波器的出厂设置.

"运行/停止(RUN/STOP)"按钮用来立即启动或停止获取待测信号波形.这意味着示波器"抓拍"变化波形的某一瞬间,并把它定格下来,供实验者长时间观察研究.这在观察某些不稳定的波形时十分有用,在观测李萨如图形的实验中就能用到.这一功能是一般的模拟示波器所没有的.

"帮助(HELP)"按钮用来启动示波器中的帮助系统.帮助系统的主题涵盖了示波器

的所有功能,可以显示多种帮助信息.帮助系统提供了三种查找所需信息的方法:上下文相关、超级链接和索引.

（7）显示区.

显示区除了显示待测信号的波形外,还包括有关波形和测量的各种参量指示.例如,在某一测量状态下,显示区的图像和各种状态栏参量如图 3-8-9 所示.

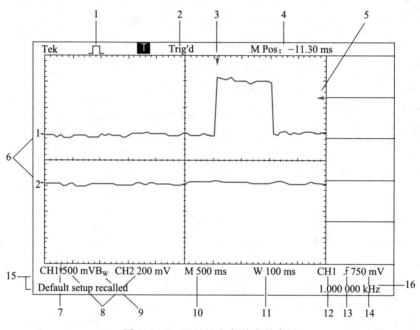

图 3-8-9    显示区和各种有关参量

图中标号代表意义如下:

1—采集模式显示.

　采样模式,是预设方式.

　峰值检测模式,此设置用于检测干扰毛刺和减少混淆的可能性.

　平均值模式,用于减少信号中的随机及无关噪声,可以选择平均值次数.

2—触发状态显示.

Armed        示波器正采集预触发数据,此时所有触发将被忽略.

R Ready      示波器已准备就绪,接受触发.

T Trig'd      示波器检测到一个触发,正在采集触发后的信息.

R AUTO       示波器处于自动模式并正在采集无触发下的波形数据.

Scan         示波器以扫描模式连续地采集并显示波形数据.

① Stop       示波器已停止采集波形数据.

② Single SEQ  示波器已完成一个"单次序列"采集.

3—水平触发位置的标记表示,旋转"水平位置"旋钮可调节标记位置.

4—触发水平位置与屏幕中心线的时间偏差,以屏幕中心处为零.

5—脉冲宽度触发电平,或选定的视频线或场.

6—数字旁的箭头表示该通道波形的接地基准点.如果没有箭头,说明该通道没有被显示.

7—箭头图标表示波形是反相的.

8—通道的垂直刻度系数.

9—$B_w$图标,表示通道是带宽限制的.

10—主时基设定值.

11—视窗时基设置.

12—以读数显示触发使用的触发源.

13—触发类型,图中所示对应于上升沿触发.

14—边沿脉冲宽度触发电平(用读数表示).

15—短暂(3 s)的信息显示.

16—触发频率.

3. 数字示波器对信号波形的测量

数字示波器能显示电压相对于时间的图形并测量显示波形,常用的测量方法有三种:刻度测量、光标测量和自动测量.

(1)刻度测量.

使用刻度测量方法可以对所显示的波形进行快速直观的估测,还可以通过将相关的刻度分度乘以比例系数来进行简单的定量测量.例如,观测出在某一波形的最大值和最小值之间有 5 个垂直刻度分度,并且已知比例系数为 100 mV/分度,则可按照下列方法来计算峰–峰值电压:

$$5 \text{ 分度} \times 100 \text{ mV/分度} = 500 \text{ mV} \tag{3–8–1}$$

(2)光标测量.

使用光标测量方法可以通过移动成对出现的光标并从显示读数中读取相应的数值,从而进行精确的测量.要使用光标测量可按"光标(CURSOR)"按钮,调节光标的位置旋钮,使两光标线与波形中的待测部分对齐.在显示屏右方的菜单栏中会显示出光标所处位置的读数,两光标之间的增量(距离)就是测量结果.使用光标测量时,要确保"信源"设置为显示屏上想要测量的波形.一般数字示波器中有"电压"和"时间"两类光标.电压光标在显示屏上以水平线出现,可以测量垂直方向上的参量,例如连续波形的峰–峰值、噪声的幅度等.时间光标在显示屏上以竖直线出现,可以测量水平方向上的参量,例如脉冲波形的脉冲宽度、振动的周期等.

使用光标测量方法方便直观,特别适用于对波形中各种细节的测量,例如测量波形的上升沿和下降沿.

(3)自动测量.

按下"测量(MEASURE)"按钮,即可进入"自动测量"工作模式.在自动测量方式下,示波器会按用户自己设定的测量对象和测量内容并根据采集的数据自动进行测量工作.由于这种测量利用的是波形记录点,所以,相对于刻度测量方法和光标测量方法,自动测量方法有更高的测量准确度.但自动测量只能测量连续波形的频率、周期、峰–峰值、平均值和均方根值等参量,不能对波形的细节提供数据.

自动测量方法用显示屏右方菜单栏中的读数来显示测量结果,读数随示波器采集的新数据每隔 1 s 左右更新一次,因而自动测量的结果一般是不稳定的.

自动测量的内容可以通过"测量"菜单进行设置.自动测量时需要对示波器的各种控制参量进行设置,如采样频率、垂直标尺系数等.在一般情况下,可以通过按下"自动设置"按钮,让示波器自行决定,效果也不错.最佳的结果来自手动调节,通过垂直和水平调节旋钮("伏/格"旋钮和"秒/格"旋钮),使波形接近满显示屏.

如果要在一段时间内重复地对某一个量使用特定的设置进行测量,可以利用"辅助"菜单,保存这些特定设置,可在需要时直接调用.

4. 测量操作实例

(1) 用光标测量脉冲的宽度(脉冲的持续时间).

测量 CH1 通道上的脉冲信号(采用单次触发方式使 DDS 信号源 A 路输出 15～18 kHz 的正弦波或方波脉冲信号).脉冲宽度是有关时间的量,要用时间光标进行测量.测量的具体步骤如下:

① 按 CH1 通道按钮,使该通道的信号波形显示在屏幕上.

② 按光标按钮,调出光标菜单.

③ 按第一个菜单选项按钮,选择时间项,这时屏幕上出现两条竖直的光标线.

④ 按"信源"菜单按钮,选择 CH1.

⑤ 旋转"光标 1"旋钮,这时我们在显示屏上可以看到有一条竖直的虚线随着旋钮的转动而左右移动,这就是"光标 1"线.移动该线到待测信号波形的上升沿的起点处.

⑥ 旋转"光标 2"旋钮,这时可以看到在显示屏上的另一条光标线随着旋钮的转动而左右移动,此即为"光标 2"线,把"光标 2"线移动到下降沿的终点位置.

这时显示屏右方菜单栏的第 4 和第 5 菜单框上会分别显示出"光标 1"线和"光标 2"线相对屏幕中间的时间值,第 3 菜单框会显示出这两条光标线之间的差值,即待测脉冲信号的宽度,如图 3-8-10 所示.

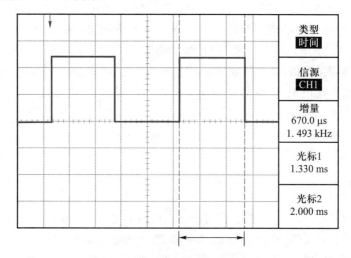

图 3-8-10    用光标测量脉冲宽度

如果要用光标法测量脉冲高度,即测量振动的振幅,则"类型"选择时选择电压(光标线为两条水平线)即可,如图 3-8-11 所示.

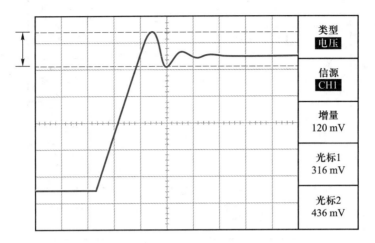

类型
电压

信源
CH1

增量
120 mV

光标1
316 mV

光标2
436 mV

图 3-8-11　用光标测量脉冲高度

(2) 自动测量单通道波形信号的频率、周期、峰-峰值、上升时间和正频宽.

① 按下"测量"按钮,查看测量菜单.

② 按下顶部的选项按钮,显示"测量 1"菜单;再按下"类型"选项按钮,选择"频率",则读数框显示测量结果和更新信息;按下"返回"选项按钮,返回测量菜单.

③ 按下顶部第二个选项按钮,显示"测量 2"菜单;再按下"类型"选项按钮,选择"周期",则读数框显示测量结果和更新信息;按下"返回"选项按钮,返回测量菜单.

④ 按下顶部中间的选项按钮,显示"测量 3"菜单;再按下"类型"选项按钮,选择"峰-峰值",则读数框显示测量结果和更新信息;按下"返回"选项按钮,返回测量菜单.

⑤ 按下底部倒数第二个选项按钮,显示"测量 4"菜单;再按下"类型"选项按钮,选择"上升时间",则读数框显示测量结果和更新信息;按下"返回"选项按钮,返回测量菜单.

⑥ 按下底部第一个选项按钮,显示"测量 5"菜单;再按下"类型"选项按钮,选择"正频宽",则读数框显示测量结果和更新信息;按下"返回"选项按钮,返回测量菜单.

⑦ 最后显示出的自动测量结果如图 3-8-12 所示.

(3) 双通道波形信号峰-峰值的自动测量.

① 按下"自动设置"按钮,激活并显示两通道的信号波形.

② 按下"测量"按钮,查看测量菜单.

③ 按下顶部的选项按钮,显示"测量 1"菜单;按下"信源"选项按钮,选择"CH1";再按下"类型"选项按钮,选择"峰-峰值";按下"返回"选项按钮,返回测量菜单.

④ 按下顶部第二个选项按钮,显示"测量 2"菜单;再按下"信源"选项按钮,选择"CH2";再按下"类型"选项按钮,选择"峰-峰值";按下"返回"选项按钮,返回测量菜单.

⑤ 最后显示出的自动测量结果如图 3-8-13 所示.

(4) 李萨如图形的显示.

① 按下"显示"按钮,查看显示菜单.

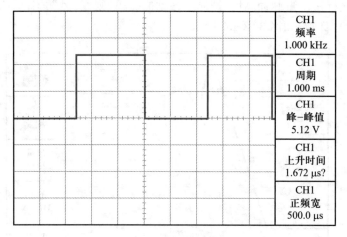

图 3-8-12 自动测量单通道波形信号的各参量

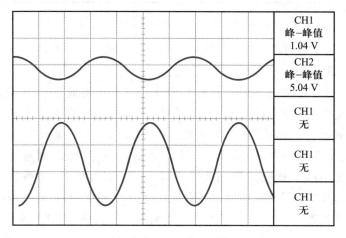

图 3-8-13 自动测量双通道波形信号的峰-峰值

② 按下"格式"选项按钮,选择"XY"格式.

③ 调节通道输入信号频率,使波形趋于稳定.

④ 旋转两个通道的"伏/格"和"垂直位置"旋钮,优化显示图形.

**【实验内容与要求】**

1. 数字示波器的基本操作

(1) 连接测试探头和示波器的测量输入通道.

将测试探头尾部的连接头插入示波器 CH1 通道的插座,顺时针转动约 90°后锁住.使测试探头上的鳄鱼夹夹住信号连接区"探头补偿"的下片,使探针钩住其上片.

(2) 开机.

将示波器的电源线连接到电源插座上,按下示波器的电源开关,示波器开始工作.与计算机一样,开机后示波器首先进行自检.五六秒后,显示屏上出现自检结果.如果自检合格,再过几秒后,示波器显示屏上会显示出 CH1 上的波形,这是一个方波.如果没有,按一下"自动设置"即可得到.

（3）基本操作练习.

根据显示屏右方菜单上的提示,可立即读出该波形的频率为 1.000 kHz,周期为 1.000 ms,幅值为 5 V 左右.如果没有或不全,可以参考自动测量的实例,自己调试出来.示波器每隔一两秒刷新一次测量的值,上述测量值每次刷新时可能会有一点变化,这是正常的.在这种测量状态下,请分别调节以下三组按钮,学习示波器的基本操作.

① 旋转垂直控制功能区的"垂直位置"旋钮和"伏/格"旋钮,同时观察波形在垂直方向上的变化,并请注意,随着调节"伏/格"旋钮,显示屏中"垂直标尺系数"位置上的显示数值也发生变化.注意随着垂直标尺系数(伏/格)的变化,波形同时发生变化,但波形的振幅(峰-峰值)读数没有变化.

▶ 波形的
调整

② 再试着旋转水平控制功能区的"水平位置"旋钮和"秒/格"旋钮,同时观察波形在水平方向上的变化,并请注意随着"秒/格"旋钮的调节,显示屏"水平标尺系数"位置上数值也发生变化.注意随着水平标尺系数(秒/格)的变化,波形在水平方向上跟着变化,但波形的周期没有任何变化.

③ 最后试着旋转触发控制功能区的"触发电平"旋钮,注意观察显示区中的"触发电平指针"跟着上下移动.可以发现,当调节"触发电平"旋钮,使"触发电平指针"高于或低于波形的最高或最低处时,显示屏上的波形不再稳定.这是因为当触发电平的值高于 CH1 上信号所能达到的最高值或低于信号所能达到的最低值时,就使 CH1 上信号任何时候都无法达到该值,示波器不能在触发同步状态下工作,因而所显示的波形就不能稳定下来.

2. 测量特定信号

用专用电缆把信号发生器的输出端 A、B 分别和示波器的通道 CH1、CH2 相连.

（1）测量特定正弦信号的周期和幅度(幅度为 5.0 V、频率为 1.000 kHz 的正弦信号).

① 函数信号发生器输出选择 A 路,输出波形选择为正弦波.

② 调节输出波形频率为 1.000 kHz,幅度为 5.0 V.

③ 在示波器上调节输出波形,分别用光标测量方法和自动测量方法测量波形的周期和幅度.

（2）用光标测量方法测量三角波的上升时间.

① 函数信号发生器输出选择 B 路,输出一个三角波信号(幅度为 3.5 V,频率为 600 Hz).

② 观察示波器上的波形.调节"秒/格"旋钮,使三角波尽量展宽,以提高测量精度.用光标测量方法来测量三角波的上升时间.

▶ 上升时
间的测
量

3. 观测李萨如图形

（1）设置函数信号发生器的 A 路和 B 路,使其均输出幅度为 5 V、频率为 1.000 kHz 的正弦信号,分别接入示波器的通道 1(CH1)和通道 2(CH2).

（2）按下示波器上的"显示(DISPLAY)"按钮,调出显示菜单,选择显示格式为"XY".观察显示屏上的波形.调节垂直控制功能区的两个"伏/格"旋钮,使所观察的波形约占显示屏的三分之二.

（3）观察李萨如图形.仔细观察显示屏上信号频率比为 1∶1 的李萨如图形,虽然这两个信号的频率完全相等,但这两个独立的正弦信号的相位是在不断变化的,因而屏幕上所显示的合成振动轨迹,实际上是李萨如图形中各种相位差的图形完全重叠在一起,不断滚动,难以分辨.

如果要"抓拍"某一瞬间的李萨如图形,进行仔细的观察和描绘,可以按一下"运行/停止"按钮,这时就可以获得一幅静止的、某一相位差的合成振动波形.反复按下"运行/停止"按钮,就可以观察到各种相位差时的合成振动波形.

(4) 记录李萨如图形.选择两个喜爱的图形,画在坐标纸上,并同时记录 X 轴(CH1)和 Y 轴(CH2)上信号的频率.重复上述工作,调节信号发生器的输出频率,获得 X 轴和 Y 轴上信号的频率比为 2∶1 和 2∶3 的李萨如图形.同样记录在坐标纸上,同时标上 X 轴和 Y 轴,并标上相应的通道 CH1 和 CH2 上的信号频率.不同频率比和不同相位差时的李萨如图形如图 3-8-14 所示.

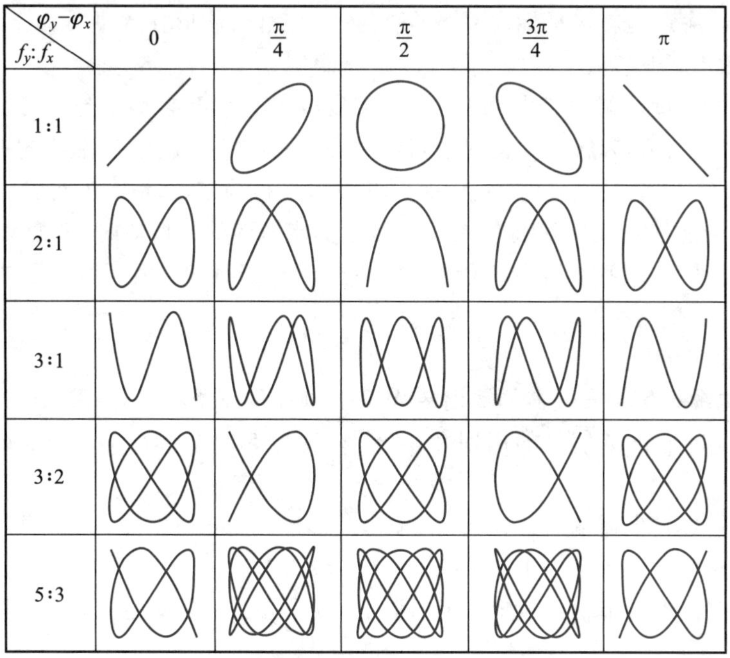

图 3-8-14   李萨如图形

### 4. 观察与测量单次脉冲信号

对单次、随机、高速发生的短暂脉冲的捕捉和真实记录一直以来都被认为是十分困难的任务,示波器对单次、随机、短脉冲的捕捉、记录技术,常常被视为示波器测量技术中的最高境界.但现在利用数字示波器的智能化功能,上述的测量和记录任务相对容易解决.我们可通过简单的实验,了解和掌握观测单次脉冲信号技术的基本方法和要领.

### 5. 测量一个幅值和频率未知的信号(选做)

用专用电缆线把信号源的输出端连接到示波器的 CH1 上,开启待测信号源的电源.按下"自动设置"按钮,一两秒后,CH1 上的待测信号波形就会稳定地显示在屏上.当 CH2 上也有其他待测信号波形时,这时 CH2 上的波形也会同时显示."自动设置"能为每个通道上的信号分别设置垂直和水平标尺系数.

我们可以看到,两个待测信号中,CH1 上的待测信号波形是稳定的,而 CH2 上的信号波形则在滚动.这是因为在自动设置状态下示波器把 CH1 上的信号作为默认触发信号源.这时示波器的扫描与 CH1 上的波形是触发同步的,故 CH1 上的波形是稳定.但示波器的扫描与 CH2 上的信号一般不会同步,故 CH2 上的波形是滚动的.

同时,在显示屏上显示出 CH1 上待测信号的周期(或频率)和峰-峰值.按下"测量"按钮,可根据显示屏右方显示的测量菜单的提示,测量所选波形的各种电压数值和时间数值,并记录在数据表中.当 CH2 上也有信号输入时,虽然 CH2 的信号波形不一定稳定,但示波器仍能精确显示出该信号波形的频率、周期、峰-峰值、平均值等,并可根据需要同时显示出其中的一个或几个.再用光标测量方法,对待测信号的周期和峰-峰值进行测量,并和自动测量的结果进行对比.

为了提高示波器测量的准确度,在使波形显示完整的前提下,应该把待测波形在显示屏上尽量显示得大一些.为此,可手动调节水平和垂直标尺系数(通过"秒/格"旋钮和"伏/格"旋钮),并辅以调节"水平位置"旋钮和"垂直位置"旋钮来实现.

【注意事项】

1. 将数字示波器测试探头或导线连接到电源时请勿带电插拔.

2. 测量过程中,电源接通后切勿接触外露的接头或元件,避免电击.

3. 将测试探头连接到输入通道时,要先使用"探头检查向导(PROBE CHECK)"验证探头的连接和补偿是否正确.

4. 如果数字示波器使用环境温度发生较大变化(超过 5 ℃),则应运行"自校正"程序,以最大测量精度优化数字示波器.

5. 请注意使用"自动设置(AUTO SET)"按钮.当观察不到波形或难以获得稳定波形时,使用该按钮常常能得到稳定的波形,可以在此基础上再进一步精细调节.

【思考与讨论】

1. 简述光标测量方法的要点.

2. 简述用数字示波器测量单次脉冲信号的基本方法.

3. 为什么数字示波器上不易观察到完全稳定的李萨如图形?

【附录 3-8-1】

### TFG6900A 系列 DDS 函数信号发生器使用说明

TFG6900A 系列 DDS 函数信号发生器采用直接数字合成(DDS)技术、大规模集成电路(LSI)、软核嵌入式系统(SOPC),具有优异的技术指标和强大的功能特性.它还有简单而功能明晰的前面板及液晶汉字或荧光字符显示功能,更便于操作和观察.

1. 前面板总览

TFG6900A 系列 DDS 函数信号发生器的前面板如图 3-8-15 所示.

2. 键盘的按键功能

仪器前面板共有 32 个按键,其中 26 个按键有固定的含义,用符号【】表示.其中 10 个

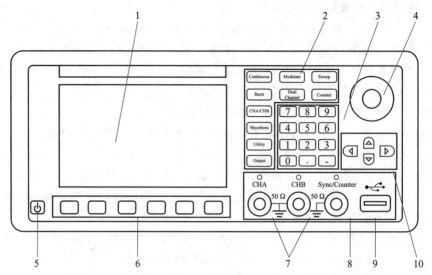

1—显示屏; 2—功能键; 3—数字键; 4—调节旋钮; 5—电源按钮; 6—操作软键;
7—CHA、CHB 输出; 8—同步输出/计数输入; 9—USB 接口; 10—方向键.

图 3-8-15 TFG6900A 系列 DDS 函数信号发生器前面板图

大按键用于功能选择,小键盘的 12 个键用于数据输入,2 个箭头键【<】、【>】用于左右移动旋钮调节的光标.2 个箭头键【∧】、【∨】用于频率和幅度的步进操作.显示屏的下边还有 6 个空白键,称为操作软键,其含义随着操作菜单的不同而变化.

【0】、【1】、【2】、【3】、【4】、【5】、【6】、【7】、【8】、【9】键:数字输入键.

【·】键:小数点输入键.

【−】键:负号输入键,在输入数据允许负值时输入负号,其他时候无效.

【<】键:白色光标左移键,数字输入过程中的退格删除键.

【>】键:白色光标右移键.

【∧】键:频率和幅度步进增加键.

【∨】键:频率和幅度步进减少键.

【Continuous】键:选择连续模式.

【Modulate】键:选择调制模式.

【Sweep】键:选择扫描模式.

【Burst】键:选择猝发模式.

【Dual Channel】键:选择双通道操作模式.

【Counter】键:选择计数器模式.

【CHA/CHB】键:通道选择键.

【Waveform】键:波形选择键.

【Utility】键:通用设置键.

【Output】键:输出端口开关键.

〖 〗、〖 〗、〖 〗、〖 〗、〖 〗、〖 〗空白键:操作软键,用于菜单和单位选择.

### 3. 常用操作

下面介绍的常用操作方法可以满足一般使用的需要,如果遇到疑难问题或复杂的使用,需要参考《用户使用指南》.

(1) 通道设置选择.

按下【CHA/CHB】键可以循环选择两个通道,被选中的通道的名称、工作模式、输出波形和负载设置的字符变为绿色显示.使用菜单可以设置该通道的波形和参量,按下【Output】键可以循环开通或关闭该通道的输出信号.

(2) 波形选择.

按下【Waveform】键,显示出波形菜单,按下〖第 x 页〗软键,可以循环显示出 15 页 60 种波形.按下菜单软键选中一种波形,波形名称会随之改变,在连续模式下,可以显示出波形示意图.按下〖返回〗软键,恢复到当前菜单.

(3) 占空比设置.

如果选择了方波,要将方波占空比设置为 20%,可按下列步骤操作:

① 按〖占空比〗软键,占空比参量变为绿色显示.

② 按数字键【2】、【0】输入参量值,按〖%〗软键,绿色参量显示为 20%.

③ 仪器按照新设置的占空比参量输出方波,也可以使用旋钮和【<】、【>】键连续调节输出波形的占空比.

(4) 频率设置.

如果要将频率设置为 2.5 kHz,可按下列步骤操作:

① 按下〖频率/周期〗软键,频率参量变为绿色显示.

② 按下【2】、【·】、【5】输入参量值,按下〖kHz〗软键,绿色参量显示为 2.500000 kHz.

③ 仪器按照设置的频率参量输出波形,也可以使用旋钮和【<】、【>】键连续调节输出波形的频率.

(5) 幅度设置.

如果要将幅度设置为 1.6 $V_{rms}$,可按下列步骤操作:

① 按下〖幅度/高电平〗软键,幅度参量变为绿色显示.

② 按下数字键【1】、【·】、【6】输入参量值,按下〖$V_{rms}$〗软键,绿色参量显示为 1.6000 $V_{rms}$.

③ 仪器按照设置的幅度参量输出波形,也可以使用旋钮和【<】、【>】键连续调节输出波形的幅度.

(6) 猝发输出.

如果要输出一个猝发波形,猝发周期为 10 ms,猝发计数 5 个周期,连续或手动单次触发,可按下列步骤操作:

① 按下【Burst】键进入猝发模式,工作模式显示为 Burst,并显示出猝发波形示意图,同时显示猝发菜单.

② 按下〖猝发模式〗软键,猝发模式参量变为绿色显示.将猝发模式选择为触发模式(Triggered).

③ 按下〖猝发周期〗软键,猝发周期参量变为绿色显示.按下数字键【1】、【0】,再按下〖ms〗软键,将猝发周期设置为 10.000 ms.

④ 按下〖猝发计数〗软键,猝发计数参量变为绿色显示.按下数字键【5】,再按下

〖OK〗软键,将猝发计数设置为 5.

⑤ 仪器按照设置的猝发周期和猝发计数参量连续输出猝发波形.

⑥ 按下〖触发源〗软键,触发源参量变为绿色显示.将触发源选择为外部源(External),猝发输出停止.

⑦ 按下〖手动触发〗软键,每按动一次,仪器猝发输出 5 个周期波形.

(7) 频率耦合.

如果要使两个通道的频率相耦合(联动),可按下列步骤操作:

① 按下【Dual Channel】键选择双通道操作模式,显示双通道菜单.

② 按下〖频率耦合〗软键,频率耦合参量变为绿色显示.将频率耦合选择为 On.

③ 按下【Continuous】键选择连续模式,改变 A 通道的频率值,B 通道的频率值也随之变化,两个通道输出信号的频率联动,同步变化.

# 实验 3.9    用静态拉伸法测量金属材料的杨氏模量

课件

实验
相关

材料受外力作用时必然发生形变,其内部应力(单位面积上的受力大小)和应变(即相对形变)的比值称为弹性模量,这是衡量材料受力后形变大小的参量之一,是工程设计中材料选择的主要依据之一.材料的纵向弹性模量又称杨氏模量.

静态拉伸法是测量杨氏模量的一种传统方法.实验中涉及较多长度量测量,应根据不同测量对象,选择不同的测量仪器.其中,材料伸长量是一个微小量,用一般长度测量工具不易测准,较难达到精度要求,通常要对其先进行放大再测量.传统的伸长量测量方法是采用光杠杆放大法,本实验将采用读数显微镜配以 CCD 成像系统来实现测量.

【实验目的】

1. 学习用静态拉伸法测量杨氏模量的实验原理及基本思路.
2. 学会用显微镜配以 CCD 成像系统测量微小伸长量的方法.
3. 掌握用逐差法、最小二乘法处理数据.

【实验原理】

设粗细均匀的金属丝长为 $L$,横截面积为 $S$,沿长度方向受外力 $F$ 的作用后,金属丝伸长量为 $\Delta L$.通常把单位截面积上所受到的力 $F/S$ 称为应力(又称胁强);单位长度的伸长 $\Delta L/L$ 称为应变(又称胁变).根据胡克定律,在弹性限度内,应力和应变成正比,即

$$\frac{F}{S} = E \cdot \frac{\Delta L}{L} \tag{3-9-1}$$

式中,$E$ 称为金属的杨氏模量,其单位为帕(Pa)或牛每二次方米($N/m^2$).杨氏模量表征材料拉伸形变能力的强弱,是材料本身的属性,与所施外力及物体的形状无关.

如果金属丝的直径为 $d$,则

$$E = \frac{4FL}{\pi d^2 \Delta L} \qquad\qquad (3\text{-}9\text{-}2)$$

由式(3-9-2)可知,只要测出 $F$、$L$、$d$ 和 $\Delta L$ 的值,便可得到 $E$ 值.$F$、$L$、$d$ 各量易用一般的测量仪器测得,而 $\Delta L$ 通常很小,用一般的测量仪器、常用的测量方法测量,很难测准,传统上一般用光杠杆放大法测量.本实验中用读数显微镜配 CCD(charge coupled device,电荷耦合器件)成像系统直接测量,即把原来从显微镜中看到的图像通过 CCD 呈现在显示器的屏幕上,进行观测.

【实验器材】

测量装置如图 3-9-1 所示,包括以下几个部分:

1. 金属丝支架

支架的双立柱高约 100 cm,待测长度约 80 cm.在两根立柱之间安装上下两个横梁.金属丝一端被上梁的一副夹板夹牢,另一端用小夹板夹在连接方框上,方框下旋进一个螺钉吊起砝码盘,方框的侧面固定一个十字叉丝板,下梁有连接方框的防摆动装置,只需将两个螺钉调到适当位置,就能够限制增减砝码引起的连接方框的扭转和摆动.立柱旁设砝码架,附 200 g 砝码、100 g 砝码若干,可按需要组成不同序列进行测量.

2. 读数显微镜

读数显微镜由放大倍数为 1 倍的物镜、放大倍数为 20 倍的目镜和分度值为 0.05 mm 的分划板组成.十字叉丝板通过显微镜的 1 倍物镜成像在分度值为 0.05 mm 的分划板上,再被目镜放大,人们能够用眼睛或 CCD 对 $\Delta L$ 作直接测量.

3. CCD 成像、显示系统

(1) CCD 黑白摄像机.

传输制式:PAL;有效像素:752×582;水平分辨率:520 线;镜头焦距:$f = 12$ mm;电源功耗:350 mA,4.2 W(最大);专用 12 V 直流电源.

(2) 液晶显示器.

屏幕分辨率:800×600;颜色:黑白.

4. 长度测量工具

钢尺、螺旋测微器.

【实验内容与要求】

1. 仪器调节

(1) 支架的调节.

① 底座水平调节:调节底座调节螺钉,使底座处于水平.

② 十字叉丝水平调节:调节上梁微调旋钮,使夹板水平,直到穿过夹板的细丝不接触小孔内壁.

③ 方框防摆动调节:调节下梁一侧的防摆动装置,将两个螺钉分别旋进竖直细丝下连接方框两侧的"V"形槽,并与框体之间形成两个很小的间隙,以便能够上下自由移动,又能避免发生扭转和摆动现象.

(2) 读数显微镜的调节.

▶ 成像系统调节

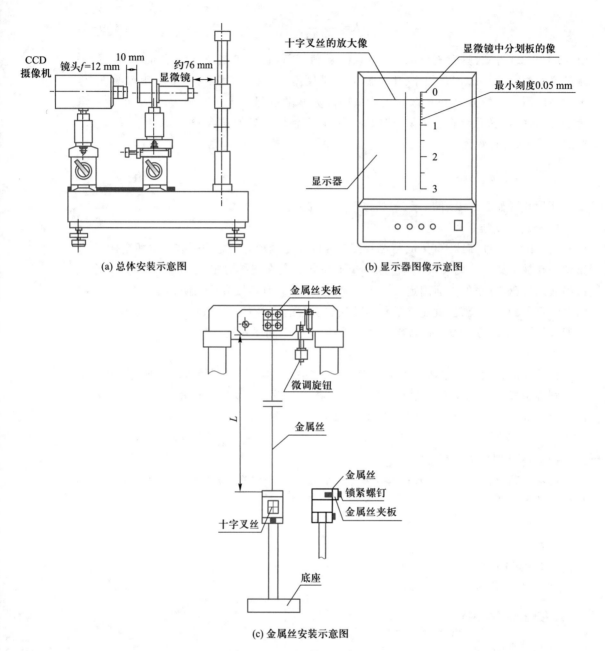

图 3-9-1　测量装置示意图

① 熟悉各旋钮的作用,调节显微镜高度,使物镜大致与十字叉丝等高.

② 分划板调节:眼睛对准镜筒,转动目镜,对分划板调焦,使标尺读数清楚.

③ 十字叉丝调节:沿定位板微移磁性底座,在分划板上找到十字叉丝像,微调磁性底座的高度,使微尺分划板的零线(或 0~1 mm 之间的其他位置)对准十字叉丝的横线,并微调目镜,尽量消除视差.最后锁住磁性底座.

（3）成像系统的调节.

① CCD 摄像机的定位:使 CCD 摄像机的底座紧靠定位板直边,镜头对准显微镜目

镜,由近向远慢慢移动显微镜,当显示器上亮度较均匀且隐约看到十字叉丝与分划板的模糊像时(此时摄像机镜头与显微镜目镜相距 1~2 cm),锁紧磁性底座.

② 调焦:调节显微镜的目镜调节旋钮,使实验者能在显示器上同时看到清晰的分划板和十字叉丝的像.

2. 观测金属丝的伸长

仪器调节好后,记下待测细丝下只有砝码盘和本底砝码时显示屏上显示的毫米尺在十字叉丝横丝上的读数 $l_0$,以后在砝码盘上每增加一个 $m = 200$ g 的砝码,便从屏上依次读取数据 $l_i (i = 1, 2, \cdots, n)$.然后逐次减掉一个砝码,又从屏上读取数据 $l_i' (i = 1, 2, \cdots, n)$.

3. 其他长度量测量

(1) $L$ 的测量:用钢(卷)尺对待测细丝的长度进行单次测量.

(2) $d$ 的测量:考虑到细丝直径 $d$ 在各处可能存在的不均匀性,用螺旋测微器在金属丝的上、中、下三个部位测量它的直径 $d$,每一部位都要在相互垂直的方向上各测 1 次,即共测量 6 次.

4. 更换金属丝,重复上述步骤 1—3,测量新材料的杨氏模量(选做).

【数据记录与处理】

1. 记录实验装置各部分的调节方法与标准,进行总结.

2. 在表 3-9-1 中记录金属丝长度随荷载变化的读数,并在自拟表格中记录金属丝长度 $L$ 及直径 $d$ 的数据.按逐差法或最小二乘法计算出待测金属材料的杨氏模量.

表 3-9-1　测量数据记录表

$l_0 = $ _____ mm,　　　$m = 200$ g

| 序号 | 负载质量 | 增加砝码时 $l_i$/mm | 减少砝码时 $l_i'$/mm | $\bar{l}_i = (l_i + l_i')/2$/mm |
|---|---|---|---|---|
| 1 | $m$ | | | |
| 2 | $2m$ | | | |
| 3 | $3m$ | | | |
| ... | ... | | | |
| $n$ | $nm$ | | | |

【注意事项】

1. CCD 摄像机不可正对太阳、激光或其他强光源.随机所附的 12 V 电源是专用的,切勿换用其他电源.谨防视频输出短路或机身跌落.避免 CCD 过热,使用间隙应关闭电源.注意保护镜头,防潮、防尘、防污染.非特别需要,请勿随意卸下镜头.

2. 显示器屏幕无自动保护功能,应避免长时间高亮度工作,也应避免各种污染.

3. 金属丝必须保持直线形态.测直径时要避免由扭转、拉扯、牵挂导致的细丝折弯变形.

【思考与讨论】

1. 实验中为何要采用加减砝码的方法进行测量？加减砝码时应注意哪些问题？
2. 如果测量中金属丝出现弯曲，对测量结果会产生什么影响？应如何处理？

# 实验 3.10　液体旋光特性的研究

课件

实验
相关

　　19 世纪初，法国物理学家阿拉果（D.F.J.Arago）首先发现，当线偏振光沿光轴方向在石英中传播时，线偏振光的振动平面会发生旋转，这种现象称为旋光性.大约同时，毕奥（J.B.Boit）在各种自然物质的蒸气和液态下也观察到同样的现象，还发现有左旋和右旋两种情况.1822 年，赫谢耳（J.F.Herschel）发现石英中的左旋光和右旋光是源于石英的左旋和右旋两种不同的结构.具有旋光性的物质称为旋光物质（optical rotatory substance）.

　　研究物质的旋光性质不仅在光学上具有特殊意义，在化学和生物学等领域也有着较深远的影响.在研究分子的内旋、分子的相互作用以及微细立体结构等方面，旋光法有着其他方法不可替代的作用.例如，用其他方法得到有机化合物的几种可能结构时，利用旋光法可以确定该有机化合物的实际结构.

　　旋光仪（polarimeter）是利用光的偏振特性来测量旋光物质对振动面转过的角度的仪器，在制药、制糖、香料、石油、食品等生产实践中具有广泛的应用，还可用于临床医学化验.在制糖工业中，旋光仪经常被用来测量糖溶液的浓度，有时也称为糖量计（saccharimeter）.

【实验目的】

1. 观察线偏振光通过旋光物质的旋光现象，理解旋光现象的物理本质.
2. 了解旋光仪的结构原理，学习旋光仪的调节和使用.
3. 利用旋光仪测定旋光溶液的旋光率和浓度，研究旋光物质的旋光特性.

【实验原理】

1. 旋光现象和旋光物质

　　线偏振光在通过某些物质后，其振动面会以光的传播方向为轴旋转过一定的角度，如图 3-10-1 所示.这种现象称为旋光现象（optical rotatory phenomenon）.具有旋光性质的物质称为旋光物质，例如石英晶体、岩盐、朱砂（HgS）、石油、糖溶液、酒石酸溶液等.旋光物质就是能使线偏振光振动面旋转一定角度的物质.

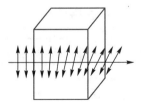

图 3-10-1　线偏振光通过
旋光物质示意图

　　旋光现象很容易通过实验进行观察.如图 3-10-2 所示，起偏器和检偏器的偏振化方向相互垂直，在两偏振器之间放置一个玻璃样品室.一束单色自然光入射，经起偏器起偏后变成了线偏振光，如果样品室中没有任何旋光物质，则在检偏器的视场中出现全暗；如果在样品室中放置旋光晶体或旋光溶液，则由于线偏振光通过旋光物质后振动面旋转了一个角度，检偏器的视场就会变得明亮.这时如果旋转检偏器,使视场再次出现全暗,则检偏器转过的角度就是线偏振光振动面转过的角度.

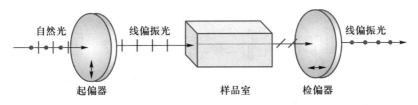

图 3-10-2　观察旋光现象的实验方法

旋光物质可分为左旋和右旋两种,当观察者迎着光线射来的方向观察时,使振动面按顺时针方向旋转的物质称为右旋(或正旋)物质(right-handed substance),使振动面按逆时针方向旋转的物质称为左旋(或负旋)物质(left-handed substance).

2. 旋光度与旋光率

线偏振光通过旋光物质后,其振动面转过的角度 $\phi$ 称为旋转角或旋光度(optical rotation).

研究结果表明:对于旋光物质,旋光度 $\phi$ 与线偏振光通过该旋光物质的距离 $d$ 成正比,在入射光波长一定的情况下,可表示为

$$\phi = \alpha d \qquad (3-10-1)$$

对于旋光溶液则有

$$\phi = \alpha c d \qquad (3-10-2)$$

以上两式中,$\alpha$ 称为介质的旋光率(specific rotation),它与物质的性质、温度、入射光的波长等有关;$d$ 为光在旋光物质或旋光溶液中的传播距离;$c$ 为溶液的浓度.

实验表明,旋光率与温度有关,但关系不太大.对于大多数旋光物质或者旋光溶液,温度每升高一摄氏度,旋光率减少千分之几.入射光波长不同时,同一旋光物质或者旋光溶液的旋光率不同.当温度一定时,旋光率与入射光波长的平方成反比,即旋光率随着波长的增加而迅速减小,即不同波长的线偏振光通过一定距离的旋光物质或者旋光溶液时,振动面旋转的角度不同,这种现象称为旋光色散.一般情况下,手册中所给出的介质旋光率是在 20 ℃时,用钠黄光的 D 线(5893 Å)测定的.

若已知待测旋光溶液的浓度 $c$ 和液柱的长度 $d$,用旋光仪测量出旋光度 $\phi$,就可以由式(3-10-2)求出其旋光率 $\alpha$;若 $d$ 为定值,温度保持不变,依次改变旋光溶液的浓度 $c$,测量出相应的旋光度 $\phi$,作出 $\phi$-$c$ 关系曲线,即旋光曲线,近似为直线,其斜率为 $\alpha d$,则由实验数据获取的直线斜率可以计算出旋光溶液的旋光率 $\alpha$;同样,通过测量旋光溶液的旋光度 $\phi$,可以确定溶液的浓度 $c$.在实验中,通常用旋光仪测量出旋光度 $\phi$,从该旋光溶液的旋光曲线上可查出对应的浓度 $c$.

3. 旋光仪的工作原理

旋光仪的工作原理建立在偏振光的基础上,并用旋转线偏振光振动面的方法来达到测量目的.采用的半荫型小型旋光仪,其光学系统如图 3-10-3 所示.光源 1(钠光灯)位于透镜 3 的焦平面上,光线通过透镜 3 形成平行光入射到起偏器 5 后形成线偏振光,在石英半波片 6 处产生三分视场.石英半波片 6 用玻璃 $R_1$ 保护(防止灰尘和损坏)起来,在其后光线透过试样管 7、保护玻璃 R、检偏器 8,通过物镜 9 将石英半波片 6 成像,通过目镜 10 进行观察,读数放大镜 11 用于旋转角度读数.

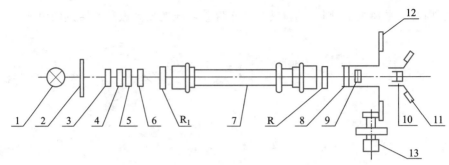

1—光源；2—毛玻璃；3—透镜；4—滤色镜；5—起偏器；6—石英半波片；7—试样管；
8—检偏器；9—物镜；10—目镜；11—读数放大镜；12—刻度盘；13—度盘调节手轮.

图 3-10-3    半荫型小型旋光仪光学系统简图

从生理学角度来讲，人的眼睛对"亮"和"暗"的判断非常不敏感，即对"亮度"本身的分辨率很低，但是，人的眼睛对"亮度"的比较特别敏感，为此在旋光仪视场中采用了明暗对比的方式，以提高眼睛的判断能力和测量精度，这就是通常采用的半荫法，用比较视场中相邻光束的强度是否相同来确定旋光度.

在起偏器 5 后加上一特制的很窄的双折射晶片——石英半波片 6，其结构如图 3-10-4 所示，它和起偏器 5 的一部分视场重叠，把视场分为三个区域，称为三分视场.同时在石英半波片 6 旁装上一定厚度的玻璃片，以补偿由石英半波片产生的光强变化.使石英半波片 6 的光轴平行于自身表面并与起偏器 5 的偏振轴成一角度 $\theta$（仅几度）.由单色光源发出的光经起偏器 5 后变成线偏振光，其中一部分光通过玻璃后到达检偏器，其振动方向不变.另一部分光要经过石英半波片 6（其厚度使得石英半波片 6 内分出的 e 光和 o 光的相位差为 $\pi$ 的奇数倍，出射的合成光仍为线偏振光）后才能到达检偏器，这部分线偏振光在通过石英半波片后，振动方向相对于入射光的振动面旋转了一个角度 $2\theta$，故进入试样管的光是振动面间夹角为 $2\theta$ 的两束线偏振光.从检偏器后的目镜中观

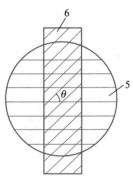

图 3-10-4    石英半波片放在中间，将视场分为三部分

察，两部分视场通常有明暗区别.旋转检偏器，使其偏振化方向改变，视场中不同区域的明暗随之交替改变.有四种典型的情况，如图 3-10-5 所示，图中给出了视场中不同区域线偏振光经过检偏器后其方向的分量相应变化的情况.

在图 3-10-5 中，如果以 $OP$ 和 $OA$ 分别表示起偏器和检偏器的偏振轴，$OP'$ 表示透过石英半波片后偏振光的振动方向，$\beta$ 表示 $OP$ 与 $OA$ 的夹角，$\beta'$ 表示 $OP'$ 与 $OA$ 的夹角；再以 $A_P$ 和 $A'_P$ 分别表示通过起偏器和起偏器加石英半波片的偏振光在检偏器偏振轴方向上的分量；则由图 3-10-5 可知，当转动检偏器时，$A_P$ 和 $A'_P$ 的大小将发生变化，反映在从检偏器后的目镜中见到的视场中，不同区域将出现亮暗的交替变化（见图 3-10-5 中的下半部分）.图中列出了四种显著不同的视场情形.

（1）$\beta' > \beta$，$A_P > A'_P$，通过检偏器观察时，视场中石英半波片 6 所在的区域为暗区，起偏器所在的区域为亮区，视场被分为清晰的三部分.$\beta' = \pi/2$ 时，视场亮暗的反差最大.

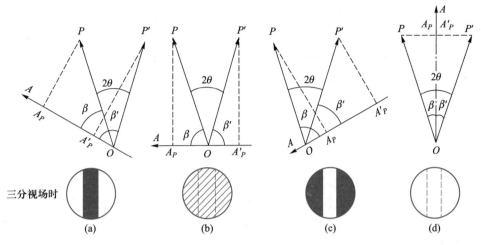

图 3-10-5　转动检偏器时目镜中视场的明暗变化图

（2）$\beta'=\beta,A_P=A_P'$，通过检偏器观察时，视场中三部分界线消失，亮度相同，整个视场明暗一致，并且较暗.

（3）$\beta'<\beta,A_P'>A_P$，通过检偏器观察时，视场又被分为三部分，石英半波片 6 所在的区域为亮区，起偏器所在的区域为暗区.$\beta=\pi/2$ 时，视场亮暗的反差也最大.

（4）$\beta'=\beta,A_P'=A_P$，视场中三部分界线消失，亮度相等，整个视场明暗一致，并且较亮.

由于在亮度不太强的情况下，人眼辨别亮度微小差别的能力较大，故选取如图 3-10-5(b) 所示的视场亮度较暗的状态位置作为参考视场，并将此时检偏器偏振轴所指的位置作为刻度盘的零点，即零度视场.

【实验器材】

WXG-4 型旋光仪，各种规格、用于盛放松节油和蔗糖溶液的试样管等.

WXG-4 型旋光仪的外形如图 3-10-6 所示，1 为钠光灯，2 为起偏器，打开盖子 3 可以将盛放旋光物质或旋光溶液的试样管放入样品室，读数装置 4 和检偏器连为一体，可在度盘调节手轮 7 的驱动下一起转动，转动度盘调节手轮 7，便可以看到三分视场亮度的变化情况.6 是目镜，5 是读数用的放大镜.

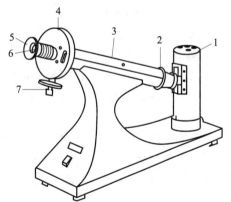

图 3-10-6　WXG-4 型旋光仪

旋光仪与分光计一样，读数装置由刻度盘和游标盘组成，仪器采用双游标读数的方式，以消除仪器的偏心差.刻度盘 A 分为 360 格，每格 1°，游标盘分为 20 格，等于刻度盘上 19 格的角度，所以旋光仪的最小分度值为 0.05°.若左、右游标读数分别为 $\phi'$、$\phi''$，则度盘角位置为

$$\phi=\frac{\phi'+\phi''}{2} \tag{3-10-3}$$

当使用旋光仪进行测量时，在没有放置试样管前，转动旋光仪度盘调节手轮，观察到

如图 3-10-5(b)所示视场状态,记录刻度盘左、右游标读数,由式(3-10-3)计算出"度盘"的角位置;放入试样管后,透过起偏器和石英半波片的两束线偏振光均通过试样管,它们的振动面转过相同的角度 $\phi$,并保持两振动面之间的夹角为 $2\theta$ 不变,再转动度盘调节手轮(即转动检偏器),再次回到如图 3-10-5(b)所示的视场状态,记录刻度盘左、右游标读数,计算出度盘的角位置.两次角位置的差,就是待测试样的旋光度 $\phi$.

【实验内容与要求】

▶ 旋光度
测量

1. 仔细调节旋光仪,观察旋光现象

(1)开启旋光仪电源开关,等待 3~5 min,使钠光灯发光正常.

(2)调节旋光仪的目镜,使目镜中观察到的视场清晰.

(3)确定旋光仪的零点位置.旋光仪处于空载状态(未放进待测试样管),转动度盘调节手轮使刻度盘转动,观察视场中的明暗变化规律,找到整个视场亮度相同的两个位置,选取视场亮度相同且整体较暗的一个位置[如图 3-10-5(b)所示的视场状态],作为旋光仪的零度视场(零点位置).记录零度视场中刻度盘上左、右两个游标的读数,可得到刻度盘零点位置的角度值.

(4)放入装有蔗糖溶液或松节油的试样管,转动度盘调节手轮,观察旋光现象,并判断该旋光物质是右(正)旋还是左(负)旋物质.

2. 蔗糖溶液旋光曲线的测量

选用长度为 200 mm、装有浓度已知的几种蔗糖溶液的试样管,测量其对应的旋光度 $\phi$,并根据测量数据绘制蔗糖溶液的旋光曲线,确定蔗糖溶液的旋光率 $\alpha$.

3. 蔗糖溶液浓度的测量

选用长度为 100 mm(或 200 mm)的试样管,测量未知浓度蔗糖溶液的旋光度 $\phi$,并计算其浓度.

4. 松节油旋光度与旋光率的测量

分别选用长度为 100 mm、200 mm 的装有松节油的试样管,测量其旋光度,并由测量数据判断松节油是左旋还是右旋物质,计算其旋光率及测量不确定度.

注意:

(1)实验内容 3 和 4 中的测量均为多次测量,测量次数 $n \geqslant 5$.

(2)更换待测试样管后,应重新调节目镜使视场清晰,然后再转动度盘调节手轮找到如图 3-10-5(b)所示的状态.

【数据记录与处理】

1. 根据测量要求自拟表格,记录测量数据.

2. 用作图法和最小二乘法求解蔗糖溶液的旋光率 $\alpha$,比较两种数据处理方法的差异,判断蔗糖溶液的旋光属性(左/右旋),进行实验结果分析.

3. 根据实验数据,确定未知蔗糖溶液的浓度,得出实验结论.

4. 计算松节油的旋光率,评定其测量不确定度,写出完整的结果表示.判断松节油的旋光属性(左/右旋),分析实验结果.

**【注意事项】**

1. 试样管中要装满溶液,不能留有较大的气泡,试样管有凸起圆泡的一端应该朝上放置,将管中小气泡存入其中,以便观察和测量.

2. 试样管的盖子要拧紧,以免液体洒漏,试样管及其两端玻璃片要擦拭干净,以免影响透光性.

3. 试样管的两端经精密磨制,以保证其长度为确定值并透光性良好,使用时要轻拿轻放,以防损坏.

**【思考与讨论】**

1. 旋光物质的旋光度主要与哪些因素有关?
2. 如何用实验方法确定旋光物质是左旋物质还是右旋物质?
3. 如何用旋光仪测量旋光溶液的旋光率和浓度?
4. 转动旋光仪的度盘调节手轮旋转检偏器时,还存在一个视场亮度相同的如图 3-10-5(d)所示的位置,为什么不选这个位置作为零度视场?

# 实验 3.11 用模拟法测绘静电场

在静电研究、静电防护和静电应用中,人们常需要了解并测量带电体周围空间的静电场分布.静电场的分布是由电荷分布决定的,可以用电场强度 $E$ 和电势 $U$ 来描述.电势是标量,标量在测量和计算上比矢量简单,所以一般常用电势来描述静电场.

课件

确定静电场分布常用的方法有理论解析法、数值计算法和实验测量法.对一些比较简单的情况,如球形导体、平行平面板等,我们可通过理论计算得到其电场分布.但是大多数情况下,带电体形状比较复杂,很难或无法得到其静电场分布的解析解.目前,我们可以通过计算机数值计算的方法来获得其静电场分布情况的数值解,然而计算结果的可靠性尚需验证,所以,通过实验手段来研究静电场的分布特征就成为主要方法.但是直接测量静电场的分布通常也是很困难的.首先,静电场中没有电流,不能使用简单的电学仪器来测量,用于测量的仪器设备很复杂;其次,一旦将探针放入静电场中,将会产生感应电荷,使原电场发生畸变,影响测量结果的准确性.

实验
相关

在科学研究和工程设计中人们常常采用模拟法测量静电场分布,模拟法也常作为数值计算法的验证方法.模拟法可分为物理模拟和数学模拟两大类.人为制造的"模型"和实际"原型"有相似的物理过程和相似的几何形状,以此为基础的模拟方法即为物理模拟.例如,为了研究高速飞行的飞机上各部位的受力情况,人们首先制造一个与原型飞机几何形状相似的模型,将模型放入风洞,创造一个与实际飞机在空中飞行高度相似的物理过程,通过对模型飞机受力情况的测试,便可以用较短的时间、方便的空间、较小的代价获得可靠的实验数据.物理模拟具有生动、形象、直观的特点,并可重复观察实验现象,因此具有广泛的应用价值,尤其是对那些难以用数学方程式准确描述的对象进行研究时,人们常采用物理模拟法.数学模拟法是指模型和原型遵循相同的数学规律,即满足相似的数学方程和边界条件,但在物理实质上无共同之处.

本实验根据恒定电流场的规律与静电场的规律在数学形式和边值条件上的相似性,采用数学模拟法,用恒定电流场的电势分布来模拟测绘静电场的电势分布,这是研究静电场的一种方便有效的实验方法,广泛地用于电子管、示波管、电子显微镜、电缆等内部电场分布的研究.除此之外,恒定电流场还可以模拟测量不随时间变化的温度场、流体场等.

【实验目的】

1. 了解模拟法的思想和适用条件.
2. 掌握用模拟法测绘静电场的原理和方法.
3. 加深对静电场性质的理解.
4. 练习用作图法处理实验数据.

【实验原理】

1. 用恒定电流场模拟静电场

为了克服直接测量静电场的困难,我们可考虑采用数学模拟法,即仿造一个与静电场分布完全一样的恒定电流场,用容易直接测量的电流场模拟静电场.

静电场和恒定电流场是两种不同的场,但是两者在一定的条件下具有相似的空间分布.

对于静电场,电场强度 $E$ 在无源区域内满足以下积分关系:

$$\oint_S \boldsymbol{E} \cdot \mathrm{d}\boldsymbol{S} = 0, \quad \oint_L \boldsymbol{E} \cdot \mathrm{d}\boldsymbol{L} = 0$$

对于恒定电流场,电流密度矢量 $j$ 在无源区域中也满足类似的积分关系:

$$\oint_S \boldsymbol{j} \cdot \mathrm{d}\boldsymbol{S} = 0, \quad \oint_L \boldsymbol{j} \cdot \mathrm{d}\boldsymbol{L} = 0$$

由此可知,$E$ 和 $j$ 在各自的区域中满足同样的数学规律,若电流场空间均匀充满了电导率为 $\sigma$ 的不良导体,不良导体内的电场强度 $E'$ 与电流密度矢量 $j$ 之间遵循欧姆定律

$$\boldsymbol{j} = \sigma \boldsymbol{E}'$$

因而,$E$ 和 $E'$ 在各自的区域中也满足同样的数学规律.在一定的边界条件下,静电场的电场线和等势线与恒定电流场的电流密度矢量和等势线有相似的分布.所以测出恒定电流场的电势分布就可以知道与其相似的静电场的电场分布.表 3-11-1 中列出了静电场与恒定电流场的对应物理量及物理量间的关系.

2. 长同轴柱面间的静电场模拟

为了便于实验结果与理论值的比较,我们以长同轴柱面(同轴电缆)间的静电场模拟为例,推导出同轴柱面间的静电场数学公式和相应的恒定电流场数学公式,说明用恒定电流场模拟静电场的有效性.

(1)静电场.

如图 3-11-1(a)所示,在真空中有一半径为 $r_A$ 的无限长圆柱导体 A 和一个半径为 $r_B$ 的无限长圆筒导体 B,它们同轴放置,分别带等量异号电荷.由高斯定理可知,在垂直于轴线上的任一截面 $S$ 内,有均匀分布的辐射状电场线,其等势面为一簇同轴圆柱面,如图 3-11-1(b)所示.因此,只需研究任一垂直横截面上的电场分布即可.

表 3-11-1 静电场与恒定电流场的类比

| 对应物理量 | |
| --- | --- |
| 静电场 | 恒定电流场 |
| 电极表面的电荷面密度 $\tau$ | 电极表面的电荷面密度 $\tau'$ |
| 电势 $U$ | 电势 $U$ |
| 电场强度 $\boldsymbol{E}$ | 电场强度 $\boldsymbol{E}$ |
| 电位移 $\boldsymbol{D}$ | 电流密度矢量 $\boldsymbol{j}$ |
| 电容率 $\varepsilon$ | 电导率 $\sigma$ |
| 物理量间的关系 | |
| $E = -\dfrac{\partial U}{\partial l}$ | $E = -\dfrac{\partial U}{\partial l}$ |
| $D_x = -\varepsilon\dfrac{\partial U}{\partial x}, D_y = -\varepsilon\dfrac{\partial U}{\partial y}, D_z = -\varepsilon\dfrac{\partial U}{\partial z}$ | $j_x = -\sigma\dfrac{\partial U}{\partial x}, j_y = -\sigma\dfrac{\partial U}{\partial y}, j_z = -\sigma\dfrac{\partial U}{\partial z}$ |
| $\dfrac{\partial D_x}{\partial x} + \dfrac{\partial D_y}{\partial y} + \dfrac{\partial D_z}{\partial z} = 0$ | $\dfrac{\partial j_x}{\partial x} + \dfrac{\partial j_y}{\partial y} + \dfrac{\partial j_z}{\partial z} = 0$ |
| $\dfrac{\partial^2 U}{\partial x^2} + \dfrac{\partial^2 U}{\partial y^2} + \dfrac{\partial^2 U}{\partial z^2} = 0$ | $\dfrac{\partial^2 U}{\partial x^2} + \dfrac{\partial^2 U}{\partial y^2} + \dfrac{\partial^2 U}{\partial z^2} = 0$ |

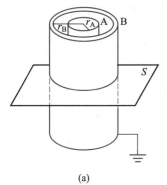 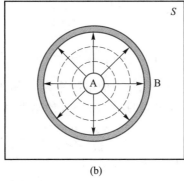 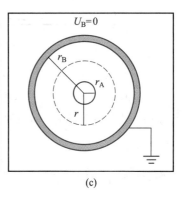

图 3-11-1 长同轴柱面间的静电场

如图 3-11-1(c)所示,与轴心距离为 $r$ 处的各点电场强度为

$$E = \frac{\lambda}{2\pi\varepsilon_0} \cdot \frac{1}{r} \tag{3-11-1}$$

式中,$\lambda$ 为 A(或 B)的电荷线密度.其电势为

$$U_r = U_A - \int_{r_A}^{r} E\,dr = U_A - \frac{\lambda}{2\pi\varepsilon_0}\ln\frac{r}{r_A} \tag{3-11-2}$$

导体 B 接地,$U_B = 0$,若 $r = r_B$ 时,则有

$$\frac{\lambda}{2\pi\varepsilon_0} = \frac{U_A}{\ln\dfrac{r_B}{r_A}} \tag{3-11-3}$$

代入式(3-11-2),得

$$U_r = U_A \frac{\ln \dfrac{r_B}{r}}{\ln \dfrac{r_B}{r_A}} \qquad (3-11-4)$$

与轴心距离为 $r$ 处的电场强度为

$$E_r = -\frac{\mathrm{d}U_r}{\mathrm{d}r} = \frac{U_A}{\ln \dfrac{r_B}{r_A}} \cdot \frac{1}{r} \qquad (3-11-5)$$

（2）模拟场.

如图 3-11-2(a)所示,若在 A、B 之间均匀充满不良导体,且 A 和 B 分别与电源的正、负极相连.A、B 间形成径向电流,建立起一个恒定电流场 $E'$,可以证明 $E'$ 与原真空中的静电场电场强度 $E_r$ 是相同的.

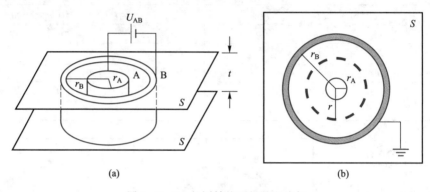

图 3-11-2　长同轴柱面间的电流场

取厚度为 $t$ 的圆柱形不良导体片,材料的电阻率为 $\rho$,如图 3-11-2(b)所示,则半径为 $r$ 的圆周到半径为 $r+\mathrm{d}r$ 的圆周之间的不良导体片的电阻为

$$\mathrm{d}R = \frac{\rho}{2\pi t} \cdot \frac{\mathrm{d}r}{r} \qquad (3-11-6)$$

半径 $r$ 到 $r_B$ 之间圆柱形不良导体片的电阻为

$$R_{r,r_B} = \frac{\rho}{2\pi t} \int_r^{r_B} \frac{\mathrm{d}r}{r} = \frac{\rho}{2\pi t} \ln \frac{r_B}{r} \qquad (3-11-7)$$

由此可知半径 $r_A$ 到 $r_B$ 之间圆柱形不良导体片的电阻为

$$R_{r_A,r_B} = \frac{\rho}{2\pi t} \ln \frac{r_B}{r_A} \qquad (3-11-8)$$

若设 $U_B = 0$,则径向电流

$$I = \frac{U_A}{R_{r_A,r_B}} = \frac{2\pi t U_A}{\rho \ln \dfrac{r_B}{r_A}} \qquad (3-11-9)$$

与轴心距离为 $r$ 处的电势为

$$U_r' = I R_{r,r_B} = U_A \frac{\ln \dfrac{r_B}{r}}{\ln \dfrac{r_B}{r_A}} \qquad (3-11-10)$$

则恒定电流场的电场强度 $E'_r$ 为

$$E'_r = -\frac{\mathrm{d}U_r}{\mathrm{d}r} = \frac{U_A}{\ln\dfrac{r_B}{r_A}} \cdot \frac{1}{r} \quad\quad (3\text{-}11\text{-}11)$$

不难看出,式(3-11-4)与式(3-11-10)以及式(3-11-5)与式(3-11-11)具有相同的形式,说明恒定电流场与静电场的分布是相同的.

实际上,并不是每种带电体的静电场及模拟场的电势分布函数都能计算出来.上述情况只是说明用恒定电流场模拟电场,然后用实验直接测定相应的恒定电流场是一种行之有效的方法.另外,实际上的电极尺寸可能很小(或很大),可以按比例放大(或缩小)模拟模型,从而得到便于测量的模拟场.

(3)典型静电场模拟举例.

一般情况下电场的分布是三维问题.但是,在特殊情况下适当选择电场线分布的对称面,可以使三维问题简化为二维问题.实验中通过分析电场分布的对称性,合理选择电场线平面,把选择的电场线平面上电极系的剖面模型放置在导电玻璃、导电纸、电解质溶液等导电介质上,即可构成模拟场模型,测量出模拟场中该平面上的电势分布,可得空间电场的分布.表3-11-2中给出了一些典型的静电场模拟模型的示例.

表 3-11-2　典型的静电场模拟模型

| 电极组态及模拟面 $S$ | 模拟模型 | $S'$ 面的模拟场 |
|---|---|---|
| 长平行导线(输电线) | | |
| 长平行板(电容器) | | |

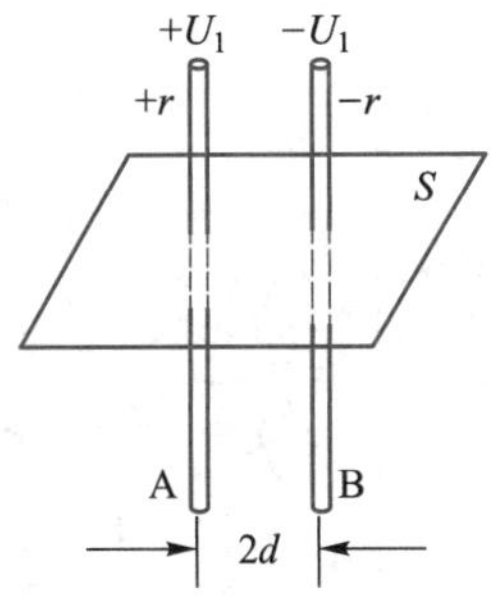

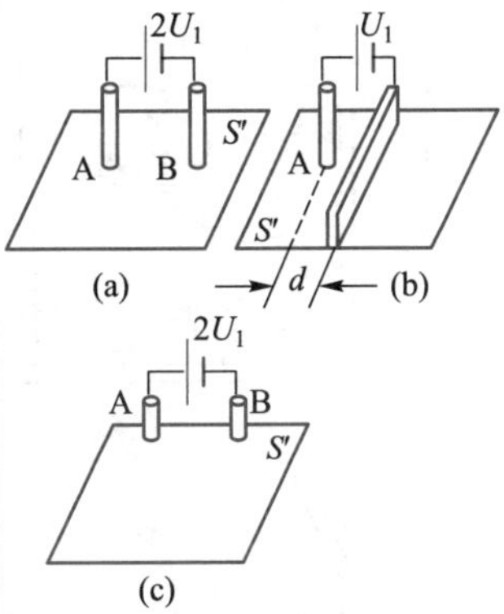

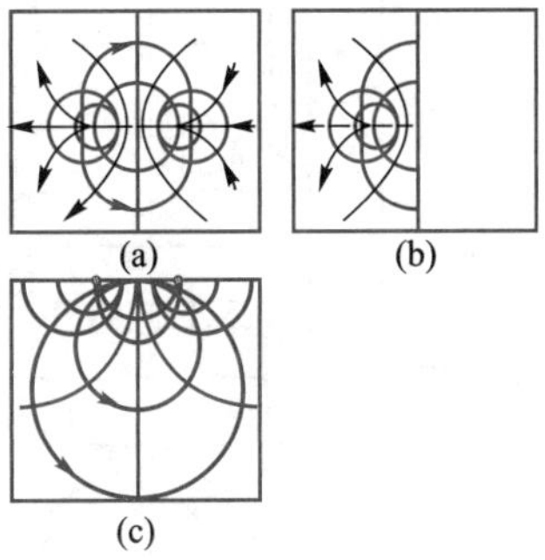

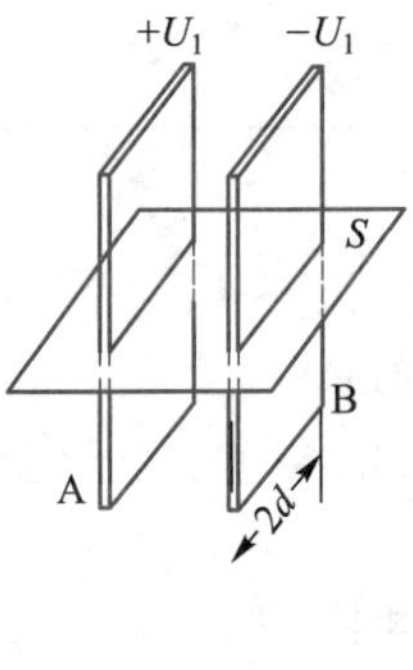

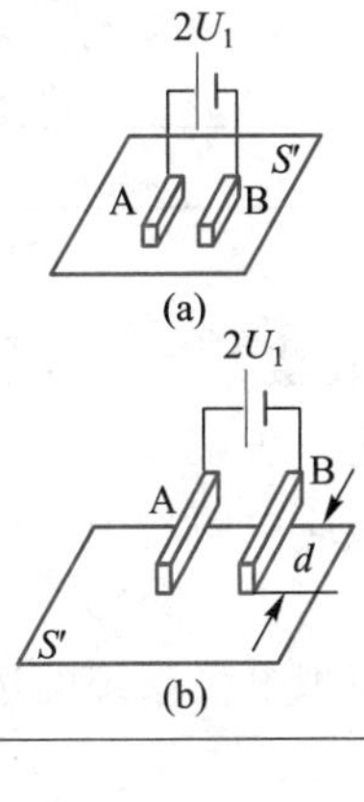

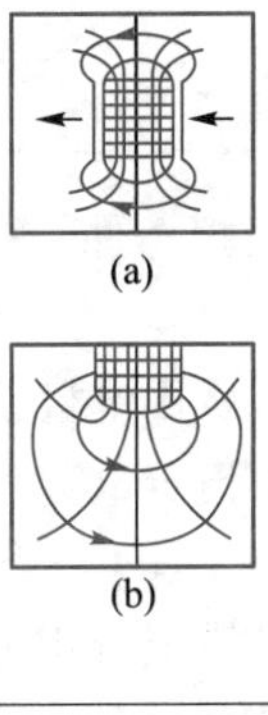

续表

| 电极组态及模拟面 $S$ | 模拟模型 | $S'$面的模拟场 |
|---|---|---|
| 长同轴柱面（电缆线） | | |
| 同心球 | | |
| 示波管聚焦电极 | | |

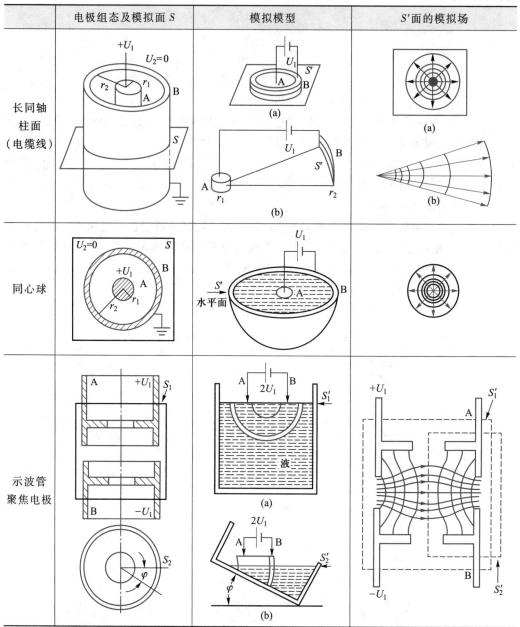

3. 模拟条件

综上所述,为了用恒定电流场模拟静电场,应保证以下模拟条件:

（1）所用电极系统与被模拟的电极系统的几何形状相似;

（2）恒定电流场中的导电介质应电阻均匀且各向同性,电导率远小于金属电极的电导率;

（3）模拟所用电极系统与被模拟电极系统的边界条件相同.

4. 等势线的测定

（1）检流计零示法（电桥法）.

如图 3-11-3 所示,若内外电极间电压为 $U_0$,设外电极电势 $U_B = 0$,电极间装上导电记录纸或导电微晶,将由若干个阻值相同的电阻 $R_i(i = 1, 2, \cdots, n)$ 组成的电压分配器并联在电极两端,则每个电阻上将分得的电压为 $U_0/n$,从第 $m$ 个电阻上端 $Q$(电势 $U_m = mU_0/n$)引出导线,串联检流计 G 后接一表笔,将表笔接触导电记录纸或导电微晶等导电介质并移动位置找到使检流计电流 $I_g = 0$ 的点 $P_1$,则 $P_1$ 与 $Q$ 等电势,记下 $P_1$ 点位

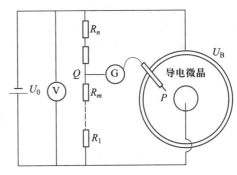

图 3-11-3　用检流计零示法测等势线

置.然后以此法在导电介质上找到若干个使电流 $I_g = 0$ 的点 $P_2, P_3, \cdots, P_i$,各点为等电势点.将它们以平滑曲线连接起来,就得到了一条电势为 $U = mU_0/n$ 的等势线.依次取 $m = 1$, $2, \cdots, n-1$,重复上述过程,就能画出 $n-1$ 条等势线.

（2）电压表法.

若电压表内阻 $R_g$ 远大于导电介质在内、外电极间的总电阻 $R(R_g \gg R)$,我们也可以直接用电压表找等势点.测量方法如图 3-11-4 所示,只要在导电介质上移动表笔,依次找到使电压表读数相同的各点,连接起来即可得到等势线.

5. 电场线描绘

根据电磁学理论,描述电场分布的电场线与等势线处处垂直,电场线的疏密和方向分别表示电场强度 $\boldsymbol{E}$ 的大小和方向.实验时先测绘出电场分布的等势线,再由等势线的分布画出电场线.描绘电场线时应注意:（1）电场线从正电极出发,走向处处与等势线垂直,终止于负电极,导体电极中无电场线;（2）电场线方向由高电势指向低电势,电场线的疏密要反映电场强度的大小.电场区域中某一部分的等势线和电场线如图 3-11-5 所示, $U_i$ 代表等势线,且 $U_1 > U_2 > \cdots > U_5$, $N_i$ 代表电场线.

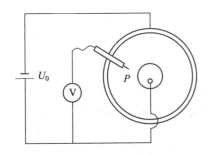

图 3-11-4　用电压表法测等势线

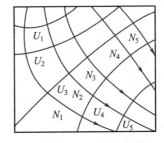

图 3-11-5　等势线与电场线

【实验器材】

双层静电场描绘仪、各种电极系统、专用电源与测量仪器.

实验装置如图 3-11-6 所示.上层放记录纸,下层为导电微晶.电极直接制作在导电微晶上,接出引线至电源接线柱,并且导电微晶的电导率远小于电极的电导率.电极与一个恒定电源相连,在两极间形成恒定电流场.在导电微晶和记录纸上方各有一个探针,两个

探针始终保持在同一铅垂线上,运动轨迹相同.导电微晶上方的探针找到待测等势点后,按下记录纸上方的探针,在记录纸上会留下一个相应的标记.移动同步探针找到一系列等势点,即可描绘出等势线.

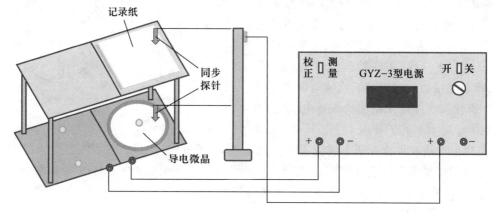

图 3-11-6　双层静电场描绘仪

【实验内容与要求】

正确安装实验装置,连接测量电路,调节实验装置和仪器,使其正常工作,将电源电压调节为 10 V.

1. 测绘同轴柱面电极的电场分布

测量 7 条以上不同电势的等势线,每条等势线需测点 6~10 个.

2. 测绘实验室所给其他电极的电场分布

测量 7 条以上不同电势的等势线,每条等势线需测点 6~10 个,在变化明显的位置尽可能多测点,测量出变化趋势.

【数据记录与处理】

1. 描绘电势与电场分布图

(1) 画出电极的位置和形状.

(2) 用曲线板在记录纸上把各等势点连接成光滑的等势线,并标出相应的电势大小.

(3) 根据电场线与等势线的正交关系,以适当的密度作出电场线分布图并标出电场线的方向.

2. 验证实验与理论是否相符

(1) 在同轴柱面电极的等势点记录纸上,以电势较大(如 8 V)的实测等势点为基准,用几何作图法确定出圆心位置.

(2) 用直尺分别测量各等势点到圆心的距离 $r_i$,以各等势点的平均距离 $r = \sum_{i=1}^{n} r_i / n$ 为半径画圆,得到等势线.

(3) 列表记录实测的电势 $U_r$ 和对应的平均半径 $r$,作 $U_r$-$\ln r$ 关系曲线,并验证 $U_r$ 与 $\ln r$ 的线性关系.

由式(3-11-4)和式(3-11-10)可知 $U_r$ 与 ln $r$ 呈线性关系,当 $r=r_A$ 时,$U_r=U_A$;当 $r=r_B$ 时,$U_r=0$.因此,用直线连接(ln $r_A$,$U_A$)和(ln $r_B$,0)两点,这条直线即为理论曲线.将实验曲线与理论曲线进行比较分析,得出验证结论.

【注意事项】

1. 测绘等势线前应在记录纸上画出(或者扎出)所用电极的实际形状、大小和位置.

2. 测绘等势线时,在曲线急转弯处或两条曲线靠近处,应密集取点记录.

3. 注意检查电极接触是否良好,而且要保持记录纸平整,不要有褶皱.

4. 扎点时用力要轻,以不戳破为宜.

5. 由于模拟模型中导电微晶的面积有限,一般测量等势线时必然受到边界的影响(边缘效应).在静电场模拟时要注意了解和分析边缘效应.

【思考与讨论】

1. 本实验属于物理模拟还是数学模拟?

2. 本实验为什么要用恒定电流场来模拟静电场而不直接测量静电场?

3. 电场线和等势线有什么关系? 根据等势线描绘电场线时应注意哪些问题?

4. 测定等势线时如何合理确定实验点的分布?

5. 用恒定电流场模拟静电场时,对模拟电极和模拟介质有何要求?

6. 实验中出现下列各种情况时,等势线和电场线如何变化? 为什么?

(1) 电源电压增至原先的两倍;

(2) 导电介质的电导率不变,但厚度不均匀;

(3) 导电介质的电导率不均匀;

(4) 电源正、负极交换.

# 实验 3.12　霍尔效应及磁场分布测量

磁感应强度是电磁学中描述磁场性质的物理量.测量磁场的磁感应强度在生产和科研中均具有重要意义.磁感应强度的测量方法有多种,如磁力法、电磁感应法、磁通门法、霍尔效应法、磁阻效应法、磁光效应法、核磁共振法等.

用霍尔效应法测量磁场是以根据霍尔效应制成的集成霍尔传感器(霍尔元件)作为磁电转换元件,把磁信号转换为电信号,测出磁场中各点的磁感应强度.霍尔元件测量磁场的范围可从 10 T 的强磁场到 $10^{-7}$ T 的弱磁场,测量精度可高达 0.01%;既可测量大范围的均匀磁场,也可测量非均匀磁场;既可测直流磁场,也可测交变磁场,还可测脉冲宽度从 1 ms 数量级到 1 μs 数量级的脉冲磁场.因此,用霍尔效应法测量磁场已经成为磁场测量的最重要手段之一,该方法广泛地用于各种磁场的测量.

随着科学技术的发展,利用霍尔效应制成的各种霍尔元件(如霍尔磁探头、霍尔磁罗盘、霍尔磁鼓存储器、霍尔隔离器、霍尔回转器等),具有频率响应宽、稳定性高、体积极小、非接触测量、使用寿命长、成本低廉等优点,已经在非电学量电测技术、自动控制技

课件

实验
相关

术、计算机技术和信息处理技术等领域有广泛的应用.主要用途有以下几个方面:(1)测量磁场(测磁技术);(2)测量直流或交流电路中的电流和功率;(3)转换信号,如把直流电流转换成交流电流并对其进行调制,放大直流和交流信号;(4)对各种物理量(可转换成电信号的物理量)进行四则运算和乘方开方运算等.

　　电子技术和计算机的使用也使磁场测量在实现自动化、数字化等方面发生新的飞跃.磁场的建立与测量技术在电子、材料、医学、宇航及高能物理等领域发挥着重要作用.本实验用霍尔效应法实现磁场测量.

【实验目的】

　　1. 了解霍尔效应的物理原理,掌握利用霍尔效应法测量磁感应强度的原理和方法.
　　2. 用霍尔传感器测量载流圆线圈和亥姆霍兹线圈轴线上的磁感应强度,给出叠加原理的实验依据.

【实验原理】

　　1. 霍尔效应法测量磁场的基本原理
　　从本质上讲,霍尔效应是指运动的带电粒子在磁场中受洛伦兹力作用而发生偏转.若带电粒子(电子或空穴)被约束在固体材料中,这种偏转就导致在垂直于电流和磁场的方向上产生正负电荷的聚积,从而形成附加的横向电场.
　　如图 3-12-1 所示,厚度为 $d$($z$ 方向)、宽度为 $b$($y$ 方向)的半导体薄片,若在 $x$ 方向通以电流 $I_S$,在 $z$ 方向加磁场 $B$,运动电荷受洛伦兹力作用,结果在 $y$ 方向就会出现正负电荷的聚集,产生附加电场——霍尔电场.霍尔电场阻碍电荷(载流子)继续向两侧偏移.当电荷所受横向电场力与洛伦兹力大小相等时,半导体薄片两侧的电荷积累就达到平衡,形成稳定的电场,在 $y$ 方向上半导体两侧就会产生一个稳定的电势差 $U_H$,称为霍尔电压,这一现象称为霍尔效应.

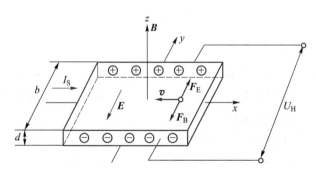

图 3-12-1　霍尔效应原理图

　　设半导体薄片中载流子的浓度为 $n$,在电流方向上平均漂移速度为 $v$,则电流 $I_S$ 与 $v$ 的关系可表示为

$$I_S = envbd \qquad (3-12-1)$$

式中,$e$ 为电子电荷量绝对值.稳定的霍尔电场 $E_H$ 与磁感应强度 $B$ 满足的关系式为

$$eE_H = evB \qquad (3-12-2)$$

产生的霍尔电压 $U_H$ 为

$$U_H = E_H b \qquad (3-12-3)$$

由式(3-12-1)、式(3-12-2)和式(3-12-3)可得

$$U_H = \frac{1}{ne}\frac{I_S B}{d} = R_H \frac{I_S B}{d} \qquad (3-12-4)$$

当磁场不太强时,霍尔电压 $U_H$ 与半导体薄片的厚度 $d$ 成反比,与电流 $I_S$ 和磁感应强度 $B$ 成正比.因此,利用霍尔效应我们可以把对磁感应强度 $B$ 的测量转换成对霍尔电压 $U_H$ 的测量.式(3-12-4)中 $R_H = \dfrac{1}{ne}$ 称为霍尔系数,是反映材料霍尔效应强弱的重要参量,对于 n 型半导体,$R_H$ 取负值,对于 p 型半导体,$R_H$ 取正值.

霍尔元件就是利用霍尔效应制成的磁电转换元件——霍尔传感器.对于成品霍尔元件,材料的霍尔系数 $R_H$ 和厚度 $d$ 均已知,在实际应用中式(3-12-4)一般写成

$$U_H = K_H I_S B \qquad (3-12-5)$$

式中,$K_H$ 称为霍尔元件的灵敏度,常用单位为 mV/(mA·T),表示霍尔元件在单位工作电流和单位磁感应强度下输出的霍尔电压,与霍尔元件所用材料内部载流子浓度 $n$ 及薄片厚度 $d$ 均成反比.一般要求 $K_H$ 越大越好,所以用半导体材料制作霍尔元件时通常做得很薄.

已知霍尔元件的灵敏度 $K_H$,通过实验分别测出工作电流 $I_S$ 和霍尔电压 $U_H$,则

$$B = \frac{U_H}{K_H I_S} \qquad (3-12-6)$$

这就是霍尔效应法测量磁场的基本原理.

霍尔效应建立电场所需时间极短($10^{-14} \sim 10^{-12}$ s),因此霍尔电压可以是直流的,也可以是交流的.若待测磁场和电流都是恒定的,则霍尔元件输出直流电压;若磁场和电流之一是交变的,则霍尔元件输出交流电压.在实际测量中,因为交流信号容易放大,所以,测量恒定磁场时,霍尔元件工作电流常用交流电流;而测量交变磁场时,工作电流采用直流电流.这样,通过对输出的交流霍尔电压加以放大,可以提高测量的灵敏度.

霍尔效应产生的同时,还会伴随着多种副效应,这些副效应主要有热磁副效应(埃廷斯豪森效应、里吉-勒迪克效应和能斯特效应等)和不等势副效应两大类,给测量带来误差.因此,实际测量时可采用电流和磁场换向的对称测量法,来消除这些副效应的影响.

2. 载流圆线圈的磁场

设有一有效半径为 $R$、通有电流 $I$ 的圆线圈,如图 3-12-2(a)所示,根据毕奥-萨伐尔定律,载流圆线圈在轴线(通过圆心并与圆线圈平面垂直的直线)上某点的磁感应强度为

$$B = \frac{\mu_0 N R^2}{2\,(R^2 + x^2)^{3/2}} I \qquad (3-12-7)$$

式(3-12-7)中,$x$ 为轴线上某点到圆心的距离,$\mu_0 = 4\pi \times 10^{-7}$ T·m·A$^{-1}$ 为真空磁导率,$N$ 为圆线圈的匝数.线圈轴线上的磁场分布如图 3-12-2(b)所示,圆心处的磁感应强度 $B_0$ 为

$$B_0 = \frac{\mu_0 N}{2R} I \qquad (3-12-8)$$

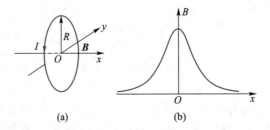

(a)                    (b)

图 3-12-2    载流圆线圈轴线上的磁场

### 3. 亥姆霍兹线圈的磁场

如图 3-12-3(a)所示,一对半径相同的载流圆线圈彼此平行且共轴,两线圈的匝数均为 $N$,线圈内通有大小相同、方向一致的电流,理论计算表明,当这对载流圆线圈中心点之间的距离等于它们的有效半径 $R$ 时,在其轴线中点附近的较大范围内磁场均匀,这对线圈称为亥姆霍兹线圈.亥姆霍兹线圈轴线上的磁场分布如图 3-12-3(b)所示.由于亥姆霍兹线圈能较容易地提供较大范围的均匀磁场,常用来作为弱磁场的计量标准,在生产实践和科学实验中具有较大的应用价值.

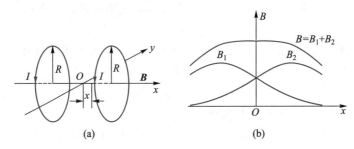

(a)                    (b)

图 3-12-3    亥姆霍兹线圈轴线上的磁场

两载流圆线圈在与中心 $O$ 点距离为 $x$ 处的磁感应强度分别为

$$B_1 = \frac{\mu_0 NI}{2} \frac{R^2}{\left[R^2 + \left(\frac{R}{2} + x\right)^2\right]^{3/2}} \tag{3-12-9}$$

$$B_2 = \frac{\mu_0 NI}{2} \frac{R^2}{\left[R^2 + \left(\frac{R}{2} - x\right)^2\right]^{3/2}} \tag{3-12-10}$$

则亥姆霍兹线圈轴线上任一点的磁感应强度为

$$
\begin{aligned}
B &= B_1 + B_2 \\
&= \frac{\mu_0 NI}{2} \frac{R^2}{\left[R^2 + \left(\frac{R}{2} + x\right)^2\right]^{3/2}} + \frac{\mu_0 NI}{2} \frac{R^2}{\left[R^2 + \left(\frac{R}{2} - x\right)^2\right]^{3/2}}
\end{aligned} \tag{3-12-11}
$$

亥姆霍兹线圈轴线中点 $O$ 处($x=0$)的磁感应强度为

$$B_0 = \frac{8}{5\sqrt{5}} \frac{\mu_0 NI}{R} \tag{3-12-12}$$

通过对式(3-12-11)在 $x=0$ 处进行泰勒级数展开可以证明,在亥姆霍兹线圈轴线中心区域磁感应强度基本与 $B_0$ 相同,一般可以认为磁场是均匀的.

【实验器材】

DH4501A 型亥姆霍兹线圈磁场实验仪主要由亥姆霍兹线圈测试架和亥姆霍兹线圈磁场测量仪两部分组成,可用于载流圆线圈和亥姆霍兹线圈磁场分布的测量.

【实验内容与要求】

1. 载流圆线圈和亥姆霍兹线圈的磁感应强度测量

(1) 测量电流 $I=300$ mA(或 350 mA)时,载流圆线圈 1 或 2 轴线上各点的磁感应强度 $B_1$ 或 $B_2$,要求每隔 1.00 cm 测量一个数据点.

(2) 将测得的载流圆线圈轴线上的磁感应强度与用理论公式(3-12-7)计算的结果进行比较.

(3) 将通电电流 $I$ 调为 300 mA(或 350 mA),分别测量载流圆线圈 1 和 2 单独通电(电流方向相同)时,轴线上各点的磁感应强度 $B_1$ 和 $B_2$;连接电路,在两个圆线圈内通入大小相等、方向相同的电流 $I=300$ mA(或 350 mA),测量亥姆霍兹线圈轴线上各点的磁感应强度 $B_{1+2}$,要求每隔 1.00 cm 测量一个数据点.

注意:测量前需要先用实验方法确定出两个载流圆线圈的圆心、亥姆霍兹线圈中心的准确位置.

2. 测量两载流圆线圈通以反向电流时轴线上各点的磁感应强度

在两个圆线圈内通入大小相等($I=300$ mA 或 $I=350$ mA)、方向相反的电流时,测量其轴线上各点的磁感应强度 $B_{1+2}$,要求每隔 1.00 cm 测量一个数据点.

3. 描绘载流圆线圈及亥姆霍兹线圈轴线平行线上的磁感应强度分布图(选做)

在圆线圈和亥姆霍兹线圈内分别通入 300 mA 或 350 mA 电流,分别测量与轴线平行的几条直线上各点的磁感应强度.分析实验结果,得出实验结论.

4. 描绘两载流圆线圈通入反向电流时,轴线平行线上的磁感应强度分布图(选做)

在两个圆线圈内通入大小相等(300 mA 或 350 mA)、方向相反的电流时,分别测量与轴线平行的几条直线上各点的磁感应强度.分析实验结果,并得出实验结论.

【数据记录与处理】

载流圆线圈与亥姆霍兹线圈磁感应强度分布的数据记录与处理方法如下.

(1) 载流圆线圈轴线上磁场分布的测量数据表格可参考表 3-12-1,要求准确确定出线圈的圆心位置并记录,在同一坐标系内绘出实验曲线与理论曲线($R$、$N$ 的数值可由仪器标牌上读取),进行实验结果分析.

(2) 亥姆霍兹线圈轴线上磁场分布的测量数据表格可参考表 3-12-2,坐标原点设在两个圆线圈圆心连线的中点处.在同一坐标系内作出 $B_1-x$、$B_2-x$、$B_{1+2}-x$、$(B_1+B_2)-x$ 四条关系曲线,比较 $B_{1+2}-x$ 与 $(B_1+B_2)-x$ 关系曲线,分析实验结果.

(3) 根据测量数据,简单说明亥姆霍兹线圈轴线上磁场的分布情况.分析实验结果,得出实验结论.

表 3-12-1　载流圆线圈轴线上磁场分布的测量数据表

| 轴向距离 $x$/cm | −7.00 | ... | −1.00 | 0.00 | 1.00 | ... | 7.00 |
|---|---|---|---|---|---|---|---|
| 标尺的实际位置 $x'$/cm | | | | | | | |
| $B$/mT | | | | | | | |
| $B_{理}\left[=\dfrac{\mu_0 NIR^2}{2\left(R^2+x^2\right)^{3/2}}\right]$/mT | | | | | | | |
| 相对误差/% | | | | | | | |

表 3-12-2　亥姆霍兹线圈轴线上磁场分布的测量数据表

| 轴向距离 $x$/cm | −10.00 | ... | −1.00 | 0.00 | 1.00 | ... | 10.00 |
|---|---|---|---|---|---|---|---|
| 标尺的实际位置 $x'$/cm | | | | | | | |
| $B_1$/mT | | | | | | | |
| $B_2$/mT | | | | | | | |
| $(B_1+B_2)$/mT | | | | | | | |
| $B_{1+2}$/mT | | | | | | | |

（4）对载流圆线圈及亥姆霍兹线圈轴线平行线上、两载流圆线圈通以反向电流时轴线平行线上的磁感应强度分布的数据处理方法，与以上载流圆线圈及亥姆霍兹线圈轴线上磁场分布数据处理方法类似，数据表格自拟.

【注意事项】

1. 仪器使用时，应避开周围有强磁场源的地方.

2. 开机后，预热 10 min 左右，方可进行实验.

3. 测量前，应断开线圈电路，在电流为零时调零，然后接通线圈电路，进行测量和读数.

4. 每项测量内容进行之前，要进行坐标原点（载流圆线圈圆心和亥姆霍兹线圈中心）位置的正确选取和确定.

5. 实验进行当中，切勿中途擅自关机；实验结束前，一定要先将线圈中电流调至零后方可关机，否则将会因为电磁感应的影响而损毁磁场实验仪.

【思考与讨论】

1. 简述利用霍尔元件测量磁感应强度的物理本质.

2. 简要总结载流圆线圈和亥姆霍兹线圈轴线上的磁场分布规律.

3. 亥姆霍兹线圈是怎样组成的？其基本条件是什么？它的磁场分布有什么特点？

4. 分析用霍尔效应法测量磁场时，当流过线圈中的电流为零时，显示的磁感应强度值为什么不为零？

5. 用霍尔传感器测量磁场时，如何确定磁感应强度的方向？

# 实验 3.13　分光计的调节与应用

课件

实验
相关

　　光线在传播过程中,遇到不同介质的分界面(如平面镜、三棱镜等的光学面)时,就会发生反射和折射,光线将改变传播的方向,在入射光与反射光或者折射光之间就有一定的夹角.反射定律、折射定律等正是这些角度之间的关系的定量表述.一些光学量,如折射率、光波波长等也可通过测量有关角度来确定.

　　分光计是一种用来精确测量入射光和出射光之间偏转角度的光学仪器,可用来测量折射率、光波波长、色散率等.分光计的基本光学结构和调节原理与其他更复杂的光学仪器(如棱镜光谱仪、光栅光谱仪、单色仪等)有许多相似之处,学习和使用分光计也可为我们今后使用精密光学仪器打下良好基础.

　　本系列实验是在熟练掌握分光计调节的基础上,研究物质的光学特性.

## 实验 3.13A　用光栅衍射法测量光波波长

【实验目的】

　　1. 了解分光计的基本结构和工作原理,掌握分光计的调节和使用方法.

　　2. 学会用分光计测量角度,了解用半周期偶数测量法消除偏心差的基本原理.

　　3. 观察光栅衍射现象,了解光栅衍射的基本原理和主要特征,掌握用光栅衍射法测量光波波长的实验方法.

【实验原理】

　　1. 分光计的结构

　　分光计又称光学测角计,是一种精确测量平行光线偏转角度的光学仪器,主要由底座、望远镜、载物台、平行光管和读数装置等部分组成,常用的 JJY 型分光计结构如图 3-13A-1 所示.

　　(1) 底座.

　　三足底座上装有中心轴(又称主轴),在中心轴上装配着可绕其转动的望远镜、刻度盘、游标盘以及载物台,底座其中一足的立柱上装有平行光管.

　　(2) 平行光管.

　　平行光管是出射平行光的光学仪器,由狭缝和会聚透镜两部分组成,如图 3-13A-2所示.狭缝与会聚透镜之间距离可以通过伸缩狭缝套筒来调节.当狭缝被调至透镜的焦平面处时,由狭缝入射的光经透镜出射时便成为平行光束.狭缝的刀口是经过精密研磨制成的,为避免损伤狭缝,只有在望远镜中看到狭缝像的情况下才能调节狭缝的宽度.通过平行光管的水平调节螺钉和左右偏转度调节螺钉来调节平行光管的倾角和偏角,固定平行光管的方位.

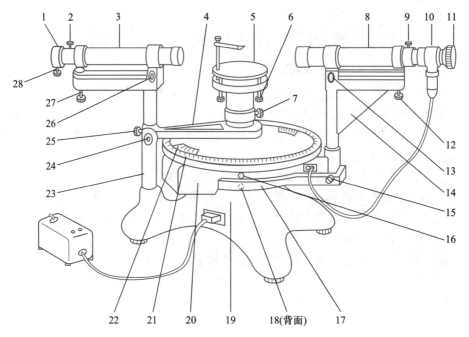

1—狭缝套筒；2—平行光管紧固螺钉；3—平行光管；4—制动架；5—载物台；6—载物台调平螺钉；7—载物台紧固螺钉；8—望远镜；9—目镜套筒紧固螺钉；10—阿贝式自准直目镜；11—目镜视度调节手轮；12—望远镜光轴俯仰调节螺钉；13—望远镜光轴水平调节螺钉；14—望远镜支臂；15—望远镜微调螺钉；16—刻度盘紧固螺钉；17—制动架；18—望远镜紧固螺钉；19—底座；20—转座；21—读数刻度盘；22—读数游标盘；23—立柱；24—游标盘微调螺钉；25—游标盘紧固螺钉；26—平行光管光轴水平调节螺钉；27—平行光管光轴俯仰调节螺钉；28—狭缝宽度调节螺钉.

图 3-13A-1    JJY 型分光计的基本结构

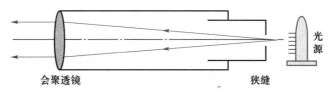

图 3-13A-2    平行光管原理光路图

（3）载物台.

载物台是用来放置光学元件的平台,套在游标盘的中心轴上.台面的下方有三个按正三角形分布的调节螺钉,用来调节台面的水平.载物台可沿中心轴升降,也可单独绕中心轴转动,或与游标盘固定在一起绕中心轴转动.

（4）望远镜.

分光计中采用的是阿贝式自准直望远镜,主要由目镜、物镜、分划板、小棱镜和照明灯组成,外形与结构如图 3-13A-3 所示.目镜、叉丝分划板和物镜分别装在三个套筒上,彼此可以相对滑动以便调节.物镜固定在 I 筒内,是一个消除色差的复合正透镜.目镜和分划板分别装在 G 筒和 H 筒内,在目镜与分划板之间,紧靠分划板的下端装有一块 45°全反射小棱镜,如图 3-13A-3 所示.图 3-13A-4 中,分划板 1 上有双十字叉丝($OX$、$O'X'$、

$OY$).2 为全反射小棱镜,棱镜的一面装有磨砂玻璃和光源,棱镜与出射光垂直的一面刻有透光的十字窗并紧贴分划板.这种结构的目镜叫阿贝式自准直目镜.若有光照在十字窗上,经物镜后成为平行光束射向平面镜,如果平面镜与望远镜光轴垂直,则反射光线再次通过望远镜物镜,仍会聚在焦平面(即十字窗所在的平面)内而形成亮十字.

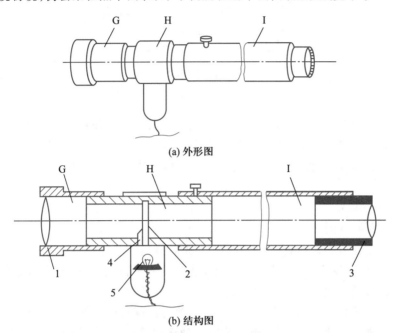

(a) 外形图

(b) 结构图

G—目镜套筒; H—分划板套筒; I—物镜套筒; 1—目镜; 2—分划板; 3—物镜; 4—小棱镜; 5—照明灯.

图 3-13A-3  望远镜外形与结构示意图

望远镜可绕分光计中心轴转动,并可用紧固螺钉与刻度盘固定在一起,转动的角位置可由游标盘的读数装置测出.望远镜水平度和左右偏转度可由水平调节螺钉和左右偏转度调节螺钉来调节,望远镜的微调螺钉可对望远镜位置进行微调.

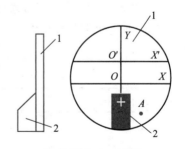

1—分划板; 2—小棱镜.

图 3-13A-4  分光计的分划板

(5) 读数装置.

读数装置由刻度盘和游标盘两部分组成,刻度盘和游标盘装配在分光计中心轴上,盘平面垂直于中心轴,并可绕中心轴转动.

读数装置的读数方法与游标卡尺类似,刻度盘的分度值为 0.5°,0.5°以下则需要用游标盘来读数.游标盘上游标的 30 格与刻度盘的 29 格所对应的圆心角相等,故游标盘的分度值为 1′.读数时先读出角游标盘零刻度线所指刻度盘上主刻度的位置,再看游标盘上的哪一条刻度线与刻度盘上的某一刻度对齐,读出角标的读数,二者之和即为所测角位置的读数.例如,在如图 3-13A-5 所示的情形中,主刻度盘的读数为 230°稍多一点,而游标盘上的第 10 格恰好与刻度盘上的某一刻度对齐,因此所测角位置的读数为 230°10′.

为了消除因刻度盘中心和游标盘中心不重合所引起的误差——偏心差,在游标盘一

图 3-13A-5　分光计的读数示例

直径的两端设有两个相差 180°的游标.测量角度时,对同一个角度的两个角位置,即两个游标都要读数,计算出每个游标在两个角位置的读数差,再取二者的平均值作为望远镜或载物台转过的角度,这种方法称为半周期偶数测量法,通常被用来消除一些周期性的系统误差.

2. 分光计的调节

(1) 调节分光计的基本要求.

为了使分光计能准确地观测,使用时必须先对分光计进行精确的调节.分光计调节的基本要求是:①望远镜聚焦于无穷远,即望远镜能接收平行光;望远镜的光轴应与分光计的中心轴垂直.②平行光管能发出平行光,平行光管的光轴应与分光计的中心轴垂直.

调节分光计使其达到调节要求有一定的难度.调节前,应仔细对照实物和结构图,熟悉分光计的各个组成部分,了解各个调节螺钉的作用.调节时,要按照先目测粗调再分步细调的调节原则仔细认真调节.

(2) 分光计的粗调.

粗调即用目测的方法对分光计作初步调节.目测粗调是确保分光计调节顺利进行的重要步骤,也是进一步细调的基础.目测粗调的调节要求、调节部件和调节方法如表 3-13A-1 所示.

表 3-13A-1　目测粗调的调节要求、调节部件和调节方法

| 调节要求 | 调节部件 | 调节方法 |
|---|---|---|
| (a) 调节载物台平面,使其与仪器中心轴基本垂直 | a　c　b | 调节载物台下面的调平螺钉 a、b、c,使它们露出平台的螺纹数大致相同 |

续表

| 调节要求 | 调节部件 | 调节方法 |
|---|---|---|
| （b）调节望远镜的光轴，使其与仪器中心轴基本垂直 | W₁<br>W₂ | 松开目镜套筒的紧固螺钉 $W_1$，调节望远镜的俯仰（转动螺钉 $W_2$），使望远镜光轴与载物台平面基本平行 |
| （c）调节平行光管的光轴，使其与仪器中心轴基本垂直 | P₁<br>P₂ | 松开平行光管的紧固螺钉 $P_1$，调节平行光管的俯仰（转动螺钉 $P_2$），使平行光管的光轴与载物台平面基本平行 |
| 调节望远镜的光轴，使其与平行光管的光轴在一条直线上，并通过仪器中心轴 | W₃　P₃<br>望远镜　W₄　平行光管　P₄ | 转动望远镜，使其对准平行光管，调节望远镜的左右偏转度（转动螺钉 $W_3$ 和 $W_4$）和平行光管的左右偏转度（转动螺钉 $P_3$ 和 $P_4$），使望远镜和平行光管的光轴在同一直线上，并通过仪器中心轴 |

（3）望远镜的调节.

① 调节望远镜，使其聚焦于无穷远.

望远镜的调焦包括目镜调焦、物镜调焦和消除视差等步骤，操作示意图如图 3-13A-6 所示，具体调节要求和调节方法见表 3-13A-2.

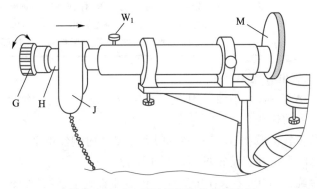

图 3-13A-6　望远镜调焦操作示意图

表 3-13A-2　望远镜调焦的调节要求和调节方法

| 目镜调焦 | | |
|---|---|---|
| 调节要求 | 使分划板处在目镜的焦平面上 | |
| 调节方法 | 现象观察 | 相关说明 |
| （a）接通电源,点亮照明灯 J | 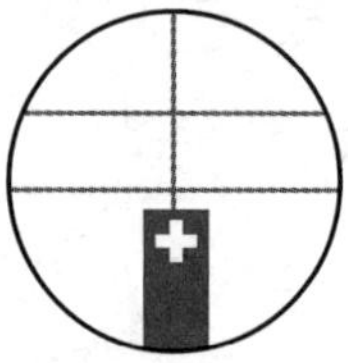 | 叉丝平面发亮,但双十字叉丝较模糊 |
| （b）旋转目镜视度调节手轮 G,调节目镜与分划板间的相对位置 | 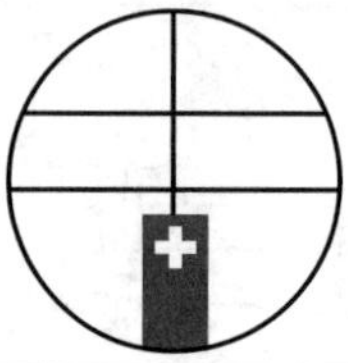 | 调节到双十字叉丝由模糊变清晰为止,这时分划板处在目镜的焦平面上,G 固定,不再调节 |
| 物镜调焦 | | |
| 调节要求 | 使分划板又处在物镜的焦平面上 | |
| 调节方法 | 现象观察 | 相关说明 |
| （a）手持小平面镜 M,并贴近望远镜的物镜套筒 | 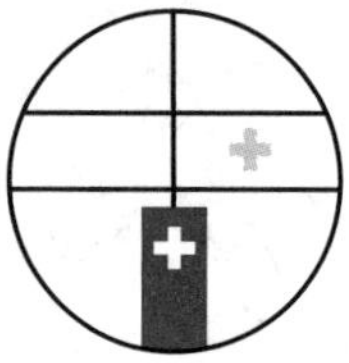 | 开始由于分划板不在物镜的焦平面上,只能看到较模糊的十字像 |
| （b）松开紧固螺钉 $W_s$,前后移动（边旋转边移动）分划板套筒 H,调节物镜与分划板间的相对位置 | 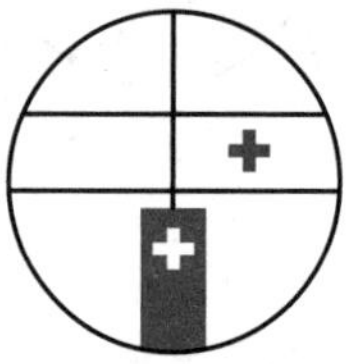 | 调节到出现清晰的十字像为止,这时分划板处在物镜的焦平面上 |
| 消除视差 | | |
| 调节要求 | 消除视差 | |
| 调节方法 | 微调分划板套筒 H 的位置,仔细调节望远镜的目镜系统与分划板间的距离,直到消除视差为止,即当晃动眼睛时看到十字像与叉丝之间无相对位移,然后锁紧螺钉 $W_s$,H 固定,不再移动 | |

② 在望远镜视场里寻找十字像.

（a）如图 3-13A-7 所示,平面镜 M 置于载物台上,a、b、c 为载物台调平螺钉,要求镜面垂直于螺钉 a 和 b 的连线.

（b）左右小角度转动载物台,使得转动过程中某个时刻经由平面镜 M 的反射光与望远镜的光轴重合,此时,可在目镜视场中看到十字像.

（c）将载物台旋转 180°,要求在望远镜中依然能看到十字像,如图 3-13A-8 所示.若看不到十字像,可在重复操作步骤(b)的同时适当调节望远镜光轴水平调节螺钉,直到正反两面都能观察到十字像为止.

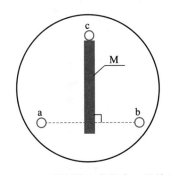

图 3-13A-7　平面镜在载物台上的放置方法

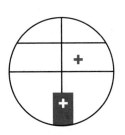

图 3-13A-8　望远镜视场中的十字像

③ 调节望远镜光轴,使其与分光计中心轴垂直.

如图 3-13A-9 所示,当望远镜光轴与平面镜镜面垂直时,清晰的十字自准像处在与十字对称的位置,这一状态称为自准直状态.

若调节前十字像的中心 $B$ 和 $O'X'$ 刻线的距离为 $h$,如图 3-13A-10 所示,可采用减半逐步逼近法(也称各半调节法)调节,直至达到自准直状态,具体调节方法见表 3-13A-3.

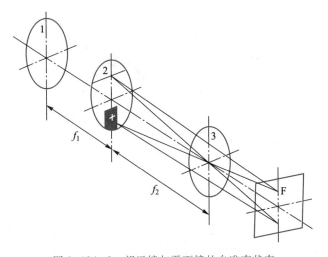

图 3-13A-9　望远镜与平面镜的自准直状态

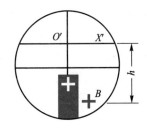

图 3-13A-10　十字像调节前的位置

表 3-13A-3　望远镜光轴与分光计中心轴垂直的调节方法

| 调节方法 | 现象观察 |
| --- | --- |
| (a) 调节望远镜的俯仰(转动螺钉 $W_2$),使十字像向 $O'X'$ 刻线逼近 $h/2$ | |

续表

| 调节方法 | 现象观察 |
|---|---|
| （b）调节平面镜与望远镜间的载物台调平螺钉，使十字像再向 $O'X'$ 刻线逼近 $h/2$，从而与 $O'X'$ 刻线重合 | 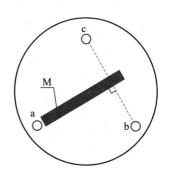 |
| （c）将载物台旋转 $180°$，重复操作步骤（a）和步骤（b），直到十字像在平面镜正反两面都达自准直状态为止 | |

　　将望远镜光轴与分光计中心轴调至垂直后，锁紧目镜套筒紧固螺钉 $W_1$，望远镜的各部分至此调节完毕，不得再调节.

　　（4）载物台平面与分光计中心轴垂直的调节.

　　① 平面镜在载物台上的放置位置如图 3-13A-11 所示，即镜面由垂直于 ab，改成垂直于 bc 放置.

　　② 旋转载物台，使望远镜的光轴对准平面镜，调节螺钉 c，使望远镜光轴与平面镜达自准直状态，这时载物台平面与分光计中心轴垂直，即载物台水平.

　　（5）平行光管的调节.

　　开启钠光灯照亮狭缝，狭缝作为调节平行光管的"光源".调节平行光管，使其发出平行光，并且光轴垂直于中心轴，调节操作示意图如图 3-13A-12 所示，具体调节要求和调节方法见表 3-13A-4.平行光管调节完毕后，锁紧平行光管的紧固螺钉.

图 3-13A-11　平面镜
垂直于 bc 放置

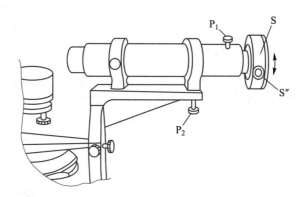

图 3-13A-12　平行光管调节操作示意图

表 3-13A-4  平行光管的调节要求和调节方法

| 调节要求 | 使狭缝位于透镜焦平面上,平行光管可出射平行光 | |
|---|---|---|
| 调节方法 | 现象观察 | 相关说明 |
| (a) 转动已经调节好的望远镜,使其对准平行光管,观察狭缝的像 | 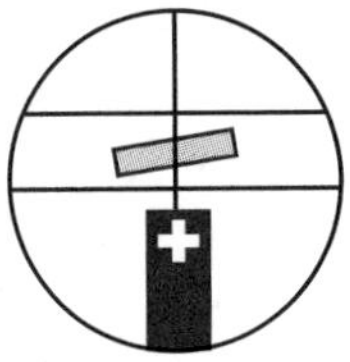 | 看到模糊的狭缝像,说明这时平行光管出射的不是平行光,即狭缝不在透镜的焦平面处 |
| (b) 松开紧固螺钉,转动狭缝套筒 S,将狭缝横向放置,并前后移动(边旋转边移动)狭缝套筒 S | 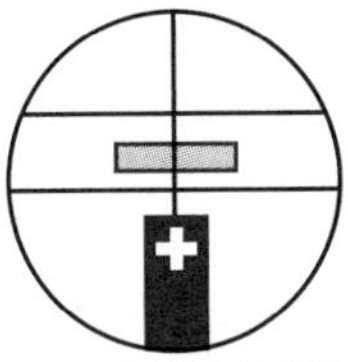 | 看到清晰的狭缝像,这时经平行光管出射的光是平行光.调节 S″,将可变狭缝的宽度调至 0.5 mm 左右 |
| 调节要求 | 调节平行光管光轴,使其与分光计中心轴垂直 | |
| 调节方法 | 现象观察 | 相关说明 |
| (a) 松开 $P_1$,调节 $P_2$、$P_3$ 和 $P_4$,使 OX 叉线横向平分狭缝像 | 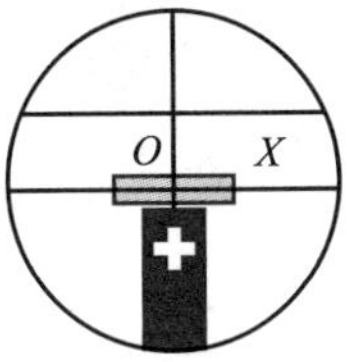 $O$ $X$ | 平行光管的光轴与望远镜的光轴在同一条直线上,即与分光计中心轴垂直 |
| (b) 转动狭缝套筒 S,将狭缝纵向放置,并仔细微调狭缝与透镜的距离(移动狭缝套筒 S) | 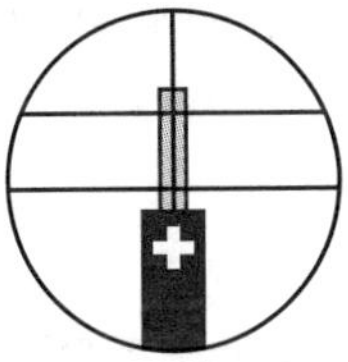 | 在望远镜视场中看到最清晰的狭缝像,而且无视差 |

### 3. 用光栅衍射测量光的波长

衍射光栅(diffraction grating)是利用单缝衍射和多缝干涉原理使光波发生色散的光学元件,由大量相互平行、等宽、等间距的狭缝或刻痕组成.衍射光栅简称光栅,一般具有较大的色散率和较高的分辨本领,故已被广泛地装配在各种光谱仪器中.应用现代高科技人们可制成每厘米内有上万条狭缝的光栅,它不仅适用于分析可见光成分,还能用于红外线和紫外线,常被用来精确地测定光波波长及进行光谱分析.在结构上光栅有平面光栅和凹面光栅之分,同时光栅又可分为透射式和反射式两大类.

典型的一维光栅可视为大量的相互平行、等宽、等间距的狭缝,如图 3-13A-13 所示,a 为狭缝的宽度,相邻两缝之间的距离恒为 $d = a + b$,称为光栅常量.光栅常量决定了光栅的基本性质,是光栅的重要参量之一.

如图 3-13A-14 所示,当一束单色平行光垂直照在光栅常量为 $d$ 的平面透射光栅上时,相邻两缝在衍射角 $\varphi$ 方向的光程差为 $d\sin\varphi$.因此,光栅衍射明条纹的条件为

$$d\sin\varphi_k = \pm k\lambda \quad (k = 0, 1, 2, \cdots) \qquad (3\text{-}13A\text{-}1)$$

式中,$\lambda$ 为单色光波长,$k$ 为明条纹的级次,$\varphi_k$ 为第 $k$ 级明条纹谱线对应的衍射角.式

（3-13A-1）称为光栅方程，是研究光栅衍射的重要关系式.

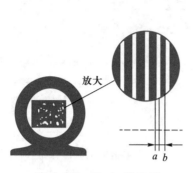

图 3-13A-13   一维光栅

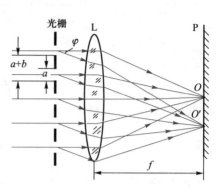

图 3-13A-14   光栅衍射

如果复色平行光垂直照射在光栅上，由光栅方程可知，当 $k\neq0$ 时，不同波长的光衍射角不同，相应的条纹谱线是分开的.因此，衍射后的平行光会聚在透镜焦平面上，会出现按从短波向长波次序自中央零级向两侧依次分开排列的彩色光谱线.这种由光栅分光产生的光谱称为光栅光谱.

由式（3-13A-1）可知，用分光计测出 $k$ 级明条纹所对应的衍射角 $\varphi_k$ 后，若已知光栅常量 $d$，则可计算出入射光的波长 $\lambda$.这就是用光栅衍射测量光波波长的基本原理.

【实验器材】

JJY 型分光计、钠光灯、平面镜（双面）读数放大镜、光栅等.

【实验内容与要求】

1. 调节分光计

熟悉分光计的结构和组成，了解各个调节螺钉的作用，按照实验原理中分光计的调节要求和调节方法，调节好分光计，学习测量角度的读数方法.

2. 用光栅衍射测量光的波长

（1）调节光栅.

调节光栅的基本要求：①光栅平面与平行光管光轴垂直（即平行光管出射的平行光垂直照射到光栅平面上）；②光栅刻线与平行光管狭缝平行（即与分光计的中心轴平行）.

① 光栅平面与平行光管光轴垂直的调节方法.

（a）在载物台上按照平面镜的放置方法安放光栅，照亮平行光管的狭缝，转动望远镜使望远镜分划板上的垂直中心线对准狭缝的中心.

（b）转动载物台，从望远镜中观察到光栅平面反射回来的十字像，调节载物台下与光栅平面垂直的调平螺钉（注意只能调节载物台，不能调节望远镜和平行光管），使十字像在自准直的位置.这时，光栅平面与分光计中心轴平行，且垂直于平行光管光轴.

② 光栅刻线与平行光管狭缝平行的调节方法.

从望远镜中观察衍射光谱的分布情况，注意中央明条纹两侧衍射光谱是否在同一平面内，如有高低变化，表示光栅刻线与狭缝不平行，调节载物台下与光栅平面平行的调平

► 目测 粗调

► 望远镜 调节

► 载物台 调节

► 平行光 管调节

螺钉(例如图 3-13A-11 中的螺钉 a),直到中央明条纹两侧衍射光谱在同一水平面内.

(2) 测量衍射角.

观察光栅衍射光谱的特点,根据观察到的各级光谱线的强弱,按照减小测量误差的原则,合理选定要测量的第 $k$ 级光谱线,测量其衍射角 $\varphi_k$,重复测量 5 次.

当光线垂直于光栅入射时,同一波长光的同一级衍射光谱线是关于中央明条纹对称的,左右两侧的衍射角相等.为了提高测量精度,测量第 $k$ 级光谱线时,应测出 $+k$ 和 $-k$ 级光谱线的角位置 $\theta_{+k}$ 和 $\theta_{-k}$,两位置角位置差值为 $2\varphi_k$,即

$$\varphi_k = \frac{1}{2}(\theta_{+k} - \theta_{-k}) \tag{3-13A-2}$$

为了消除分光计刻度盘的偏心差,测量 $k$ 级每条谱线时,应分别读出两个游标的数值 $\theta_{+k}^1$、$\theta_{+k}^2$、$\theta_{-k}^1$ 和 $\theta_{-k}^2$,取平均值,即

$$\varphi_k = \frac{1}{4}\left[(\theta_{+k}^1 - \theta_{-k}^1) + (\theta_{+k}^2 - \theta_{-k}^2)\right] \tag{3-13A-3}$$

【数据记录与处理】

1. 总结调节分光计的基本思想和要领

2. 用光栅衍射测量光的波长

(1) 根据实验内容要求,自己设计数据表格,列表记录和处理数据.测量衍射角的参考数据表格如表 3-13A-5 所示.

(2) 根据光栅方程 $d\sin\varphi_k = \pm k\lambda$ 推导测量光波波长 $\lambda$ 的扩展不确定度 $u_\lambda$ 的表达式,计算出 $\lambda$ 以及 $u_\lambda$,表示出完整的测量结果.

(3) 总结和分析光栅单色光衍射现象的特点.如果采用复色光,总结和分析复色光光栅衍射的光谱分布规律.

表 3-13A-5　测量衍射角数据表

| 级次 $k$ | 测量次数 | 左侧条纹 | | 右侧条纹 | |
|---|---|---|---|---|---|
| | | 左游标读数 $\theta_{+k}^1/(°)$ | 右游标读数 $\theta_{+k}^2/(°)$ | 左游标读数 $\theta_{-k}^1/(°)$ | 右游标读数 $\theta_{-k}^2/(°)$ |
| | 1 | | | | |
| | 2 | | | | |
| | 3 | | | | |
| | 4 | | | | |
| | 5 | | | | |
| | 平均值 | | | | |
| | 衍射角 $\varphi_k$ | | | | |
| 光波波长 $\lambda$ | | | | | |

【注意事项】

1. 分光计是精密仪器,各部分的调节螺钉较多,在不清楚这些螺钉的作用和用法之

前,请不要乱拧,以免损坏分光计.遇到望远镜和载物台等无法转动的情况时,切勿强行转动,应分析原因后再适当调节.

2. 严禁用手触摸或随意擦拭光栅、平面镜等光学元件的光学表面,若有污渍请使用专用擦镜纸轻轻擦拭.轻拿轻放,严防光栅、平面镜跌落摔坏.

3. 当分光计的调节完成后,望远镜和平行光管的调焦状态与水平倾斜状态均不能再改变.在调节各测量光学元件时,只能调节载物台.否则,会破坏分光计的基本调节,必须再从头开始精确调节分光计.

4. 用分光计测量数据前,务必检查几个紧固螺钉是否锁紧,否则测出的数据会不可靠.

5. 测量过程中转动望远镜时,应用手扶住望远镜的支臂,不能握望远镜的目镜;对准测量位置时,应正确使用可使望远镜转动的微调螺钉,以便提高工作效率和测量准确度.

6. 调节平行光管狭缝时,必须边从望远镜中观察边调节,切勿使狭缝刀口闭合,以防损坏.

7. 调节望远镜的仰角只能使用水平调节螺钉,不能直接用手向上抬望远镜的镜筒,否则会损坏望远镜与支臂连接处的弹簧片.

【思考与讨论】

1. 将分光计调至正常的使用状态,要达到哪些基本要求?

2. 为什么说望远镜的调节是分光计调节的基础和关键?

3. 调节望远镜光轴和分光计中心轴垂直时,为什么要采用减半逐次逼近法调节?

4. 试根据光路图分析,为什么当望远镜光轴与平面镜镜面垂直时从目镜中看到的十字像应与分划板上方的十字叉丝重合?

5. 利用平面镜调节望远镜和载物台时,对在载物台上放置平面镜的位置有何要求?是否可以随意放置?为什么?

6. 什么叫视差?怎样判断有无视差存在?如何消除视差?

7. 分光计的读数装置是如何消除偏心差的?

8. 如果光栅平面与分光计中心轴平行,但狭缝与中心轴不平行,那么光谱有什么异常?对测量结果是否有影响?为什么?

## 实验 3.13B　用最小偏向角法测量棱镜折射率

【实验目的】

1. 了解分光计的基本结构和工作原理,掌握分光计的调节和使用方法;学会用分光计测量角度,了解半周期偶数测量法消除偏心差的基本原理.

2. 观察光的折射现象,了解光的折射的基本原理和主要特征,掌握用最小偏向角法测量棱镜折射率的实验方法.

【实验原理】

1. 分光计的结构

详见实验 3.13A "用光栅衍射法测量光波波长" 实验原理部分的 "分光计的结构".

2. 分光计的调节

详见实验 3.13A"用光栅衍射法测量光波波长"实验原理部分的"分光计的调节".

3. 用最小偏向角法测量棱镜的折射率

当光线从一种介质进入另一种介质时,即
发生折射,其相对折射率由入射角的正弦和折
射角的正弦之比确定.由于仪器不能进入棱镜
之中观测折射光,故只好让光线经过棱镜的两
个界面回到空气中,再测量某一单色光经过两
次折射后产生的总偏向角.

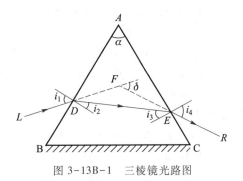

图 3–13B–1　三棱镜光路图

如图 3–13B–1 所示,一束单色平行光 LD
入射到顶角为 $\alpha$ 的三棱镜的 AB 面上,经过两
次折射后由另一面 AC 沿 ER 方向射出,则入射光线 LD 和 AB 面法线方向的夹角 $i_1$ 称为
入射角,出射光线 ER 和 AC 面法线的夹角 $i_4$ 称为出射角.入射光线 LD 与出射光线 ER 之
间的夹角 $\delta$ 称为偏向角.当三棱镜顶角 $\alpha$ 一定时,偏向角 $\delta$ 的大小是随着入射角的改变而
改变的.可以推证,改变光线的入射角时,可以找到一个最小偏向角 $\delta_{\min}$.若调节三棱镜使
入射角 $i_1$ 等于出射角 $i_4$,这时根据折射定律可知 $i_2 = i_3$,与此相应的入射光线和出射光线
之间的夹角最小,称为最小偏向角,记为 $\delta_{\min}$.由图 3–13B–1 可知

$$\delta = (i_1 - i_2) + (i_4 - i_3)$$

当 $i_1 = i_4$,$i_2 = i_3$ 时,入射光线和出射光线相对于棱镜成对称分布.用 $\delta_{\min}$ 代替 $\delta$,则有

$$\delta_{\min} = 2(i_1 - i_2)$$

又因为此时顶角 $\alpha = i_2 + i_3 = 2i_2$,故得

$$i_2 = \frac{\alpha}{2}$$

$$i_1 = \frac{\delta_{\min} + \alpha}{2}$$

所以,由折射定律,棱镜对该单色光的折射率可写成

$$n = \frac{\sin i_1}{\sin i_2} = \frac{\sin \frac{1}{2}(\delta_{\min} + \alpha)}{\sin \frac{1}{2}\alpha} \qquad (3\text{–}13\text{B–}1)$$

根据式(3–13B–1),只要测出顶角 $\alpha$ 和最小偏向角 $\delta_{\min}$,便可求得对于所用波长的光
线,该棱镜玻璃相对于空气的折射率 $n$.

【实验器材】

JJY 型分光计、钠光灯、平面镜、读数放大镜、三棱镜等.

【实验内容与要求】

1. 调节分光计

熟悉分光计的结构和组成,了解各个调节螺钉的作用,按照实验原理中分光计的调

节要求和调节方法,调节好分光计,学习测量角度的读数方法.

分光计的结构与分光计的调节,详见实验 3.13 A 中所述.

2. 用最小偏向角法测量棱镜的折射率

（1）调节三棱镜.

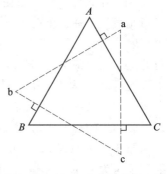

待测三棱镜的两个光学表面的法线应与分光计中心轴垂直.为此,可根据自准直原理,用已调好的望远镜来对三棱镜进行调节.将三棱镜放置在载物台上,并且使三棱镜的三条边分别垂直于载物台下面的三个螺钉 a、b、c 的连线组成的三角形的三条边（如图 3-13B-2 所示）,然后转动载物台（不动望远镜）,使三棱镜的一个折射面（如 AB 面）正对望远镜,调节载物台下的螺钉 b（注意:此时望远镜已调节好,不能再调其水平螺钉）,使 AB

图 3-13B-2　三棱镜的放置方法

面与望远镜光轴垂直,即达到自准直.然后再旋转载物台,使棱镜的另一折射面（如 AC 面）正对望远镜,调节螺钉 a 来使 AC 面与望远镜光轴垂直,即达到自准直（注意:因螺钉 c 会影响已调好的 AB 面,故不能调节 c）.反复校核几次,直到转动载物台时,由两个折射面反射回来的十字像与分划板上方的十字叉丝重合为止,这样三棱镜两个光学表面与分光计中心轴均已垂直.

（2）测量三棱镜的顶角 $\alpha$.

测量三棱镜顶角常用的方法有两种,分别为自准直法和反射法（或平行光法）.

① 自准直法.

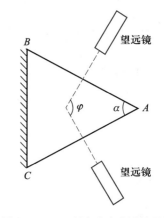

当三棱镜的两个折射面都达到自准直后,就可按照图 3-13B-3 所示转动望远镜,先使望远镜的光轴与棱镜的 AB 面垂直（此时 AB 面反射的十字像应与分划板上方的十字叉丝重合）,固定望远镜,记下刻度盘两边游标的读数 $\theta_1$、$\theta_2$.然后再转动望远镜,使其光轴与 AC 面垂直（AC 面反射的十字像亦应与分划板上方的十字叉丝重合）,固定望远镜.记下两边游标读数 $\theta_{10}$、$\theta_{20}$,两次读数相减即得顶角 $\alpha$ 的补角 $\varphi$,从而得

图 3-13B-3　用自准直法测量顶角

$$\alpha = 180° - \varphi \qquad (3\text{-}13\text{B-}2)$$

其中

$$\varphi = \frac{1}{2}\left[(\theta_1 - \theta_{10}) + (\theta_2 - \theta_{20})\right] \qquad (3\text{-}13\text{B-}3)$$

稍微变动三棱镜的位置,重复测量多次,由式（3-13B-2）分别算出各次测量的顶角,然后求出顶角的平均值.

注意:测量顶角后,应关掉目镜照明灯.

② 反射法（或平行光法）（选做）.

使三棱角的顶点 A 与载物台中心重合或靠近载物台中心,并对准平行光管（如图 3-13B-4所示）,使平行光管射出的一束平行光被三棱镜的两个光学面 AB、AC 反射,将望远镜先后分别对准 AB 及 AC 面上的反射光线,使狭缝像的中心落在分划板中间的十字叉丝的交点上,分别记下两边游标读数.由反射定律和几何关系可以证明光线 1、2 的夹角 $\varphi$ 为

$$\varphi = 2\alpha$$

设光线 1、2 的两个游标读数分别为 $\theta_1$、$\theta_2$ 和 $\theta_{10}$、$\theta_{20}$,则

$$\alpha = \frac{1}{2}\varphi = \frac{1}{4}\left[(\theta_1 - \theta_{10}) + (\theta_2 - \theta_{20})\right] \tag{3-13B-4}$$

（3）测量钠光灯谱线的最小偏向角 $\delta_{min}$.

① 用钠光灯照亮狭缝,将三棱镜的顶点 A 放置在载物台的中心位置或中心位置附近,转动载物台使三棱镜处在图 3-13B-5 所示的位置（光学面 AB 大致与入射光线垂直）,根据折射定律,判断折射光线的出射方向,并将望远镜移到此方向寻找谱线.

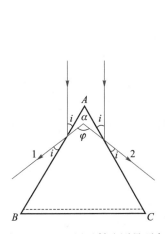

图 3-13B-4  用反射法测量顶角

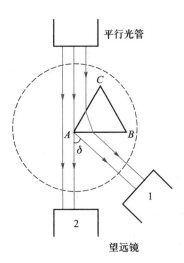

图 3-13B-5  最小偏向角的测量

② 找到谱线后,把载物台连同所载的三棱镜一起缓慢往偏向角减小的方向转动,当三棱镜转到某一位置时,谱线不再移动;继续使三棱镜沿原方向转动,谱线不再沿原方向移动,反而向相反方向移动,亦即偏向角变大.在这个转折点上三棱镜对该谱线而言,就处在最小偏向角的位置了.固定载物台,微调望远镜,使其分划板中间的十字叉丝的交点准确对准谱线中心（如图 3-13B-5 中 1 的位置）,记下两个游标的读数 $\theta_1$ 和 $\theta_2$.

③ 转动望远镜至图 3-13B-5 中 2 的位置,使分划板中间的十字叉丝交点对准平行光管狭缝像的中点,记下两个游标的读数 $\theta_{10}$ 和 $\theta_{20}$,望远镜在 1 和 2 两位置角度读数之差就是望远镜转过的角度,即三棱镜对该谱线的最小偏向角 $\delta_{min}$.为了消除仪器的偏心差,应该取两个游标中测出的角度的算术平均值,这才是该谱线的实际最小偏向角.

$$\delta_{min} = \frac{1}{2}\left[(\theta_1 - \theta_{10}) + (\theta_2 - \theta_{20})\right]$$

【数据记录与处理】

1. 总结调节分光计的基本思想和要领

2. 用最小偏向角法测量三棱镜的折射率

（1）自拟数据表格记录数据.

（2）按 $\alpha = 180° - \varphi = 180° - \dfrac{1}{2}[(\theta_1 - \theta_{10}) + (\theta_2 - \theta_{20})]$ 计算三棱镜顶角 $\alpha$ 及其平均值.

（3）按 $\delta_{\min} = \dfrac{1}{2}[(\theta_1 - \theta_{10}) + (\theta_2 - \theta_{20})]$ 计算三棱镜对钠光的最小偏向角 $\delta_{\min}$ 及其平均值.

（4）计算三棱镜对钠光的折射率.

【注意事项】

分光计操作的注意事项详见实验 3.13A 中所述.

【思考与讨论】

1. 将分光计调至正常的使用状态,要达到哪些基本要求？

2. 为什么说望远镜的调节是分光计调节的基础和关键？

3. 调节望远镜光轴和分光计中心轴垂直时,为什么要采用减半逐次逼近法调节？

4. 试根据光路图分析,为什么当望远镜光轴与平面镜镜面垂直时从目镜中看到的十字像应与分划板上方的十字叉丝重合？

5. 利用平面镜调节望远镜和载物台时,对在载物台上放置平面镜的位置有何要求？是否可以随意放置？为什么？

6. 什么叫视差？怎样判断有无视差存在？如何消除视差？

7. 分光计的读数装置是如何消除偏心差的？

8. 三棱镜按图 3-13B-5 放置后,是否望远镜在任意位置时人们都可见到光谱线？

## 实验 3.13C　色散及色散特性研究

【实验目的】

1. 了解分光计的基本结构和工作原理,掌握分光计的调节和使用方法；学会用分光计测量角度,了解用半周期偶数测量法消除偏心差的基本原理.

2. 观察棱镜色散现象,了解光的色散的基本原理和主要特征.

3. 掌握测绘棱镜的色散曲线,求出色散曲线的经验公式的数据处理方法.

【实验原理】

1. 分光计的结构
详见实验 3.13A"用光栅衍射法测量光波波长"实验原理部分的"分光计的结构".

2. 分光计的调节
详见实验 3.13A"用光栅衍射法测量光波波长"实验原理部分的"分光计的调节".

3. 色散及色散特性研究

1666 年,牛顿用一束近乎平行的白光通过玻璃棱镜时,在棱镜后面的屏幕上观察到一条彩色光带,这就是光的色散现象.它表明:当入射光不是单色光时,虽然入射角对各种波长的光都相同,但出射角并不相同,表明折射率也不相同.物质的折射率与通过物质的光的波长有关,对于不同波长的光线有不同的折射率 $n$,即折射率 $n$ 是波长 $\lambda$ 的函数.

折射率随波长而变的现象称为色散.介质的折射率 $n$ 随波长 $\lambda$ 的增加而减小的色散称为正常色散.对于一般的不带颜色的透明材料而言,在可见光区域内,都表现为正常色散.描述正常色散的公式是柯西于 1836 年首先得到的,即

$$n = A + \frac{B}{\lambda^2} + \frac{C}{\lambda^4} \tag{3-13C-1}$$

这是一个经验公式,式(3-13C-1)中 $A$、$B$ 和 $C$ 是由所研究的介质特性决定的常量.对一种玻璃材料所作出的折射率和波长的关系曲线称为它的色散曲线.不同材料的色散曲线是不同的,一般可用平均色散 $n_F - n_C$ 或色散本领 $V = \dfrac{n_F - n_C}{n_D - 1}$ 来表示某种玻璃色散的程度.其中 $n_C$、$n_D$、$n_F$ 分别表示玻璃三棱镜对夫琅禾费谱线中 C 线、D 线和 F 线的折射率.这三条谱线的波长分别是 $\lambda_C = 656.3$ nm、$\lambda_D = 589.3$ nm、$\lambda_F = 486.1$ nm.

在光谱分析中,常用的色散元件有棱镜和光栅,它们是分别用折射和衍射的原理进行分光的.本实验用棱镜作色散元件,如果用复色光照射,由于棱镜的色散作用,入射光中不同颜色的光射出时将沿不同的方向传播,各色光分别取得不同的偏向角,如图 3-13C-1 所示.这样用望远镜观察出射光线,各色光将成像于不同的位置,在视场中可看到一个个单色狭缝像.每个单色狭缝像称为一条谱线,谱线的总和称为光谱.由于所用的色散元件为棱镜,故这种光谱称为棱镜光谱.

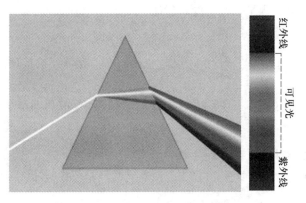

图 3-13C-1　棱镜色散光谱

实验中,把汞灯所发出的光谱谱线的波长作为已知量(波长如表 3-13C-1 所示),测量出各谱线通过三棱镜后所对应的最小偏向角 $\delta_{min}$,由式(3-13B-1)计算出与之对应的折射率 $n$,作出三棱镜的 $n(\lambda)-\lambda$ 色散曲线.根据色散曲线的形状与数学中各函数曲线相比较,初步得出 $n(\lambda)-\lambda$ 的函数关系,用最小二乘法求出方程中的系数,最后求得 $n(\lambda)$ 与 $\lambda$ 之间的色散经验公式.

表 3-13C-1　汞灯光谱谱线波长

| 颜色 | 橙 | 黄 1 | 黄 2 | 绿 | 绿蓝 | 蓝 | 蓝紫 |
|---|---|---|---|---|---|---|---|
| 波长 $\lambda$/nm | 623.44 | 579.07 | 576.96 | 546.07 | 491.60 | 435.83 | 407.73 |

需要说明的一点是,各种不同的光学仪器对色散的要求是不同的.如通常要求照相机、显微镜等的镜头色散小、色差小.而摄谱仪和单色仪中的棱镜则要求色散大,使各种波长的光分得较开,以提高仪器的分辨本领.

【实验器材】

JJY 型分光计、钠灯、低压汞灯、平面镜、读数放大镜、三棱镜等.

【实验内容与要求】

1. 调节分光计

熟悉分光计的结构和组成,了解各个调节螺钉的作用,按照实验原理中分光计的调节要求和调节方法,调节好分光计,学习测量角度的读数方法.

分光计的结构与调节详见实验 3.13A 中所述.

2. 光的色散现象研究

同实验 3.13B 的"实验内容与要求 2",用低压汞灯代替钠光灯,观察白光色散现象.测量三棱镜分别对汞灯光谱各谱线的最小偏向角,计算对应折射率,测绘三棱镜的色散曲线,求取经验公式.

【数据记录与处理】

1. 总结调节分光计的基本思想和要领

2. 用最小偏向角法测量三棱镜的折射率

(1) 自拟数据表格记录数据.

(2) 按 $\alpha = 180° - \varphi = 180° - \dfrac{1}{2}[(\theta_1 - \theta_{10}) + (\theta_2 - \theta_{20})]$ 计算三棱镜顶角 $\alpha$ 及其平均值.

(3) 按 $\delta_{\min} = \dfrac{1}{2}[(\theta_1 - \theta_{10}) + (\theta_2 - \theta_{20})]$ 计算三棱镜对各谱线的最小偏向角 $\delta_{\min}$ 及其平均值.

(4) 计算三棱镜对各谱线的折射率.

(5) 作出 $n(\lambda)-\lambda$ 色散曲线,并求出色散曲线的经验公式,各谱线波长见表 3-13C-1.

【注意事项】

分光计操作注意事项详见实验 3.13A 中所述.

【思考与讨论】

1. 将分光计调至正常的使用状态,要达到哪些基本要求?

2. 为什么说望远镜的调节是分光计调节的基础和关键?

3. 调节望远镜光轴和分光计中心轴垂直时,为什么要采用减半逐次逼近法调节?

4. 试根据光路图分析,为什么当望远镜光轴与平面镜镜面垂直时从目镜中看到的十字像应与分划板上方的十字叉丝重合?

5. 利用平面镜调节望远镜和载物台时,对在载物台上放置平面镜的位置有何要求?是否可以随意放置?为什么?

6. 什么叫视差?怎样判断有无视差存在?如何消除视差?

7. 分光计的读数装置是如何消除偏心差的?

8. 如何快速找到最小偏向角出射光线的位置?

## 实验 3.13D 用掠入射法测量棱镜折射率

### 【实验目的】

1. 了解分光计的基本结构和工作原理,掌握分光计的调节和使用方法;学会用分光计测量角度,了解用半周期偶数测量法消除偏心差的基本原理.

2. 观察掠入射现象,利用掠入射法测量三棱镜折射率.

### 【实验原理】

1. 分光计的结构

详见实验 3.13A"用光栅衍射法测量光波波长"实验原理部分的"分光计的结构".

2. 分光计的调节

详见实验 3.13A"用光栅衍射法测量光波波长"实验原理部分的"分光计的调节".

3. 用掠入射法测量三棱镜折射率

最小偏向角法和掠入射法(折射极限法)是比较常用的两种测量透明材料折射率的方法.最小偏向角法具有测量精度高、所测折射率的大小不受限制等优点.但是,这种方法中我们要将待测材料制成棱镜,而且对棱镜的技术条件要求高,不便快速测量.而掠入射法属于比较测量法,具有操作方便迅速、环境条件要求低的特点.本实验中我们学习用掠入射法测量三棱镜的折射率.

如图 3-13D-1 所示,用单色扩展光源(钠光源)照射到三棱镜 $AB$ 面上,使扩展光源以约 90°角掠入射至棱镜.当扩展光源从各个方向射到 $AB$ 面时,90°的入射光线的内折射角 $i_2$ 最大,记为 $i_{2\max}$,小于 90°的入射角,对应的折射角必小于 $i_{2\max}$,出射角必大于 $i'_{1\max}$,而大于 90°的入射光线不能进入棱镜,这样在 $AC$ 面观察时,将出现半明半暗的视场.明暗视场的分界线即为入射角 $i = 90°$的光线的出射方向.

由折射定律可知, $n = \dfrac{1}{\sin i_{2\max}}$,即 $\sin i_{2\max} = \dfrac{1}{n}$.由几何知识可知, $i_{2\max} + i'_2 = \alpha$,即 $i'_2 = \alpha - i_{2\max}$.而

$$n = \frac{\sin i'_{1\min}}{\sin i'_2} = \frac{\sin i'_{1\min}}{\sin(\alpha - i_{2\max})} = \frac{\sin i'_{1\min}}{\sin \alpha \cos i_{2\max} - \cos \alpha \sin i_{2\max}}$$

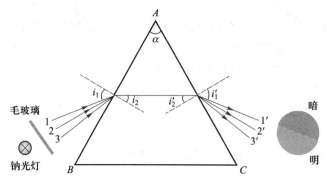

图 3-13D-1    掠入射法测三棱镜折射率示意图

将 $\sin i_{2\text{max}} = \dfrac{1}{n}$ 代入上式,可得

$$n = \frac{\sin i'_{1\text{min}}}{\sin \alpha \cdot \sqrt{1-\left(\dfrac{1}{n}\right)^{2}} - \cos \alpha \cdot \dfrac{1}{n}}$$

将上式化简后得到

$$n = \sqrt{\left(\frac{\cos \alpha + \sin i'_{1\text{min}}}{\sin \alpha}\right)^{2} + 1} \qquad (3\text{-}13\text{D}\text{-}1)$$

可以看出,只要测得 $i'_{1\text{min}}$ 和顶角 $\alpha$,就可求得该三棱镜的折射率,$i'_{1\text{min}}$ 就是入射角 $i_1 =$ 90°时明暗视场分界线位置与法线位置之间的夹角.

【实验器材】

JJY 型分光计、钠光灯、平面镜、读数放大镜、三棱镜等.

【实验内容与要求】

1. 调节分光计

熟悉分光计的结构和组成,了解各个调节螺钉的作用,按照实验原理中分光计的调节要求和调节方法,调节好分光计,学习测量角度的读数方法.

分光计的结构与分光计的调节详见实验3.13A中所述.

2. 掠入射法测量三棱镜折射率

(1)用钠光灯照亮狭缝,将三棱镜的顶点 $A$ 放置在载物台的中心位置或中心位置附近,转动载物台使三棱镜处在图 3-13D-2 所示的位置(光学面 $AC$ 大致与入射光线平行),根据折射定律,判断折射光线的出射方向.将望远镜移到此方向观察,

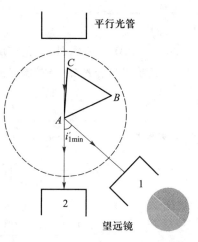

图 3-13D-2    掠入射法测量最小出射角

直至看到半明半暗的半荫视场.

（2）固定载物台,微调望远镜,使其分划板中间的竖直叉丝准确对准明暗视场的分界线,如图 3-13D-2 所示的位置 1,记下两个游标的读数 $\theta_1$ 和 $\theta_2$.

（3）转动望远镜至图 3-13D-2 中的位置 2,使分划板中间的十字叉丝交点对准平行光管狭缝像的中点,记下两个游标的读数 $\theta_{10}$ 和 $\theta_{20}$,望远镜在 1 和 2 两位置处角度读数之差就是望远镜转过的角度,即最小出射角 $i'_{1\min}$.

$$i'_{1\min}=\frac{1}{2}\left[(\theta_1-\theta_{10})+(\theta_2-\theta_{20})\right]$$

（4）用自准直法或者反射法测量三棱镜的顶角 $\alpha$,详见实验 3.12B 中三棱镜顶角测量部分.

**【数据记录与处理】**

1. 总结调节分光计的基本思想和要领
2. 用掠入射法测量三棱镜的折射率
（1）自拟数据表格记录数据.
（2）按 $\alpha=180°-\varphi=180°-\frac{1}{2}\left[(\theta_1-\theta_{10})+(\theta_2-\theta_{20})\right]$ 计算三棱镜顶角 $\alpha$ 及其平均值.
（3）按 $i'_{1\min}=\frac{1}{2}\left[(\theta_1-\theta_{10})+(\theta_2-\theta_{20})\right]$ 计算最小出射角 $i'_{1\min}$ 及其平均值.
（4）计算三棱镜对钠光的折射率.

**【注意事项】**

分光计操作注意事项详见实验 3.13A 中所述.

**【思考与讨论】**

1. 将分光计调至正常的使用状态,要达到哪些基本要求?
2. 为什么说望远镜的调节是分光计调节的基础和关键?
3. 调节望远镜光轴和分光计中心轴垂直时,为什么要采用减半逐次逼近法调节?
4. 试根据光路图分析,为什么当望远镜光轴与平面镜镜面垂直时从目镜中看到的十字像应与分划板上方的十字叉丝重合?
5. 利用平面镜调节望远镜和载物台时,对在载物台上放置平面镜的位置有何要求?是否可以随意放置? 为什么?
6. 什么叫视差? 怎样判断有无视差存在? 如何消除视差?
7. 分光计的读数装置是如何消除偏心差的?
8. 如何用掠入射法测量透明液体的折射率?

# 实验 3.14　直流电桥及其使用

电阻按阻值的大小可以分为低值、中值和高值电阻三类、阻值在 1 Ω 以下的电阻为

📄 课件

📄 实验
相关

低值电阻;1 Ω 到 100 kΩ 的电阻为中值电阻;100 kΩ 以上的电阻为高值电阻.电阻的测量是基本的电学测量之一,测量电阻的方法主要有万用表测量、伏安法测量、电桥法测量等.从测量精度上来讲,对于不同阻值的电阻,我们应采用不同的方法进行测量.

电桥法是典型的比较测量法,即把被测量与同类性质的已知标准量进行比较,从而确定被测量的大小.与伏安法测电阻等其他方法相比较,电桥法具有反应更灵敏、测量更准确、使用更方便等特点,可以在较大的测量范围内达到极高的测量准确度.

按照激励电源性质的不同,可把电桥分为直流电桥(direct current bridge)和交流电桥(alternating current bridge).直流电桥主要用于电阻测量,按照结构主要分为单臂电桥和双臂电桥.单臂电桥又称为惠斯通电桥(Wheatstone bridge),用于 $1 \sim 10^5$ Ω 范围内的中值电阻的测量;双臂电桥又称为开尔文电桥(Kelvin bridge),用于 $10^{-5} \sim 1$ Ω 范围内的低值电阻的测量.交流电桥除了测量电阻之外,还可以测量电容、电感等电学量.根据工作时是否平衡,电桥又可分为平衡电桥和非平衡电桥.

电桥电路是电磁测量中电路连接的一种基本方式.由于它测量准确,方法巧妙,使用方便,所以在自动检测与控制等领域中得到了广泛的应用.除了可以测量电压、电阻、电感、电容等电学量以外,通过传感器,利用电桥电路,我们还可以测量一些非电学量,如温度、湿度、应变、压力、重量以及微小位移等.

平衡指示器除了使用一般的模拟电表,也可以采用数字式电表,对测量结果进行数字显示,有时根据需要,运用电子线路对桥路电流(或电压)进行放大,或者与计算机连接,进行数据处理与遥控.数字直流电桥的出现显示了电桥测试技术的新进展.数字直流电桥能准确地测量各类直流电阻,采用显示器直接显示测量结果,读数直观、清晰,测量准确度高、稳定性好,测试方便快捷.

【实验目的】

1. 了解电桥电路的特点,学习比较法、平衡法和补偿法的测量思想,掌握电桥测量方法的基本原理.

2. 掌握用单臂电桥测电阻的原理和方法以及调节电桥平衡的方法.

3. 了解用双臂电桥测低值电阻的原理,学习用双臂电桥测量低值电阻的方法.

4. 了解电桥的灵敏度及其影响因素,学习分析电桥测量误差的基本方法.

【实验原理】

1. 用单臂电桥测电阻的基本原理

用伏安法测电阻时,无论是将电流表内接还是外接,都会给测量带来由电表内阻的引入引起的接入误差.为了精确测量中值电阻,可采用单臂(惠斯通)电桥.单臂电桥的电路原理如图 3-14-1 所示.$R_1$、$R_2$、$R_0$ 和待测电阻 $R_x$ 组成一个四边形 ABCD,每一条边被称为电桥的一个臂,在对角线 AC 上接入电源 E,在对角线 BD 上接检流计(平衡指示器)G,所谓"桥",就是指接入检流计的对角线,其作用是利用检流计将桥两端点的电势直接进行比较,当 B、D

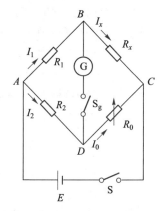

图 3-14-1  单臂电桥原理图

两点电势相等时,检流计中无电流通过,这种状态称为电桥平衡.当电桥达到平衡时,

$$U_{AB} = U_{AD}, \quad U_{BC} = U_{DC}$$

因为检流计中无电流通过,$I_1 = I_x$、$I_2 = I_0$,由此可得

$$\frac{R_1}{R_2} = \frac{R_x}{R_0}$$

即

$$R_x = \frac{R_1}{R_2} R_0 = C R_0 \qquad\qquad (3-14-1)$$

式(3-14-1)就是电桥的平衡条件.若 $R_1$、$R_2$ 和 $R_0$ 已知,$R_x$ 即可由上式求出.式(3-14-1)中 $C = \dfrac{R_1}{R_2}$ 称为比率,$R_1$ 和 $R_2$ 所在的桥臂称为比率臂,$R_0$ 所在的桥臂称为比较臂.

用电桥测量电阻时,只需确定比率,调节比较臂,使检流计为零,由式(3-14-1)即可计算出待测电阻 $R_x$ 的阻值,这就是用单臂电桥测量电阻的原理.在一定比率下,$R_x$ 值的有效数字位数是由 $R_0$ 的有效数字位数确定的.

用单臂电桥测量电阻的方法,体现出一般桥式电路的以下特点:

(1)平衡电桥采用了示零法,根据平衡指示器是否为零,即可判断电桥是否平衡,而不涉及数值的大小.只需平衡指示器足够灵敏就可以使电桥达到较高的灵敏度,达到提高测量精度的目的.

(2)用平衡电桥测量电阻方法的实质是将已知标准电阻与未知电阻进行比较,这种比较测量法简单而精确.如果采用精确电阻作为桥臂,可以使测量结果达到较高的准确度.

(3)平衡条件与电源电压无关,可避免因电源电压不稳定而造成的误差.

2. 用双臂电桥测低值电阻的原理

用单臂电桥测 1 Ω 以下的低值电阻时误差较大,这是因为当待测电阻阻值较小时,电桥电路的引线电阻和接触电阻不能忽略不计(约 $10^{-2}$ Ω 数量级).待测阻值越低,引线电阻和接触电阻引起的相对误差越大,甚至会测出完全错误的结果.为减小引线电阻和接触电阻的影响,人们对单臂电桥电路进行了改进,得到了适合于测量低值电阻的直流双臂电桥(开尔文电桥),其电路原理如图 3-14-2 所示.与单臂电桥相比,双臂电桥有两处明显的改进.

(1)待测电阻和测量盘电阻均采用四端接法.四端接法示意图如图 3-14-3 所示,图中 $C_1$、$C_2$ 是电流端,通常接电源回路,从而将这两端的引线电阻和接触电阻折合到电源回路的其他串联电阻中;$P_1$、$P_2$ 是电压端,通常接测量用的高电阻回路或电流为零的补偿回路,从而使这两端的引线电阻和接触电阻对测量的影响相对减小.

(2)在双臂电桥中增设了阻值较高的两个臂 $R_3$ 和 $R_4$,减小了接触电阻对低值电阻测量的影响,使测量精度得到了提高.

当流过检流计 G 的电流为零时,电桥达到平衡,在 $R_1$、$R_2$、$R_3$ 和 $R_4$ 的阻值相对较高的条件下,可以得到以下三个方程:

$$\begin{cases} I_3 R_x + I_2 R_3 = I_1 R_1 \\ I_3 R_0 + I_2 R_4 = I_1 R_2 \\ I_2 (R_3 + R_4) = (I_3 - I_2) R_r \end{cases} \qquad\qquad (3-14-2)$$

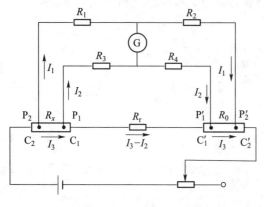

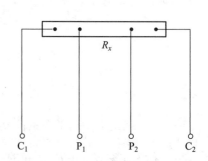

图 3-14-2    直流双臂电桥原理图        图 3-14-3    测量低值电阻的四端接法

解方程组(3-14-2)可得

$$R_x = \frac{R_1}{R_2}R_0 + \frac{R_4 R_r}{R_3 + R_4 + R_r}\left(\frac{R_1}{R_2} - \frac{R_3}{R_4}\right) \qquad (3-14-3)$$

双臂电桥在结构设计上尽量做到 $R_1/R_2 = R_3/R_4$,并且尽量减小电阻 $R_r$,因此式(3-14-3)的第二项为零,则

$$R_x = \frac{R_1}{R_2}R_0 \qquad (3-14-4)$$

式(3-14-4)就是双臂电桥的平衡条件.同样,在双臂电桥中 $R_1/R_2 = C$ 称为比率,则有

$$R_x = CR_0 \qquad (3-14-5)$$

电阻 $R_0$ 和 $R_x$ 的电压端附加电阻(引线电阻和接触电阻)因与高阻值臂串联,其影响大大减小;两个外侧电流端的附加电阻串联在电源回路中,其影响可忽略;两个内侧电流端的附加电阻和小电阻 $R_r$ 串联,相当于增大了式(3-14-3)中的 $R_r$,其影响通常也可忽略.因此,只要待测低值电阻按四端接法接入测量电路,就可像单臂电桥那样用式(3-14-5)来计算 $R_x$ 了.

### 3. 电桥的灵敏度

设各电阻值分别为 $R_1$、$R_2$、$R_0$ 和 $R_x$ 时,电桥达到平衡,当电阻 $R_0$ 改变一个微小变化量 $\Delta R_0$ 时,电桥有微小的不平衡,检流计相应的偏转格数为 $\Delta n$.定义电桥灵敏度为

$$S = \frac{\Delta n}{\Delta R_0 / R_0} \qquad (3-14-6)$$

电桥灵敏度 $S$ 在数值上等于电桥桥臂由单位相对不平衡值时所引起的检流计偏转格数.$S$ 值越大,能检测到的电桥不平衡值越小,电桥越灵敏.在满足测量误差要求的范围内,适当提高电桥灵敏度,可以提高所得平衡点的精确性,使由电桥灵敏度带来的误差小到满足实验要求.但是,过高的电桥灵敏度,对判断电桥的平衡并没有好处,可能会因电桥太灵敏而无法判断桥路是否平衡.

电桥灵敏度反映了电桥对电阻相对变化的分辨能力.例如,$S = 100 = \dfrac{0.1}{0.1\%}$,表示电桥平衡后 $R_0$ 若改变 0.1%,检流计会显示 0.1 格的偏转.如果 $R_0$ 的改变小于 0.1%,检流计显

示为 0,则由于电桥灵敏度限制带来的误差小于 0.1%.

电桥灵敏度的主要影响因素:

(1) 电桥灵敏度与检流计灵敏度(单位电流所引起的检流计指针的偏转格数)成正比.

(2) 电源电压越高,电桥灵敏度越高.在不超过桥臂电阻额定功率的情况下,可通过适当提高电源电压来提高电桥的灵敏度.

(3) 检流计的内阻越小,电桥灵敏度越高.可适当选择灵敏度高、内阻低的检流计,来提高电桥的灵敏度.但如果检流计的灵敏度过高,$R_0$ 的不连续性会给测量带来不方便.

(4) 桥臂电阻($R_1$、$R_2$、$R_0$ 和 $R_x$)越大,电桥灵敏度越低.

(5) 电桥灵敏度与电源内阻大小以及检流计和电桥所连接的位置有关.

(6) 电桥灵敏度与桥臂电阻的选定有关.当四个桥臂电阻成等值配置时,灵敏度较高.

实验中应使电桥具有较高的灵敏度,以保证电桥平衡的可靠性,从而保证测量的准确性.

在电桥平衡的条件下,再调节 $R_0$ 使其改变 $\Delta R_0$,读出检流计偏转的格数 $\Delta n$,根据式(3-14-6)就可计算出灵敏度 $S$.

4. 电桥测电阻的误差分析

用电桥测量电阻时,如果进行多次测量,就要改变 $R_1$、$R_2$ 和 $R_0$ 的阻值,电桥灵敏度也随之改变,所以进行的多次测量就不是等精度测量,电桥测电阻的误差只能按单次测量来处理.

电桥测电阻的误差来源主要包含两个方面,一方面是电桥的基本误差允许极限 $\Delta_{\lim}$,另一方面是电桥的灵敏阈所引起的误差 $\Delta_S$,总的仪器极限误差 $\Delta$ 为

$$\Delta = \sqrt{\Delta_{\lim}^2 + \Delta_S^2} \tag{3-14-7}$$

(1) 电桥的基本误差允许极限.

电桥的基本误差允许极限可表示为

$$\Delta_{\lim} = \pm \alpha\% \left( R_x + \frac{R_n}{10} \right) \tag{3-14-8}$$

式(3-14-8)中,$\alpha$ 为电桥的准确度等级,$R_x$ 为待测电阻值,$R_n$ 为基准电阻值,$R_n$ 的值规定为有效量程中最大的 10 的整数幂.QJ23a 型直流单臂电桥和 QJ44 型直流双臂电桥相关技术参量可参考表 3-14-1 和表 3-14-2.

(2) 电桥的灵敏阈误差.

灵敏阈为引起仪器示数可察觉的最小变化的待测量(相对)改变量.当电桥平衡后再改变 $R_x$(或等效地改变 $R_0$)时,检流计却未见偏转,说明电桥不够"灵敏".通常眼睛可以察觉出检流计 0.2 分格的偏转,实验中可取 0.2 分格所对应的电流值作为检流计的灵敏阈,检流计灵敏阈(0.2 分格)所对应的待测电阻的变化量则称为电桥的灵敏阈.在电桥灵敏度公式 $S = \dfrac{\Delta n}{\Delta R_0 / R_0}$ 中,检流计偏转 0.2 分格时,对应的待测量的变化量则为电桥的灵敏阈,即

$$\Delta_S = \frac{0.2R_x}{S} \tag{3-14-9}$$

电桥的灵敏阈 $\Delta_S$ 反映了平衡判断中可能包含的误差,它既与电源和检流计的参量有关,也与比率 $C$ 及 $R_x$ 的大小有关.灵敏阈越大,电桥越不灵敏.当测量范围及条件符合仪器说明书所规定的要求时,$\Delta_S$ 一般比 $\Delta_{\lim}$ 小得多,$\Delta_S$ 的影响可以忽略不计.式(3-14-8)中第二项已经包含了灵敏阈的因素.

5. 测量金属导体电阻率及温度系数

根据电阻定律,导体电阻与导体长度 $L$ 成正比,与导体截面积 $S$ 成反比,即 $R_x = \rho \dfrac{L}{S}$,$\rho$ 称为导体材料的电阻率.若已知圆柱导体的直径 $d$ 和长度 $L$,则

$$\rho = \frac{\pi d^2}{4L} R_x \tag{3-14-10}$$

对于金属导体,其电阻随温度的变化满足

$$R_t = R_0(1 + \alpha t + \beta t^2 + \gamma t^3 + \cdots)$$

式中,$R_t$ 和 $R_0$ 分别表示导体在温度为 $t$(单位:℃)和 0 ℃时的电阻,$\alpha$、$\beta$ 和 $\gamma$ 为待测电阻的温度系数.在一定温度范围内,导体的电阻与温度近似满足线性关系,即

$$R_t = R_0(1 + \alpha t) \tag{3-14-11}$$

测量温度系数 $\alpha$ 的常用方法如下.

方法一:将待测金属导体浸入冰水混合物中,测量其 0 ℃时的电阻值 $R_0$,再测量出温度为 $t$(单位:℃)时的电阻值 $R_t$,由式(3-14-11)即可求得 $\alpha$.

方法二:分别测出金属导体在温度为 $t_1$ 和 $t_2$(单位:℃)时的电阻值 $R_1$ 和 $R_2$,则

$$\alpha = \frac{R_2 - R_1}{R_1 t_2 - R_2 t_1} \tag{3-14-12}$$

【实验器材】

直流单臂电桥(QJ23a 型)、直流双臂电桥(QJ44 型)、螺旋测微器、金属棒(不同材质)、待测电阻(不同阻值)若干、四端接法样品测量架、导线等.

1. 箱式单臂电桥使用说明

实验中采用的 QJ23a 型箱式单臂电桥,面板结构如图 3-14-4 所示,使用说明如下.

(1) B 与 G 分别为外接电源和外接检流计的两对接线柱.将 B 拨向"外接",G 拨向"内接",接通直流电源,并开启电源开关,指示灯亮.

(2) 将待测电阻接至"$R_x$"接线柱,估测待测电阻的大小,根据表 3-14-1 选择合适的比率,调节调零旋钮使检流计表头指针指零.

(3) 按下 B 按钮,然后轻按 G 按钮,调节四个测量盘,使电桥平衡(检流计指零).在调节电桥平衡过程中,应根据检流计偏转的方向确定 $R_0$ 的增减.在检流计两旁有注明正(+)和负(-)的符号.当指针向正方向偏转时,应增加 $R_0$ 的数值,才能使电桥平衡;当指针向负方向偏转时,应减小 $R_0$ 的数值,才能使电桥平衡.如果电桥无法平衡,检流计指针始终向"+"方向偏转,说明 $R_x$ 值大于选定量程的上限值,应将比率调大一挡,再次调节四个测量盘,使电桥平衡.反之,当第一个测量盘调至"0"位,检流计指针仍偏向"-"方向时,比

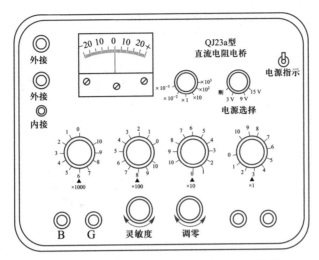

图 3-14-4　QJ23a 型直流单臂电桥的面板结构

率应减小一挡,再调节测量盘使电桥平衡.

(4) $R_x$ 值的计算方法: $R_x = C$(比率)$\times R_0$(测量盘示数之和).

(5) 当测量中内附检流计灵敏度不够时,需外接高灵敏度的检流计,以保证测量的可靠性,此时 G 应拨向"外接",外接检流计接在 G 接线柱上.

(6) 当使用电桥进行测量时,必须用上第一个测量盘($\times 1000$),即第一个测量盘不能置于"0",以保证测量的准确度.

(7) 在测量含有电感的待测电阻器(如电机、变压器等)时,必须先按 B 按钮,然后再按 G 按钮.如果先按 G,再按 B,就会在按 B 的一瞬间,因自感而产生的电动势对检流计产生冲击,导致检流计损坏.断开时,应先松开 G,再松开 B 按钮.

(8) 电桥使用完毕后,应切断电源.

2. 双臂电桥结构与使用说明

QJ44 型直流双臂电桥的内部电路结构和面板分布分别如图 3-14-5 和图 3-14-6 所示.图 3-14-5 电路中上方一排的 6 个电阻相当于图 3-14-2 中的 $R_1$ 和 $R_2$,$R_1/R_2$ 分为 $10^{-2}$ 到 $10^2$ 五挡,在图 3-14-6 中比率调节盘 8 处标明.图 3-14-5 电路中下方一排的 6 个电阻相当于 $R_3$ 和 $R_4$,由同一比率调节盘将它们与 $R_1$ 和 $R_2$ 一起联动切换,且保证 $R_1/R_2 = R_3/R_4$.桥路中的 $\boxtimes = \textcircled{G}$ 表示电流放大器和检流计相连,它们组成了高灵敏度检流计,其灵敏度可通过旋钮 5 调节.电路中的其他各部分都可与面板上的部件一一对应.测量未知电阻时,按钮开关 B、G 和测量臂旋钮的作用及调节方法都与单臂电桥相似,但应特别注意以下几点:

(1) 待测电阻要按四端接法接入,并根据其大致阻值预置比率调节盘的位置.

(2) 电源接通后,经稍许预热,灵敏度旋钮 5 沿逆时针方向旋到最小,校正检流计零位.测量时应先从低灵敏度开始,调节测量臂粗调盘与细调盘,使电桥达到平衡,然后逐步将灵敏度调到最大,再次检查检流计是否处于零位,并随即调节电桥平衡,从而得到测量盘电阻 $R_0$ 和比率 $C$ 的读数.

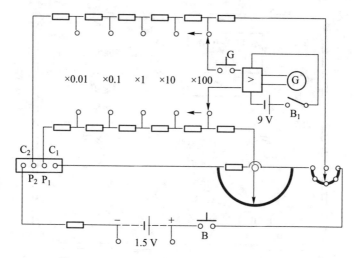

图 3-14-5    QJ44 型直流双臂电桥内部电路结构

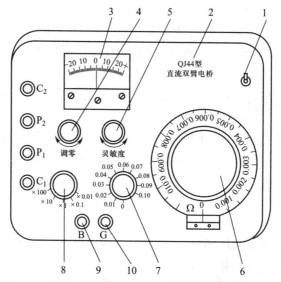

1—电源开关；2—铭牌；3—检流计；4—检流计调零旋钮；5—灵敏度调节旋钮；
6—测量臂细调盘；7—测量臂粗调盘；8—比率调节盘；9—电源按钮开关；
10—检流计按钮开关；$C_1$、$C_2$、$P_1$、$P_2$—被测电阻的接入端钮.

图 3-14-6    QJ44 型直流双臂电桥面板分布图

（3）按钮 B、G 一般应间歇使用，宜采用跃接法（跃按），不应锁住按钮.电桥用完后务必断开电源.

3. QJ23a 型直流单臂电桥和 QJ44 型直流双臂电桥的相关技术参量

QJ23a 型直流单臂电桥的主要技术参量见表 3-14-1，QJ44 型直流双臂电桥的主要技术参量见表 3-14-2.

表 3-14-1　QJ23a 型直流单臂电桥的主要技术参量

| 比率 | 有效量程 | 分辨能力 | 准确度等级 | 基准电阻 | 电源电压/V |
|---|---|---|---|---|---|
| 0.001 | 1~11.11 Ω | 0.001 Ω | 0.5 | 10 Ω | |
| 0.01 | 10~111.1 Ω | 0.01 Ω | 0.2 | 100 Ω | |
| 0.1 | 100~1111 Ω | 0.1 Ω | 0.1 | 1 kΩ | 3 |
| 1 | 1~11.11 kΩ | 1 Ω | 0.1 | 10 kΩ | |
| 10 | 10~111.1 kΩ | 10 Ω | 0.1 | 100 kΩ | 9 |
| 100 | 100~1111 kΩ | 100 Ω | 0.2 | 1 MΩ | |
| 1000 | 1~11.11M Ω | 1 kΩ | 0.5 | 10 MΩ | 15 |

表 3-14-2　QJ44 型直流双臂电桥的主要技术参量

| 比率 | 有效量程 | 分辨能力 | 准确度等级 | 基准电阻/Ω |
|---|---|---|---|---|
| 100 | 1~11 Ω | 5 mΩ | 0.2 | 10 |
| 10 | 0.1~1.1 Ω | 0.5 mΩ | 0.2 | 1 |
| 1 | 0.01~0.11 Ω | 0.05 mΩ | 0.2 | 0.1 |
| 0.1 | 0.001~0.011 Ω | 5 μΩ | 0.5 | 0.01 |
| 0.01 | 0.0001~0.0011 Ω | 0.5 μΩ | 1 | 0.001 |

【实验内容与要求】

1. 用直流单臂电桥测电阻

（1）用直流单臂电桥测量 $1 \, \Omega \sim 10^3 \, \text{k}\Omega$ 范围内不同阻值数量级的待测电阻及其对应的电桥灵敏度.

实验要求：

① 熟悉电桥面板结构,预调检流计零点.

② 测量不同的待测电阻值.根据待测电阻的标称值(即大约值),选定比率 $C$ 并预置测量盘;接着调节电桥平衡,记录 $C$ 和 $R_0$ 值,注意总结操作规律.

③ 测量电桥的灵敏度.电桥平衡后,调节测量盘使其示数 $R_0$ 变化 $\Delta R_0$,测量检流计相应偏离平衡位置的分格数 $\Delta n$(一般偏转 3~5 分格为宜).

（2）将任意两个待测电阻串联、并联起来测量其总阻值.

2. 测量电源电压对电桥灵敏度的影响

选择阻值较大的待测电阻,在电桥平衡的基础上调节测量盘示数变化量 $\Delta R_0$,保持电桥的其他测量条件不变,改变电源电压值(不能超出仪器允许的最大电压值)测量检流计偏离平衡位置的分格数 $\Delta n$.

3. 用双臂电桥测量低值电阻和导体的电阻率

用直流双臂电桥测量金属棒的电阻,并用螺旋测微器和钢板尺(或样品测量架上的标尺)分别测出其直径和长度.直径要求多次测量,选取不同的位置测量 5~6 次.选取待测长度为 10.00~35.00 cm 的金属棒进行测量.

注意:采用低值电阻的四端接法时,实验中要记录待测低值电阻的编号,电桥的编号、测量范围和准确度等级等技术参量.

4. 用双臂电桥测量金属棒与接线端的接触电阻(选做)

(1)将金属棒每一端的电流端和电压端两根引线同时接到电压端的接头上,电流端的接头不接引线,测出金属棒的电阻,以便计算电压端接头的接触电阻.

(2)将金属棒每一端的电流端和电压端两根引线同时接到电流端的接头上,电压端的接头不接引线,测出金属棒的电阻,以便计算电流端接头的接触电阻.

5. 用双臂电桥测量电阻箱的零值电阻(选做)

提示:旋下电阻箱接线柱螺母,把 $C_1$、$P_1$、$C_2$ 和 $P_2$ 分别夹在两接线柱上,在不同位置测量.

6. 设计性实验内容(选做)

(1)设计用直流双臂电桥测量待测低值电阻温度系数的实验方案,根据测量数据,绘制 $R_t$-$t$ 关系曲线,并用图解法求解金属电阻的温度系数 $\alpha$ 和 $R_0$.

(2)设计用直流单臂电桥测量微安表内阻的实验方案.

设计要求:

① 阐述基本实验原理和实验方法,实验方案需确保待测微安表不超过量程;

② 说明基本实验步骤;

③ 进行实际实验测量;

④ 说明数据处理方法,得出实验结果.

【数据记录与处理】

1. 用单臂电桥测电阻

(1)按照实验内容要求,列表记录和处理数据,数据表格可参考表 3-14-3.

表 3-14-3　用惠斯通电桥测电阻的数据表

| 待测电阻标称值/Ω | | | | | | | |
|---|---|---|---|---|---|---|---|
| 准确度等级 $\alpha$ | | | | | | | |
| 比率 $C$ | | | | | | | |
| 平衡时测量盘读数 $R_0$/Ω | | | | | | | |
| 平衡后测量盘示数变化量 $\Delta R_0$/Ω | | | | | | | |
| 对应于 $\Delta R$ 的检流计的偏转 $\Delta n$/分格 | | | | | | | |
| 待测电阻测量值 $R_x$/Ω | | | | | | | |
| 电桥灵敏度 $S$ | | | | | | | |

(2)根据实验数据计算待测电阻值 $R_x = CR_0$,计算不确定度,给出各电阻完整的测量结果,进行结果分析.

（3）计算测量不同待测电阻时电桥的灵敏度 $S = \dfrac{\Delta n}{\Delta R_0 / R_0}$，分析不同桥臂电阻对电桥灵敏度的影响.

（4）参照表 3-14-3 自拟数据记录表格，记录和处理待测电阻串、并联测量结果.

2. 电源电压对电桥灵敏度的影响

计算电源电压不同时电桥的灵敏度，分析电源电压对电桥灵敏度的影响.

3. 用双臂电桥测低值电阻和导体的电阻率

（1）按照实验内容要求，列表记录和处理数据.部分数据表格可参考表 3-14-4 和表 3-14-5.

表 3-14-4　测量金属棒直径的数据表

| 物理量 | 测量次数 | | | | | 平均值/mm |
| --- | --- | --- | --- | --- | --- | --- |
| | 1 | 2 | 3 | 4 | 5 | |
| $d/\mathrm{mm}$ | | | | | | |

表 3-14-5　测量金属棒电阻率的数据表

| 测量次数 | 比率 $C$ | 比较臂读数 $R_0/\Omega$ | 待测电阻 $R_x/\Omega$ | $R_x$ 的长度/m | 电阻率 $\rho/(\Omega \cdot \mathrm{m})$ |
| --- | --- | --- | --- | --- | --- |
| 1 | | | | | |
| 2 | | | | | |
| 3 | | | | | |

（2）根据实验数据计算金属棒的电阻率 $\rho$，任选一组测量数据评定 $\rho$ 的测量不确定度 $u_\rho$，给出完整的结果表示，进行实验结果分析.

【注意事项】

1. 对箱式单臂电桥和双臂电桥均应轻拿轻放，旋动表头旋钮时应轻轻操作，切忌操作过猛.

2. 检流计灵敏度开始时应调至较低的位置，待电桥初步平衡后再慢慢调高，使用检流计按钮应采用跃接法.

3. 实验中不要锁住电源按钮 B，严禁在没有确定好比率和 $R_0$ 值较小或为零的情况下，按下 B 和 G.测量时应先接通电源 B，后接通检流计 G；断开时应先断开 G，后断开 B.

【思考与讨论】

1. 在单臂电桥中，各接触电阻和引线电阻分别对测量结果有何影响？

2. 若单臂电桥中有一个桥臂断开（或短路），电桥是否能被调到平衡状态？ 若实验中出现这种故障，则调节时会出现什么现象？

3. 如何选择比率才能充分利用箱式电桥的精度？

4. 下列因素是否会加大电桥的测量误差？ 为什么？

（1）电源电压大幅度下降；（2）电源电压稍有波动；（3）检流计零点没有调准；（4）检

流计灵敏度不够高;(5)导线电阻不可忽略.

  5. 在图 3-14-1 中,若在 $A$、$C$ 间接入检流计,在 $B$、$D$ 间接入电源,当电桥平衡时,求 $R_x$.

# 实验 3.15   光强分布的测量

■ 课件

■ 实验
 相关

  光的干涉现象和光的衍射现象有力地说明了光具有波动性.特别是衍射现象的存在,不仅为光的本性研究提供了重要的实验依据,还反映了光子(或电子等其他量子力学中微观粒子)的运动是受不确定关系制约的.衍射使光强在空间重新分布,对光的衍射现象的研究,不仅有助于加深对光的波动性的理解,也是近代光学技术(如光谱分析、晶体分析、全息技术、光学信息处理等)的实验基础.

  光强分布的测量技术是现代高新技术中的重要测量技术之一.在实际测量中,常采用电测法,将光信号转换为电信号,通过对电信号的测量,来了解光信号的情况.利用光电器件测量和探测光强在空间的分布变化情况,是近代测量技术中常用的光强测量方法之一.

## 【实验目的】

  1. 观察单缝、多缝、矩孔、双孔、双缝、光栅和正交光栅等的衍射现象,加深对光的衍射理论的理解.

  2. 掌握利用光电器件测量相对光强分布的基本原理和方法.

  3. 测量单缝衍射、双缝干涉的相对光强分布.

## 【实验原理】

  1. 单缝衍射的光强

  当光在传播过程中经过障碍物(如不透明物体的边缘、小孔、细线、狭缝等)时,一部分光会传播到几何阴影中去,产生衍射现象.如果障碍物的尺寸与波长相近,这样的衍射现象就比较容易被观察到.

  根据光源及观察衍射图样的屏幕(衍射屏)到产生衍射的障碍物的距离不同,光的衍射现象分为菲涅耳衍射和夫琅禾费衍射两类.菲涅耳衍射是光源和衍射屏到障碍物的距离为有限远时的衍射,即所谓近场衍射;夫琅禾费衍射是光源和衍射屏到障碍物的距离为无限远或相当于无限远时的衍射,即所谓远场衍射.

  夫琅禾费衍射属于平行光的衍射,要求入射光和衍射光都为平行光且衍射屏应放到无限远处,在实验中可用两个透镜来实现.单缝夫琅禾费衍射的实验光路和衍射图样如图3-15-1 所示,根据惠更斯-菲涅耳原理,单缝上每一点都可看成向各个方向发射球面子波的新波源,子波叠加的结果是在屏上出现一组平行于单缝的明暗相间的条纹.与狭缝 E 垂直的衍射光束会聚于屏上 $P_0$ 处,是中央明条纹的中心,光强最大,设为 $I_0$,与光轴方向成 $\varphi$ 角的某衍射光束会聚于屏上 $P$ 处,$P$ 的光强由理论计算可得

$$I = I_0 \frac{\sin^2 \beta}{\beta^2}, \quad \beta = \frac{\pi a \sin \varphi}{\lambda} \tag{3-15-1}$$

式中,$a$ 为狭缝的宽度,$\lambda$ 为入射单色光的波长,$\varphi$ 为衍射角.

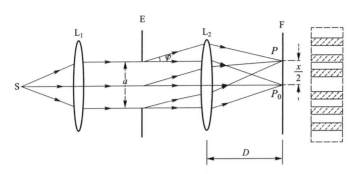

图 3-15-1　单缝夫琅禾费衍射光路图

（1）中央主极大.

根据式（3-15-1），当 $\varphi=0$ 时，$I=I_0$，这就是平行于光轴的衍射光会聚处，即中央明条纹中心点的光强，衍射图样中光强的极大值，称为中央主极大.主极大的强度取决于入射光的强度和缝的宽度.

（2）光强极小值.

根据式（3-15-1），当 $\beta=k\pi$，即 $\sin\varphi=k\dfrac{\lambda}{a}$（$k=\pm1,\pm2,\pm3,\cdots$）时，$I=0$，衍射光强有一系列极小值，在屏上出现暗条纹，与极小值衍射角对应的位置为暗条纹的中心.

实验中采用激光器作光源，由于激光束的方向性好，能量集中，且狭缝的宽度 $a$ 一般很小，透镜 $L_1$ 可以不用；若观察屏或接收器距离狭缝也较远，即 $D$ 远大于 $a$，透镜 $L_2$ 也可以不用.这样，夫琅禾费单缝衍射装置就可简化，如图 3-15-2 所示.这时，由于实际上 $\varphi$ 值很小，所以有

$$\sin\varphi\approx\tan\varphi\approx\varphi=\frac{x}{D}=k\frac{\lambda}{a} \tag{3-15-2}$$

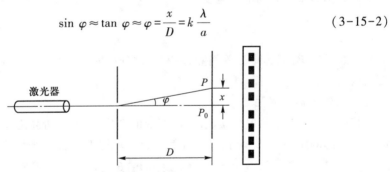

图 3-15-2　夫琅禾费单缝衍射的简化装置

由式（3-15-2）可知，衍射角 $\varphi$ 与缝宽 $a$ 成反比，缝宽加大时，衍射角减小，各级条纹向中央收缩.当缝宽 $a$ 足够大（$a\gg\lambda$）时，衍射现象就不显著了，以至可以忽略，从而可以认为光沿直线传播.第 $k$ 级暗条纹中心位置 $x$ 与缝宽 $a$ 的关系为

$$a=k\lambda\frac{D}{x} \tag{3-15-3}$$

根据式（3-15-3）可以测量狭缝的宽度 $a$.

（3）光强次极大.

除了主极大之外，两相邻暗条纹之间都有一个次极大.对式（3-15-1）求导数并令其为零，可得出对应次极大的位置出现在 $\beta=\pm1.43\pi,\pm2.46\pi,\pm3.47\pi,\cdots$ 处，次极大的相对光强 $I/I_0$ 依次为 0.047,0.017,0.008,$\cdots$.夫琅禾费单缝衍射的相对光强分布如图 3-15-3 所示.

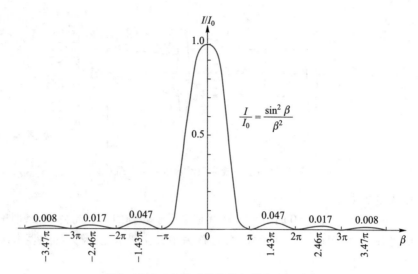

图 3-15-3　夫琅禾费单缝衍射的光强分布

（4）条纹的角宽度.

中央亮条纹的宽度由 $k=\pm1$ 的两个暗条纹的衍射角所确定,根据式(3-15-2),中央主极大两侧暗条纹之间的角距离即中央明条纹的角宽度为

$$\Delta\varphi=\frac{2\lambda}{a} \tag{3-15-4}$$

其他相邻两暗条纹之间的角宽度为

$$\Delta\varphi=\frac{\lambda}{a} \tag{3-15-5}$$

即暗条纹是以 $P_0$ 点为中心等间隔、左右对称分布的,中央明条纹的宽度是其他明条纹宽度的两倍.

2. 双缝干涉的光强

将图 3-15-1 中的单缝换成双缝,双缝的宽度均为 $a$,两缝之间不透明部分的宽度为 $b$,则双缝的间距为 $d=a+b$,由理论计算可得观察屏上 $P$ 处的光强分布为

$$I=4I_0\frac{\sin^2\beta}{\beta^2}\cos^2\gamma \tag{3-15-6}$$

式中,$\beta=\dfrac{\pi a\sin\varphi}{\lambda}$,$\gamma=\dfrac{\pi d\sin\varphi}{\lambda}$,式中的因子 $\dfrac{\sin^2\beta}{\beta^2}$ 是宽度为 $a$ 的单缝夫琅禾费衍射的光强分布式,与单缝衍射的区别在于增加了因子 $\cos^2\gamma$,这是光强相等、相位差为 $2\gamma$ 的双光束干涉的光强分布式.因此,双缝衍射可看成单缝衍射调制下的双缝干涉.式(3-15-6)中若有一个因子为零,双缝干涉光强就为零.对于因子 $\dfrac{\sin^2\beta}{\beta^2}$ 而言,$\beta=\dfrac{\pi a\sin\varphi}{\lambda}=k\pi$($k=\pm1,\pm2$,

$\pm3,\cdots$),即 $a\sin\varphi=k\lambda$ 时光强为零;对于因子 $\cos^2\gamma$ 来说,当 $\gamma=\pm\dfrac{\pi}{2},\pm\dfrac{3\pi}{2},\dfrac{5\pi}{2},\cdots$ 时,光强为零.出现双缝干涉光强极大值的条件为 $\gamma=\dfrac{\pi d\sin\varphi}{\lambda}=k\pi$,即 $d\sin\varphi=k\lambda$($k=\pm1,\pm2$,

±3,…).β 与 γ 之间存在下列关系:

$$\frac{\gamma}{\beta}=\frac{a+b}{a}=\frac{d}{a} \qquad (3-15-7)$$

因为 γ>β,这就意味着 γ 的变化比 β 的变化要快.当衍射光强最小值处恰恰与干涉最强处重合时,出现暗条纹,干涉条纹消失,即发生干涉条纹缺级现象.例如,若 $d=3a$,干涉缺级应发生在 $\frac{\gamma}{\beta}=3$ 以及 3 的整数倍处,即缺级出现在 ±3,±6,±9,… 各级位置上.

(1) 各级干涉条纹的位置.

由干涉条件可以推导出第 k 级明条纹(暗条纹)的坐标位置:

$$x=\pm k\lambda\frac{D}{d}\quad(k=0,1,2,\cdots)(明条纹) \qquad (3-15-8)$$

$$x=\pm(2k-1)\frac{\lambda}{2}\frac{D}{d}\quad(k=1,2,3,\cdots)(暗条纹) \qquad (3-15-9)$$

(2) 条纹间距.

由式(3-15-8)和式(3-15-9)不难求出相邻两明条纹或暗条纹的间距:

$$\Delta x=\frac{D}{d}\lambda \qquad (3-15-10)$$

依据式(3-15-10)就可以实现对 d 或 λ 的测量.历史上人们正是通过杨氏双缝实验第一次测量出了可见光的波长.

3. 光强分布的测量

发光强度(简称光强)是光学中一个重要的物理量.在近代光强测量技术中,一般采用光电元件将光信号转换为电信号来间接测量.常用的光电信号转换元件有光电池、光电二极管、电荷耦合器件(CCD)等.

实验中,采用硅光电池作为光电转换元件,光电转换后的光电流大小与照射到硅光电池上的光强成正比,由检流计测量,检流计光电流的相对值 $i/i_0$($i_0$ 为主极大位置处的光电流值)代表了衍射光的相对强度 $I/I_0$.光电池表面处装有一狭缝光阑(缝宽为 0.5 mm),用以控制光电池的受光面积,为实现光强分布的逐点测量,硅光电池和狭缝光阑构成的光电探头被安装在一个水平位置可移动的调节装置上(一维光强测量装置),位置可从装置上读出.测量实验装置如图 3-15-4 所示.

【实验器材】

光强分布测量装置,包含半导体激光器、导轨、二维调节架、一维光强测量装置、衍射板(规格分别见图 3-15-5 和图 3-15-6,单位为 mm)、狭缝、光电探头、检流计、小孔白屏、光具座等.

将光电探头置于一维光强测量装置上,与检流计相连的光电探头可沿衍射展开方向移动,检流计所显示的光电流大小与照射到光电探头上的光强成正比.

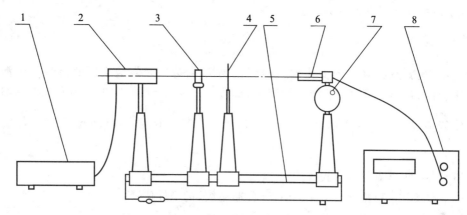

1—激光电源；2—激光器；3—二维调节架；4—小孔白屏；5—导轨；

6—光电探头；7——维光强测量装置；8—检流计.

图 3-15-4    光强分布测量实验装置图

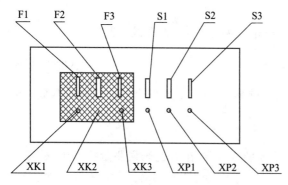

单缝: F1($a$=0.1)，F2($a$=0.2)，F3($a$=0.3)
单丝: S1($a$=0.1)，S2($a$=0.2)，S3($a$=0.3)
小孔: XK1($\phi$=0.2)，XK2($\phi$=0.3)，XK3($\phi$=0.4)
小屏: XP1($\phi$=0.2)，XP2($\phi$=0.3)，XP3($\phi$=0.4)

图 3-15-5    衍射板 1

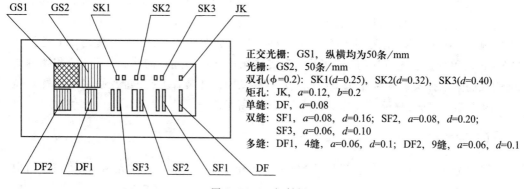

正交光栅: GS1，纵横均为50条/mm
光栅: GS2，50条/mm
双孔($\phi$=0.2): SK1($d$=0.25)，SK2($d$=0.32)，SK3($d$=0.40)
矩孔: JK，$a$=0.12，$b$=0.2
单缝: DF，$a$=0.08
双缝: SF1，$a$=0.08，$d$=0.16；SF2，$a$=0.08，$d$=0.20；
    SF3，$a$=0.06，$d$=0.10
多缝: DF1，4缝，$a$=0.06，$d$=0.1；DF2，9缝，$a$=0.06，$d$=0.1

图 3-15-6    衍射板 2

## 【实验内容与要求】

1. 单缝衍射一维光强分布的测量

（1）按图 3-15-4 安装好各实验装置.

（2）打开激光器,用小孔白屏调节光路,使出射的激光束与导轨平行,并与光电探头等高共轴.

（3）安装衍射板,调节二维调节架,选择所需要的单缝,对准激光束中心,使之在小孔白屏上形成良好的衍射光斑.

（4）移去小孔白屏,调节一维光强测量装置,移动方向与激光束垂直,起始位置适当（光电池与衍射板上所选单缝之间的距离约为 85.00 cm）.

（5）打开检流计,开始测量,转动手轮,使光电探头沿衍射图样展开方向（$x$ 轴）单向平移,以等间隔的位移（如 0.5 mm 或 1 mm 等）对衍射光强进行逐点测量,记录位置坐标 $x$ 和对应的检流计示数,要特别注意衍射光强的极大值和极小值处的测量.

（6）用卷尺精确测量单缝到光电池的距离 $D$.

2. 双缝干涉一维光强分布的测量

依照单缝衍射一维光强分布测量的方法和实验步骤,调节二维调节架,使激光束照射在所选双缝上,测量双缝干涉光强分布.

3. 观察其他衍射现象

更换衍射板或改变衍射板位置,在小孔白屏上观察小孔、小屏、矩孔、双孔、光栅及正交光栅等不同微结构的衍射现象,记录衍射特征.

4. 设计利用衍射法测量细丝直径的实验方案（选做）

设计要求:（1）阐述基本实验原理和实验方法;（2）说明基本实验步骤;（3）进行实际实验测量;（4）说明数据处理方法,给出实验结果.

【数据记录与处理】

本实验使用的半导体激光器,波长为 $\lambda = 635.0$ nm.

1. 自拟数据表格,列表记录数据.

2. 根据单缝衍射光强分布测量数据,绘制单缝衍射相对光强分布曲线,分析光强分布规律和特点.

以中央主极大处为 $x$ 轴坐标原点,对所测光电流数据进行归一化处理,即用所测数据 $i$ 与最大值 $i_0$ 的比值表示衍射光的相对强度 $I/I_0$,作相对强度 $I/I_0$ 与位置坐标 $x$ 的关系曲线,即相对光强分布曲线.

3. 计算单缝宽度.

从相对光强分布曲线上读出各级暗条纹中心到中央明条纹中心的距离 $x_k$（注意有效数字取位正确）,求出同级距离 $x_k$ 的平均值 $\bar{x}_k$,将 $\bar{x}_k$ 和 $D$ 值代入式（3-15-3）,计算出相应的单缝宽度 $a_k$,用不同级数求得的 $a_k$ 计算平均值,并与实际值相比较,分析产生误差的原因.

4. 根据双缝干涉光强分布测量的数据,绘制双缝干涉光强分布曲线,分析光强分布规律及特点.

5. 分析矩孔、双孔、光栅和正交光栅等的衍射现象,归纳总结衍射现象的规律和特征.

【注意事项】

1. 禁止用眼睛直视激光光源,以免损伤眼睛.

2. 光学元件在使用过程中要轻拿轻放,以免损坏.

3. 禁止触摸光学元件的表面,以免污损划伤光学表面涂层;禁止在白屏上作任何标记.

4. 尽量避免环境附加光强,实验操作应在暗环境中进行,否则应对测量数据加以修正.

5. 二维调节架和一维光强测量装置均为精密部件,使用时要固定牢靠,调节时要用力适当,防止损坏.

6. 调节一维光强测量装置上的螺旋测微读数装置时,应注意避免空程误差的引入,以防测量结果误差增大.

【思考与讨论】

1. 什么是夫琅禾费衍射?实验中怎样实现夫琅禾费衍射?

2. 在单缝夫琅禾费衍射实验中,缝宽的变化对衍射图样的光强和条纹宽度有什么影响?

3. 用单色光照射时,双缝间距 $d$ 与干涉条纹疏密有何关系?

4. 光电池前的狭缝光阑的宽度对实验结果有什么影响?

5. 用白光光源观察单缝的夫琅禾费衍射,衍射图样将如何?

# 实验 3.16　迈克耳孙干涉仪及其应用

■ 课件

■ 实验
相关

迈克耳孙干涉仪是利用分振幅法产生双光束以实现干涉的仪器.

迈克耳孙干涉仪是 1881 年迈克耳孙设计制作的世界上第一台用于精密测量的干涉仪,它闻名于世是因为迈克耳孙曾用它做过三个重要的实验:(1)迈克耳孙-莫雷"以太漂移"实验,实验结果否定了以太的存在,促进了相对论的建立;(2)第一次系统研究了光谱线的精细结构;(3)首次将光谱线的波长与标准米进行比较,建立了以光波波长为基准的标准长度(1 m 等于镉红光波长的 1553163.5 倍).

迈克耳孙干涉仪在近代物理学和近代计量技术的发展中起到了重要作用,其基本结构和设计思想,给了科学工作者以重要的启迪,并为后人发明多种其他形式的干涉仪打下了基础.直至今天,迈克耳孙干涉仪以及其他种类的干涉仪仍得到了相当广泛的应用.例如,利用各种干涉仪精密测量长度,仍然是几何量计量的一种重要方法;在当今的引力波探测中,激光干涉引力波天文台(LIGO)等诸多地面激光干涉引力波探测器的基本原理,就是通过迈克耳孙干涉仪来测量由引力波引起的激光的光程变化;迈克耳孙干涉仪还被应用于寻找太阳系外行星的探测中.

本实验中我们将学习迈克耳孙干涉仪的基本结构和设计思想,并用其研究定域干涉、非定域干涉、等厚干涉、等倾干涉、光源的时间相干性与空间相干性等重要物理现象,并进行部分物理量的定量测量,感受科学家的思想魅力.

【实验目的】

1. 了解迈克耳孙干涉仪的结构原理,掌握其调节和使用方法.
2. 观察各种干涉条纹,加深对薄膜干涉原理的理解.
3. 学会用迈克耳孙干涉仪测量物理量.

【实验原理】

1. 迈克耳孙干涉仪的设计思想

迈克耳孙干涉仪是利用半反射膜分光板的反射和透射,用分振幅法产生光强近似相等的两束相干光,从而实现光的干涉的仪器.迈克耳孙干涉仪的光路原理如图 3-16-1 所示.$M_1$ 和 $M_2$ 是两面精密磨光的平面镜,$M_1$ 可沿导轨前后移动,$M_2$ 是固定不动的.$G_1$ 和 $G_2$ 是两块材料相同、厚度相同的平行玻璃板,在 $G_1$ 的后表面镀了一层半反射膜.$G_1$ 和 $G_2$ 严格平行,且与 $M_1$ 成 $45°$ 角.

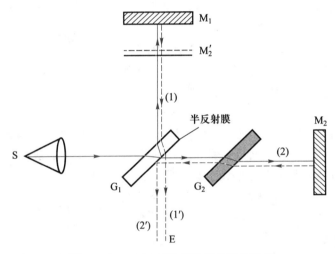

图 3-16-1　迈克耳孙干涉仪光路原理图

从光源 S 发出的光束被分光板 $G_1$ 后表面的半反射膜分成两束光强近似相等的光束,一束为反射光(1),另一束为透射光(2),两束光为相干光.光束(1)和光束(2)经平面镜 $M_1$ 和 $M_2$ 后,再回到 $G_1$,再分别经透射和反射后,形成光束(1′)和(2′),光束(1′)和(2′)在相遇处发生干涉,在相遇处放上毛玻璃 E,可观察到干涉条纹.

补偿板 $G_2$ 是一块材料、厚度均与分光板 $G_1$ 相同,并且与 $G_1$ 平行放置的光学玻璃.它的作用在于使光束(1′)和(2′)在玻璃中的光程相同.

图 3-16-1 中的 $M_2'$ 是平面镜 $M_2$ 由半反射膜形成的虚像.观察者从 E 处看来,光束(2′)好像是从平面 $M_2'$ 射来的.因此,干涉仪所产生的干涉条纹和由平面镜 $M_1$ 与 $M_2'$ 之间的空气层薄膜所产生的干涉条纹,是完全一样的.以下讨论的各种干涉条纹的形成都是这样考虑的.

综上所述,迈克耳孙干涉仪具有以下两个优点:第一,两相干光束分离,互不干扰,便于在一支光路中布置其他光学器件;第二,$M_2'$ 不是实际物体,$M_2'$ 与 $M_1$ 间空气膜厚度可任意调节,甚至 $M_1$ 和 $M_2$ 可重合.

2. 干涉条纹的形成及特点

(1) 点光源照射——非定域干涉.

经短焦距凸透镜会聚后的激光束,可以认为是一个很好的点光源发出的球面光波.图 3-16-1 中,当光源 S 为单色点光源时,经平面镜 $M_1$ 与 $M_2'$ 反射的光线,相当于由两个虚光源 $S_1$、$S_2'$ 发出的相干光波,如图 3-16-2 所示.虚光源 $S_1$、$S_2'$ 的距离是平面镜 $M_1$ 与 $M_2'$ 之间距离的二倍,即 $2d$.虚光源 $S_1$、$S_2'$ 发出的球面光波,在它们相遇的空间处处相干,因而这种干涉为非定域干涉.在两光束相遇的空间内放置平面观察屏(如毛玻璃)就可以看到圆、椭圆、双曲线、直线等不同形状的干涉图样.当平面镜 $M_1$ 与 $M_2'$ 严格平行,将观察屏垂直于 $S_1$、$S_2'$ 连线的延长线放置时,对应的干涉图样是一组同心圆,圆心在 $S_1$、$S_2'$ 延长线和接收屏的交点 $E$ 处.

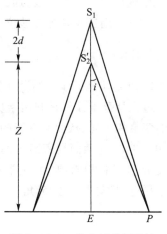

图 3-16-2 非定域等倾干涉

仔细调节,使 $M_1 \perp M_2$,这时有 $M_1 \parallel M_2'$.设 $M_1$ 与 $M_2'$ 相距 $d$,根据几何光学可知,虚光源 $S_1$、$S_2'$ 沿轴向相距 $2d$.当 $Z \gg 2d$ 且 $i$ 很小时,$S_1$、$S_2'$ 发出的光线在观察屏上 $P$ 点处的光程差近似为

$$\delta = 2d\cos i \tag{3-16-1}$$

由式(3-16-1)可见,当 $d$ 一定时,光程差只随入射角 $i$ 改变,亦即具有同一入射角的光线,将有相等的光程差,以不同入射角 $i$ 为圆锥母线的光束所形成的干涉条纹为同心圆.这种干涉称为等倾干涉.$P$ 点形成第 $k$ 级明暗条纹的条件为

$$\delta = 2d\cos i = \begin{cases} k\lambda & (\text{明条纹}) \\ (2k+1)\lambda/2 & (\text{暗条纹}) \end{cases} \quad (k=0, \pm1, \pm2, \cdots) \tag{3-16-2}$$

式中,$\lambda$ 为所用单色光的波长.

由式(3-16-2)可知,当 $d$ 一定时,$i$ 角越小,则 $\cos i$ 越大,因此光程差越大,形成的干涉条纹级次 $k$ 就越高.但是 $i$ 越小,所形成的干涉圆环的直径就越小.在圆心处 $i = 0°$,$\cos i = 1$,这时光程差最大,干涉条纹级次最高.因此等倾干涉条纹中心的级次高于边缘的级次,这是与牛顿环不同的地方.对于干涉图像中某一级条纹 $k$,如果 $d$ 逐渐变小,则 $\cos i$ 必须增大,即 $i$ 必定逐渐减小.因此,可以看到条纹随 $d$ 减小而逐渐缩入中心处,整体条纹变粗、变稀.反之,当 $d$ 增大时,圆环自中心"冒出"并向外扩张,整体条纹逐渐变细、变密.

当 $M_1$ 与 $M_2'$ 不平行($M_1$ 与 $M_2$ 不严格垂直)时,$M_1$ 与 $M_2'$ 两平面有一个很小的夹角,形成的干涉条纹由 $d$ 和 $i$ 共同决定,条纹发生弯曲,一般情况下,此时既非等倾干涉,也非等厚干涉,只有在 $i$ 非常小的区域可近似为等厚干涉.各种条件下形成的干涉条纹如图 3-16-3 所示.

(2) 扩展光源照明——定域干涉.

在点光源之前加一磨砂玻璃,则形成扩展光源,此时的干涉条纹虽然与非定域干涉条纹相同(如图 3-16-3 所示),但条纹所在的空间位置发生变化,只能在某些特定的位置,才能够观察到,因此这称为定域干涉.

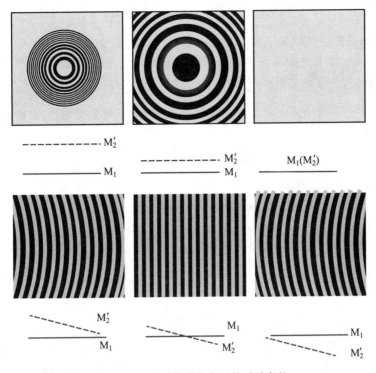

图 3-16-3  不同薄膜状态下的干涉条纹

一般情况下,由于面光源上不同点所发出的光是不相干的,若把面光源看成许多点光源的集合,则这些点光源所分别形成的干涉条纹位置不同,它们相互叠加而最终变成模糊一片,因而将看不到干涉条纹.只有以下两种特殊情况:

① 定域等倾干涉.$M_1$ 与 $M_2$ 严格垂直,即 $M_1$ 与 $M_2'$ 严格平行,从面光源上任一点发出的光经 $M_1$ 与 $M_2$ 反射后形成的两束相干光是平行的,干涉条纹定域在无限远处,把观察屏放置在透镜的焦平面上,可以看到清晰明亮的圆形干涉条纹.与非定域干涉类似,圆心处干涉级次最高.由于 $d$ 是恒定的,这时条纹只与入射角 $i$ 有关,故是等倾干涉.

② 定域等厚干涉.$M_1$ 与 $M_2$ 并不严格垂直,即 $M_1$ 与 $M_2'$ 有一微小夹角 $\theta$.如图 3-16-4 所示,$M_1$ 与 $M_2'$ 之间形成楔形空气薄膜,就会出现等厚干涉条纹.

从面光源上任一点发出的光经 $M_1$ 与 $M_2$ 反射后,在镜面附近相遇产生干涉,条纹定域在薄膜表面附近,将观察屏放在透镜焦平面上可看到干涉条纹,这种干涉为等厚干涉.当 $M_1$ 与 $M_2'$ 夹角 $\theta$ 很小,且入射角 $i$ 也很小时,光程差可近似为

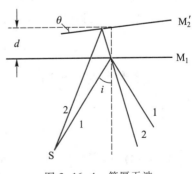

图 3-16-4  等厚干涉

$$\delta \approx 2d\cos i = 2d\left(1-2\sin^2\frac{i}{2}\right) \approx 2d\left(1-\frac{i^2}{2}\right) \tag{3-16-3}$$

式中, $d$ 为观察点处空气层的厚度, $i$ 为入射角.在 $M_1$ 与 $M_2'$ 的相交处, $d=0$ ,应出现直线条纹,称之为中央条纹.在中央条纹的近旁因为入射角 $i$ 很小, $\delta \approx 2d$ ,所以干涉条纹大体上平行于中央条纹,并且是等距离分布的直线条纹.离中央条纹较远处,由于入射角 $i$ 增大,式(3-16-3)中的 $\frac{i^2}{2}$ 或更高次项的作用不可忽视,因此条纹发生弯曲.弯曲的方向为凸向中央条纹.

3. 迈克耳孙干涉仪的测量应用

（1）长度及波长的测量.

由式(3-16-2)可知,在圆心处 $i=0°$ , $\cos i=1$ ,这时

$$\delta = 2d = k\lambda \quad (k=0,\pm1,\pm2,\cdots) \tag{3-16-4}$$

从数量上看,如果 $d$ 减小或增大半个波长,光程差 $\delta$ 就减小或增大一个整波长 $\lambda$ ,对应就有一个条纹"缩进"中心或从中心"冒出".当然,如果 $d$ 的变化为 $N\frac{\lambda}{2}$ ,即

$$\Delta d = N\frac{\lambda}{2} \tag{3-16-5}$$

与之对应,就会有 $N$ 个条纹向中心"缩进"或自中心"冒出".据此,如果已知所用入射光的波长 $\lambda$ ,并数出"冒出"或"缩进"的圆环数 $N$ ,则 $M_1$ 、 $M_2'$ 之间的距离变化 $\Delta d$ 就可以求得.这就是利用迈克耳孙干涉仪精密测量长度的基本原理.反之,如果测出 $M_1$ 与 $M_2'$ 之间的距离变化量 $\Delta d$ ,并数出条纹的变化数 $N$ ,就可测出单色光的波长 $\lambda$ .

（2）两谱线精细结构的测量.

由式(3-16-2)可知,形成暗条纹的条件是

$$\delta = 2d\cos i = (2k+1)\frac{\lambda}{2} \tag{3-16-6}$$

如果入射光为非单色光,而且含有两种波长相邻（波长分别为 $\lambda_1$ 、 $\lambda_2$ ,且 $\lambda_1 > \lambda_2$ ）的光,则两种波长的光形成干涉条纹的位置不同.如果以钠光作为光源,当 $M_1$ 和 $M_2'$ 之间的距离 $d=0$ 时,钠光的两条谱线（ $\lambda_1 = 589.593$ nm, $\lambda_2 = 588.996$ nm）形成的都是明条纹.当移动平面镜 $M_1$ ,使 $M_1$ 与 $M_2'$ 间距为 $d_1$ 时,会出现波长 $\lambda_1$ 的 $k_1$ 级明条纹与波长 $\lambda_2$ 的 $k_2$ 级暗条纹位置重合的情况,这时条纹的对比度最小,有

$$\delta_1 = 2d_1 = k_1\lambda_1 = \left(k_2+\frac{1}{2}\right)\lambda_2 \tag{3-16-7}$$

当 $M_1$ 继续移动时,两个重合的条纹慢慢错开,条纹的对比度增加,当条纹的对比度再次最小时,有

$$\delta_2 = 2d_2 = (k_1+k)\lambda_1 = \left(k_2+\frac{1}{2}+k+1\right)\lambda_2 \tag{3-16-8}$$

将式(3-16-8)与式(3-16-7)两式相减可得

$$2(d_2-d_1) = k\lambda_1 = (k+1)\lambda_2 \tag{3-16-9}$$

令 $\Delta d = d_2 - d_1$ ,同时,当 $\lambda_1$ 、 $\lambda_2$ 很接近时,取 $\overline{\lambda} = \frac{\lambda_1+\lambda_2}{2}$ 或 $\sqrt{\lambda_1\lambda_2}$ ,则

$$\Delta\lambda = \lambda_1 - \lambda_2 = \frac{\overline{\lambda}^2}{2\Delta d} \qquad (3\text{-}16\text{-}10)$$

由式(3-16-10)可知,如果已知光的平均波长,只需在迈克耳孙干涉仪上测出连续两次对比度最小时 $M_1$ 的位置,即可求得该光波的波长差 $\Delta\lambda$.

(3)均匀透明介质折射率或厚度的测量.

定域干涉的等厚干涉现象中,干涉条纹的明暗和间隔与波长有关.当用白光扩展光源时,不同波长所产生的干涉条纹明暗交错、重叠,所以一般只能在中心条纹(零级条纹)两旁看到对称的几条彩色直条纹,稍远就看不见干涉条纹了.利用这一特点,我们可以测量均匀透明介质的折射率或厚度.

光通过折射率为 $n$、厚度为 $l$ 的透明介质时,其光程比通过同厚度的空气层要大 $l(n-1)$.当白光干涉的中央条纹出现在干涉仪的平面镜 $M_1$ 中央后,如果在 $G_1$ 与 $M_1$ 间安插一折射率为 $n$、厚度为 $l$ 的均匀薄玻璃片,使玻璃片与 $M_1$ 平行,此时彩色条纹消失,则经 $M_1$ 与 $M_2$ 反射相遇的两光束获得的附加光程差为

$$\delta' = 2l(n-1) \qquad (3\text{-}16\text{-}11)$$

由于附加光程差的影响,白光干涉中央条纹位置发生变化,条纹变模糊.若将平面镜 $M_1$ 向 $G_1$ 方向移动一段距离,满足 $\Delta d = \delta'/2$,则白光干涉中央条纹将重新回到原来的位置,这时

$$\Delta d = \delta'/2 = l(n-1) \qquad (3\text{-}16\text{-}12)$$

根据式(3-16-12),测量平面镜 $M_1$ 前移的距离 $\Delta d$,我们就可以实现对薄玻璃片的厚度 $l$ 或折射率 $n$ 的测量.

## 【实验器材】

迈克耳孙干涉仪及其附件、光源、扩束镜.

迈克耳孙干涉仪是利用分振幅法产生双光束以实现干涉的仪器,它的特点是光源、两个反射镜和观察者四者在东南西北各据一方,便于在光路中安插其他器件,可作精密检测,其结构如图 3-16-5 所示.1 和 2 分别为位置固定的分光板 $G_1$ 和补偿板 $G_2$. $G_1$ 的后表面镀有一层膜,为半反射膜,可对来自光源的一束光实现分束. $G_2$ 的材料及厚度与 $G_1$ 相同,可实现光程补偿. $M_1$ 和 $M_2$ 是在相互垂直的两臂上放置的两个平面镜 4 和 3,镜面背后各有三个调节螺钉,用来调节镜面的方位(对应于图 3-16-5 中的 8). $M_2$ 镜是固定在台面上的,在其下方附有一对互相垂直的拉簧螺钉 9,可对 $M_2$ 的方位作更精密的调节.在台面的导轨 7 上装有螺距为 1 mm 的精密螺杆 6,螺杆的一端与齿轮系统相连接.转动微调手轮 12 或粗调手轮 13 都可以使螺杆转动,从而使得 $M_1$ 沿精密导轨前后移动. $M_1$ 镜的位置及移动的距离可以由装在台面导轨一侧的毫米标尺、读数窗口 14 及微调手轮 12 共同读出.粗调手轮 13 分为 100 格,每转过一格, $M_1$ 镜就平移 0.01 mm(由读数窗口读出).微调手轮 12 每转动一周,粗调手轮随之转过一格,微调手轮又分为 100 格,所以微调手轮每转过一格, $M_1$ 镜平移 $10^{-4}$ mm,还可估读一位至 $10^{-5}$ mm.这样, $M_1$ 镜的位置就可以由毫米标尺、读数窗口和微调手轮上的读数相加得到.干涉仪的底座 10 下面有三个底座水平调节螺钉 11,用来调节台面的水平.粗调手轮 13 的前方可安装观察屏,用来接收干涉条纹.

迈克耳
孙干涉
仪

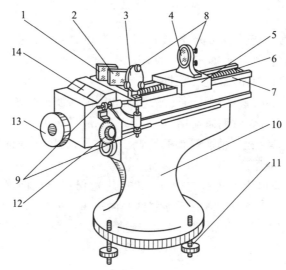

1—分光板；2—补偿板；3—固定反射镜 $M_2$；4—移动反射镜 $M_1$；5—拖板；

6—精密螺杆；7—导轨；8—反射镜调节螺钉；9—固定反射镜水平和垂直拉簧螺钉；10—底座；

11—底座水平调节螺钉；12—微调手轮；13—粗调手轮；14—读数窗口.

图 3-16-5　迈克耳孙干涉仪结构示意图

**【实验内容与要求】**

▶ 仪器
　简介

1. 迈克耳孙干涉仪的调节

在图 3-16-5 中,调节迈克耳孙干涉仪底座水平调节螺钉 11 使干涉仪处于水平状态.接通电源,点亮氦氖激光光源,调节激光器的高低、左右、俯仰等,使照射在 $M_1$、$M_2$ 镜中的光点居中,同时调节 $M_1$、$M_2$ 镜后的三个调节螺钉使得 $M_1$、$M_2$ 镜反射的两束光回到激光器的出射孔位置,此时 $M_1$、$M_2$ 均与激光束垂直.再观察屏上出现的经 $M_1$、$M_2$ 反射的亮点是否重合,若不重合,则调节 $M_2$ 镜下的水平及垂直方向的拉簧螺钉 9,并前后移动观察屏,使反射的两个最亮的点完全重合,则说明 $M_1$、$M_2'$ 平行.在激光器前放置扩束镜,使其变为点光源照射,则我们在观察屏上可看到圆环干涉条纹.再调节拉簧螺钉,使干涉条纹处于光场中心,则 $M_1$、$M_2'$ 完全平行.

▶ 干涉
　条件

2. 观察与分析氦氖激光的非定域干涉现象

（1）观察 $M_1$ 与 $M_2$ 严格垂直产生等倾干涉时,$d \approx 0$ 情况下的干涉条纹及前后移动平面镜 $M_1$ 时条纹的变化情况.

（2）移动观察屏的位置,观察条纹是否都清晰,推断干涉条纹是否定域.

（3）慢慢转动粗调手轮,观察条纹的疏密变化及吞吐现象,分析并总结实验现象及规律.

▶ 读数
　方法

3. 测量氦氖激光波长

（1）转动粗调手轮使条纹疏密适中,然后转动微调手轮,直到条纹出现"缩进"（或"冒出"）为止.继续沿原方向转动微调手轮至"0"刻度位置,再将粗调手轮按照与微调手轮相同的转动方向转到某一整刻度上,此过程即"零点"校准.

注意:不能引入空程误差.

(2)继续沿原方向转动微调手轮,当"缩进"(或"冒出")20 个左右条纹时,记录下此时 $M_1$ 的初始位置读数 $x_1$.(为什么要这时开始记录数据?)

(3)再按原方向转动微调手轮,记录中心每变化不少于 50 个条纹(即 $N$ 不少于 50)时 $M_1$ 的位置读数 $x_i$.

(4)重复内容(3)若干次,用适当的数据处理方法按式(3-16-5)计算激光波长 $\lambda$.

4. 观察并分析等厚干涉现象

(1)在观察等倾干涉的基础上,转动粗调手轮,使 $M_1$ 与 $M_2'$ 之间距离减小,干涉条纹变疏、变粗,当视场中只剩下两三个圆环时,则可以微调 $M_2$ 的水平拉簧螺钉,使 $M_2$ 产生微小倾角,观察 $M_1$ 与 $M_2$ 不严格垂直时等厚干涉的条纹特征.

(2)转动微调手轮,让 $M_1$ 缓慢平移,条纹将渐渐变直,此时为严格的等厚干涉.继续转动微调手轮,则条纹弯曲方向与开始时相反.

(3)观察干涉条纹的变化规律,即条纹形状、粗细、疏密等,分析 $M_1$ 与 $M_2'$ 的相对位置,并用系列图示加以说明.

5. 用钠黄光与磨砂玻璃形成扩展光源,观察分析定域干涉现象,并测量钠黄光谱线的波长差(选做)

(1)$M_1$ 与 $M_2$ 严格垂直、产生等倾干涉时,在原观察屏上能否观察到干涉条纹?去掉观察屏用眼睛直接观察,能否看到干涉条纹?介绍并说明原因.

(2)观察在移动平面镜 $M_1$ 时,干涉条纹由清晰变模糊,再由模糊变清晰的周期过程,解释原因,同时测量 $\Delta d$.

(3)按式(3-16-10)求出钠黄光的波长差.

(4)观察 $M_1$ 与 $M_2$ 不严格垂直时的现象.

6. 观察白光干涉现象,并设计出以下内容的测量方法(选做)

(1)测量平板玻璃折射率.

(2)测量滤光片的中心波长 $\lambda_0$ 和半通带宽度 $\Delta\lambda$.

提示:实验时,可在 $M_1$ 与 $M_2$ 严格垂直时,在通过调节平面镜 $M_1$ 使 $d \approx 0$ 的基础上,用白炽灯加磨砂玻璃作为光源进行观察,得到白光干涉条纹后再进行相应测量.

## 【数据记录与处理】

1. 自拟表格,记录所测量数据.

2. 用适当的数据处理方法(如逐差法),按式(3-16-5)计算激光波长 $\lambda$,并与标准值(632.8 nm)进行比较,计算出相对误差(一般不大于 3%,否则应重新进行测量).估算出 $\lambda$ 的不确定度,表示完整的实验结果.

3. 用合适的方法记录各种情况下的干涉现象,分析并总结实验现象及规律.

## 【注意事项】

1. 迈克耳孙干涉仪是精密仪器,在调节与使用中各镜面必须保持清洁,严禁用手触摸,调节、操作时要认真、小心.

2. 转动微调手轮时可以带动粗调手轮转动,但转动粗调手轮时不能带动微调手轮转动.因此,在所有测量之前,应进行零点调节,即先将微调手轮调至零点,然后再将粗调手轮同方向旋转至零点对齐任一整刻线.

3. 为了得到正确的结果,防止引入空程误差,测量过程中转动粗调手轮及微调手轮时应向同一方向,不能中途倒转.

4. 对于干涉仪各螺钉,特别是 $M_1$ 和 $M_2$ 镜面背后的螺钉及拉簧螺钉,调节时用力要适度,否则会使干涉仪镜面变形,影响测量精度,甚至损坏仪器.

【思考与讨论】

1. 如何调节氦氖激光器出射的光束,使其垂直照射平面镜 $M_2$? 如何调节和判断平面镜 $M_1$ 与 $M_2$ 严格垂直?

2. 迈克耳孙干涉仪的圆形干涉条纹的疏密有何规律? 试推导说明.

3. 点光源照射时看到的干涉图样与牛顿环实验中看到的干涉图样从现象上看有什么共同之处? 从本质上看有什么共同之处,有什么不同之处?

4. 试设计利用迈克耳孙干涉仪测量滤光片中心波长 $\lambda_0$ 的实验方法.

5. 试设计利用迈克耳孙干涉仪测量透明薄片厚度或折射率的实验方法.

# 本章参考文献

# 第 4 章
## 综合提高性实验

# 第 4 章
## 综合提高性实验

　　综合提高性实验指在同一个实验中涉及力学、热学、电磁学、光学、近代物理等多个知识领域,综合应用多种方法和技术的实验.其目的是巩固学生在基础性实验阶段的学习成果,开阔学生的眼界和思路,提高学生对实验方法和实验技术的综合运用能力.

　　本章包含 18 个综合提高性实验,所涉及的实验内容,测量方法,实验技术,实验仪器以及对物理知识、规律的运用等方面都并不局限于某个分支学科,而是可能涉及多个物理学的分支学科.尽管综合提高性实验涉及的知识面比较广,综合性比较强,采用的实验仪器和实验技术手段比较先进,但其物理知识和规律仍是基础性的.对这些具有综合性、延伸性的实验的学习和实践,使学生得以透彻理解实验的物理思想,可培养学生综合应用理论知识和实验技能的能力,逐步提高他们的科学实验能力,为后续开设的设计与研究性实验也打下了坚实的基础.

## 实验 4.1　铁磁材料磁滞回线和基本磁化曲线的测量

■ 课件

■ 实验
相关

　　铁磁材料是一种性能特异、用途广泛的材料,铁、钴、镍及其合金以及含铁的氧化物(铁氧体)均属铁磁材料.其特征是:(1)在外磁场作用下能被强烈磁化,磁导率 $\mu$ 很高(可比顺磁质和抗磁质高 $10^9$ 倍),且 $\mu$ 随外磁场而变化;(2)当外磁场撤掉以后,铁磁材料仍会有一定的磁性,这种现象称为磁滞.

　　磁化曲线和磁滞回线是反映铁磁材料磁特性的重要曲线,矫顽力、饱和磁感应强度、剩余磁感应强度、磁导率、磁滞损耗等参量均可以从磁滞回线和基本磁化曲线上获得,这些参量是磁性材料研制、生产和应用的重要依据.通过分析磁滞回线,我们可将铁磁材料分为硬磁和软磁两类.硬磁材料(如铸钢)的磁滞回线宽,剩磁和矫顽力较大(在 120~20000 A/m 范围内,甚至更高),因而磁化后它的磁感应强度能长久保持,适合制造许多电气设备(如电表、扬声器、电话机、录音机等)中的永久磁铁.软磁材料(如矽钢片)的磁滞回线窄,矫顽力小(一般小于 120 A/m),但磁导率和饱和磁感应强度大,易于磁化和去磁,常用于制造继电器、变压器、镇流器、电动机和发电机的铁芯.此外,某些铁氧体材料和金属磁膜材料的磁滞回线接近于矩形,我们称之为矩磁材料.其剩磁接近于饱和磁感应强度,矫顽力很小,将它放在不同方向的磁场中磁化后,撤去外磁场,则这种矩磁材料总处于正、负两种剩磁状态,可用于制成随机存取信息的磁存储器.

　　测量磁滞回线有很多种方法,根据磁化场的不同,分静态和动态磁滞回线测量法.用直流励磁电流产生的磁化场对材料样品反复磁化,测出的磁滞回线称为静态(直流)磁滞回线;用交变励磁电流产生的磁化场对材料样品反复磁化,测出的磁滞回线称为动态(交流)磁滞回线.根据测量手段的不同,有霍尔效应法、冲击电流计法、电子积分器法、示波器法、单片机法、计算机法等.本实验将通过霍尔效应法对静态(直流)磁滞回线和磁化曲线进行测量.

【实验目的】

　　1. 弄清磁滞回线、磁化曲线的含义,学习静态磁滞回线和磁化曲线的测量原理与方法,加深对铁磁材料的磁化规律的认识.
　　2. 了解矫顽力、饱和磁感应强度、剩余磁感应强度、磁导率、磁滞损耗等有关概念,学会根据磁滞回线和磁化曲线确定这些参量.

【实验原理】

　　1. 铁磁材料的磁化特性
　　(1) 初始磁化曲线和磁滞回线.
　　铁磁材料处于磁场中时,将被磁化.如图 4-1-1 所示,磁化开始时,随着磁场强度 $H$ 的增加,磁感应强度 $B$ 也随之增加,但二者之间不是线性关系.当 $H$ 增加到一定值时,$B$ 的增加趋于缓慢,逐渐达到饱和状态,这称为磁饱和,曲线 $Oa$ 称为初始磁化曲线.达到磁饱和时的 $H_m$ 和 $B_m$ 分别称为饱和磁场强度和饱和磁感应强度.
　　如果使 $H$ 逐步减小,$B$ 也将逐渐减小,但不沿原曲线 $aO$ 返回,而是沿另一曲线 $ab$ 下降.当 $H=0$ 时,$B=B_r$,说明铁磁材料中仍保留一定的磁性,这种现象称为磁滞效应.$B_r$ 称为剩余磁感应强度,简称剩磁.要消除剩磁,必须加一反向磁场 $H_c$,$H_c$ 被称为矫顽力.如果将 $H$ 由 $H_m$ 变到 $-H_m$,再由 $-H_m$ 变到 $H_m$,$B$ 将随 $H$ 的变化,由 $a \rightarrow b \rightarrow c \rightarrow d \rightarrow e \rightarrow f \rightarrow a$,形成一条闭合曲线,该曲线称为铁磁材料的磁滞回线.

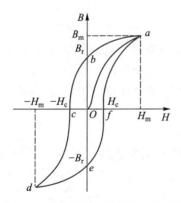

图 4-1-1　初始磁化曲线和磁滞回线

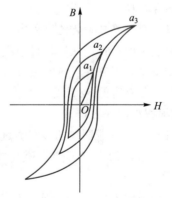

图 4-1-2　基本磁化曲线

　　(2) 基本磁化曲线和磁导率.
　　在初始状态下,如果依次选取不同的磁场强度 $H$ 进行反复磁化,则可以得到面积大小不一的一簇磁滞回线,如图 4-1-2 所示.这些磁滞回线顶点的连线,称为铁磁材料的基本磁化曲线.

根据基本磁化曲线我们可以确定铁磁材料的磁导率 $\mu$.从基本磁化曲线上一点到原点 $O$ 连线的斜率 $\mu = \dfrac{B}{H}$ 被定义为该磁化状态下的磁导率.由于磁化曲线不是线性的,因此铁磁材料的磁导率 $\mu$ 不是常量而是随 $H$ 的变化而变化.$\mu$ 随 $H$ 的变化曲线如图 4-1-3 所示.磁导率 $\mu$ 非常高是铁磁材料的主要特性,也是铁磁材料用途广泛的主要原因之一.

（3）退磁与磁锻炼.

铁磁材料的磁化过程具有不可逆性和剩磁特性,在测定磁化曲线和磁滞回线时,首先必须对样品进行退磁,以保证未磁化的初始状态为磁中性,即 $H = 0$,$B = 0$.退磁的方法是：使磁化电流不断换向而其幅值不断减小,直到为零.样品的磁化过程就形成一连串逐渐缩小、最终趋于原点的不封闭磁滞回线,如图 4-1-4 所示.

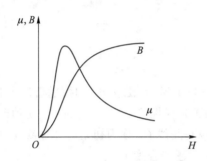

图 4-1-3　基本磁化曲线与 $\mu$-$H$ 曲线

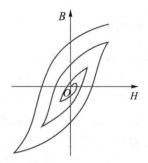

图 4-1-4　样品的退磁过程

基本磁化曲线与初始磁化曲线是不同的.为了测量基本磁化曲线,必须测出许多稳定的磁滞回线,才能得到它们的顶点.为了使样品较快地趋于稳定磁化状态,测出稳定的磁滞回线,必须对样品进行反复磁化,这一过程称为磁锻炼.磁锻炼的方法是：保持磁化电流的大小不变,不断改变电流方向.

（4）磁滞损耗.

在铁磁材料反复被磁化的过程中,由于磁滞效应,所以材料要消耗额外的能量,这部分能量将以热量的形式从铁磁材料中释放.因磁滞效应而消耗的能量称为磁滞损耗.一个循环过程中单位体积磁性材料的磁滞损耗正比于磁滞回线所包围的面积.在交流电路中磁滞损耗是十分有害的,必须尽量减小.实际应用中,要减小磁滞损耗,就应选择磁滞回线狭长、包围面积小的铁磁材料.

2. 磁化曲线和磁滞回线的静态测量

实验中用直流励磁电流产生磁化场,对不同性能的铁磁材料进行磁化,电路如图 4-1-5 所示.

（1）磁场强度 $H$ 和磁感应强度 $B$ 的测量.

在待测铁磁材料的环形样品上绕上一组磁化线圈,线圈中通过的励磁电流为 $I$,根据安培环路定理,样品中磁化场的磁场强度 $H = \dfrac{N}{\bar{l}} I$.式中,$N$ 为磁化线圈的匝数,$\bar{l}$ 为样品平均磁路长度（样品的平均周长）,$H$ 的单位为 A/m.对于一定的样品和磁化线圈,通过测量

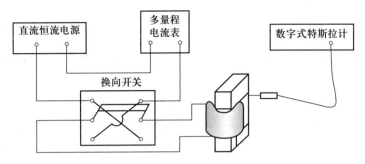

图 4-1-5　静态磁化曲线和磁滞回线测量

磁化电流 $I$,即可求出磁场强度 $H$.

在环形样品的磁路中开一极窄的均匀间隙 $l_g$,间隙应尽可能小,用数字式特斯拉计(霍尔传感器)直接测量间隙均匀磁场区中间部位的磁感应强度 $B$.

（2）间隙对测量 $B$ 的影响.

由安培环路定理可知

$$H\bar{l} + H_g l_g = NI \tag{4-1-1}$$

式中,$H_g$ 为间隙中的磁场强度.

一般来说,样品中的磁感应强度不同于间隙中的磁感应强度.但在间隙很窄,即长方形样品截面的长和宽 $\gg l_g$,且样品中平均磁路长度 $\bar{l} \gg l_g$ 的情况下

$$B_g S_g = BS \tag{4-1-2}$$

式中,$S_g$ 是间隙中磁路截面积,$S$ 为样品中磁路截面积.如果 $S_g \approx S$,则 $B \approx B_g$,即霍尔传感器在间隙部位测出的磁感应强度 $B_g$,就是样品中间部位的磁感应强度 $B$.

间隙中磁感应强度 $B_g$ 与磁场强度 $H_g$ 的关系为

$$B_g = \mu_0 \mu_r H_g \tag{4-1-3}$$

式中,$\mu_0$ 为真空磁导率,$\mu_r$ 为相对磁导率.在间隙中 $\mu_r = 1$,所以 $H_g = B/\mu_0$.这样,样品中磁场强度 $H$、磁感应强度 $B$ 及线圈安培匝数 $NI$ 满足

$$H\bar{l} + \frac{1}{\mu_0} B l_g = NI \tag{4-1-4}$$

在实际测量时,应使待测样品满足 $H\bar{l} \gg \dfrac{1}{\mu_0} B l_g$,即线圈的安培匝数 $NI$ 保持不变时,平均磁路长度 $\bar{l}$ 须足够大,间隙 $l_g$ 须尽可能小.根据一般经验,截面为长方形的样品的长和宽的线度应为间隙宽度的 8~10 倍或更大,且样品的平均磁路长度 $\bar{l}$ 远大于间隙宽度 $l_g$,这样测出的磁感应强度 $B$ 的值才能真正代表样品中磁场在中间部位的实际值.

如果 $\dfrac{1}{\mu_0} B l_g$ 相对 $H\bar{l}$ 不可忽略时,可利用式（4-1-4）对 $H$ 值进行修正,得出 $H$ 值的准确结果.

【实验器材】

FD-BH-1 磁性材料磁滞回线和磁化曲线测定仪、待测样品若干、导线若干.

【实验内容与要求】

选定测试样品,将其置于励磁线圈中,按照图 4-1-5 连接好电路,接通仪器电源后,完成以下测量.

1. 确定样品间隙中磁感应强度的均匀区范围

用数字式特斯拉计测量样品间隙中剩磁的磁感应强度 $B$ 与位置 $X$ 的关系,确定间隙中磁感应强度 $B$ 的均匀区范围,并将特斯拉计置于该范围内.

2. 测量样品的初始磁化曲线

(1) 样品退磁.

测量前先对样品进行退磁.闭合双刀换向开关,调节励磁电流至额定值(如 600.0 mA),逐步减小电流至零;双刀换向开关换为反向,电流增加到较小值(如调至 500.0 mA),再减小电流至零;如此这般,直到励磁电流为零.特别提醒,当剩磁减小到 100 mT 时,电流每次减小量还需小些(如 50.0~10.0 mA 甚至几 mA).

(2) 测量初始磁化曲线.

磁化电流 $I$ 从 0 开始单调增加,(否则应如何处理?)测量 $I$ 与 $B$ 之间的关系,直到达到接近饱和状态.

3. 测量样品的磁滞回线和基本磁化曲线

(1) 样品磁锻炼.

样品退磁后,选择测量初始磁化曲线、达到磁饱和状态时的励磁电流 $I_m$,保持不变,把双刀换向开关缓慢来回拨动多次,进行磁锻炼.注意拨动换向开关时,应使触点从接触到断开的时间长一些.(为什么?)

(2) 测量磁滞回线.

调节磁化线圈的励磁电流,使其从饱和电流 $I_m$ 开始逐步单调减小到 0,读取 $(I_i, B_i)$ 值.然后用双刀换向开关将电流换向,电流再从 0 开始单调增加到 $I_m$,读取 $(I_i, B_i)$ 值.重复上述过程,完成从 $(H_m, B_m)$ 到 $(-H_m, -B_m)$,再由 $(-H_m, -B_m)$ 到 $(H_m, B_m)$ 的整个测量过程,从而得到近似饱和的磁滞回线.

(3) 测量基本磁化曲线.

样品退磁后,励磁电流从 0 开始单调增加,电流大小每增加一定值,先进行稳磁(磁锻炼),然后测量出每条磁滞回线的顶点 $(I_i, B_i)$ 值.

(4) 更换测试样品,重复以上步骤,完成相关测量,对样品的磁特性进行比较(选做).

【数据记录与处理】

1. 自拟记录表格,记录测量数据,并根据励磁电流 $I$ 计算出相应磁场强度.

2. 绘制样品的初始磁化曲线和磁滞回线,并从相应曲线上读取饱和磁感应强度 $B_m$、饱和磁场强度 $H_m$、剩磁 $B_r$ 和矫顽力 $H_c$ 等相关参量,判定该铁磁材料样品为硬磁材料还是软磁材料.

3. 绘制基本磁化曲线及 $\mu$-$H$ 曲线,分析实验结果.

【注意事项】

1. 请勿用力拉动霍尔探头,以免损坏.

2. 磁锻炼时(特别是磁化电流较大,如 600.0 mA 情况下),应缓慢拉动双刀换向开关,这样既可延长开关的使用寿命,又可避免电火花的产生.

3. 实验过程中磁化电流(或电压)只能单调地增加或减小,否则必须退磁重做.

【思考与讨论】

1. 什么是铁磁材料的磁滞现象? 试简要说明铁磁材料磁滞回线的主要特性.

2. 什么是初始磁化曲线? 什么是基本磁化曲线? 二者有何区别?

3. 为什么测量前必须先进行退磁?

4. 在什么条件下,环形铁磁材料样品间隙中的磁感应强度才能代表样品中的磁感应强度?

5. 在磁锻炼过程中,拨动开关时,应使触点从接触到断开的时间长些,这是为什么? 磁锻炼的作用是什么?

6. 什么是硬磁材料? 举例说明软磁材料和硬磁材料的应用.

# 实验 4.2　半导体 pn 结物理特性研究

■ 课件

■ 实验相关

　　pn 结是很多半导体器件如晶体管、集成电路等的核心,是现代电子技术的基础.pn 结物理特性则是物理学和电子学中的重要内容之一.根据 pn 结的材料、掺杂分布、几何结构和偏置条件的不同,利用其基本特性人们可以制造多种功能的晶体二极管.例如,利用 pn 结单向导电性可以制作整流二极管、检波二极管和开关二极管;利用击穿特性可制作稳压二极管和雪崩二极管;利用高掺杂 pn 结隧道效应可制作隧道二极管;利用结电容随外电压变化的效应可制作变容二极管等.使半导体的光电效应与 pn 结相结合还可以制作多种光电器件.如利用前向偏置异质结的载流子的注入与复合可以制作半导体激光二极管与半导体发光二极管;利用光辐射对 pn 结反向电流的调制作用可以制成光电探测器;利用光生伏打效应可制成太阳能电池.此外,利用两个 pn 结之间的相互作用可以实现放大、振荡等多种电子功能.

　　本实验是集电学、热学于一体的综合性实验,通过对 pn 结扩散电流随正向电压变化规律的测定,学生不仅可以加深对 pn 结物理特性的了解,还能测出玻耳兹曼常量;通过对 pn 结正向电压 $U_{be}$ 与热力学温度 $T$ 关系的测定,学生可确定 pn 结温度传感器的灵敏度及 0 K 时该 pn 结半导体材料(硅)的禁带宽度;由于 pn 结的扩散电流很小(为 $10^{-8}$ ~ $10^{-6}$ A 数量级),所以在测量 pn 结扩散电流的过程中,我们采用弱电流测量技术,即用运算放大器对电流进行电流-电压变换.

【实验目的】

1. 了解 pn 结的基本结构、工作原理,通过伏安特性测量,求出玻耳兹曼常量.

2. 测量 pn 结正向电压与温度的关系,求出该 pn 结温度传感器的灵敏度.

3. 计算 0 K 温度时半导体硅材料的禁带宽度.

【实验原理】

1. 基本概念

(1) pn 结.

在本征半导体(如硅、锗等)中,如果掺入杂质会改变半导体的导电性能.如果掺入的杂质是五价元素(如磷、砷等),则在硅、锗原子和砷、磷原子组成共价键之后,砷、磷外层的五个电子中,多出的一个电子受原子核束缚很小,容易成为自由电子.因此这种半导体中,电子载流子的数目很多,主要靠电子导电,称为电子半导体,简称 n 型半导体.提供自由电子的杂质称为施主杂质.如果掺入的杂质是三价元素(如硼、铟等),则硼、铟原子与硅、锗原子组成共价键时,就自然形成了一个空穴.这种半导体内几乎没有自由电子,主要靠空穴导电,所以称为空穴半导体,简称 p 型半导体.这些空穴是因掺入杂质、接受半导体中的价电子产生的,因此掺入的杂质称为受主杂质.当 p 型半导体和 n 型半导体共处一体时,交界面附近的过渡区称为 pn 结.

在 p 型和 n 型半导体的交界处,n 型半导体中的一部分电子将扩散到 p 型半导体中、与空穴复合,p 型半导体中的一部分空穴也会扩散到 n 型半导体中、与电子复合.n 型半导体失去电子后形成带正电的离子层,p 型半导体失去空穴后形成带负电的离子层.这样,在 p 区和 n 区的交界处就出现了空间电荷区,p 区一侧带负电,n 区一侧带正电,形成一个"内电场",电场方向是由 n 指向 p,如图 4-2-1 所示.此电场将阻止 p 区的多数载流子(空穴)向 n 区扩散,也阻止 n 区的多数载流子(电子)向 p 区扩散.同时,这个电场会使 p 区的少数载流子(电子)向 n 区移动,也会使 n 区的少数载流子(空穴)向 p 区移动.载流子由于扩散运动形成的电流称为扩散电流,载流子在电场力作用下运动而形成的电流称为漂移电流.在 pn 结形成过程中,刚开始时扩散电流占优势,空间电

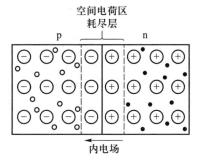

图 4-2-1

荷区随之加厚,电场增强,于是扩散电流减弱,漂移电流增强,直到扩散电流与漂移电流相等时,空间电荷区不再加厚,达到了动态平衡.空间电荷区中,由于电子和空穴的复合,载流子消耗殆尽,所以该区域又称为耗尽层或阻挡层.

如果将 pn 结与一个低压电源连接,p 区接正极,n 区接负极,如图 4-2-2(a)所示,这种接法称为 pn 结的正向连接或正向偏置,加在 pn 结上的电压称为正向电压.电流从 p 区流向 n 区,pn 结两侧的多数载流子向界面运动,耗尽层(阻挡层)变窄,电流顺利通过,方向与内电场方向相反,内电场被削弱,对多数载流子扩散运动阻碍减弱,扩散电流增大,并远大于漂移电流,漂移电流影响可忽略,pn 结呈现低阻性.相反地,如将 p 区接负极,n 区接正极,如图 4-2-2(b)所示,这种接法称为 pn 结的反向连接或反向偏置,加在 pn 结上的电压称为反向电压.这时,耗尽层(阻挡层)变宽,外电场只能使 pn 结两侧的少数载流子越过 pn 结,形成非常微小的反向电流,pn 结在电路中呈现极大的反向电阻.

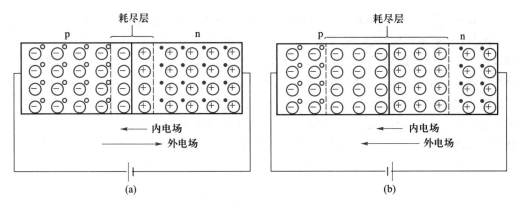

图 4-2-2　pn 结的正向偏置（a）和反向偏置（b）

可见,pn 结在正向偏置时有较大的正向电流,这种情况叫导通;反向偏置时只有非常微小的反向电流(通常可以略去不计),这种情况称为截止.pn 结具有的这种特性称为 pn 结的单向导电性.

（2）禁带宽度.

按照固体的量子理论,当原子凝聚成为固体时,由于原子间的相互作用,相应于孤立原子的每个能级加宽成由间隔极小(准连续)的分立能级所组成的能带,能带之间隔着宽的禁带.电子分布在能带中的能级上,禁带是不存在公有化运动状态的能量范围,或者说禁带区域表示固体中电子不能具有的能量.禁带上面的能带称为导带,禁带下面的能带称为价带,如图 4-2-3 所示,其中 $E_c$ 表示导带底的能量,$E_v$ 代表价带顶的能量,$E_c$ 与 $E_v$ 之差即为禁带宽度 $E_g$,单位为 eV.禁带宽度是半导体的一个重要特征参量,其大小主

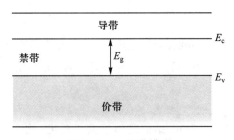

图 4-2-3　能带模型

要取决于半导体的能带结构,即与晶体结构和原子的结合性质等有关.

2. pn 结的伏安特性及玻耳兹曼常量的测量

pn 结中载流子的基本运动形式有扩散、漂移和复合三种.给 pn 结加上正向电压 $U$,此时电流以正向扩散电流 $I$ 为主.理想 pn 结的正向扩散电流与电压关系满足

$$I = I_0 (\mathrm{e}^{\frac{eU}{kT}} - 1) \tag{4-2-1}$$

式(4-2-1)中,$I$ 是通过 pn 结的正向电流,$I_0$ 是反向饱和电流(与半导体的性质和掺杂有关),在温度恒定时是一常量,$T$ 是热力学温度,$e$ 是电子电荷量的绝对值,$U$ 为 pn 结正向电压,$k$ 为玻耳兹曼常量.由于在常温(300 K)时,$kT/e \approx 0.026$ V,而 pn 结正向压降为十分之几伏,所以 $\exp(eU/kT) \gg 1$,式(4-2-1)括号内"-1"项完全可以忽略,于是有

$$I = I_0 \mathrm{e}^{\frac{eU}{kT}} \tag{4-2-2}$$

若测得 pn 结的 $I$-$U$ 关系,则利用式(4-2-2)可以求出 $e/kT$.在测得温度 $T$ 后,就可以得到常量 $e/k$,把电子电荷量的绝对值作为已知量代入,即可求得玻耳兹曼常量 $k$.

在实际测量中,二极管 pn 结的正向 $I$-$U$ 关系虽然能较好满足指数关系,但求得的常

量 $k$ 往往偏小,这是因为通过二极管的电流不只是扩散电流,还有其他电流.一般它包括三个部分:① 扩散电流,它严格遵循式(4-2-2);② 耗尽层复合电流,它正比于 $\exp[eU/(2kT)]$;③ 表面电流,其值正比于 $\exp[eU/(mkT)]$,一般 $m>2$.因此,为了验证式(4-2-2)及求出准确的常量 $e/k$,我们不宜采用硅二极管,而应采用硅三极管接成共基极线路,因为此时集电极与基极短接,集电极电流中仅仅是扩散电流.复合电流主要在基极出现,测量集电极电流时,将不包括它.本实验中选取性能良好的硅三极管(TIP31 型),实验中又处于较低的正向偏置,这样表面电流影响可以忽略,所以此时集电极电流与结电压将满足式(4-2-2).实验电路如图 4-2-4 所示.

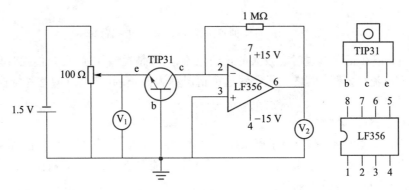

图 4-2-4    pn 结扩散电流 $I$ 与结电压 $U$ 关系测量电路图

3. pn 结的结电压 $U_{be}$ 与热力学温度 $T$ 关系的测量

当 pn 结通过恒定小电流时(通常电流 $I=100\ \mu A$),由半导体理论可得 $U_{be}$ 与 $T$ 的近似关系为

$$U_{be}=ST+U_{go} \qquad (4-2-3)$$

式中,$S$ 为 pn 结温度传感器灵敏度,约为 $-2.3\ mV/℃$.由 $U_{go}$ 可求出温度为 0 K 时半导体材料的禁带宽度 $E_{go}=eU_{go}$.硅材料的 $E_{go}$ 约为 1.20 eV.

pn 结温度传感器利用了 pn 结的结电压随温度呈近似线性变化这一特性,我们可直接用半导体二极管或将半导体三极管接成二极管做成 pn 结温度传感器.这种传感器测温范围为 $-50\sim150\ ℃$,有线性度好、尺寸小、响应快、灵敏度高、热响应时间短的特点,用途较广.

【实验器材】

TIP31 型硅三极管(npn)、定值电阻、导线、pn 结物理特性综合实验仪.实验仪包括实验箱、加热温度控制仪及干井恒温室等部分,如图 4-2-5 所示.

【实验内容与要求】

▶ 电学
特性

1. $I_c$-$U_{be}$ 关系与玻耳兹曼常量测量

$I_c$-$U_{be}$ 关系测定.实验线路如图 4-2-4 所示.图中 $V_1$、$V_2$ 为数字电压表,调节电压的分压器为多圈电位器,为保持 pn 结与周围环境温度一致,把 TIP31 型三极管放在干井槽中.在室温情况下,测量三极管发射极与基极之间的电压 $U_1$ 和相应电压 $U_2$.

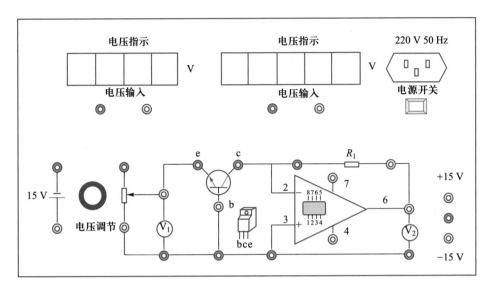

(a) 实验箱

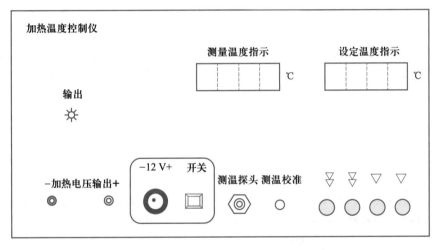

(b) 加热温度控制仪

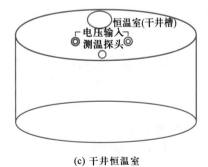

(c) 干井恒温室

图 4-2-5　pn 结物理特性综合实验仪实验装置示意图

温度
特性

### 2. $U_{be}$-$T$ 关系与禁带宽度测量

测定 $U_{be}$-$T$ 关系的实验电路如图 4-2-6 所示. 选择工作电流 $I=100\ \mu A$, 因定值电阻 $R=5.1\ k\Omega$, 故调节电路中的电位器, 使电阻 $R$ 两端电压始终保持 $U_2=0.510\ V$. 通过加热温度控制仪控制干井槽内的实验温度, 测量不同温度下的 $U_{be}$ 值.

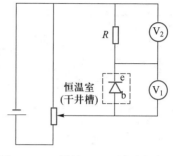

图 4-2-6　测量 $U_{be}$-$T$ 关系电路图

### 【数据记录与处理】

1. 在常温下 $U_1$ 的值从约 0.28 V 至三极管达到饱和为止($U_2$ 值变化较小或基本不变, 此时为饱和状态), 每间隔 0.01 V 测一组数据. 在数据记录开始和结束时都要记录干井槽中的温度 $T$, 最后取温度的平均值 $\overline{T}$.(本实验装置取集电极电流 $I_c=U_2/R_f$, $U_{be}=U_1$, $R_f=1\ M\Omega$, 可以直接对 $U_2$、$U_1$ 进行处理.)绘出 $U_1$-$U_2$ 关系曲线. 运用最小二乘法或作图法, 将实验数据分别代入指数回归、乘幂回归这两种基本函数, 利用曲线改直的方法进行线性拟合, 然后求出相应的参量, 写出相应的经验公式. 也可直接利用计算机的 Excel 软件, 进行曲线拟合. 计算常量 $e/k$, 将电子电荷量的绝对值作为标准量代入, 求出玻耳兹曼常量 $k$ 并与公认值 $1.380649\times10^{-23}$ J/K 比较.

2. 将加热温控仪设定温度从室温开始, 间隔 5~10 ℃测一次 $U_{be}$ 值(即 $U_1$), 注意读取 $U_{be}$ 值时, 干井槽须已达到热平衡状态, 至少测量 6 组数据, 求得 $U_{be}$-$T$ 关系曲线. 用最小二乘法或作图法对 $U_{be}$-$T$ 关系进行线性拟合, 求出 pn 结测温灵敏度 $S$ 及温度为 0 K 时硅材料的禁带宽度 $E_{go}$, 并与公认值进行比较.

### 【注意事项】

1. 仔细检查电路的连接, 然后开启电源. 实验结束后应先关闭电源, 再拆除接线, 否则可能烧毁实验仪器.

2. 运算放大器脚 7 和脚 4 分别接+15 V 和-15 V, 不能接反, 地线必须与电源 0 V (地)相接(接触要良好). 否则有可能损坏运算放大器, 并引起电源短路. 一旦发现电源短路(电压明显下降), 请立即切断电源.

3. 必须观测恒温装置上温度计读数, 待 TIP31 型三极管温度处于恒定时(即处于热平衡时), 才能记录 $U_1$ 和 $U_2$ 数据.

4. 数据处理时, 应删去扩散电流太小(起始状态)及扩散电流接近或达到饱和时的数据, 因为这些数据可能偏离式(4-2-2).

5. 本实验在处理数据时所用到的温度必须是热力学温度.

### 【思考与讨论】

1. 简述 pn 结半导体温度传感器的特点.

2. pn 结温度传感器在使用过程中要注意什么问题?

# 实验 4.3　*RC* 串联电路暂态过程研究

课件

实验
相关

电阻($R$,resistance)、电容($C$,capacitance)和电感($L$,inductance)是组成电子器件的基本单元.将它们串联或并联是电子电路中经常使用的一种电路形式,可组成不同种类的电子器件,是大型电子设备的基本电路组成部分.将它们和晶体管、集成电路等电子元器件组合,可以构成不同电路,用来实现各种不同的功能.

电容器是存储电荷的,给电容器充电,电容器两极板上将带等量异号电荷,在电容器内部会产生电场(electric field).从物理学的角度来看,电场具有能量,给电容器充电的过程实际上是向电容器内充入能量的过程,这个能量就是电场能.由于能量的积累需要时间,所以充电过程需要时间.同样,电容器放电的过程就是释放能量的过程,也需要时间.因此,电容器在充、放电过程中,其极板上的电荷不能突变.

电容器充电和放电过程时间的长短取决于电路中的电阻、电容和电感的大小.在 *RC*、*RL*、*RLC* 电路中,在接通或断开电源的短暂时间内,电路从一个平衡状态转变到另一个平衡状态,这个转变过程称为暂态过程.暂态过程在电子学特别是脉冲技术中应用比较广泛.

研究 *RC* 串联电路暂态过程的方法通常分为直流法和交流法,其中直流法包括冲击法和电压法,交流法通常采用示波器观察法.本实验是在直流电源激励下,借助计算机采集技术,采用电压法,利用中国石油大学(华东)物理实验中心自主开发的软件——*RC* 串联电路暂态过程研究实验系统,对测量过程和实验数据进行记录、分析和处理,系统研究 *RC* 串联电路的暂态过程.借助计算机技术对各种物理量进行测量、记录和分析,可准确、实时地获取实验信息,这有利于研究瞬时变化的过程和提高实验精度,同时可大大减少实验者获取实验数据的工作量,这是现代物理实验的发展趋势之一.本实验的学习可为其他综合性物理实验与相关拓展研究中计算机技术的运用奠定一定的实验基础.

## 【实验目的】

1. 了解 *RC* 串联电路暂态过程中电压、电流的变化规律,加深对电容工作特性的认识和 *RC* 串联电路特性的理解.

2. 学习如何通过实验方法研究 *RC* 电路的暂态过程,理解电路中时间常量 $\tau$、半衰期 $T_{1/2}$ 等物理量的物理意义.

3. 学会借助计算机数据采集技术快速采集 *RC* 电路的暂态信号,通过过程参量、电容等物理量以及充、放电规律的实验求解,学习科学实验的程序和方法.

4. 体会将计算机数据采集技术应用于物理实验的优点,提高实验分析技能.

## 【实验原理】

1. *RC* 串联电路的暂态过程

(1) 充电过程.

图 4-3-1 是一个 *RC* 串联电路,在开关 S 拨向位置 1 的瞬间,电容 *C* 上没有电荷积

累,电源电动势 $E$ 全部加到电阻 $R$ 上(忽略电源内阻),即 $U_R = E$,此时回路中电流 $i_0 = \dfrac{E}{R}$ 为最大,直流电源 $E$ 通过电阻 $R$ 开始对电容 $C$ 充电.随着电容上电荷的积累,$U_C$ 增大,充电电流 $i = \dfrac{E - U_C}{R}$ 随之减小,同时该电流向电容 $C$ 提供的电荷量 $q$ 逐渐减小,电容两端的电压 $U_C$ 增加的速度变慢,即电容的充电速度越来越慢,直至 $U_C = E$ 时,充电过程结束,电路达到稳定状态.

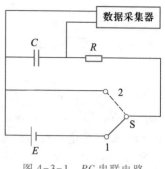

图 4-3-1　$RC$ 串联电路

当开关拨向位置 1 时,根据基尔霍夫定律(Kirchhoff's law),电路方程为

$$U_R + U_C = iR + \frac{q}{C} = E \tag{4-3-1}$$

式中,$i$ 为充电电流,$q$ 为电容 $C$ 极板上积累的电荷,均为随时间变化的量.

由电流定义可得

$$i(t) = \frac{\mathrm{d}q(t)}{\mathrm{d}t} \tag{4-3-2}$$

将式(4-3-2)代入式(4-3-1)可得

$$R \frac{\mathrm{d}q(t)}{\mathrm{d}t} + \frac{q(t)}{C} = E \tag{4-3-3}$$

充电过程的初始条件为 $t = 0$ 和 $q(0) = 0$,可解出微分方程(4-3-3)的解为

$$q(t) = CE(1 - \mathrm{e}^{-t/RC}) \tag{4-3-4}$$

由式(4-3-4)可知,充电过程中,随着时间的增加,电容器上的电荷量逐渐增加.将式(4-3-4)代入式(4-3-2)可得

$$i(t) = \frac{E}{R} \mathrm{e}^{-t/RC} \tag{4-3-5}$$

电容 $C$ 两端的电压

$$u_C(t) = E - iR = E(1 - \mathrm{e}^{-t/RC}) \tag{4-3-6}$$

(2)放电过程.

当图 4-3-1 中的电路稳定后,电路中没有电流,电容 $C$ 两端的电压即为电源电动势 $E$,电容 $C$ 充电完毕.电容器所充的电荷为 $Q = EC$.设在 $t = 0$ 时刻,将开关 S 拨向位置 2,与充电过程类似,可得此时电路方程为

$$R \frac{\mathrm{d}q(t)}{\mathrm{d}t} + \frac{q(t)}{C} = 0 \tag{4-3-7}$$

放电过程初始条件为:$t = 0$ 时,$Q = EC$,解微分方程(4-3-7)可得

$$q(t) = CE \mathrm{e}^{-t/RC} \tag{4-3-8}$$

由式(4-3-8)可知,随着放电过程时间的增加,电容 $C$ 上的电荷逐渐减少.同样,可以得到电容器两端电压、放电电流分别为

$$U_C(t) = E \mathrm{e}^{-t/RC} \tag{4-3-9}$$

$$i(t) = -\frac{E}{R} \mathrm{e}^{-t/RC} \tag{4-3-10}$$

将式(4-3-10)两边取对数得

$$\ln U_C(t) = -\frac{1}{\tau}t + \ln E \qquad (4\text{-}3\text{-}11)$$

上式说明,如果通过实验数据获取的放电曲线 $\ln U_C(t)\text{-}t$ 是一条直线,则证明 $U_C(t)$ 与 $t$ 之间满足指数关系规律.

（3）过程参量.

图 4-3-2(a) 和图(b)分别表示充电和放电过程中电容上的电压随时间的变化规律.可以看出,*RC* 电路的充电和放电过程均是按指数规律变化的.

充、放电过程的快慢是由 *RC* 串联电路内各元件的数值大小和特性共同决定的,描述暂态过程变化快慢的特征参量就是电路的时间常量和半衰期.通常将 $R$ 与 $C$ 的乘积称为电路的时间常量或弛豫时间,一般用 $\tau$ 表示,即

$$\tau = RC \qquad (4\text{-}3\text{-}12)$$

$\tau$ 越大,充、放电过程越慢,反之则越快.

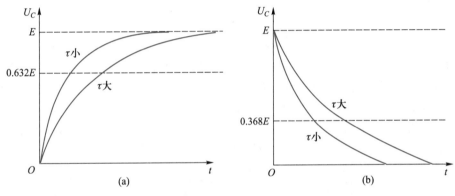

图 4-3-2　*RC* 电路的暂态过程

在电容放电过程中,电容电压衰减到初始值的一半(或充电过程中,电容电压上升到终值的一半)所需的时间称为半衰期,一般用 $T_{1/2}$ 表示,当 $t = T_{1/2}$ 时,

$$\frac{E}{2} = E e^{-T_{1/2}/\tau} \quad \left[\text{充电过程中为} \frac{E}{2} = E(1 - e^{-T_{1/2}/\tau})\right] \qquad (4\text{-}3\text{-}13)$$

由此可得

$$T_{1/2} = \tau \ln 2 = 0.6931\tau = 0.6931RC \qquad (4\text{-}3\text{-}14)$$

实验中往往测量 $T_{1/2}$ 比测量 $\tau$ 容易,因此可以从充、放电曲线上求出 $T_{1/2}$,如图 4-3-3 所示,进而计算出 $\tau$.

由于电容的充、放电过程往往比较短暂,很难用手动方法进行测量,本实验借助于计算机采集技术,配合数据采集器就可以实现自动测量.

2. *RC* 电路暂态过程实验系统介绍

数据采集系统的基本组成如图 4-3-4 所示,其中关键部件是数据采集器.数据采集器将来自 *RC* 电路的模拟电信号(该电信号对应于实际的物理量信号,可来自实验装置,也可由传感器而来,本实验不作详细讨论)转换为数字信号,并输入到计算机中.计算机是采集系统的控制中心,它一方面控制数据采集的工作过程,另一方面利用自身运算功能强大的特点,对数据进行分析和处理,并将结果通过显示器或打印机输出.

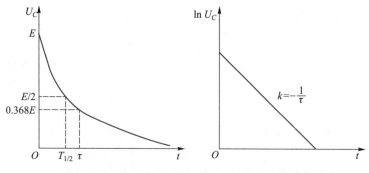

图 4-3-3    放电曲线上的时间常量 $\tau$ 和半衰期 $T_{1/2}$

图 4-3-4    物理实验数据采集系统的基本组成

数据采集器的原理框图如图 4-3-5 所示.A/D 转换器即模/数转换器,它的功能是将模拟量转换为与其相应的数字量,是数据采集器的重要部件,能将某一确定范围内连续变化的模拟信号转换为分立有限的一组二进制数,即数字信号,其性能直接决定了数据采集器的整体性能,主要指标有分辨率(位数)、转换速度等.实验中所用 A/D 转换器为12 位精度,输出数字量通过 RS-232 串口输入到计算机中.数据一旦输入到计算机中,人们就可以利用计算机软件对其进行各种处理了.

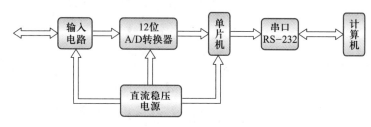

图 4-3-5    数据采集器原理框图

$RC$ 电路暂态过程实验系统与 JZ-3B 型 Lab Corder 数据采集器配合使用,其主要功能说明如下.

(1) $RC$ 电路充电过程研究模块.

模块界面如图 4-3-6 所示,主要包括以下功能.

① 采集通道选择,采集通道可以选择使用通道 1(CH1)或通道 2(CH2),还可以同时使用双通道(CH1+CH2)采集两路信号.

② 设定实验参量,包括电路的电阻、电容、数据采集器的采样周期等.

③ 双通道数据采集实时列表显示,包括采集次数、通道号、时间、电压(即采样值).

④ 双通道数据采集实时曲线自动显示,手动清除.

⑤ 读图控制及数据点坐标的自动记录和显示.

⑥ 实验结果计算和列表显示.

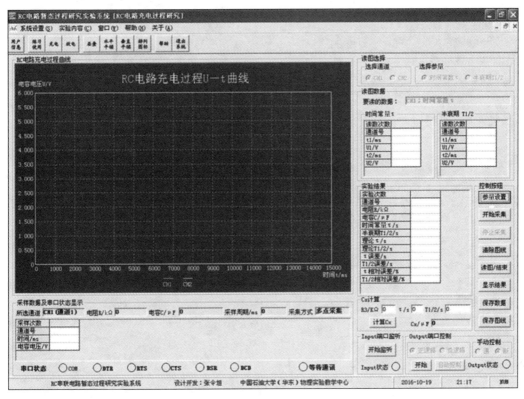

图 4-3-6 *RC* 电路充电过程研究操作界面

⑦ 未知电容 $C_x$ 的计算和显示.

⑧ 开关量输入、输出的手动/自动控制及状态显示.

⑨ 串口通信状态显示.

⑩ 将实验数据和实验图线保存为不同格式的文件.

（2）*RC* 电路放电过程研究模块.

模块界面如图 4-3-7 所示.放电过程研究模块除了具有充电过程研究模块的所有功能以外,还新增以下功能:

① 获取放电过程的 ln *U-t* 关系曲线并显示.

② 利用最小二乘法得到拟合直线,并给出直线方程和相关系数.

【实验器材】

数据采集器（JZ-3B 型）、计算机、九孔板、电阻（不同规格）、电容（已知、未知各 1 个）、导线若干、RS-232 连接线、单刀双掷开关、*RC* 电路暂态过程研究实验系统（软件）.

【实验内容与要求】

1. 充电过程研究

（1）按图 4-3-1 连接电路,将 S 拨向位置 2,让电容 C 充分放电.启动"*RC* 电路暂态过程研究实验系统".

（2）点击实验系统左上方实验内容一栏,选择"充电过程研究",即可进入 *RC* 串联电路充电

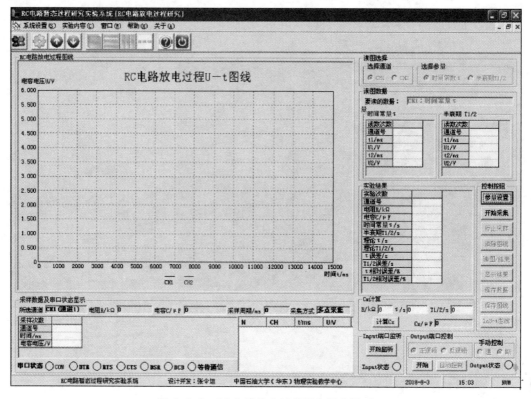

图 4-3-7    RC 电路放电过程研究操作界面

过程界面,点击充电过程界面中的"参量设置",选择采集通道、设置电路参量,如图 4-3-8 所示.

（3）先点击"开始采集",然后再将 S 拨向位置 1,实时采集电容的充电曲线(电压与时间的关系).

（4）点击"读图/结束",选择读图通道和读图参量后,从图上读出计算时间常量 $\tau$ 和半衰期 $T_{1/2}$ 所需点的坐标,读图需按照软件的提示进行.读取完坐标后要再次点击"读图/结束",完成读图过程.

（5）更换元件,重复步骤(2)—(4),再测一组数据.

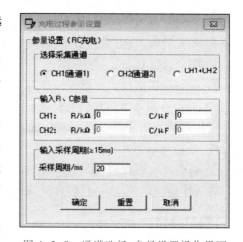

图 4-3-8    通道选择、参量设置操作界面

（6）点击"显示结果",得到实验结果.

（7）将电容更换为 $C_x$,电容参量设置为 $x$,按照上述方法得到时间常量 $\tau$ 和半衰期 $T_{1/2}$,将求取的过程参量和电路中所连接的电阻值输入充电过程界面下方的对应位置,点击计算 $C_x$ 功能,即可求取该实验条件下未知电容 $C_x$ 的大小.

（8）列表记录获取的实验结果.

2. 放电过程研究

（1）按图 4-3-1 连接电路,将 S 拨向位置 1,让电容 C 充分充电.启动"RC 电路暂态过程研究实验系统".

（2）点击实验系统左上方实验内容一栏,选择"放电过程研究",即可进入 *RC* 串联电路放电过程界面,点击放电过程界面中的"参量设置",选择采集通道、设置电路参量,如图 4-3-8 所示.

（3）先点击"开始采集",然后将 S 拨向位置 2,实时采集电容的放电曲线(电容电压与时间的关系).

（4）点击"读图/结束",选择读图通道和读图参量后,从图上读出计算时间常量 $\tau$ 和半衰期 $T_{1/2}$ 所需点的坐标,读图需按照软件的提示进行.读取完坐标后要再次点击"读图/结束",完成读图过程.

（5）更换元件,重复步骤(2)—(4)再测一组数据.

（6）点击"显示结果",得到实验结果.

（7）将电容更换为 $C_x$,电容参量设置为 $x$,按照上述方法得到时间常量 $\tau$ 和半衰期 $T_{1/2}$,将求取的过程参量和电路中所连接的电阻值输入放电过程界面下方的对应位置,点击计算 $C_x$ 功能,即可求取该实验条件下未知电容 $C_x$ 的大小.

（8）列表记录获取的实验结果.

（9）点击"ln *U-t* 图线",得到 ln *U*、*t* 坐标值和 ln *U-t* 图线变化趋势,如图 4-3-9 所示,将鼠标移至 ln *U-t* 图线区域,鼠标变成"+"形,点击左键,用鼠标拖出一矩形框,将需要拟合直线的数据点框住,放开左键,点击右键,在弹出菜单中选择"删除坏点",然后点击"拟合直线",得到拟合的 ln *U-t* 直线方程和对应的相关系数.

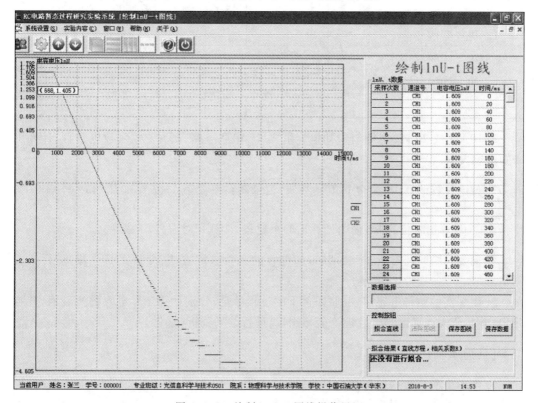

图 4-3-9　绘制 ln *U-t* 图线操作界面

（10）记录拟合的直线方程及相关系数.

3. 电容串、并联规律的探索研究（选做）

选取 2 个已知电容分别将其串联或并联,接入电路,求取过程参量,分析实验结果.

【数据记录与处理】

1. 使大小为 10 kΩ、20 kΩ、30 kΩ 的电阻与 100 μF 电容分别组成 $RC$ 串联电路,研究充电和放电过程,将数据记录在表 4-3-1 和表 4-3-2 中.

表 4-3-1    $RC$ 电路充电过程研究的实验数据记录表

| 实验次数 | $R/\text{k}\Omega$ | $C/\mu\text{F}$ | $\tau/\text{s}$ | 理论值 $\tau/\text{s}$ | $T_{1/2}/\text{s}$ | 理论值 $T_{1/2}/\text{s}$ | $\tau$ 的绝对误差/s | $T_{1/2}$ 的绝对误差/s | $\tau$ 的相对误差/% | $T_{1/2}$ 的相对误差/% |
|---|---|---|---|---|---|---|---|---|---|---|
| 1 | 10 | 100 | | | | | | | | |
| 2 | 20 | 100 | | | | | | | | |
| 3 | 30 | 100 | | | | | | | | |
| 4 | 10 或 20 | | | | | | | | | |

表 4-3-2    $RC$ 电路放电过程研究的实验数据记录表

| 实验次数 | $R/\text{k}\Omega$ | $C/\mu\text{F}$ | $k$ | $\tau/\text{s}$ | 理论值 $\tau/\text{s}$ | $T_{1/2}/\text{s}$ | 理论值 $T_{1/2}/\text{s}$ | $\tau$ 的绝对误差/s | $T_{1/2}$ 的绝对误差/s | $\tau$ 的相对误差/% | $T_{1/2}$ 的相对误差/% | $\ln U\text{-}t$ 的拟合方程 | 相关系数 |
|---|---|---|---|---|---|---|---|---|---|---|---|---|---|
| 1 | 10 | 100 | | | | | | | | | | | |
| 2 | 20 | 100 | | | | | | | | | | | |
| 3 | 30 | 100 | | | | | | | | | | | |
| 4 | 10 或 20 | | | | | | | | | | | | |

2. 10 kΩ 或 20 kΩ 电阻与未知电容组成 $RC$ 串联电路,研究充电和放电过程,计算出未知电容大小.

3. 放电过程研究中,拟合 $\ln U\text{-}t$ 直线,记录其斜率大小 $k$,按照 $\ln U_C(t) = -\dfrac{1}{\tau}t + \ln E$ 中,$k = -\dfrac{1}{\tau}$ 计算出 $\tau$ 值,并与读图计算出的 $\tau$ 比较,计算相对误差.

4. 简要总结时间常量、半衰期、未知电容的实验求解方法,分析实验规律,进行实验结果总结.

5. 根据实验测得电容串、并联条件下的过程参量,分别计算出其电容的实验值,并与用串、并联公式计算出的电容理论值相比较,进行结果分析（选做）.

【注意事项】

1. 实验中所用数据采集器的最大输入电压为 5 V,因此输入电压不要超过 5 V.

2. 实验中应将数据采集器的增益旋钮拨到“×1”挡位.

3. 求取过程参量时,选取的实验数据点坐标一定要确保在实时采集的电压曲线上,否则将导致运行错误.

4. 数据采集器输入通道的正、负极切勿接反.

5. 实验时先打开数据采集器再启动实验软件,关闭时顺序则相反.

【思考与讨论】

1. 如何通过过程参量控制 $RC$ 串联电路充、放电的快慢?

2. 实验中,采集到的充、放电曲线为锯齿状的原因是什么?

3. 实验中,充电曲线终值、放电曲线初始值低于电源输出电压的原因主要有哪些?

4. 做过的物理实验中,你认为哪些实验可以采用计算机采集技术? 请简要分析使用计算机采集数据首先需要解决的主要问题和优点.

# 实验 4.4　阻尼振动与受迫振动研究

振动是自然界中最常见的运动形式之一.在振动过程中,如果振动系统不受外力作用,则产生的振动为自由振动.如果受到的外力仅为阻尼力,则振动为阻尼振动(又称衰减振动).阻尼振动时,能量会随时间逐步减小,要使系统振动下去,需要外部提供持续作用的驱动力,这种振动称为受迫振动.

课件

受迫振动时振幅不仅与驱动力大小有关,还与驱动力的频率有关.振幅越大,振动系统能量就越大,在一定频率振幅达到最大值的振动状态称为共振.在电学中,振荡电路的共振现象称为谐振.在声学中,共振也称为共鸣,如两个频率相同的音叉靠近,其中一个振动发声时,另一个也会发声.许多仪器和装置都是基于各种各样的共振现象制成,如超声发生器、无线电接收机、交流电的频率计等.同时共振也具有一定的破坏作用,如引起建筑物的垮塌、电气元件的烧毁等.在微观科学中,共振同样是一种研究手段,例如,人们可用核磁共振和顺磁共振研究物质结构等.总之,阻尼振动和受迫振动在物理和工程技术中得到了广泛的重视,研究共振阻尼及受迫振动规律具有十分重要的意义.本实验将采用波尔共振仪研究机械阻尼振动和受迫振动的特性.

实验相关

【实验目的】

1. 理解自由振动、阻尼振动、受迫振动的特点,研究阻尼力矩对受迫振动的影响.

2. 观察共振现象,研究受迫振动的幅频特性和相频特性.

3. 学习用频闪法测定相位差.

【实验原理】

实验采用的波尔共振仪结构如图 4-4-1 所示.铜质摆轮 4 在作受迫振动时受到三种力矩作用:涡卷弹簧 6 提供的弹性力矩 $-k\theta$,轴承、空气和电磁阻尼力矩 $-b\dfrac{\mathrm{d}\theta}{\mathrm{d}t}$,电动机偏心轮通过连杆机构 9 提供的驱动力矩 $M = M_0\cos \omega t$.

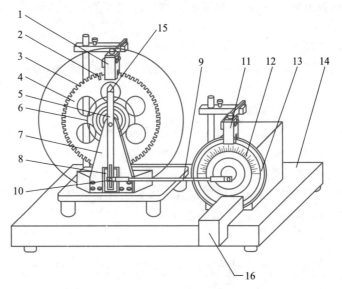

1—光电门；2—长凹槽；3—短凹槽；4—铜质摆轮；5—摇杆；6—涡卷弹簧；

7—机架；8—阻尼线圈；9—连杆机构；10—摇杆调节螺钉；11—光电门；

12—角度盘；13—有机玻璃转盘；14—底座；15—弹簧夹持螺钉；16—闪光灯.

图 4-4-1    波尔共振仪

根据转动定理,运动方程为

$$J \frac{\mathrm{d}^2\theta}{\mathrm{d}t^2} = -k\theta - b\frac{\mathrm{d}\theta}{\mathrm{d}t} + M_0\cos\omega t \tag{4-4-1}$$

式中,$J$ 为摆轮的转动惯量,$k$ 为弹簧的扭转常量(或系数),$b$ 为阻尼力矩系数,$M_0$ 为驱动力矩的幅值,$\omega$ 为驱动力矩的角频率.

令 $\omega_0^2 = \dfrac{k}{J}$,$2\beta = \dfrac{b}{J}$,$m = \dfrac{M_0}{J}$,则式(4-4-1)变为

$$\frac{\mathrm{d}^2\theta}{\mathrm{d}t^2} + 2\beta\frac{\mathrm{d}\theta}{\mathrm{d}t} + \omega_0^2\theta = m\cos\omega t \tag{4-4-2}$$

式中,$\beta$ 为衰减系数,$\omega_0$ 为摆轮系统的固有角频率.

当 $m\cos\omega t = 0$、$\beta = 0$ 时,系统振动为自由振动;当 $m\cos\omega t = 0$、$\beta \neq 0$ 且 $\beta < \omega_0$ 时,系统振动为阻尼振动.

在小阻尼,即 $\beta^2 < \omega_0^2$ 时,方程(4-4-2)的通解为

$$\theta = \theta_1 + \theta_2 = \theta_0 \mathrm{e}^{-\beta t}\cos(\omega_\mathrm{f}t + \alpha) + \theta_{2m}\cos(\omega t - \varphi) \tag{4-4-3}$$

此解为两项之和,表明受迫振动包含两部分.第一部分为阻尼振动,$\omega_\mathrm{f} = \sqrt{\omega_0^2 - \beta^2}$,随时间逐渐衰减直至消失,反映了受迫振动的暂态行为,仅与初始条件有关,与驱动力矩无关.第二部分为稳定的振动,振动频率与驱动力矩的频率相同.

由此可见,摆轮的受迫振动在开始时比较复杂,但经过较短时间后,阻尼振动衰减到可以忽略不计,变为频率、振幅稳定的振动,即简谐振动.其振幅与初相位(即角位移与驱动力矩之间的相位差)分别为

$$\theta_{2m} = \frac{m}{\sqrt{(\omega_0^2 - \omega^2)^2 + 4\beta^2 \omega^2}} \qquad (4-4-4)$$

$$\varphi = \arctan \frac{2\beta\omega}{\omega_0^2 - \omega^2} \qquad (4-4-5)$$

由式(4-4-4)和式(4-4-5)可看出,振幅 $\theta_{2m}$ 与初相位差 $\varphi$ 既与振动系统的性质和阻尼情况有关,也与驱动力矩的频率 $\omega$ 和幅度 $M_0$ 有关,而与振动初始状态无关.

由极值条件 $\dfrac{\partial \theta_{2m}}{\partial \omega} = 0$ 可得出,当驱动力矩的角频率 $\omega = \sqrt{\omega_0^2 - 2\beta^2}$ 时,振动的振幅达到极大值,产生共振.共振时的角频率 $\omega_r$、振幅 $\theta_r$ 和相位差 $\varphi_r$ 分别为

$$\omega_r = \sqrt{\omega_0^2 - 2\beta^2} \qquad (4-4-6)$$

$$\theta_r = \frac{m}{2\beta\sqrt{\omega_0^2 - \beta^2}} \qquad (4-4-7)$$

$$\varphi_r = \arctan \frac{\sqrt{\omega_0^2 - 2\beta^2}}{\beta} \qquad (4-4-8)$$

式(4-4-6)、式(4-4-7)、式(4-4-8)表明,衰减系数 $\beta$ 越小,共振时角频率 $\omega_r$ 越接近于系统固有角频率 $\omega_0$,振幅 $\theta_r$ 也越大,振动角位移的相位滞后于驱动力矩的相位越接近于 $\pi/2$.

图 4-4-2 和图 4-4-3 给出了在不同衰减系数 $\beta$ 条件下受迫振动的幅频特性和相频特性.

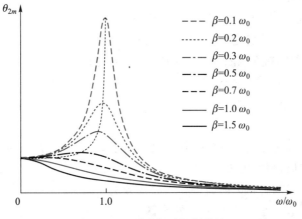

图 4-4-2 受迫振动幅频特性

【实验器材】

波尔共振仪由振动仪与电气控制箱两部分组成.

振动仪部分如图 4-4-1 所示,铜质摆轮 4 安装在机架上,涡卷弹簧 6 的一端与摆轮 4 的轴相连,另一端可固定在机架支柱上,在弹性限度内,摆轮在弹簧弹性力的作用下,可绕轴自由往复摆动.在摆轮的外围有一圈凹槽,其中一个长凹槽 2 比其他凹槽长出许多,机架上对准长凹槽处有一个光电门 1,它与电气控制箱相连,用来测量摆轮的振幅角度值

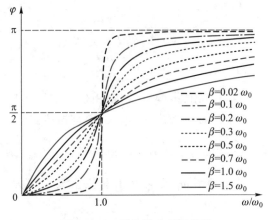

图 4-4-3    受迫振动相频特性

和摆轮的振动周期.在机架下方有一对带有铁芯的线圈 8,摆轮 4 恰巧嵌在铁芯的空隙,当线圈中通入直流电流后,摆轮受到一个电磁阻尼力的作用.改变电流的大小即可使阻尼力大小发生相应变化,为使摆轮作受迫振动,在电机轴上装有偏心轮,通过连杆机构 9 带动摆轮,在电机轴上装有带刻线的有机玻璃转盘 13,它随电机一起转动,由它可以从角度盘 12 读出相位差 $\varphi$.调节控制箱上的驱动力周期调节旋钮,可以精确改变加在电机上的电压,使电机的转速在实验范围(30~45 r/min)内连续可调.由于电路中采用特殊稳速装置、电机采用惯性较小的带有测速发电机的特种电机,所以转速极为稳定.电机的有机玻璃转盘上装有两个挡光片,在角度盘中央上方 90°处也有光电门 11(驱动力矩信号),并与控制箱相连,以测量驱动力矩的周期.

受迫振动时,摆轮与外力矩的相位差是利用小型闪光灯来测量的,闪光灯受摆轮信号光电门 1 控制,每当摆轮上长凹槽 2 通过平衡位置时,光电门 1 接收光,引起闪光,这一现象称为频闪现象.在情况稳定时,在闪光灯照射下我们可以看到有机玻璃转盘 13 的指针好像一直"停"在某一刻度处,所以我们可以方便地直接读出此数值,误差不大于 2°.闪光灯放置位置如图 4-4-1 所示,请将其搁置在底座上,切勿拿在手中直接照射角度盘.

摆轮振幅是利用光电门 1 测出摆轮 4 上凹槽个数来确定的,并在控制箱液晶显示窗口上直接显示出数值,精度为 1°.

波尔共振仪电气控制箱的前面板和后面板分别如图 4-4-4 和图 4-4-5 所示.

驱动力周期调节旋钮为带有刻度的十圈电位器,调节此旋钮可以精确改变电机转速,即改变驱动力矩周期.锁定开关,电位器刻度锁定,要调节大小需将开关打开,×0.1 挡每旋转一圈,×1 挡变化一个数字.一般调节刻度仅供实验参考,以便大致确定驱动力矩周期值在多圈电位器上的位置.

我们可以通过软件控制阻尼线圈内直流电流的大小,达到改变摆轮系统阻尼系数的目的.阻尼挡位的选择通过软件控制,共分为 3 挡,分别是"阻尼 1""阻尼 2""阻尼 3".阻尼电流由恒流源提供,实验时根据不同情况进行选择(可先选择在"阻尼 2"处,若共振时振幅太小则可改用"阻尼 1"),振幅控制在 150°左右.

闪光灯开关用来控制闪光与否,当按下开关、摆轮长凹槽通过平衡位置时便产生闪

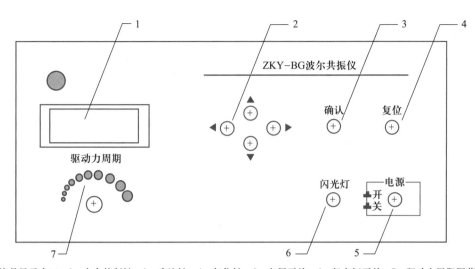

1—液晶显示窗口；2—方向控制键；3—确认键；4—复位键；5—电源开关；6—闪光灯开关；7—驱动力周期调节旋钮.

图 4-4-4　波尔共振仪前面板示意图

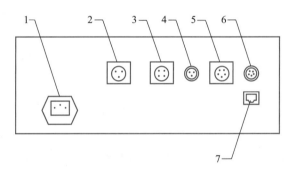

1—电源插座（带保险）；2—闪光灯接口；3—阻尼线圈；4—电机接口；
5—振幅输入；6—周期输入；7—通信接口.

图 4-4-5　波尔共振仪后面板示意图

光,由于频闪现象,我们可从角度盘上看到刻线似乎静止不动(实际有机玻璃转盘上的刻线一直在匀速转动),从而读出相位差数值.为使闪光灯管不易损坏,本仪器采用按钮式开关,仅在测量相位差时才按下按钮.

【实验内容与要求】

1. 实验准备

按下电源开关后,屏幕上出现欢迎界面,其中 NO.0000X 为电气控制箱与计算机主机相连的编号,记下编号,过几秒后屏幕上显示如图 4-4-6(a)所示的"按键说明"字样.符号"◀"为向左移动;"▶"为向右移动;"▲"为向上移动;"▼"为向下移动.下文中的符号不再重新介绍.

2. 选择实验方式

根据是否连接计算机选择联网模式或单机模式,本实验选择联网模式,这两种方式下的操作完全相同.

▶ 振动状态观测

3. 自由振动——摆轮振幅 $\theta$ 与系统固有周期 $T_0$ 对应值的测量

自由振动实验是为了测量摆轮振幅 $\theta$ 与系统固有振动周期 $T_0$ 的关系.一般认为一个弹簧的弹性系数 $k$ 应为常量,与弹簧扭转的角度无关.实际上,由于制造工艺及材料性能的影响,$k$ 值随着弹簧扭转角度的改变而略有变化,因此在振幅不同时系统的固有频率 $\omega_0$ 有微小变化.如果取平均值,计算的相位差理论值就会引起误差,所以可测出摆轮振幅不同时相应的固有周期,在计算固有频率时,应根据不同振幅对应的周期值计算,这样可以使系统误差明显减小,具体测量方法如下:

在图 4-4-6(a)状态下按确认键,显示如图 4-4-6(b)所示的实验步骤界面,默认选中项为"自由振动",字体反白为选中,再按确认键显示如图 4-4-6(c)所示界面.

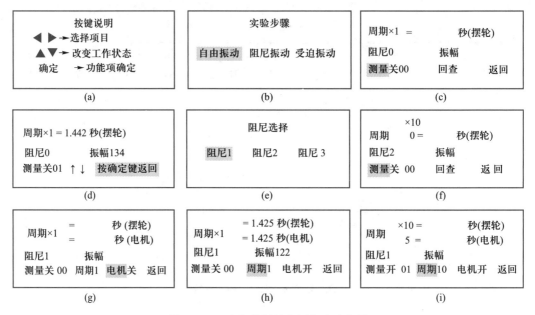

图 4-4-6    电气控制箱使用方法示意图

首先使转盘指针处于"0"位置,用手转动摆轮至 160°左右,放开手后按"▲"或"▼"键,测量状态由"关"变为"开",控制箱开始记录实验数据,振幅的有效数值范围为 160°~50°(振幅小于 160°时测量开始,小于 50°时测量自动关闭),显示"测量关"时,数据已保存.

查询实验数据可按"◀"或"▶"键,选中"回查",再按确认键,进入如图 4-4-6(d)所示界面,表示第一次记录的振幅 $\theta_0 = 134°$,对应的周期 $T = 1.442$ s,然后按"▲"或"▼"键查看所有记录的数据,该数据为每次测量振幅相对应的周期值,回查完毕,按确认键,返回到图 4-4-6(c)所示状态,用此方法可作出振幅 $\theta$ 与 $T_0$ 的对应表.该对应表将在稍后的幅频特性和相频特性数据处理过程中使用.

4. 测定衰减系数 $\beta$

在图 4-4-6(b)所示状态下,根据实验要求按"▶"键,选中"阻尼振动",按确认键显示阻尼选择界面,如图 4-4-6(e)所示.阻尼分三个挡位,阻尼 1 最小、根据实际实验要求选择阻尼挡位,例如选择阻尼 2 挡,按确认键显示如图 4-4-6(f)所示界面.

　　首先使有机玻璃转盘指针处于 0° 位置,用手转动摆轮至 160° 左右,释放后减速,按 "▲" 或 "▼" 键,测量由 "关" 变为 "开" 并记录数据,仪器记录 10 组数据后,测量自动关闭,此时振幅大小还在变化,但仪器已经停止计数.

　　阻尼振动的回查同自由振动类似,请参照上面的步骤操作.若改变阻尼挡位测量,则重复阻尼 2 的操作步骤即可.

　　由于摆轮作阻尼振动时振幅按指数规律衰减,即 $\theta = \theta_0 e^{-\beta t}$,所以我们可先取对数、再用逐差法确定衰减系数.从液晶显示窗口读出摆轮作阻尼振动时的振幅数值 $\theta_1, \theta_2, \cdots,$ $\theta_n$,利用公式

$$\ln \frac{\theta_0 e^{-\beta t}}{\theta_0 e^{-\beta(t+nT)}} = n\beta \overline{T} = \ln \frac{\theta_0}{\theta_n} \tag{4-4-9}$$

求出 $\beta$ 值,式中 $n$ 为阻尼振动的周期数,$\theta_n$ 为第 $n$ 次振动时的振幅,$\overline{T}$ 为阻尼振动周期的平均值,此值可通过测出 10 个摆轮振动周期值,然后取其平均值获得.一般衰减系数需要测量 2~3 次.

　　5. 测量受迫振动的幅频特性和相频特性曲线

　　在进行受迫振动实验前必须先做阻尼振动实验,否则无法实验.仪器在图 4-4-6(b) 所示状态下,选中 "受迫振动",按确认键显示如图 4-4-6(g) 所示界面,默认状态为 "电机".按 "▲" 或 "▼" 键,让电机启动,此时保持周期数为 1,待摆轮和电机的周期相同,特别是振幅已稳定,变化不大于 1,表明两者已经稳定了 [如图 4-4-6(h) 所示],方可开始测量.

　　测量前应先选中周期,按 "▲" 或 "▼" 键把周期数由 1 [如图 4-4-6(g) 所示] 改为 10 [如图 4-4-6(i) 所示](目的是减少误差,若不改周期,测量无法打开).再选中测量,按下 "▲" 或 "▼" 键,测量打开并记录数据 [如图 4-4-6(i) 所示].一次测量完成,显示 "测量关" 后,读取摆轮的振幅值,并利用闪光灯测定受迫振动位移与驱动力矩间的相位差.调节驱动力周期调节旋钮,改变电机的转速,即改变驱动力频率 $\omega$,从而改变电机转动周期.电机转速的改变可按照将 $\varphi$ 控制在 10° 左右来定,可进行多次这样的测量.每次改变驱动力矩的周期,都需要等待系统稳定,约需两分钟,即返回到图 4-4-6(h) 所示状态,等待摆轮和电机的周期一致,然后再进行测量.

　　在共振点附近由于曲线变化较大,此时电机转速的极小变化会引起 $\varphi$ 的很大改变,因此测量数据应相对密集些.驱动力周期调节旋钮上的刻度数值为参考值,建议在不同 $\omega$ 时都记下此值,以便重新测量时可快速找到用作参考.

　　测量相位时应把闪光灯放在电机的玻璃转盘下前方,按下闪光灯开关,根据频闪现象来测量,测量过程中应仔细观察相位位置.

　　受迫振动测量完毕,按 "◀" 或 "▶" 键,选中 "返回",按确认键,重新回到图 4-4-6(b) 所示状态.

　　6. 关机

　　在图 4-4-6(b) 所示状态下,按住复位键,几秒后仪器自动复位,此时所做实验数据全部清除,然后按下电源开关,结束实验.

## 【数据记录与处理】

### 1. 摆轮振幅 $\theta$ 与系统固有周期 $T_0$ 的关系（表 4-4-1）

表 4-4-1　振幅 $\theta$ 与固有周期 $T_0$ 的关系记录表

| 序号 | 1 | 2 | 3 | 4 | 5 | ... |
|---|---|---|---|---|---|---|
| 振幅 $\theta/(°)$ | | | | | | |
| 固有周期 $T_0/\text{s}$ | | | | | | |

### 2. 衰减系数 $\beta$ 的计算

利用式（4-4-10）对所测数据（表 4-4-2）按逐差法处理，求出 $\beta$ 值.

$$5\beta\overline{T} = \ln\frac{\theta_i}{\theta_{i+5}} \tag{4-4-10}$$

式中，$i$ 为阻尼振动的周期数，$\theta_i$ 为第 $i$ 次振动时的振幅.

表 4-4-2　测定衰减系数 $\beta$　　　　　阻尼挡位：_____

| 序号 | 振幅 $\theta/(°)$ | 序号 | 振幅 $\theta/(°)$ | $\ln\dfrac{\theta_i}{\theta_{i+5}}$ |
|---|---|---|---|---|
| $\theta_1$ | | $\theta_6$ | | |
| $\theta_2$ | | $\theta_7$ | | |
| $\theta_3$ | | $\theta_8$ | | |
| $\theta_4$ | | $\theta_9$ | | |
| $\theta_5$ | | $\theta_{10}$ | | |
| | | $\overline{\ln\dfrac{\theta_i}{\theta_{i+5}}}$ | | |

$10T = $ _____ , $\overline{T} = $ _____ , $\beta = $ _____

### 3. 幅频特性和相频特性测量

（1）将实验数据填入表 4-4-3，并查表 4-4-1 找出与振幅 $\theta$ 对应的周期 $T_0$ 填入表 4-4-3，利用公式（4-4-5）计算得到 $\varphi_{\text{计算}}$.

（2）以 $\omega/\omega_0$ 为横轴，$\theta_{2m}$ 为纵轴，作幅频特性 $\theta_{2m}$-$\omega/\omega_0$ 曲线；以 $\omega/\omega_0$ 为横轴，$\varphi$ 为纵轴，作相频特性 $\varphi$-$\omega/\omega_0$ 曲线.

表 4-4-3　幅频特性和相频特性数据表　　　　　阻尼挡位：_____

| 序号 | 1 | 2 | 3 | 4 | 5 | ... |
|---|---|---|---|---|---|---|
| 驱动力周期/s | | | | | | |
| 相位差测量值 $\varphi/(°)$ | | | | | | |
| 摆轮振幅 $\theta_{2m}/(°)$ | | | | | | |

续表

| 与振幅 $\theta_{2m}$ 对应的固有周期 $T_0/s$ | | | | | |
|---|---|---|---|---|---|
| $\dfrac{\omega}{\omega_0}=\dfrac{T_0}{T}$ | | | | | |
| $\varphi_{计算}/(°)$ | | | | | |

（3）弱阻尼时衰减系数的简化处理方法（选做）.

在衰减系数较小（满足 $\beta^2 \ll \omega_0^2$）情况下，在共振位置附近 $\omega \approx \omega_0$，则 $\omega_0+\omega \approx 2\omega_0$，由式（4-4-4）和式（4-4-7）可得

$$\frac{\theta_{2m}}{\theta_r} \approx \frac{\beta}{\sqrt{(\omega-\omega_0)^2+\beta^2}} \tag{4-4-11}$$

当 $\theta_{2m}=\theta_r/\sqrt{2}$ 时，可得 $\omega-\omega_0=\pm\beta$.

据此可由幅频特性曲线直接读出 $\theta_{2m}=\theta_r/\sqrt{2}$ 处对应的两个横坐标 $\omega_2/\omega_0$ 和 $\omega_1/\omega_0$，从而求出 $\beta$ 值.

将此法与逐差法求得的 $\beta$ 值作一比较并讨论.

【注意事项】

1. 受迫振动实验时，调节仪器面板驱动力周期调节旋钮，从而改变电机转动周期，该实验必须做 10 次以上，其中必须包括电机转动周期与自由振动实验时自由振动周期相同的情况.

2. 在做受迫振动实验时，需待电机与摆轮的周期相同（末位数差异不大于 1）即系统稳定后，方可记录实验数据，且每次改变驱动力的周期，都需要重新等待系统稳定.

3. 因为闪光灯的高压电路及强光会干扰光电门采集数据，因此须待一次测量完成，显示"测量关"后［参见图 4-4-6(h)］，才可使用闪光灯读取相位差.

【思考与讨论】

1. 如何判断是否达到共振状态？如何将系统调节到共振状态？
2. 实验中用什么方法来改变阻尼力矩的大小？
3. 实验中怎样用频闪法测量相位差？
4. 受迫振动中的振幅和相位差与哪些因素有关？
5. 测量阻尼振动周期时，测 $10T$ 与测 $T$ 的方法有何区别？

# 实验 4.5　弗兰克–赫兹实验

1913 年，丹麦物理学家玻尔（N.Bohr）在卢瑟福（E.Rutherford）原子模型的基础上，结合普朗克的量子理论，成功地解释了原子的稳定性和线状光谱理论，并因此获得了 1922

■ 课件

■ 实验
相关

年诺贝尔物理学奖.根据卢瑟福提出的原子模型,1914 年德国物理学家弗兰克(J.Franck)和赫兹(G.Hertz)利用慢电子(能量至多为几十电子伏)与单元素气体原子碰撞的办法,研究了电子与原子碰撞前后电子能量改变的情况,测定了汞原子的第一激发电势,证明了原子内部量子化能级的存在,给玻尔理论提供了独立于光谱研究方法的实验证据.之后,他们又观测了被激发的原子回到正常态时所辐射的光,发现辐射光的频率很好地满足了玻尔的频率定则.弗兰克和赫兹的这些成就,对原子物理的发展起到了重大作用,为此获得了 1925 年诺贝尔物理学奖.

弗兰克-赫兹实验至今仍是探索原子结构的重要手段之一,实验中用拒斥电压筛选电子的方法已成为广泛应用的实验技术.通过对该实验的学习,我们可以了解弗兰克和赫兹在研究原子内部能量状态时,将难于直接观测的电子与原子碰撞、能量交换以及能量状态变化的微观过程用宏观量反映出来的科学方法.通过学习其巧妙的科学思想和设计方法,培养学生的创新思维和解决实际问题的能力.

【实验目的】

1. 理解弗兰克-赫兹实验的设计思想、原理和方法.

2. 测定氩原子的第一激发电势,证明原子能级的存在,加深对量子化概念的认识.

3. 了解微电流的测量方法.

4. 学习科学家巧妙的科学思想和设计方法,培养实验者的创新思维和解决实际问题的能力.

【实验原理】

在卢瑟福的原子模型基础上,玻尔的原子理论指出:

(1) 定态假设,即原子只能较长时间地处于一系列稳定状态,简称定态.各定态具有确定的能量 $E_i(i=1,2,3,\cdots)$,这些能量是彼此分立、不连续的,称为能级.能量最低的状态称为基态,能量较高的状态称为激发态.

(2) 频率定则,原子从一个定态向另一个定态跃迁时,伴随着电磁波(光)的吸收或辐射.电磁波频率 $\nu$ 取决于两定态的能量 $E_m$ 和 $E_n$ 之间的能量差,满足

$$h\nu = E_m - E_n \qquad (4-5-1)$$

式中,$h$ 为普朗克常量,$h = 6.63 \times 10^{-34}$ J · s.

正常情况下,绝大多数原子处于基态.原子由基态跃迁到激发态时,需要足够的能量.从基态跃迁到第一激发态所需的能量最低,称为临界能量;从基态跃迁到最高激发态直至电离时,所需的能量最高,称为电离能量.使原子状态发生改变,通常有两种方法:一是原子本身吸收或辐射电磁波;二是原子与其他粒子发生碰撞,交换能量.本实验中采用了后者.

弗兰克-赫兹实验的原理可用图 4-5-1 来说明.在充氩的弗兰克-赫兹管中,用电源(电动势为 $U_F$)加热灯丝 F,使旁热式阴极 K 被加热而产生慢电子,在加速电压 $U_{G1K}$ 的作用下,越过第一栅极 $G_1$ 进入 $G_1G_2$ 空间,第一栅极 $G_1$ 的作用是防止因阴极 K 表面附近积累电子而产生势垒,提高发射效率.阴极 K 和第二栅极 $G_2$ 之间的加速电压 $U_{G2K}$ 使电子加速.在板极 A 和第二栅极 $G_2$ 之间加有反向拒斥电压 $U_{G2A}$.管内空间电势分布如图 4-5-2

所示.当电子通过 KG$_2$ 空间进入 G$_2$A 空间时,如果能量大于 $eU_{G2A}$,就能克服反向拒斥电场作用而到达板极 A、形成电流,被检流计检出.实验中若保持 $U_{G1K}$、$U_{G2A}$ 不变,逐步增加 $U_{G2K}$,电子的能量将不断增加,与氩原子碰撞后到达板极 A,形成电流,$I_A$-$U_{G2K}$ 曲线如图 4-5-3 所示.

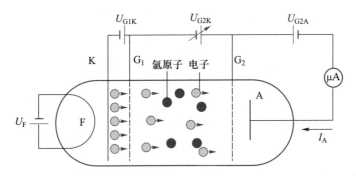

图 4-5-1　弗兰克-赫兹实验原理

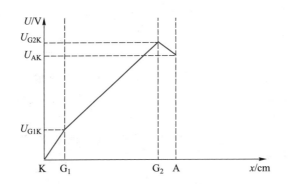

图 4-5-2　弗兰克-赫兹管电势分布

图 4-5-3 所示的曲线反映了氩原子在 G$_1$G$_2$ 空间中与电子碰撞时进行能量交换的情况.当电压 $U_{G2K}$ 逐渐增加时,电子在 KG$_2$ 空间被加速而取得越来越大的能量.起始阶段,由于电压较低,电子的能量较小,即使在运动过程中与原子相碰撞也只有较少的能量交换(可认为弹性碰撞),不足以使氩原子状态发生变化,因而穿过第二栅极的电子所形成的阳极电流 $I_A$ 将随 $U_{G2K}$ 的增加而增大($Oa$ 段).当 $U_{G2K}$ 达到氩原子的第一激发电势 $U_0$ 时,电子获得的能量将达到氩原子的临界能量,在与氩原子相碰撞时,电子将一部分能量传递给氩原子,使氩原子从基态跃迁到第一激发态,致使电子本身能量下降,不能克服反向拒斥电场而返回第二栅极(被筛选掉),这时板极电流将显著减小($ab$ 段).随着 $U_{G2K}$ 的进一步增加,电子的能量又逐渐增加,在与氩原子相碰撞后还可能留下足够的能量,克服反向拒斥电场而到达板极 A,这时电流又开始上升($bc$ 段).直到 $U_{G2K}$ 是氩原子第一激发电势的二倍时,电子在 G$_1$G$_2$ 空间会发生二次碰撞而失去能量,因而又会造成第二次电流的下降($cd$ 段).如此进行下去,凡是在满足 $U_{G2K}=nU_0$($n=1,2,3,\cdots$)的情况下,阳极电流 $I_A$ 都会相应下降,形成规则起伏变化的 $I_A$-$U_{G2K}$ 曲线.

由 $I_A$-$U_{G2K}$ 曲线可知,阳极电流 $I_A$ 并不是突然下降的,而是有一个渐变的过程,这是因为阴极发射的电子的初始速度不是完全相同的,服从一定的统计分布规律.另外,由于

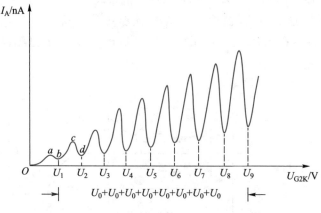

图 4-5-3   弗兰克-赫兹管的 $I_A$-$U_{G2K}$ 曲线

电子与氩原子的碰撞有一定的概率,在大部分电子与氩原子碰撞而损失能量的同时,还会有一些电子没有发生碰撞而直接到达了板极,所以阳极电流不会降为零.

　　以上分析体现了原子吸收能量的量子化特性,$I_A$-$U_{G2K}$ 曲线中相邻两峰值(或谷值)的电势差都相等,均为 $U_0$.当 $U_{G2K} = nU_0(n = 1, 2, 3, \cdots)$ 时,电流 $I_A$ 都会急剧下降.亦即当电子的能量为 $eU_0$ 时,原子就会吸收电子的能量而激发.因此可以认为 $eU_0$ 是原子由基态激发到第一激发态所需的最低能量.由此可见,$I_A$-$U_{G2K}$ 曲线中相邻峰值间的电势差即为氩原子的第一激发电势.本实验就是依此实际测量来证实原子能级的存在,并测定出氩原子的第一激发电势的.

　　一般原子处于激发态时是不稳定的,它会自动跃迁回基态,并同时以光量子的形式释放出获得的能量,其频率

$$\nu = eU_0/h \tag{4-5-2}$$

对于氩原子,$U_0 = 11.5$ V,辐射光的波长为

$$\lambda = \frac{hc}{eU_0} = \frac{6.63\times10^{-34}\times3.00\times10^8}{1.6\times10^{-19}\times11.5} \text{ m} = 1.08\times10^2 \text{ nm} \tag{4-5-3}$$

如果在弗兰克-赫兹管中充以其他元素,同样可以得到它们的第一激发电势.

【实验器材】

ZKY-FH-2 型智能弗兰克-赫兹实验仪.

　　实验仪具有手动、自动测量功能.选择手动测量模式时,需调节 $U_{G2K}$,读取电流 $I_A$,从而完成 $I_A$-$U_{G2K}$ 曲线的逐点测量;选择自动测量模式时,需与计算机或数字示波器配合,在计算机或示波器中得到完整的 $I_A$-$U_{G2K}$ 曲线,读取、记录需要的数据.

【实验内容与要求】

　　仔细阅读相关仪器的说明书,熟悉实验仪器的功能和使用方法,按照实验要求连接电路后,完成以下内容.

　　1. 自动测量氩原子的第一激发电势

　　将弗兰克-赫兹实验仪与计算机或数字示波器相连,选择不同的灯丝电压 $U_F$、加速电

压 $U_{G1K}$ 或拒斥电压 $U_{G2A}$,观察并记录 5~6 条 $I_A$-$U_{G2K}$ 曲线,对于每条曲线,要求至少记录 6 个峰(谷)对应的电压、电流大小.

2. 手动测量氩原子的第一激发电势(选做)

选择合适的灯丝电压 $U_F$、加速电压 $U_{G1K}$、拒斥电压 $U_{G2A}$ 后,调节电压 $U_{G2K}$,读取电流 $I_A$,对于每条曲线,要求至少记录 6 个峰(谷)对应的电压、电流大小.

改变灯丝电压 $U_F$、加速电压 $U_{G1K}$ 或拒斥电压 $U_{G2A}$,观察并记录 3~4 条 $I_A$-$U_{G2K}$ 曲线.

注意:测量时,应根据曲线的变化趋势合理选择测量点,在峰(谷)附近应密集测量.

【数据记录与处理】

1. 由自动(手动)测量的电压、电流数据,作 $I_A$—$U_{G2K}$ 曲线.根据曲线,读取 6 个以上峰(谷)对应的电压、电流值,自拟表格记录,并用逐差法或最小二乘法处理数据,求得氩原子的第一激发电势.

2. 将计算出的氩原子的第一激发电势与理论值 $U_0 = 11.5$ V 比较,计算相对误差.

3. 分析灯丝电压 $U_F$、加速电压 $U_{G1K}$ 和拒斥电压 $U_{G2A}$ 对 $I_A$—$U_{G2K}$ 曲线的影响.

【注意事项】

1. 实验仪与弗兰克-赫兹管之间的连线必须一一对应,不可接错.

2. 在实验过程中当 $U_{G2K}$ 较大时,管子有被击穿的可能.测量过程中,管子一旦被击穿,电流会突然增加,此时应迅速把 $U_{G2K}$ 降低,以防损坏管子.

【思考与讨论】

1. 灯丝电压对弗兰克-赫兹实验的 $I_A$-$U_{G2K}$ 曲线形状有何影响? 对第一激发电势的测量有何影响?

2. 从 $I_A$-$U_{G2K}$ 曲线上可以看到阳极电流并不是突然下降,而是有一个变化的过程(电流的峰有一定的宽度),而且出现峰值后电流不能降为零,这是为什么?

3. 为什么要在阴极和栅极间加一个反向拒斥电压 $U_{G2A}$,其作用是什么?

4. 本实验能否用氢气代替氩气,为什么?

# 实验 4.6 光电效应与普朗克常量的测量

普朗克常量(公认值为 $6.62607015 \times 10^{-34}$ J·s)是自然界中几个很重要的普适常量之一(如光速 $c$、引力常量 $G$ 等),是普朗克在 19 世纪末在解决黑体辐射问题时发现的,它可以用光电效应法简单而又较准确地测出.

19 世纪末,物理学家赫兹用实验验证电磁波的存在时,发现了光电效应这一现象.随后人们对其进行了大量的实验研究,总结出了一系列的实验规律.但是,这些实验规律都无法用当时人们熟知的电磁波理论加以解释.1905 年,爱因斯坦大胆地把普朗克在进行黑体辐射研究过程中提出的辐射能量不连续的观点应用于光辐射,提出了"光量子"概念,从而成功地解释了光电效应的各项基本规律,使人们对光的本性认识有了一个飞跃,

课件

实验
相关

建立了著名的爱因斯坦光电效应方程.1916年密立根用实验验证了爱因斯坦的上述理论,并精确测量了普朗克常量,证实了爱因斯坦光电效应方程的正确性.因在光电效应等方面的杰出贡献,爱因斯坦、密立根分别于1921年和1923年获得了诺贝尔物理学奖.

在物理学发展中,光电效应现象的发展,对人们认识光的波粒二象性,具有极为重要的意义.光电效应除了为量子论提供了一种直观、鲜明的论证方法以外,也提供了一种简单有效的测量普朗克常量的方法.随着科学技术的发展,光电效应已广泛地应用于工农业生产、国防和许多科技领域,尤其是利用光电效应制成的光电管、光电池、光电倍增管等已成为生产和科研中不可缺少的传感和换能器件.学习光电效应实验并测定普朗克常量,可帮助学生了解量子物理学的发展和加深对光的本性认识.

【实验目的】

1. 了解光电效应的基本规律,加深对光电效应和光量子性的理解.
2. 学习验证爱因斯坦光电效应方程的实验方法,并测定普朗克常量.

【实验原理】

1. 光电效应

金属中的自由电子在光的照射下吸收光能,从金属表面逸出,这种现象称为光电效应.逸出的电子称为光电子,由其形成的电流称为光电流.

1905年,爱因斯坦大胆地把普朗克在进行黑体辐射研究过程中提出的辐射能量不连续的观点应用于光辐射,提出了光量子(简称光子)的概念,并建立了著名的爱因斯坦光电效应方程,从而成功解释了光电效应的规律.他认为,光与物质相互作用时,物质吸收或辐射的能量是不连续的,能量集中在一些称为光子的粒子上,每个光子都具有能量 $h\nu$,$h$ 是普朗克常量,$\nu$ 是光的频率.按照爱因斯坦的光子假说,在光电效应中,当光照射到金属表面时,金属中的一个自由电子从入射光中完全吸收一个光子的能量,能量的一部分用来克服金属表面对它的束缚,剩余的能量转化为电子逸出后的动能,如果电子脱离金属表面所需的逸出功为 $W_0$,电子逸出后其动能为

$$\frac{1}{2}mv^2 = h\nu - W_0 \qquad (4\text{-}6\text{-}1)$$

式(4-6-1)为爱因斯坦光电效应方程,其中 $m$ 是光电子质量,$v$ 是光电子离开金属表面时的最大速度.

观测光电效应的实验原理如图4-6-1所示.在光电管 GD 的阳极 A 和阴极 K 之间加一可以改变极性的电压 $U$,电路还与检流计 G 和电压表 V 相连.用强度为 $P$ 的单色光照射光电管的阴极 K 时,如有电子逸出,从 K 发射出的光电子向阳极 A 运动,在外电路中形成光电流.当阳极 A 加正电势、阴极 K 加负电势时,阴极释放出的光电子在电场的加速作用下向阳极 A 运动;而当阳极 A 加负电势、阴极 K 加正电势时,阴极释放出的光电子在电场作用下被减速,当反向电压达到 $U_a$

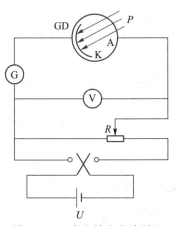

图4-6-1  光电效应实验原理

时,光电流为零,此时有

$$\frac{1}{2}mv^2 = eU_a \tag{4-6-2}$$

其中,$e$ 是电子电荷量的绝对值,$U_a$ 为截止电压,也称遏止电压.

光电效应有如下实验规律:

(1)饱和电流 $I_M$ 与光强 $P$ 成正比.

入射光频率及光强一定(有光电子产生,单位时间内产生的光电子数一定)时,光电流随两极正向电压的增加而增大,当电压增加到一定值时,所有的光电子到达阳极,光电流逐渐达到饱和.对不同的光强,饱和电流 $I_M$ 与入射光强度 $P$ 成正比,其伏安特性曲线如图 4-6-2 所示.

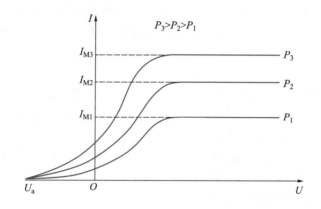

图 4-6-2　不同光强下的伏安特性曲线

(2)光电子初动能(或截止电压)与入射光频率 $\nu$ 成正比,与光强无关.

联立式(4-6-1)与式(4-6-2)可得

$$\frac{1}{2}mv^2 = eU_a = h\nu - W_0 \tag{4-6-3}$$

式(4-6-3)表明,不同的入射光频率对应着不同的初动能,即不同的入射光频率对应着不同的截止电压 $U_a$,二者成线性关系;而且,无论光强多大,照射时间多久,只有当入射光的频率大于 $\nu_0 = W_0/h$ 时,才能产生光电效应,$\nu_0$ 称为截止频率,其对应的波长称为截止波长,也称红限.截止电压与入射光频率的关系曲线如图 4-6-3 所示.

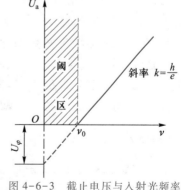

图 4-6-3　截止电压与入射光频率的关系曲线

(3)光电效应是瞬时效应,光的照射和光电子几乎同时产生.

只要入射光的频率大于 $\nu_0$,即使入射光强度非常微弱,一旦有光照射,立即就有光电子产生,所经过的时间至多为 $10^{-9}$ s 的数量级.

2. 普朗克常量的测定

由式(4-6-3)可得

$$U_{\mathrm a} = \frac{h}{e}\nu - \frac{W_0}{e} \tag{4-6-4}$$

若不同频率的单色光照射同一光电管($h$、$e$ 和 $W_0$ 一定),可得不同的截止电压.确切地说,截止电压 $U_{\mathrm a}$ 是入射单色光频率 $\nu$ 的线性函数.实验中,我们测出不同入射光波长下的光电管的 $I$-$U$ 特性曲线,从而确定 $U_{\mathrm a}$,再作 $U_{\mathrm a}$-$\nu$ 曲线,如为一直线,则可以验证爱因斯坦光电效应方程,并可根据斜率计算出普朗克常量 $h$ 的值.另外,找出曲线与横轴 $\nu$ 的交点,即可从图中求得该光电管的截止频率 $\nu_0$.

实际的 $I$-$U$ 特性曲线比图 4-6-2 复杂,因为实际的光电管在实验中还存在着附加的两个反向电流——阳极光电流和暗电流.

(1)阳极光电流.

当入射光照射到阴极 K 上时,一般都会使阳极受到漫反射光的照射,致使阳极亦有光电子发射,而外加电压 $U$ 对此光电子而言为加速电压,使之很容易抵达阴极,形成反向的阳极光电流.

(2)暗电流.

当光电管不受任何光照时,由于阳极与阴极间绝缘电阻不够高,以及常温下阳极 A 的热电子发射等因素,在外电压 $U$ 作用下光电管中会形成微弱的反向电流,通常称为光电管的暗电流,其伏安曲线接近于线性.

由此可见,实测光电流是正向阴极光电流、反向阳极光电流和反向暗电流叠加的结果,如图 4-6-4 中的实线所示.在实线与横轴相交的 b 点处,实测光电流已为零,但真正阴极光电流并未截止,故 $-U_{\mathrm b} \neq -U_{\mathrm a}$.阳极电流越小,则阴极电流上升得越快,$-U_{\mathrm b}$ 越接近 $-U_{\mathrm a}$,用 $-U_{\mathrm b}$ 代替 $-U_{\mathrm a}$ 的方法称为交点法.随着反向外加电压绝对值的增加,伏安曲线并未终止而是继续向反向电流方向延伸,并逐渐趋向饱和.对于某些阳极电流缓慢达到饱和的光电管,还可以采用反向电流开始饱和时的拐点电势代替 $-U_{\mathrm a}$,这种方法称为拐点法.但不论采取什么方法,均存在不同程度的系统误差.究竟用哪种方法,应根据实验所用的光电管而定.本实验所用的光电管阴极电流上升得很快,阳极电流很小,所以可采用交点法确定截止电压 $U_{\mathrm a}$.

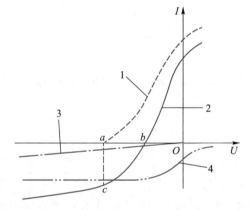

1—阴极光电流;  2—实测曲线;  3—暗电流;
4—阳极光电流.

图 4-6-4    实测伏安特性曲线分析

【实验器材】

实验装置由汞灯电源、汞灯及灯罩、滤光片(入射光波长为 365.0 nm、404.7 nm、435.8 nm、546.1 nm、577.0 nm)、光阑(直径为 2 mm、4 mm、8 mm)、光电管及暗箱、ZKY-GD-4 智能光电效应(普朗克常量)实验仪(含光电管电源和微电流放大器,仪器面板如图 4-6-5 所示)构成,如图 4-6-6 所示.光源与光电管暗箱安装在带有刻度尺的导轨上,可根据实验需要调节二者之间的距离.光源汞灯光谱范围为 320.3～872.0 nm,将光阑及滤光片插入光电管暗箱进光口上可获得不同光通量的单色光.实验仪有手动和自动两种工作模式,具有数据自动采集、存储、实时显示采集数据、动态显示采集曲线及查询数据的功能.

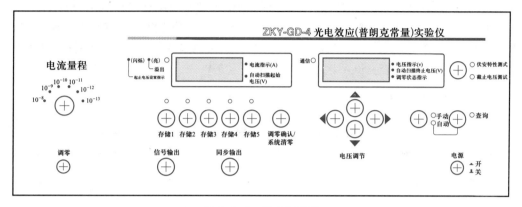

图 4-6-5　仪器面板图

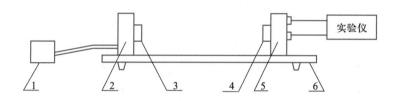

1—汞灯电源;　2—汞灯及灯罩;　3—汞灯出光口;　4—进光口;　5—光电管及暗箱;　6—导轨.

图 4-6-6　光电效应实验装置图

## 【实验内容与要求】

在导轨上将光电管与汞灯的距离调至约 400 mm 并保持不变,然后将实验仪及汞灯电源接通(汞灯及光电管暗箱遮光盖盖上),预热 20 分钟.

1. 普朗克常量的测量

将电流量程旋钮置于 $10^{-13}$ A 挡位,进行测试前的调零.调零时应将光电管暗箱电流输出端与实验仪微电流输入端(后面板上)间的高频匹配电缆断开,旋转调零旋钮使电流指示为"000.0".调节好后,再将电缆连接起来,按"调零确认/系统清零"键,系统进入测试状态.如改变电流量程,则需重新进行调零.

选定某一光阑,采用手动和自动模式分别测出不同入射光频率所对应的截止电压 $U_{a}$ 值.在自动模式测量中,对于不同滤光片,建议电压扫描范围大致设置如下:对 365 nm, $-1.90$～$-1.50$ V;对 405 nm,$-1.60$～$-1.20$ V;对 436 nm,$-1.35$～$-0.95$ V;对 546 nm,$-0.80$～$-0.40$ V;对 577 nm,$-0.65$～$-0.25$ V.

在测量各谱线的截止电压 $U_{a}$ 时,采用交点法(零电流法),即直接取各谱线照射下测得的电流为零时对应的电压 $U$ 的绝对值作为截止电压 $U_{a}$.

2. 测光电管的伏安特性曲线

按下"伏安特性测试/截止电压测试"状态键,转换到伏安特性测试状态.将电流量

程旋钮旋至 $10^{-10}$ A 挡,并重新调零.选定某一光阑及滤光片并装在光电管暗箱进光口上.

测量某一频率入射光在不同光强(改变光阑)下的伏安特性曲线,验证光电管饱和光电流与入射光光强成正比.测伏安特性曲线时,采用手动和自动两种模式均可,测量的最大范围为 $-1 \sim 50$ V,自动测量时步长为 1 V.本部分内容为手动模式下测量某一频率入射光、不同光阑条件下光电管的伏安特性曲线,电压测量范围为 $-1 \sim 50$ V,其中 $-1 \sim 5$ V 区间测量间隔可为 0.5 V,$5 \sim 50$ V 区间测量间隔可为 5 V.

【数据记录与处理】

1. 根据手动和自动模式分别测量的不同入射光频率对应的 $U_a$ 值绘出 $U_a$-$\nu$ 直线,求出斜率 $k$ 及截止频率 $\nu_0$,计算出普朗克常量 $h$,然后与 $h$ 的公认值 $h_0$ 比较,求出相对误差 $E = \dfrac{h - h_0}{h_0}$,取 $e = 1.602 \times 10^{-19}$ C,$h_0 = 6.626 \times 10^{-34}$ J·s.

2. 根据所测实验数据将不同光强条件下的 $I$-$U$ 曲线描绘在同一图中,从而验证光电效应饱和光电流与入射光光强成正比的规律.

【注意事项】

1. 保护滤光片.更换滤光片时注意避免污染,不能用手触摸.

2. 保护光电管.实验前或实验完毕后用遮光罩盖住光电管暗盒进光口,更换滤光片要先将汞灯出光口遮盖住,否则强光直接照射会降低光电管使用寿命.

3. 保护光源.实验中光源不能随便开关,实验完毕应及时关闭电源,以免影响使用寿命.

4. 改变仪器测量量程后,电流需要重新调零.

5. 实验过程中不要改变光源与光电管之间的距离.

6. 光电管进光口不要面对其他强光源(如窗户等),以减少杂散光干扰.

【思考与讨论】

1. 测量到的光电流是否完全是光电效应概念中的光电流?它还受到哪些因素的影响?

2. 截止电压是否因光强不同而改变?数据处理中如何确定截止电压?

3. 光电管中一般用逸出功小的金属作为阴极,用逸出功大的金属作为阳极,为什么?如何通过本实验确定阴极材料的逸出功大小?

# 实验 4.7   密立根油滴实验与电子电荷量的测定

元电荷(电子电荷量的绝对值)是物理学的基本常量之一,在物理学史上,通过确定电子的比荷,进而测定电子电荷量的绝对值,是一件极有意义的工作.19 世纪末,斯托尼(G.J.Stoney)最早提出用"电子"一词表示电荷的基本单位.汤姆孙(J.J.Thomson)、勒纳

（P.Lenard）和威尔孙（C.T.R.Wilson）等人曾以阴极射线管、气体云室证实电子的存在，并测定了电子的比荷.

从 1907 年开始，美国实验物理学家密立根（R. A. Millikan）花了多年时间精心设计了测量电荷的实验，并于 1913 年完成了该实验，即著名的密立根油滴实验.它证明了任何带电体所带的电荷都是某一最小电荷（元电荷）的整数倍，明确了电荷的不连续性，并精确测定了元电荷的数值 $e=(1.602\pm0.002)\times10^{-19}$ C.

密立根油滴实验在近代物理学的发展史上是一个十分重要的实验，该实验用宏观的力学模式来解释微观粒子的量子特性，实验设备简单而有效，构思和方法巧妙而简洁，测量结果准确，为从实验上测定其他基本物理量提供了可能性，在实验思想和实验装置上对后人很有启发性，一直被誉为实验物理学的典范.密立根由于测定了电子电荷量和借助光电效应测量出普朗克常量等成就，荣获了 1923 年度诺贝尔物理学奖.

密立根油滴实验原理在工业应用和科学研究中有着广泛应用，如可用于测量粉尘的电荷量，在静电除尘、静电分选、静电复印、静电喷雾等应用领域，有着十分重要的意义.

【实验目的】

1. 学习密立根油滴实验的设计思想和测量方法，测量油滴所带电荷量.
2. 学习推算电子电荷量的方法.
3. 通过实验，教会学生科学的实验方法，提高他们的实验能力与基本素质，培养他们求实的科学作风与精神.

【实验原理】

利用密立根油滴仪测量电子电荷量，关键在于测出油滴所带电荷量.通常测量方法有静态（平衡）测量法和动态（非平衡）测量法.

1. 静态（平衡）测量法

如图 4-7-1 所示，质量为 $m$、所带电荷量为 $q$ 的油滴，处于相距为 $d$、水平放置的两平行极板之间，两极板间的电压为 $U$，极板间的电场强度为 $E=U/d$.则油滴在平行极板间将同时受到重力 $mg$ 和电场力 $qE$ 的作用.改变两极板间的电压 $U$ 的大小和方向，就可以改变油滴受到的电场力的大小和方向.如果油滴所受的空气浮力可忽略不计，当油滴在极板间某处静止时，电场力与重力平衡，可以得到

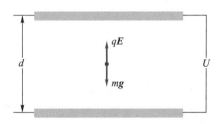

图 4-7-1　静态（平衡）测量法实验原理图

$$q=mg\frac{d}{U} \tag{4-7-1}$$

显然，为了测定油滴所带的电荷 $q$，除需测量 $U$ 和 $d$ 外，还需测量油滴的质量 $m$.由于油滴很小，半径一般在 $10^{-6}$ m 数量级，质量约在 $10^{-15}$ kg 数量级，且油滴的产生和选择都具随机性，用常规的方法是无法测量的，故采取如下方法测量.

当平行极板不加电压时，油滴受重力作用而加速下降，下降过程中同时受到空气黏性阻力 $F_f$ 的作用，如图 4-7-2 所示.油滴运动速度为 $v$，根据斯托克斯定律，黏性阻力为

$$F_f = 6\pi r\eta v \qquad (4\text{-}7\text{-}2)$$

图 4-7-2    静态测量法中油滴的受力图

式中, $\eta$ 是空气的黏度, $r$ 是油滴的半径(由于表面张力的原因, 可认为微小油滴呈小球状). 设油的密度为 $\rho$, 则油滴的质量 $m$ 可以表示为

$$m = \frac{4}{3}\pi r^3 \rho \qquad (4\text{-}7\text{-}3)$$

油滴下降一段距离达到某一速度 $v_g$ 后, 黏性阻力与重力 $mg$ 平衡, 油滴将匀速下降, 此时有

$$6\pi r\eta v_g = mg \qquad (4\text{-}7\text{-}4)$$

由式(4-7-3)和式(4-7-4)得到油滴的半径

$$r = \sqrt{\frac{9\eta v_g}{2\rho g}} \qquad (4\text{-}7\text{-}5)$$

由于斯托克斯定律仅适用于连续介质, 实验中油滴半径小到 $10^{-6}$ m 左右, 与空气分子的平均自由程接近, 已不能认为空气介质是连续介质, 必须对空气的黏度 $\eta$ 进行修正, 得到

$$\eta' = \frac{\eta}{1 + \dfrac{b}{pr}} \qquad (4\text{-}7\text{-}6)$$

式中, $b$ 为修正常量, $b = 8.23\times10^{-3}$ m·Pa, $p$ 为大气压强, 单位为 Pa. 油滴的半径 $r$ 因其处于修正项中, 不需十分精确, 可直接用式(4-7-5)计算.

当两极板间的电压 $U = 0$ 时, 测出油滴匀速下降距离 $l$ 的时间 $t_g$, 则

$$v_g = \frac{l}{t_g} \qquad (4\text{-}7\text{-}7)$$

因此

$$q = \frac{18\pi}{\sqrt{2\rho g}} \left[ \frac{\eta l}{t_g \left(1 + \dfrac{b}{pr}\right)} \right]^{\frac{3}{2}} \frac{d}{U} \qquad (4\text{-}7\text{-}8)$$

式中, $U$ 为处于平衡状态时的平衡电压, 可从油滴仪的电压表中读出; 油滴匀速下降距离 $l$ 所用的时间 $t_g$, 可通过油滴仪的计时器测定; $\rho$、$g$、$\eta$、$p$、$b$、$d$、$l$ 都是与实验条件、仪器有关的或设定的参量.

2. 动态(非平衡)测量法

静态(平衡)测量法中, 由于空气扰动和油滴蒸发等原因, 会产生非预期的影响和误差. 为解决这些问题, 我们可采用动态(非平衡)法测量.

动态测量法是在平行极板上加以适当的电压 $U$, 但并不调节 $U$ 使静电力和重力达到平衡, 而是使油滴受静电力作用加速上升. 由于空气黏性阻力的作用, 上升一段距离达到某一速度 $v_e$ 后, 空气黏性阻力、油滴重力与静电力达到平衡, 油滴将会匀速上升, 如图 4-7-3 所示. 这时

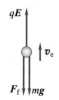

图 4-7-3    动态测量法中油滴的受力图

$$6\pi r\eta v_e = q\frac{U}{d} - mg \tag{4-7-9}$$

当去掉平行极板上所加的电压 $U$ 后,油滴受重力作用而加速下降.当空气黏性阻力与重力平衡时,仍由式(4-7-4)表示.

联立式(4-7-4)和式(4-7-9),可得

$$q = mg\frac{d}{U} \cdot \frac{v_g + v_e}{v_g} \tag{4-7-10}$$

实验时取油滴匀速下降和匀速上升的距离相等,均设为 $l$.测出油滴匀速下降的时间为 $t_g$,匀速上升的时间为 $t_e$,则有

$$v_g = \frac{l}{t_g}, \quad v_e = \frac{l}{t_e} \tag{4-7-11}$$

因此

$$q = \frac{18\pi}{\sqrt{2\rho g}}\left(\frac{\eta l}{1+\dfrac{b}{pr}}\right)^{\frac{3}{2}}\frac{d}{U}\left(\frac{1}{t_e}+\frac{1}{t_g}\right)\left(\frac{1}{t_g}\right)^{\frac{1}{2}} \tag{4-7-12}$$

分析上述两种测量方法,可知:

(1)用平衡测量法测量,原理简单、直观,但需调节平衡电压;用非平衡测量法测量,在原理与数据处理方面较平衡测量法要烦琐一些,但不需要调节平衡电压.

(2)非平衡测量法中,当调节电压 $U$ 使油滴受力达到平衡时,$t_e \to \infty$,式(4-7-8)和式(4-7-12)一致,可见平衡测量法是非平衡测量法的一个特例.

3. 元电荷 $e$ 的计算

(1)"倒过来验证"法.

为了证明电荷量的不连续性和所有电荷量都是元电荷 $e$ 的整数倍,并得到元电荷 $e$ 的值,可以对实验测得的各个电荷量 $q_i$ 求最大公约数.这个最大公约数就是元电荷 $e$ 的值,也就是电子的电荷量绝对值.但如果实验操作不熟练,测量误差较大,要求出 $q_i$ 的最大公约数往往比较困难,这时通常用"倒过来验证"的方法进行计算.即用公认的电子电荷量的绝对值 $e = 1.60 \times 10^{-19}$ C 去除实验测得的电荷量 $q_i$,得到一个接近于某一整数的数值,这个整数就是油滴所带的元电荷的数目 $n$,再用这个 $n$ 去除实验测得的电荷量,即得元电荷 $e$ 的值.

用这种方法处理数据,只能是作为一种实验验证,而且仅在油滴所带电荷量比较少(几个元电荷)时可以采用.当油滴所带电荷量比较多而使 $n$ 值较大时,取整带来的 $0.5e$ 的最大误差在分配给 $n$ 个电子时必然很小,其结果是 $e$ 值总是十分接近于 $1.60 \times 10^{-19}$ C.这也是实验中不宜选用所带电荷量比较多的油滴的原因.

(2)作图法.

油滴实验中我们也可用作图法处理数据,即以纵坐标表示电荷量 $q$,横坐标表示所选用的油滴的序号,作图后所得结果如图 4-7-4 所示.但这种方法必须选择大量油滴测量.

【实验器材】

MOD 型密立根油滴仪、CCD、显示器、喷雾器、钟表油等.

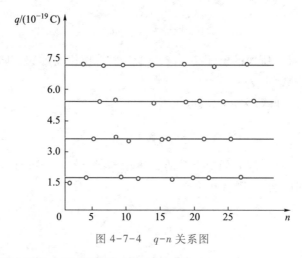

图 4-7-4　$q$-$n$ 关系图

MOD 型密立根油滴仪主要部件及功能的介绍如下.

### 1. 油滴盒

油滴盒是油滴仪的核心,其结构如图 4-7-5 所示.上极板和下极板是两块精磨的平行极板,中间垫有胶木圆环,极板间距 $d = 5$ mm,置于有机玻璃防风罩中,防止外界空气扰动对油滴的影响.胶木圆环的四周有进光孔和观察孔.油滴用喷雾器从喷雾口喷入有机玻璃油雾室,经油雾孔落入上极板中央孔径为 0.4 mm 的小孔,进入上、下极板间的电场中.上极板上方装有一弹簧压舌,是上极板的电源.关闭油雾孔挡板可防止油滴的不断进入.油雾室上另加有盖板.

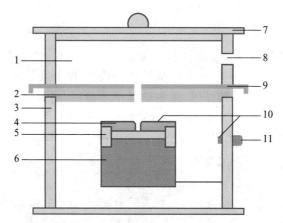

1—油雾室；2—油雾孔；3—防风罩；4—上极板；5—胶木圆环；
6—下极板；7—盖板；8—喷雾口；9—油雾孔挡板；
10—弹簧压舌；11—外接电源插孔.

图 4-7-5　油滴盒结构

### 2. 油滴仪面板

油滴仪面板结构如图 4-7-6 所示.按下按钮,电源接通,整机开始工作.功能开关有"提升""平衡""下落"三挡.开关打向"平衡"挡时,可用电压调节旋钮在 0~500 V 范围内调节平衡电压,使待测油滴处于平衡状态;开关打向"提升"挡时,上下电极在平衡电压的基础上增加 200~300 V 的提升电压,使待测油滴上升;当打向"下落"挡时,极板间电压为 0 V,待测油滴受重力作用而下落,待油滴达到匀速时,按下计时按钮,开始计时.平衡电压及提升电压由数字电压表显示,油滴在一定距离内运动的时间由计时器显示.通过视频输入插孔及视频输出插孔,将配有 CCD 摄像头的显微镜观察到的信息输出至显示器.照明室内置永久性照明灯.调节仪器底部两个调平螺钉,使水平仪气泡处于中央位置时,平行板处于水平状态.上下电极组成一个平行板电容器,加上电压时,极板间形成相对均匀的电场,可使油滴处于平衡或升降状态.按下清零按钮,计时器显示"00.0".

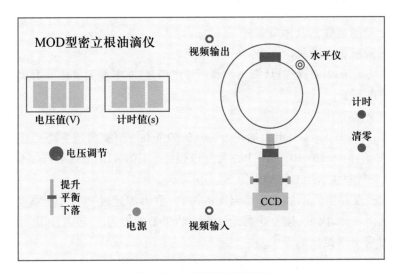

图 4-7-6　油滴仪面板结构

3. 显示器

显示器用来观察油滴在电场中的运动情况,沿纵向及横向将屏幕划分成均匀小格,用来观测上下方向上的匀速运动和布朗运动.

【实验内容与要求】

将仪器放置平稳,调节仪器底部调平螺钉,使水平仪指示水平.然后接通电源,预热 10 分钟.

将油从油滴盒的喷雾口喷入,盖上油雾孔挡板,以免空气流动使油滴漂移.微调显微镜的调焦手轮,当显示器视场中出现大量清晰的油滴,如夜空中的繁星时,说明显微镜已调好.如果视场太暗,油滴不够明亮,可调节显示器亮度和对比度.

1. 用静态(平衡)测量法测量带电油滴的电荷量

将功能开关置于"平衡"挡,喷入油雾后,调节电压调节旋钮,给平行极板加上 200 V 左右的电压,观察几颗运动缓慢的油滴.选择其中的某一颗,仔细调节平衡电压,使这颗油滴静止不动.然后将功能开关置于"提升"挡,使油滴上升至显示器顶部.随后再将功能开关置于"下落"挡,待油滴下落一段距离、接近匀速时,测量油滴匀速下降 2 mm 距离所用的时间.

选择 4~5 颗油滴进行测量,对每一颗油滴的运动时间进行 4~6 次测量.

注意:(1)要做好本实验,油滴的选择至关重要.通常选择平衡电压为 200 V 左右时,

▶油滴的选择

匀速下落 2 mm 距离所用时间为 20~30 s 的油滴比较合适,这时油滴所带电荷量一般是元电荷的几倍.正式测量前应反复练习,掌握规律.(2)每颗油滴重复测量时,都要重新调节平衡电压.如果油滴逐渐变得模糊,要微调读数显微镜、跟踪油滴,勿使油滴丢失.

2. 用动态(非平衡)测量法测量带电油滴的电荷量(选做)

选择 4~5 颗合适的油滴测量其匀速上升和匀速下落的时间,对每一颗油滴的运动时间进行 4~6 次的测量.

【数据记录与处理】

1. 列表记录测量数据及测量条件.

2. 计算油滴所带电荷量.

平衡测量法采用式(4-7-8)计算出油滴所带电荷量;非平衡测量法采用式(4-7-12)计算出油滴所带电荷量.

公式中参量如下:

油滴密度:$\rho = 981$ kg/m$^3$;重力加速度:$g = 9.80$ m/s$^2$;油滴匀速下降的距离:$l = 2.00 \times 10^{-3}$ m;修正常量:$b = 8.23 \times 10^{-3}$ m·Pa;大气压强:$p = 1.01 \times 10^5$ Pa;平行极板间距离:$d = 5.00 \times 10^{-3}$ m;空气黏度:$\eta = 1.83 \times 10^{-5}$ kg/(m·s).

由于油的密度和空气的黏度都是温度的函数,重力加速度和大气压强又随实验地点和条件的变化而变化,因此,按上述参量计算的结果是近似的.一般条件下,引入的误差约为 1%,必要时应考虑温度的影响.

3. 根据油滴所带电荷量,计算元电荷 $e$,并进行误差分析.

【注意事项】

1. 在跟踪油滴时应随时调节显微镜焦距,保证油滴处于清晰状态.

2. 喷雾器的油不可装得太满,否则喷出的不是油雾,会堵塞喷雾口.

3. 喷油时应使电容器的两平行极板处于短路状态,喷雾器的喷头不要伸到喷雾口内,防止大颗粒油滴堵塞喷雾口,同时注意不要连续多次喷油.

4. 实验前应对仪器油滴盒内部进行清洁,防止异物堵塞喷雾口.

5. 仪器内有高压,实验人员要避免用手接触电极.

【思考与讨论】

1. 测量前为什么要对油滴仪进行水平调节?

2. 调节显微镜焦距观察油滴时,为什么有些油滴清楚,有些油滴模糊?对选定油滴进行跟踪测量时,本来清晰的油滴为什么有时会变模糊?

3. 为什么必须使油滴作匀速运动?实验过程中,如何保证油滴下落时达到匀速状态?

4. 如何选定待测油滴?为什么?

5. 若选用蒸馏水代替钟表油,效果会怎样?

# 实验 4.8　金属电子逸出功与电子比荷的测量

■ 课件

■ 实验
相关

　　金属电子逸出功(或逸出电势)的测定实验,是一个帮助学生理解金属内电子的运动规律和研究金属电子功函数的重要的物理实验.电子从热金属中发射的现象,称为热电子发射.研究热电子发射的目的之一就是选择合适的阴极物质.实验和理论证实,影响灯丝发射电流密度的主要参量是灯丝温度和灯丝物质的逸出功.灯丝温度越高,发射电流越大,因此理想的纯金属热电子发射应该具有较小的逸出功并且有着较高的熔点,使得工作温度得以提高,以期获得较大的发射电流.由于热电子发射取决于材料逸出功及温度,所以应选熔点高而逸出功小的材料来做阴极.目前应用最广泛的纯金属是钨,本实验就是以钨金属为研究对象,测定其电子逸出功及电子比荷,从而加深学生对热电子发射基本规律的理解.

　　实验中应用的理查森直线法、外延测量法和补偿测量法等基本实验方法以及数据处理方面的一些技巧,对培养学生的基本实验素质是很有帮助的,对工科学生来说,如阅读理论部分有困难,可在承认公式的前提下进行实验.

## 【实验目的】

1. 了解金属电子逸出功的基本理论.
2. 学习用理查森直线法测定金属钨的电子逸出功.
3. 学习理查森直线法、外延测量法和补偿测量法等基本实验方法.
4. 了解磁控原理,利用磁控法测量电子比荷.

## 【实验原理】

　　若真空管的阴极 K(用待测金属钨做成)通以电流加热,并在阳极 A 上加上相对于阴极为正的电压,则在连接两个电极的外电路中就有电流通过,如图 4-8-1 所示.这种电子从加热金属中发射出来的现象,称热电子发射.研究热电子发射的目的之一,就是要选择合适的阴极材料.逸出功是金属电子发射的基本物理量.

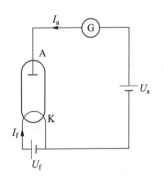

图 4-8-1　热电子发射原理

### 1. 电子的逸出功

　　根据固体物理学中的金属电子理论,金属中传导电子的能量分布按费米–狄拉克(Fermi–Dirac)分布,在绝对零度时,电子数按能量的分布如图 4-8-2 中的曲线①所示,电子所具有的最大动能为 $W_F$($W_F$ 称为费米能级).当温度升高时,电子数按能量的分布如图 4-8-2 中的曲线②所示,其中少数电子能量上升到比 $W_F$ 高,并且电子数以接近于指数的规律减少.

　　由于金属表面与真空之间存在势垒 $W_b$,如图 4-8-3 所示($d$ 为电子与金属外表面的距离),因此电子要从金属逸出,必须具有大于 $W_b$ 的动能.

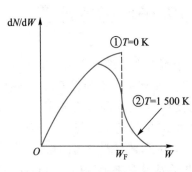

图 4-8-2    费米能量分布曲线

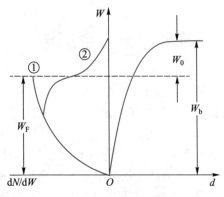

图 4-8-3    金属表面势垒

从图中可以看出,在绝对零度时,电子逸出金属表面,至少需要得到能量

$$W_0 = W_b - W_F = e\varphi \tag{4-8-1}$$

式中,$e$ 为电子电荷量绝对值;$\varphi$ 为逸出电势,其数值等于单位电荷的逸出功.$W_0(e\varphi)$ 称为金属电子的逸出功(或称为功函数),常用单位为电子伏(eV).它表征要使处于绝对零度的具有最大能量的电子逸出金属表面所需给予的能量.

可见,热电子发射,就是利用提高阴极温度的办法,改变电子的能量分布,使其中一部分电子的能量大于 $W_b$,从金属中发射出来.因此逸出功的大小对热电子发射的强弱具有决定性的作用.

2. 热电子发射公式(理查森定律)

根据费米-狄拉克能量分布,我们可以推导出热电子发射公式,称为理查森-杜西曼公式

$$I_0 = AST^2 e^{-\frac{e\varphi}{kT}} \tag{4-8-2}$$

式中,$I_0$ 为热电子发射电流(A),$S$ 为阴极金属的有效发射面积($cm^2$);$k$ 为玻耳兹曼常量($k = 1.38 \times 10^{-23}$ J/K),$T$ 为热阴极的热力学温度,$e\varphi$ 为金属的逸出功,$A$ 为与阴极化学纯度有关的系数.

原则上,只要测出 $I_0$、$A$、$S$、$T$,便可由式(4-8-2)计算出逸出功 $e\varphi$,但困难的是 $A$ 和 $S$ 是难以直接测量的,所以在实际测量中,常用理查森直线法确定 $e\varphi$,以避开 $A$ 和 $S$ 的测量.

3. 理查森直线法

将式(4-8-2)两边除以 $T^2$,再取自然对数,得到

$$\ln \frac{I_0}{T^2} = \ln AS - \frac{e\varphi}{kT} = \ln AS - 1.16 \times 10^4 \frac{\varphi}{T} \tag{4-8-3}$$

从式(4-8-3)可以看出,$\ln \frac{I_0}{T^2}$ 与 $\frac{1}{T}$ 呈线性关系.如果以 $\ln \frac{I_0}{T^2}$ 为纵坐标轴,$\frac{1}{T}$ 为横坐标轴作图,通过直线斜率即可求出逸出电势 $\varphi$,从而求出电子的逸出功 $e\varphi$.$A$ 和 $S$ 的影响只是使 $\ln \frac{I_0}{T^2} - \frac{1}{T}$ 直线平移.

4. 发射电流 $I_0$ 的测量

式(4-8-3)中的 $I_0$ 是不存在外电场时阴极的热发射电流.无外场时,电子不断地从阴极发射出来,在飞向阳极的途中,必然形成空间电荷,空间电荷在阴极附近形成的电场,正好阻止热电子的发射,这就严重地影响发射电流的测量.为了消除空间电荷的影响,在阳极加一正电压,在阳极和阴极之间形成一加速电场 $E_a$,使电子加速飞向阳极.然而由于 $E_a$ 的存在,使阴极发射电子得到助力,发射电流较无电场时增大,这一现象称为肖特基效应.

根据二极管理论,可以证明,在加速电场 $E_a$ 的作用下,阴极发射的电流为

$$I_a = I_0 \exp \frac{0.439 \sqrt{E_a}}{T} \tag{4-8-4}$$

式中,$I_a$ 和 $I_0$ 分别是加速电场为 $E_a$ 和零时的阴极发射电流.对式(4-8-4)取自然对数,则

$$\ln I_a = \ln I_0 + \frac{0.439 \sqrt{E_a}}{T} \tag{4-8-5}$$

如把阴极和阳极做成共轴圆柱形,并忽略接触电势差和其他影响,则加速电场可表示为

$$E_a = \frac{U_a}{r_1 \ln \dfrac{r_2}{r_1}} \tag{4-8-6}$$

式中,$r_1$ 和 $r_2$ 分别为阴极和阳极的半径,$U_a$ 为阳极(加速)电压.将式(4-8-6)代入式(4-8-5),得到

$$\ln I_a = \ln I_0 + \frac{0.439}{T} \frac{\sqrt{U_a}}{\sqrt{r_1 \ln \dfrac{r_2}{r_1}}} = \ln I_0 + \frac{0.439}{T} \frac{\sqrt{U_a}}{\sqrt{r_1 \ln \dfrac{r_2}{r_1}}} \tag{4-8-7}$$

由式(4-8-7)可见,温度 $T$ 一定时,$\ln I_a$ 与 $\sqrt{U_a}$ 呈线性关系,如图 4-8-4 所示,直线的截距为 $\ln I_0$.由此便得到温度为 $T$ 和电场为零时的发射电流 $I_0$.

5. 温度 $T$ 的测量

由式(4-8-7)可知,阴极发射电流与 $T$ 有关,阴极温度对发射电流影响很大.因此,能否准确测量该温度将对实验结果的精度有着重要影响.阴极温度 $T$ 的测定有以下两种方法.一种是用光测高温计通过理想二极管阳极上的小孔,直接测定.但用这种方法测温时,需要判定二极管阴极和光测高温计灯丝的亮度是否一致.该项判定具有主观性,尤其对初次使用光测高温计的学生,测量误差更大.另一种方法是根据已经标定的理想二极管的灯丝(阴极)电流 $I_f$,查表 4-8-1 得到阴极温度 $T$.相对而言,此种方法的实验结果比较稳定.但测定灯丝电流的电流表应选用级别较高的,如 0.5 级表.

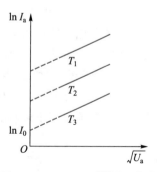

图 4-8-4  $\ln I_a$-$\sqrt{U_a}$ 关系曲线

表 4-8-1    理想二极管灯丝电流与温度的关系

| 灯丝电流 $I_f$/A | 0.50 | 0.52 | 0.54 | 0.56 | 0.58 | 0.60 | 0.62 | 0.64 |
|---|---|---|---|---|---|---|---|---|
| 灯丝温度 $T$/($10^3$ K) | 1.720 | 1.752 | 1.785 | 1.818 | 1.848 | 1.880 | 1.914 | 1.945 |
| 灯丝电流 $I_f$/A | 0.66 | 0.68 | 0.70 | 0.72 | 0.74 | 0.76 | 0.78 | 0.80 |
| 灯丝温度 $T$/($10^3$ K) | 1.978 | 2.010 | 2.040 | 2.074 | 2.104 | 2.137 | 2.170 | 2.200 |

综上所述,要测定某金属材料的逸出功,应首先将其做成二极管阴极,然后测定加热电流 $I_f$,查得对应的温度 $T$,再测得阳极电压 $U_a$ 与发射电流 $I_a$ 的关系,通过数据处理,得到 $I_0$,最后用理查森直线法求得逸出功.

6. 电子比荷的测量

本实验在测量电子逸出功装置的基础上增加了一个可以调节磁感应强度的励磁线圈,以实现电子比荷的测量,原理如图 4-8-5 所示.

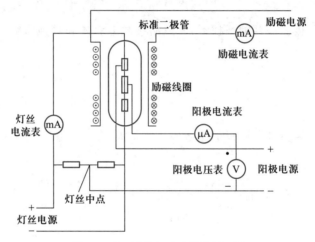

图 4-8-5    测量电子比荷的原理图

(1)定性描述.

在阴极和阳极为一同轴圆柱系统的理想二极管中,当阳极加有正电压时,从阴极发射的电子流受电场的作用将作径向运动,轨迹如图 4-8-6(a)所示.如果在理想二极管外面套一个通电励磁线圈,则原来沿径向运动的电子在轴向磁场作用下,运动轨迹将发生弯曲,如图 4-8-6(b)所示.若进一步加强磁场(加大线圈的励磁电流)使电子流运动轨迹如图 4-8-6(c)所示,在理想情况下电子经圆周运动后又返回阴极附近,不再到达阳极,从而使阳极电流迅速下降,此时的状态称为临界状态.若再进一步增强磁场,使电子运动

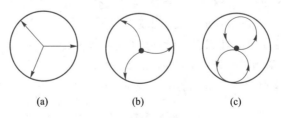

图 4-8-6    电子运动轨迹的变化

的圆半径继续减小,电子无法到达阳极,就会造成阳极电流"断流".但在实际情况中,由于从阴极发射的电子按费米-狄拉克统计有一个能量分布范围,不同能量的电子因速度不同,在磁场中的运动半径也是各不相同的,在轴向磁场逐步增强的过程中,速率较小的电子因作圆周运动的半径较小,首先进入临界状态,然后是速率较大的电子依次逐步进入临界状态.另外,由于理想二极管在制造时也不能保证阴极和阳极完全同轴,阴极各部分发出的电子与阳极的距离也不尽相同,所以随着轴向磁场的增强,阳极电流有一个逐步降低的过程.只有当外界磁场足够强,使得绝大多数电子的圆周运动半径都很小时,阳极电流才几乎"断流".这种利用磁场控制阳极电流的过程称为"磁控".在一定的阳极加速电压下,阳极电流 $I_a$ 与励磁电流 $I_s$ 的关系如图 4-8-7 所示.阳极电流在图中 1→2 段几乎不发生改变,对应于图 4-8-6(a)和图(b)的情况;图 4-8-7 中 2→3 段曲线弯曲的曲率最大,对应于图 4-8-6 中图(c)的情况;从 3 以后,随着 $I_s$ 的加大,$I_a$ 逐步减小,到达 4 附近时 $I_a$ 几乎降到 0.

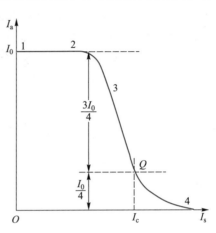

图 4-8-7　临界点 $Q$ 的确定

　(2)定量分析.

　在单电子近似情况下,从阴极发射出来的质量为 $m$ 的电子,其动能由阳极加速电场能 $eU_a$ 和灯丝加热后电子"热激发"所具有的能量 $E$ 两部分构成,所以有

$$\frac{1}{2}mv^2 = eU_a + E \tag{4-8-8}$$

电子在磁场 $\boldsymbol{B}$ 的作用下作半径为 $R$ 的圆周运动,应满足

$$m\frac{v^2}{R} = evB \tag{4-8-9}$$

而螺线管线圈中的磁感应强度 $\boldsymbol{B}$ 与励磁电流 $I_s$ 成正比:

$$B \propto I_s \quad 或 \quad B = K'I_s \tag{4-8-10}$$

由式(4-8-8)、式(4-8-9)、式(4-8-10)可得

$$\frac{U_a + E/e}{I_s^2} = \frac{e}{m}\frac{R^2}{2}K'^2 \tag{4-8-11}$$

若阳极内半径为 $a$,阴极(灯丝)半径忽略不计,则当多数电子都处于临界状态时,在阳极电流变化曲线上选择一点称为临界点 $Q$,与临界点 $Q$ 对应的励磁线圈的电流 $I_s$ 称为临界电流 $I_c$,且此时 $R = a/2$,阳极电压 $U_a$ 与 $I_c$ 的关系可写为

$$\frac{U_a + E/e}{I_c^2} = \frac{e}{m}\frac{a^2}{8}K'^2 = K \tag{4-8-12}$$

其中

$$K = \frac{e}{m}\frac{a^2}{8}K'^2 \tag{4-8-13}$$

$K$ 为一常量,显然 $U_a$ 与 $I_c^2$ 呈线性关系.注意,前面在阳极电流变化曲线上找出的临界点 $Q$

只是个统计学概念,实际上不同速率的运动电子的临界点是各不相同的,我们可按多数电子的运动情况来考虑临界点:在阳极电流的 $I_a$-$I_s$ 变化曲线上取阳极电流最大值 $I_0$ 约 1/4 高度处的点作为临界点 $Q$,再从图上读取 $Q$ 点的横坐标值,以此作为磁场的临界电流值 $I_c$.用同一个理想二极管,选取不同的 $U_a$ 值,有不同的 $I_c$ 值与之对应.再将测得的 $U_a$-$I_c^2$ 数据组用图解法或最小二乘法求得斜率 $K$,如果 $U_a$-$I_c^2$ 的关系确为线性关系,则上述电子束在径向电场和轴向磁场中的运动规律即可得到验证.

进一步,根据励磁线圈的有关参量:线圈的内半径 $r_1$、外半径 $r_2$,线圈长度 $L$ 及电流和匝数的积 $NI_s$,即可由式(4-8-10)求出励磁线圈中心处产生的磁感应强度:

$$B = \frac{\mu_0 N I_s}{2(r_2-r_1)} \ln \frac{r_2+\sqrt{r_2^2+\dfrac{L^2}{4}}}{r_1+\sqrt{r_1^2+\dfrac{L^2}{4}}} \tag{4-8-14}$$

即

$$K' = \frac{B}{I_s} = \frac{\mu_0 N}{2(r_2-r_1)} \ln \frac{r_2+\sqrt{r_2^2+\dfrac{L^2}{4}}}{r_1+\sqrt{r_1^2+\dfrac{L^2}{4}}} \tag{4-8-15}$$

再将计算得到的 $K'$ 和求得的 $K$ 值、理想二极管的阳极内半径 $a$ 等,一并代入式(4-8-13),即可求得电子的比荷 $-e/m$.

【实验器材】

金属电子逸出功测定仪,包括理想二极管、测量阳极电压、阳极电流、灯丝电流的电表等.

1. 理想二极管

为了测定钨的逸出功,将钨作为理想二极管的阴极 K(灯丝)材料.本实验所用的是一个特殊设计的直热式真空二极管,阳极 A 是与阴极共轴的圆筒.为消除阴极的冷端效应和电场不均匀的边缘效应,在阳极两端各装一个保护环 B.工作时,保护环与阳极等电势,但其电流不被测量.理想二极管的示意图如图 4-8-8 所示.

2. 金属电子逸出功测定仪

金属电子逸出功测定仪的阳极电压表、阳极电流表、灯丝电流表等均为三位半数字电表,有关的电路已在仪器内部接好.面板结构示意图如图 4-8-9 所示.做实验时,只需把仪器左下角处的功能转换开关置于"逸出功"位置即可.当选定灯丝电流后,使阳极电压从小到大缓慢地变化,就可从阳极电流表中读出阳极电流的变化情况.实验电路原理如图 4-8-10 所示.

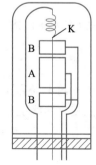

图 4-8-8　理想二极管示意图

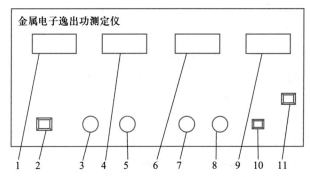

1—励磁电流表；2—逸出功—比荷功能转换开关；3—励磁电流调节；
4—灯丝电流表；5—灯丝电流调节；6—阳极电流表；7—电压粗调；
8—电压细调；9—阳极电压表；10—量程转换开关；11—电源开关.

图 4-8-9　金属电子逸出功测定仪面板结构示意图

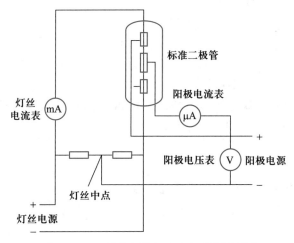

图 4-8-10　测量金属电子逸出功的原理图

【实验内容与要求】

1. 测定钨的逸出功

（1）熟悉仪器装置,将理想二极管插入金属电子逸出功测定仪的管座上,将功能转换开关置于"逸出功"位置.接通电源,预热 10 分钟.

（2）将理想二极管灯丝电流 $I_f$ 从 0.60 A 调至 0.72 A,每间隔 0.02 A 进行一次测量.对应每一灯丝电流,在阳极上加电压 16 V,25 V,36 V,49 V,…,121 V,分别测出一组阳极电流 $I_a$,并计算对数值 $\ln I_a$,列表记录数据.

（3）作 $\ln I_a$-$\sqrt{U_a}$ 图线,确定不同温度 $T$ 下的 $\ln I_a$-$\sqrt{U_a}$ 直线的延长线在纵轴上的截距值,即零电场时热电子发射电流的自然对数值 $\ln I_0$（注意:由于阳极电流通常不超过 0.001 A,故阳极电流的自然对数值 $\ln I_a$ 为负值）.

（4）在不同温度 $T$ 时,计算 $\ln\dfrac{I_0}{T^2}$ 和 $\dfrac{1}{T}$ 的值,作 $\ln\dfrac{I_0}{T^2}$-$\dfrac{1}{T}$ 图线,并根据直线斜率求出钨

的逸出功 $e\varphi$.

2. 电子比荷的测量

(1) 将金属电子逸出功测定仪的功能转换开关置于"比荷"位置,打开金属电子逸出功测定仪的电源,将理想二极管的灯丝电流调到 0.70~0.74 A 范围内某一个值并始终保持不变,将阳极电压调到 6.00 V(也要始终保持恒定不变).将励磁电流从最小开始,缓慢地逐步增大,记录阳极电流.

(2) 依次把阳极电压调到 5.00 V、4.00 V、3.00 V、2.00 V、1.00 V,重复步骤(1)的操作,随着励磁电流 $I_s$ 的逐步变化,分别记录下阳极电流 $I_a$ 的对应数据,再根据这些数据描点作图.

(3) 通过描点作图画出的 $I_a$-$I_s$ 曲线,用前面图 4-8-7 所示的方法,求出阳极电压为 1.00 V,2.00 V,…,6.00 V 情况下曲线的 $I_c$ 值.

(4) 根据阳极电压 $U_a$ 与 $I_c^2$ 的数据,进行作图,验证线性关系,并求出斜率 $K$.

(5) 根据给定的参量计算电子比荷.

【数据记录与处理】

▶ 数据
处理

1. 自拟表格,记录实验数据,采用理查森直线法计算钨金属电子逸出功,与公认值 $e\varphi=4.54$ eV 比较,计算相对误差.

2. 根据所测数据及金属电子逸出功测定仪相关参量(见附录 4-8-1),计算电子比荷 $-e/m$,并与公认值 $-1.759\times10^{11}$ C/kg 比较,计算相对误差.

【注意事项】

1. 灯丝开始加热后严禁移动仪器,以保护灯丝.

2. 灯丝加热到稳定温度需要一定时间.改变灯丝电流后需等待 3~5 min;灯丝温度需逐渐升高进行测量.

3. 灯丝电流严禁超过 0.800 A,理想二极管必须轻拿轻放.

4. 打开或关闭仪器时,必须先将励磁电流以及加速电压调为零,灯丝电流调到最小后,再开、关仪器.

【思考与讨论】

1. 改变灯丝电流时,为什么要预热几分钟再测量数据?

2. 理查森直线法有什么优点?在你以前做过的实验中,有无类似的数据处理方法?

3. 在磁控实验中,测量励磁电流与阳极电流曲线时一定要保持灯丝电流和阳极电压的恒定不变,为什么?

【附录 4-8-1】

金属电子逸出功测定仪相关参量

$a$:阳极内半径,$3.9\times10^{-3}$ m.

$l$:阳极长度,$1.47\times10^{-2}$ m.

$N$:螺线管匝数,标在螺线管上.

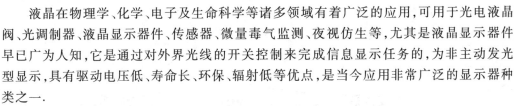

$L$：励磁线圈长度，4.0 cm.

$r_1$：线圈内半径，2.1 cm.

$r_2$：线圈外半径，2.8 cm.

$\mu_0$：真空中的磁导率，$4\pi \times 10^{-7}$ N/A$^2$.

# 实验 4.9　液晶电光效应研究

📁 课件

📄 实验
相关

　　液晶是介于液体和晶态固体之间的一种物质，它既有液体的流动性，又有类似晶体结构的有序性，其材料一般是长型分子或盘型分子等的有机化合物，是一种非线性的光学材料.

　　液晶在物理学、化学、电子及生命科学等诸多领域有着广泛的应用，可用于光电液晶阀、光调制器、液晶显示器件、传感器、微量毒气监测、夜视仿生等，尤其是液晶显示器件早已广为人知，它是通过对外界光线的开关控制来完成信息显示任务的，为非主动发光型显示，具有驱动电压低、寿命长、环保、辐射低等优点，是当今应用非常广泛的显示器种类之一.

　　当对液晶施加电场（或电流）时，液晶分子的取向结构发生变化，其光学特性也随之发生变化，这就是液晶电光效应.液晶显示器件、光导液晶光阀、光调制器、光路转换开关等均是利用液晶电光效应原理制成，因此，掌握液晶电光效应原理具有重要意义.

【实验目的】

　　1. 了解液晶的形成及液晶电光效应机理.

　　2. 掌握液晶光开关的工作原理，熟悉液晶光开关的静态电光特性.

　　3. 了解液晶光开关构成图像矩阵的方法，理解液晶显示器的工作原理.

【实验原理】

　　1. 液晶

　　通常物质的固态加热到一定温度后会变成液态，而液态冷却到一定温度则凝结成固态.但有些物质（主要是有机物）在这个变化过程中的一定温度范围内，既会表现出液体所特有的流动性、黏性、形变等机械特性，同时也会表现出晶体的热、光、电、磁等物理性质.这种介于液体和晶体之间的中间态，称为液晶态.

　　液晶与液体、晶体之间的区别是：液体是各向同性的，分子取向无序；液晶分子有取向序，但无位置序；晶体则既有取向序，又有位置序.三者之间的转化关系可以有两种情况：一种是互变型液晶，即液晶既可通过加热由晶体变化得到，也可通过液体冷却得到，存在于某一温度范围之间；另一种为单变型液晶，即液晶只有通过液体冷却才能得到.这两种由于温度改变使结晶晶格破坏而形成的液晶称为热致液晶.除了用改变温度的方法得到液晶之外，还有一种方法是将有机物放在溶剂中，使溶液破坏结晶晶格，从而形成液晶，这种液晶称为溶致液晶.

　　对于热致液晶，若液晶处于稳定状态时的温度在室温上下，就有可能被作为显示器件,目前用于显示器件的都是热致液晶,它的电光特性随温度的改变会有一定变化.

2. 液晶电光效应

当对液晶施加电场(或电流)时,随着液晶分子的取向结构发生变化,其光学特性也随之发生变化,这就是液晶电光效应.作为显示器件,人们最关注的是液晶的电光效应.电光效应的产生机理非常复杂,从本质上来讲是外电场使液晶分子的排列发生变化的结果.根据引起光学性质变化因素的不同,可以将电光效应分为两大类:电流效应和电场效应.电流效应是由电荷流动引起的,而电场效应则是由外加电场引起的.

液晶的电光效应种类繁多,主要有动态散射型(DS)、扭曲向列相型(TN)、超扭曲向列相型(STN)、有源矩阵液晶显示(TFT)、电控双折射(ECB)等.TN 型液晶显示器件显示原理较简单,是 STN、TFT 等显示方式的基础.本实验所使用的液晶样品即为 TN 型.

3. 液晶光开关

(1) 工作原理.

下面以 TN 型液晶为例,说明液晶光开关的工作原理.TN 型光开关的结构如图 4-9-1 所示.

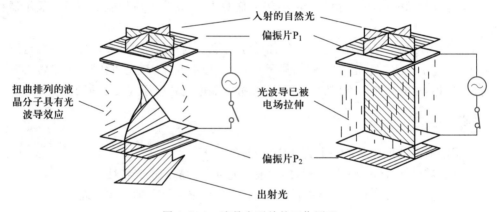

图 4-9-1　液晶光开关的工作原理

在两块玻璃板之间夹有正性向列相液晶,液晶分子为棒状,长度数量级为 $10^{-9}$ m,直径为 0.4~0.6 nm,液晶层厚度一般为 5~8 μm.玻璃板的内表面有透明电极,电极的表面预先进行了定向处理(可用软绒布朝一个方向摩擦,这样,液晶分子在透明电极表面就会躺倒在摩擦所形成的微沟槽里;也可在电极表面涂取向剂),使电极表面的液晶分子按一定方向排列,且上下电极上的定向方向相互垂直.上下电极之间的液晶分子因范德瓦耳斯力的作用,趋于平行排列.然而,由于上下电极液晶分子的定向方向相互垂直,所以从俯视方向看,液晶分子的排列从上电极到下电极整体扭曲了 90°,所以称为扭曲向列型,即 TN 型.

理论和实验都证明,上述均匀扭曲排列的结构具有光波导的性质,即线偏振光从上电极表面透过扭曲排列的液晶传播到下电极表面时,偏振方向会偏转 90°.

取两个偏振片分别加在上下两块玻璃板上,偏振片 $P_1$ 的透光轴与上电极的定向方向相同,偏振片 $P_2$ 的透光轴与下电极的定向方向相同,于是 $P_1$ 和 $P_2$ 的透光轴相互垂直.

在未加驱动电压的情况下,自然光经过偏振片 $P_1$ 后只剩下平行于透光轴的线偏振光,该线偏振光到达下极板时,其偏振面旋转了 90°.这时光的偏振面与 P₂ 的透光轴平行,因而有光通过.

在施加足够电压的情况下,除了基片附近的液晶分子被基片"锚定"以外,其他液晶分子趋于平行于电场方向排列.于是,原来的扭曲结构被破坏,成了均匀结构,如图 4-9-1 右图所示.从 P₁ 透射出来的线偏振光的偏振方向在液晶中传播时不再旋转,保持原来的偏振方向到达下电极.这时光的偏振方向与 P₂ 正交,因而光被关断.

由于上述光开关在没有电场的情况下让光透过,加上电场的时候光被关断,因此称为常通型光开关,又称为常白模式.若 P₁ 和 P₂ 的透光轴相互平行,则为常黑模式,即不加电场时光不能透过,加电场时,90°旋光性消失,光可以通过.

(2) 液晶光开关的电光特性及时间响应特性.

图 4-9-2 为光线垂直入射时,液晶相对透过率 $T$(以下简称透过率,以不加电场时的透过率为 100%)与外加电压 $U$ 的关系.由图可见对于常白模式的液晶光开关,其透过率随外加电压的升高而逐渐降低,在一定电压下达到最低点,此后略有变化.可根据电光特性曲线图得出液晶的阈值电压和关断电压.透过率 90% 所对应的外加电压称为阈值电压;透过率 10% 对应的外加电压称为关断电压.

液晶的电光特性曲线越陡,即阈值电压和关断电压的差值越小,由液晶开关单元构成的显示器允许的驱动路数就越多,利于制作高分辨率的显示器件.

另外,在给液晶板加上一个周期性的作用电压后,液晶的透过率也就会随电压的改变而变化,由此可以得到液晶的时间响应曲线,如图 4-9-3 所示.描述响应时间的主要参量包括:上升时间 $\Delta t_1$——透过率由 10% 升到 90% 所需的时间;下降时间 $\Delta t_2$——透过率由 90% 降到 10% 所需的时间.

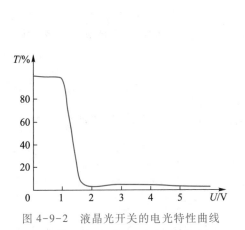

图 4-9-2　液晶光开关的电光特性曲线

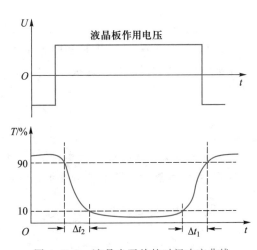

图 4-9-3　液晶光开关的时间响应曲线

液晶的响应时间越短,显示动态图像的效果越好,这是液晶显示器的重要指标.

(3) 液晶光开关构成图像、显示矩阵的方法.

所谓矩阵显示方式,是把图 4-9-4(a)所示的横条形状的透明电极制在一块玻璃片上,称为行驱动电极,简称行电极(常用 $X_i$ 表示),而把竖条形状的电极制在另一块玻璃片上,称为列驱动电极,简称列电极(常用 $S_i$ 表示),然后把两块玻璃极板面对面组合起来,将液晶灌注在两块玻璃极板之间,便构成液晶盒.为了画面简洁,通常将横条形状和竖条形状的电极抽象为横线和竖线,分别代表扫描电极和信号电极,如图 4-9-4 (b)所示.

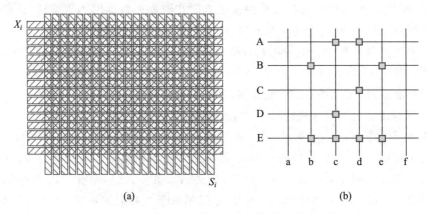

图 4-9-4　液晶光开关组成的矩阵式图形显示器

矩阵型显示器的工作方式为扫描方式,显示原理简要介绍如下:

若要显示图 4-9-4(b)所示的那些有方块的像素,首先在第 A 行加上高电平,其余行加上低电平,同时在列电极的对应电极 c、d 上加上低电平,于是 A 行的那些带有方块的像素就被显示出来了.然后第 B 行加上高电平,其余行加上低电平,同时在列电极的对应电极 b、e 上加上低电平,因而 B 行的那些带有方块的像素被显示出来了.然后是第 C 行、第 D 行……依次类推,最后显示出一整场的图像.这种工作方式称为扫描方式.

按照这种方式,可以让每一个液晶光开关按照其上电压的幅值使外界光关断或通过,从而显示出任意文字、图形和图像.这种完成信息显示任务的控制方式,称为非主动发光型显示,其最大优点是能耗极低,这也是液晶显示器相比于其他显示器得到广泛应用的原因.

【实验器材】

液晶光开关电光特性综合实验仪(使用说明见附录 4-9-1)、光发射器、液晶板、光接收装置、数字存储示波器及信号线等.

【实验内容与要求】

1. 仪器调节

(1)将 TN 型 16×16 点阵液晶屏金手指 1 插入插槽,如图 4-9-5(a)所示,液晶凸起面必须正对光发射方向.

(2)打开仪器电源开关,预热 10~20 min.

(3)将液晶屏旋转台置于零刻度位置,并以此为基准调节左边的光发射器,使光垂直入射到液晶板上,然后调节光接收装置使透过率显示值尽量大(≥250%).

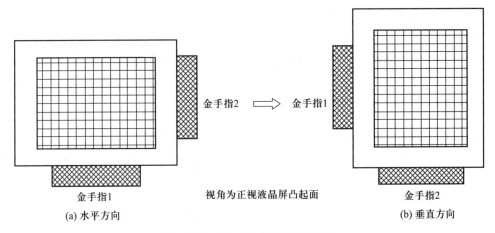

金手指2　⟹　金手指1

视角为正视液晶屏凸起面

金手指1

(a) 水平方向

金手指2

(b) 垂直方向

图 4-9-5　液晶板不同方向示意图

2. 液晶光开关静态电光特性测量

（1）将模式转换开关置于静态模式,将透过率显示校准为 100%,改变供电电压 $U$,使得电压值从 0 V 变化至 3.00 V,记录不同电压下的透过率 $T$ 值(注:透过率快速变化区间的数据需要密集测量).然后,将金手指 2 插入插槽,如图 4-9-5(b)所示,重复上述步骤.

（2）将模式转换开关置于静态模式,将透过率显示校准为 100%,将液晶供电电压调节到 2.00 V,用数字存储示波器在静态闪烁模式下观察光开关时间响应曲线,同时测量出液晶响应上升时间 $\Delta t_1$ 和下降时间 $\Delta t_2$.测量方法可参考本书中的数字存储示波器的原理与使用实验.

▶ 响应时间测量

3. 液晶板的图像显示

将模式转换开关置于动态模式,将液晶板的驱动电压调节为 5.00 V,转动液晶板使板的凸面对准操作者.按开关矩阵板上的按键,可改变相应液晶像素点的光通断状态,所以可以利用点阵输入关断（或点亮）对应的像素,使暗像素（或亮像素）组合成一个字符或文字.开关矩阵右上角的按键为闪烁/清屏切换开关,用以清除已出现在显示屏上的图形.

【数据记录与处理】

1. 自拟表格,记录测量数据,在同一坐标系内绘制水平方向与垂直方向的电光特性曲线（$T$-$U$ 曲线）,比较曲线异同,并根据电光特性曲线得出阈值电压和关断电压.

2. 根据光开关时间响应曲线得出上升时间 $\Delta t_1$ 和下降时间 $\Delta t_2$,评价其性能.

3. 利用开关矩阵上的按键控制对应像素点光的通断,在显示屏上组合成任意一个字符或文字并记录.

【注意事项】

1. 在拆装液晶板时,务必断开总电源;手只能接触液晶板边缘,切忌挤压液晶板中部,否则将会损坏液晶板.

2. 保持液晶板表面清洁,不能有划痕;应防止液晶板受潮,避免阳光直射.

3. 液晶板凸面需朝向光发射方向.

4. 开始测量前,应仔细检查光路是否调节好,进行透过率校准,检查在静态 0 V 供电电压条件下,透过率显示是否为100%.如果一切正常,则可以开始实验.否则,应在指导教师的帮助下,完成相应调节.

5. 液晶样品受温度等环境因素的影响较大,如实验结果有一定出入,可视为正常情况.

【思考与讨论】

1. 试说明液晶光开关的工作原理.

2. 响应时间越大越好还是越小越好?当响应时间太长,液晶显示器在显示动态图像时,会出现什么现象?并说明原理.

3. 如何实现常黑、常白型液晶显示?

【附录4-9-1】

### 液晶光开关电光特性综合实验仪使用说明

液晶光开关电光特性综合实验仪的外部结构如图4-9-6所示.具体介绍如下:

1—闪烁/清屏切换开关.当仪器工作在静态模式的时候,此开关可以切换到闪烁和静止两种模式;当仪器工作在动态模式的时候,此开关可以清除液晶屏幕因按动开关矩阵而产生的图形.

2—液晶供电电压显示窗.显示加在液晶板上的电压,范围在0.00~6.50 V之间.

3—供电电压调节"+".

4—供电电压调节"-".

5—透过率显示窗.显示光透过液晶板后光透过率的大小.

6—透过率校准.光发射器发出的光需垂直入射到光接收装置,静态模式下,供电电压为0 V时,透过率显示值需至少大于250%,按住透过率校准键3 s以上,透过率可校准为100%.

7—液晶驱动电压输出.接数字存储示波器,显示液晶的驱动电压信号.

8—光功率输出.接数字存储示波器,显示时间响应曲线.

9—光发射器.为仪器提供较强的光源.

10—液晶板.本实验仪器的测量样品.

11—光接收装置.将透过液晶板的光转换为电压输入到透过率显示窗.

12—开关矩阵.此为16×16的按键矩阵,用于测试液晶板的显示功能实验.

13—液晶转盘.承载液晶板一起转动,用于测试液晶板的视角特性实验.

14—模式转换开关.可切换静态和动态两种工作模式.

本实验仪器有静态和动态两种工作模式,选择原则如下:

(1)做液晶光开关电光特性测量实验时,选择静止模式,此时液晶屏上所有显示单元(共有16×16个显示单元)均工作于同一状态.通过供电电压调节可改变光经过液晶板的透过率,测量透过率随加在液晶板上电压的变化关系,即可绘出液晶光开关的电光特性曲线(如图4-9-2所示).

(2)做时间响应特性测量实验时,选择静态闪烁模式,在液晶板上施加一个周期性作用的电压,液晶板透过率随电压的改变而变化,由此可以得到液晶光开关的时间响应曲线,如图 4-9-3 所示.

（3）做液晶图像显示实验时,选择动态工作模式,开关矩阵上的每个按键位置分别对应一个液晶光开关像素.初始时各像素都处于开通状态,按 1 次矩阵开光板上的某一按键,可改变相应液晶像素点的通断状态,所以可以利用点阵输入关断（或点亮）对应的像素,使暗像素（或亮像素）组合成字符或文字等图形.开关矩阵右上角的按键为闪烁、清屏切换开关,用以清除已输入在液晶板上的图形.

实验完成后,关闭电源开关,取下液晶板妥善保存.

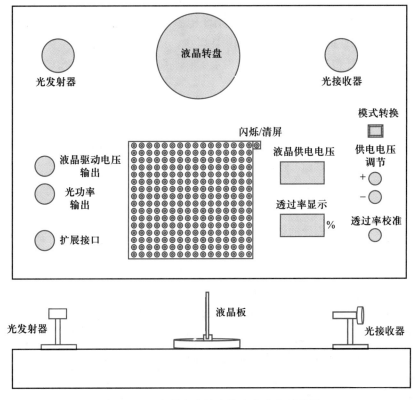

图 4-9-6　液晶电光效应综合实验仪示意图

# 实验 4.10　光纤的光学特性研究

光纤亦称光导纤维,它是一种引导光波的波导,是一种新的传输介质,主要是用玻璃预制棒拉丝而成,质地柔软,具有良好的传光性能.

目前,光纤在通信、传感、传像、激光治疗、激光加工等许多方面都得到了广泛应用,但其最主要的应用领域是光纤通信和光纤传感器.

光纤通信是以光波为载波,以光纤为传输介质的一种通信方式.华裔物理学家高锟和霍克哈姆根据介质波导理论共同提出了利用光纤进行信息传输的可能性和技术途径.1970 年,美国康宁公司研制出了损耗为 20 dB/km 的石英光纤,使得光纤完全能胜任作为

课件

实验
相关

传输光波的传输媒介,也开辟了光纤通信的新纪元.经过美国康宁公司、美国贝尔公司等的不断努力,1986 年光纤传输损耗已降至 0.154 dB/km,接近最低损耗的理论极限.与传统的通信方式相比,光纤通信具有传输带宽大、传输距离长、抗干扰能力强、保密性好、体积小、重量轻、材料资源丰富等优点.光纤通信的原理首先是在发射端将要传送的信号调制在光波上,然后入射到光纤内并传送到接收端,最后在接收端对收到的光波进行处理,解调出原发送信号.

当光在光纤中传播时,表征光波的相位、频率、振幅、偏振态等特征量会因温度、压力、磁场、电场等外界因素的作用而发生变化,故可利用光纤作为传感元件,探测导致光波信号变化的各种物理量的大小,这就是光纤传感器.与传统传感器相比,光纤传感器具有灵敏度高、电绝缘性好、耐腐蚀、体积小、耗电少、光路可变等优点.

光纤通信和光纤传感器技术的迅速发展,推动了光纤在交通、医疗、军事和航空航天等领域的应用.

【实验目的】

1. 了解光纤的结构、模式、耦合效率、数值孔径、传输时间等基本概念.

2. 理解光纤的导光原理,掌握光纤的耦合技巧.

3. 掌握光纤的基本光学特性和参量的测量方法,进一步巩固光学的基本原理和知识.

4. 了解光纤中音频信号的调制、传输和解调.

【实验原理】

1. 光纤的结构

光纤具有多种结构形式,其中典型的、实用的光纤结构如图 4-10-1 所示,一般由纤芯、包层、涂敷层及护套构成,是具有多层介质结构的对称圆柱体.纤芯和包层构成传光的波导结构,多数是用高纯石英玻璃制造的,掺入少量的杂质,如五氧化二磷和二氧化锗等用于调节其折射率,纤芯位于光纤的中心部位,主要作用是传导光波.包层折射率略小于纤芯的折射率,其作

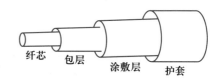

图 4-10-1　光纤的基本结构

用是将光波封闭在光纤中传播.涂敷层是一种涂料的敷层,使光纤不受外来的损害,增强光纤抗微弯性能.护套是由塑料、尼龙等材料制成的圆形保护套,用来维持光纤的机械强度.

2. 光纤的模式

根据光的波导理论,光在光纤中的传播可用电磁波的麦克斯韦方程来描述.在特定的边界条件下麦克斯韦方程有一些特定的解,这些解代表了可在光纤中长期稳定传输的光束,这些光束或解我们称之为模式.如果光纤只允许光以一个模式传输,称为单模光纤,而多模光纤则可包容数以百计的模式.实际使用的光纤主要有三种基本类型,见表 4-10-1.

表 4-10-1　三种类型光纤的横截面、折射率分布、输入脉冲、光线传播路径及输出脉冲

| | 单模光纤 | 阶跃折射率光纤 | 梯度折射率光纤 |
|---|---|---|---|
| 横截面 | 125 μm　8~10 μm | 125 μm　40~100 μm | 125 μm　40~100 μm |
| 折射率分布 | | | |
| 输入脉冲 | | | |
| 光线传播路径 | | | |
| 输出脉冲 | | | |

（1）单模光纤（single-mode fiber，SMF）.

纤芯折射率 $n_1$ 保持不变，包层折射率为 $n_2$，$n_1 > n_2$，纤芯与包层的界面有一个折射率的突变或阶跃.纤芯的直径只有 8~10 μm，包层直径（包括纤芯在内）为 125 μm，一般写成 8/125、9/125 等形式.光线以直线沿纤芯中心轴线方向传播，这种光纤只能传输一个模式.

（2）阶跃折射率光纤（step-index fiber，SIF）.

折射率分布和单模光纤一样，纤芯直径为 40~100 μm，包层直径为 125 μm，以 50/125（欧洲标准）、62.5/125（美国标准）的形式表示.光线以折线形状沿纤芯轴线方向传播.

（3）梯度折射率光纤（graded-index fiber，GIF）.

在纤芯中心轴线上折射率最大为 $n_1$，沿径向向外围逐渐变小，直到包层处折射率变为 $n_2$.这种纤芯直径一般为 50 μm.光线以正弦波路径沿纤芯中心轴线方向传播.

光纤中的模式除了与光纤本身的变量如折射率、直径有关外，还与光的波长有关.对于一定的光纤结构和光波的波长，在光纤中能够传播的模式数目是有限的.理论证明，可以传播的传输模数为

$$M_{\mathrm{SI}} = \frac{1}{2}\left(\frac{V}{\pi/2}\right)^2 \tag{4-10-1}$$

式中,$V = \dfrac{2\pi a}{\lambda}\sqrt{n_1^2 - n_2^2}$,称为归一化频率或标称波导参量,$2a$ 为纤芯的直径. 对于一个有确定结构的单模光纤,其基模光波的波长没有限制. 当 $V = 2.405$ 时,所对应的波长 $\lambda_c$ 称为该单模光纤的截止波长. 由归一化频率表达式,我们可很容易求得单模光纤的截止波长,为

$$\lambda_c = \frac{2\pi a}{2.405}\sqrt{n_1^2 - n_2^2} \qquad (4\text{-}10\text{-}2)$$

因此,在该光纤中,当传播的光波长 $\lambda > \lambda_c$ 时,光纤将处于单模工作状态,而当 $\lambda > \lambda_c$ 时,光纤将处于多模工作状态。应指出的是,由于 $V$ 与光的波长有关,所以,对某个波长的光来说处于单模工作状态的光纤,对于波长小于 $\lambda_c$ 的其他光来说,就可能传播两个以上的传输模,而变成多模光纤。

在本实验中采用的是针对波长为 1310~1550 nm 的光波的单模光纤,理论上讲光纤所传输的模式只有一个基模,它沿径向的光强分布为高斯分布,即光纤轴上的光强最大,并向包层方向递减. 但由于我们采用的光源是波长为 650 nm 的可见激光. 因此,光纤中的模式将不是单模,而是一个简单的多模(如梅花状).

3. 光纤导光原理

当光线从折射率为 $n_1$ 的介质入射到折射率为 $n_2$ 的介质时,在介质分界面上将产生折射现象(如图 4-10-2 所示). 其规律是:入射角与折射角的正弦之比与两种介质的折射率成反比,即

$$\frac{\sin\varphi_1}{\sin\varphi_2} = \frac{n_2}{n_1} \qquad (4\text{-}10\text{-}3)$$

式中,$n_1$ 是光纤纤芯的折射率,$n_2$ 是其包层介质的折射率. 因 $n_1 > n_2$,则 $\varphi_1 < \varphi_2$,当入射角 $\varphi_1$ 增大到某一角度 $\varphi_c$ 时,折射角将等于 90°,这时入射光线不再进入包层介质,而开始发生全反射,$\varphi_c$ 称为临界入射角;当 $\varphi_1$ 继续增大时,$\varphi_2 > 90°$,光线发生全反射,如果光纤是均匀的圆柱状细丝,则全反射的光线将以同样的角度射到对面的界面上,并发生第二次全反射. 依次类推,光线就能够在光纤中连续发生若干次全反射,从光纤一端传送到另一端,且以与入射角相同的角度射出光纤,这就是光纤的波导原理. 不满足全反射条件的光线,由于在界面上只能部分反射,势必有一些能量会辐射到包层中去,致使光的能量不能有效传播. 通常能传播的光为传输模(导模),不能传播的光为辐射模.

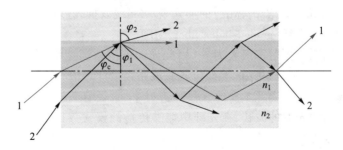

图 4-10-2    光在光纤中的传播

4. 光纤的耦合与耦合效率

光纤的耦合是指将激光从光纤端面输入光纤,使激光光束可沿光纤进行传输.从光纤的另一端(输出端)通过观察输出光的强弱(光功率)和光斑的情况可判断耦合情况.耦合效率 $\eta$ 反映了进入光纤中的光的多少,其定义如下:

$$\eta = \frac{P_i}{P_o} \times 100\% \tag{4-10-4}$$

式中, $P_i$ 为进入光纤中的光功率, $P_o$ 为激光的输出功率. $\eta$ 在理论上与光纤的几何尺寸、数值孔径等光纤参量有着直接的关系,在实际操作中它还与光纤端面的处理情况和调节情况有着更直接的关系.在本实验中我们采用光功率计直接测出 $P_i$ 和 $P_o$ 来求出 $\eta$.当然 $\eta$ 大小同操作者的操作水平也有很大关系.

5. 光纤的数值孔径

数值孔径(numerical aperture, NA)是光纤的一个重要参量,它量度的是光纤的接收角,表征入射光线在光纤中的激发、耦合的难易程度.光纤的数值孔径越大,光纤与光源耦合越容易,耦合进光纤的光能就越多.数值孔径的大小对光纤的连接损耗、微弯损耗和传输带宽都有影响.

如图 4-10-3 所示的 SIF 多模光纤,光在光纤端面以小角度 $\theta$ 从空气入射到纤芯,折射后的光线在纤芯中沿直线传播,并在纤芯与包层交界面外发生反射和折射.根据全反射原理,存在一个临界角 $\theta_c$,大于 $\theta_c$ 入射的光线将从包层中泄漏出去,而小于 $\theta_c$ 入射的光线将有可能被约束在光纤中,并以折线形式长距离传播.根据折射定律,当 $\theta = \theta_c$ 时,相应的光线以 $\phi_c$ 入射到纤芯与包层交界面,并沿交界面向前传播,即折射角为 90°.光纤的数值孔径定义为入射介质折射率与发生全反射时的入射角 $\theta_c$ 的正弦之积,即

$$NA = n_0 \sin \theta_c \tag{4-10-5}$$

所以

$$NA = n_1 \cos \phi_c \tag{4-10-6}$$

因为 $n_1 \sin \phi_c = n_2 \sin 90°$,所以

$$NA = \sqrt{n_1^2 - n_2^2} \tag{4-10-7}$$

可以看出,NA 主要由纤芯折射率 $n_1$ 和包层折射率 $n_2$ 决定.

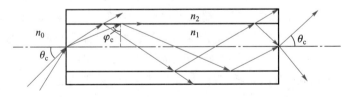

图 4-10-3　SIF 多模光纤中的光线传播

由式(4-10-5)可知,只要知道光纤输出光的发散角的一半 $\theta_c$ 和空气中的折射率 $n_0$,就可以计算出光纤的数值孔径.本实验就是通过测量输出光斑的发散角来算出 NA 的.实验中可以通过光斑扫描测量法和功率法进行测量,从而得到 $\theta_c$.在光纤耦合中,应仔细耐心地耦合光纤,将输出光束的光强调节到近似的高斯分布(即基模).

【实验器材】

GX1000 光纤实验仪、光学实验导轨、半导体激光器（LD）、光纤、功率指示计光探头、光功率指示计、法兰盘、白屏、音频信号源、示波器、一维位移架等，如图 4-10-4 所示.

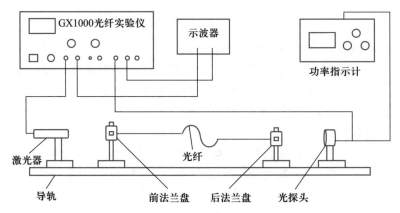

图 4-10-4　光纤光学实验结构示意图

【实验内容与要求】

▶ 光纤
耦合

1. 光纤的耦合与模式

（1）将光纤实验仪功能置于"直流"挡.

（2）调节激光器的工作电流，直至激光不太明亮，适宜人眼直接观测为止.用白屏在激光器出射光端前后缓慢移动，确定激光焦点的大体位置.

（3）调节激光器固定架上的二维（水平、垂直）调节旋钮，使激光沿导轨水平出射.

（4）将固定有光纤入射端的前法兰盘移动至激光焦点位置，通过调节法兰盘上的二维（水平、垂直）调节旋钮使 FC 型光纤接头端面中心点尽量逼近激光焦点.

（5）将激光器工作电流调至最大，通过仔细调节激光器固定架和前法兰盘上的二维（水平、垂直）调节旋钮，用功率指示计监测输出光强的变化，反复调节光纤入射端面位置（微调至接近或达到激光焦点位置）及各旋钮，直到输出光功率达到最大为止.

（6）记下最大功率值.此值与输入端激光功率之比即为耦合效率（不计吸收损耗）.

（7）取下功率指示计光探头，换上白屏，轻轻转动各耦合调节旋钮，观察光斑形状变化（模式的变化）.若耦合得好，应为高斯光斑，光强为高斯分布.

（8）轻轻触动光纤或弯曲光纤，观察光斑形状变化（模式的变化）.

2. 光纤数值孔径的测量

光纤数值孔径的测量是一项极其烦琐、细致的工作，需要专用附件，且要求操作者认真、耐心地耦合光纤，将输出光束的光强调节到近似的高斯分布（基模），并且使输出光强分布稳定.采用功率法测量光纤数值孔径的步骤如下：

（1）用白屏观察输出光斑形状，并仔细调节各耦合调节旋钮，尽量使输出光斑明亮，具有对称、稳定的分布.

（2）将数值孔径测量附件的探头光阑置于 Φ6.0 挡，并使之紧贴光纤输出端面，以保证输出光全部进入探头,用功率指示计检测光纤输出功率.微调耦合调节旋钮,尽量使功率达到最大,记下此时的功率指示计示数和光探头的位置 $x_1$.

(3) 向后移动探头,由于输出光的发散,随着探头向后移动,会有部分光漏出 $\Phi 6.0$ 孔径.仔细调节光纤与探头之间的相对位置,使可探测到的功率为最大功率的 90%,此时的 6 mm 孔径即为光斑直径,记下此时探头的位置 $x_2$.

3. 传输时间的测量

(1) 如实验内容 1(1)—(5)所述,将激光耦合进光纤,并使光输出功率达到最大.

(2) 将光纤实验仪发射面板中的输出波形和接收面板中的输入波形分别与示波器的两个通道 CH1、CH2 相连.

▶ 传输时间测量

(3) 将光纤实验仪功能置于"脉冲频率"挡,电流调到最大.调节光纤实验仪上的脉冲频率调节旋钮,使脉冲频率约为 50 kHz.

(4) 调节示波器的"伏/格"旋钮和"秒/格"旋钮,在示波器上观察 CH1 通道上的方波.调节光探头的位置和光纤输出端面之间的距离,使 CH2 通道的波形尽量成为矩形波,并尽可能使示波器屏幕只显示一个周期的波形.

(5) 仔细调节光探头的前后位置,使 CH2 通道波形的上升沿尽量前移,即尽量靠近CH1 通道波形的上升沿,用光标法测量二者的相位时间差 $\Delta t_1$.

(6) 取下前法兰盘,将光探头置于激光焦点位置,使激光进入光探头.

(7) 观察 CH2 通道波形,同时调节光探头,使波形尽量与步骤(5)的波形相似,且上升沿尽量靠前,测量记录下两者的相位时间差 $\Delta t_2$,以用于对相位时间差 $\Delta t_1$ 进行修正,得到光在光纤中的传输时间 $t = \Delta t_1 - \Delta t_2$.

(8) 如果光纤长度已知,通过上述方法测出光在光纤中的传输时间,则可得到光在光纤中的传播速度,进而计算出光纤纤芯的折射率.本实验中,已知光纤纤芯折射率为1.55,根据光在光纤中的传输时间可以计算出光纤长度.

4. 模拟(音频)信号的调制、传输和解调

(1) 如实验内容 1(1)—(5)所述,耦合好光纤.

(2) 将光纤实验仪功能置于"音频调制"挡.

(3) 示波器的通道 CH1、CH2 分别与"输出波形"和"输入波形"相连.

(4) 调节示波器,示波器上应显示出近似的稳定矩形波.

(5) 从音频输入端加入音频模拟信号,这时可观察到示波器上的矩形波的前后沿闪动.打开实验仪后面板上的喇叭开关,应可听到音频信号源中的声音信号.

(6) 分别观察光纤实验仪发射面板"调制"前后的波形和接收面板"解调"前后的波形.观察、了解音频信号的调制、传输和解调情况.

【数据记录与处理】

1. 计算光纤直接耦合的耦合效率 $\eta$.

2. 按公式 $NA \approx n_0 \sin\left[\arctan\left(\dfrac{3}{x_2 - x_1}\right)\right]$(式中长度单位取 mm),近似计算出光纤的数值孔径.

3. 根据光在光纤中的传输时间和光纤纤芯的折射率,计算光纤长度.

**【注意事项】**

1. 实验过程中,切勿直视激光光束,以免伤害眼睛.

2. 光纤接头端面需保持清洁,不要用手触摸,否则会导致耦合困难或出射光为散斑,如有污染可用无水乙醇擦拭.

3. 激光器固定架和法兰盘上的二维调节旋钮需在调节范围内使用,否则会导致其损坏.

4. 实验过程中需耐心仔细操作,避免将光纤折断.

**【思考与讨论】**

1. 光纤的导光原理是什么?

2. 何谓光纤的数值孔径? 如何测量?

3. 光纤的模式与何有关? 光纤的模式是否固定不变?

# 实验 4.11   全 息 照 相

📁 课件

📁 实验
相关

全息照相是一种新型的、不用普通光学成像系统的光学照相方法、能够记录并再现物光波全部信息的新技术,是匈牙利裔的英国物理学家伽博(D. Gabor)于 1948 年首先提出的,他拍摄了第一张全息照片,因发明全息照相而获得了 1971 年的诺贝尔物理学奖.但由于当时缺乏相干性好的光源,全息照相未得到足够的重视,直至 20 世纪 60 年代激光出现以后才得到了迅速的发展,相继出现了多种全息照相技术,开辟了光学应用的新领域.全息照相的基本原理是以波的干涉和衍射为基础的,因此它适用于红外线、微波、X 射线以及声波等一切波动过程.

随着科学技术水平的不断提升,全息技术也在不断发展,如数字全息技术、计算全息技术、量子全息术,以及基于 5G、6G 网络的全息技术发展应用等,使得全息技术已进入科学发展的一个崭新的领域,在精密计量、无损检测、信息存储和处理、遥感技术、生物医学、VR 技术、通信技术等众多方面均有着广泛的应用和巨大的可应用前景.

本实验的意义是通过拍摄全息照片和再现观察,使学生初步了解全息术的基本理论,掌握全息照相的基本技术,更深刻地认识光的相干条件的物理意义.

**【实验目的】**

1. 了解全息照相的基本原理及主要特点.

2. 学习拍摄全息照片和再现观察的方法.

**【实验原理】**

物体上各点发出的光(或反射的光)是电磁波,借助于它的频率、振幅和相位的不同,人可以区分物体的颜色、明暗、形状和远近等.普通照相是通过透镜把物体成像在感光底片平面上,只记录了物体反射光波的振幅分布,丢失了相位信息,因此得到的只是物体的二维平面像.所谓全息照相,就是要把物体反射光波的全部信息(包括振幅和相位)以干涉条纹的形式记录到全息干板上,形成全息图,当用与拍摄时完全相同的光以一定的方向照射全息图时,通过全息图的衍射,能完全再现被摄物光波的全部信息,从而看到被摄物体的立体图像.

全息图种类很多,有菲涅耳图、夫琅禾费图、傅里叶变换全息图、彩虹全息图、像全息图、体积全息图等.不管哪种全息图,获取过程都要分成两步来完成,第一步为用干涉法记录光波全息图,称为波前记录;第二步为用全息图使原光波波前再现,称为波前再现.本实验重点讨论菲涅耳全息照相原理.

1. 全息照相原理

(1) 全息照片的记录.

图 4-11-1 为全息照相的实验光路图.激光器射出的激光束通过分束镜被分成两束,一束经反射镜 $M_1$ 反射,再经扩束镜 $L_1$ 使光束扩大后照射到被拍摄物体上,经物体表面反射(或透射)后照射到全息干板上,这部分光称为物光.另一束光经反射镜 $M_2$ 反射,经 $L_2$ 扩束后直接照射到全息干板上,这部分光称为参考光.由于激光的高度相干性,物光和参考光两束光在干板上叠加,形成干涉条纹,又因为从被拍摄物体上各点反射出来的物光,其振幅(光强)和相位都不相同,所以全息干板上的干涉条纹也不同.光强不同使条纹变黑的程度不同;相位不同使条纹的密度、形状不同.因此,被摄物体反射光中的全部信息以不同浓黑程度和不同疏密的干涉条纹形式在全息干板上记录下来,经显影、定影后,就得到全息照片.

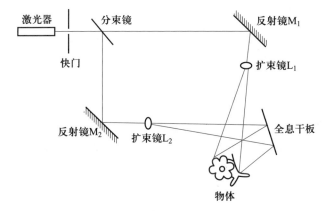

图 4-11-1　全息照相实验光路图

(2) 全息再现.

全息照相在全息干板上记录的不是被摄物的直观影像,而是无数组干涉条纹复杂的组合.因此,当我们观察全息照相记录的物像时,必须采用一定的再现手段,需用与原来参考光完全相同的光束去照射,该光束称为再现光.再现观察时所用的光路如图 4-11-2 所示.在再现光照射下,全息照片相当于一块透过率不均匀的障碍物,再现光经过它时发生衍射,如同经过一个极为复杂的光栅一样.全息再现原理如图 4-11-3 所示.以全息照片上某一小区域 $ab$ 为例,为简单起见,把再现光视为一束平行光,再现光垂直投射于全息照片上,将发生衍射,产生 0 级和 ±1 级衍射光.其中 0 级衍射光是衰减了的入射光;+1 级衍射光是发散光,与原物光的性质一样,沿此方向对着全息干板观察就可以看到一个逼真的三维立体图像,称为真像,它是一个虚像;而 -1 级衍射光是会聚光,会聚在虚像的共轭位置上形成一个实像,称为赝像.

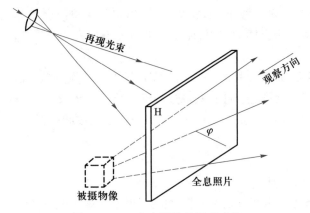

图 4-11-2 全息照片的再现光路

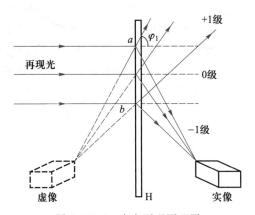

图 4-11-3 全息再现原理图

下面结合光的复振幅表达式来分析全息照相及再现的光学原理.

设物光 $O$ 和参考光 $R$ 传播到全息干板记录平面 $(x,y)$ 时,光的复振幅分布分别为

$$O(x,y) = O_0(x,y)\,\mathrm{e}^{\mathrm{i}\varphi_0(x,y)} \qquad (4\text{-}11\text{-}1)$$

$$R(x,y) = R_0(x,y)\,\mathrm{e}^{\mathrm{i}\varphi_r(x,y)} \qquad (4\text{-}11\text{-}2)$$

上面两式中,$O_0(x,y)$、$R_0(x,y)$ 分别表示物波和参考波的振幅分布,$\varphi_0(x,y)$、$\varphi_r(x,y)$ 分别表示物波和参考波的相位分布,它们都是实函数.二者相干叠加后产生干涉现象,在全息干板的光强分布为

$$\begin{aligned} I(x,y) &= \left[O(x,y)+R(x,y)\right]\left[O(x,y)+R(x,y)\right]^* \\ &= |O(x,y)|^2 + |R(x,y)|^2 + O(x,y)R^*(x,y) + O^*(x,y)R(x,y) \\ &= O_0^2 + R_0^2 + 2O_0R_0\cos(\varphi_0-\varphi_r) \end{aligned} \qquad (4\text{-}11\text{-}3)$$

上式表示的是一组明暗相间的干涉条纹,不是确切的物像,其中前两项分别是物光和参考光的光强分布,与物光相位无关,而第三项是干涉项.干涉条纹的明暗以及条纹位置信息中,包含物光振幅和相位的信息,它们分别受到参考光振幅和相位的调制.

曝光后的全息干板经显影、定影处理后得到全息图,它的复振幅透过率 $t(x,y)$ 正比于曝光时的光强分布 $I(x,y)$,

$$t(x,y) = \alpha + \beta I(x,y) \qquad (4\text{-}11\text{-}4)$$

式中，$\alpha$ 为全息干板自身化学特性所决定的常量，$\beta$ 为与曝光量和显影处理有关的常量.将式 (4-11-3) 代入式 (4-11-4)，假定参考光在图 4-11-3 的全息照片 H 表面均匀，则有

$$t(x,y) = \alpha + \beta[O_0^2 + R_0^2 + O(x,y)R^*(x,y) + O^*(x,y)R(x,y)] \qquad (4-11-5)$$

如果再用原参考光照射全息图，则透射光的复振幅为

$$\begin{aligned}
T(x,y) &= t(x,y)R(x,y) \\
&= [\alpha + \beta(O_0^2 + R_0^2)]R(x,y) + \beta R_0^2 O(x,y) + \beta R_0^2 e^{2i\varphi(x,y)} O^*(x,y) \\
&= T_1 + T_2 + T_3 \qquad (4-11-6)
\end{aligned}$$

式中，$T_1$ 表示透过全息干板衰减后的参考光，即 0 级衍射光；$T_2$ 为 +1 级衍射光，为再现物光的复振幅，它与原物光具有相同的振幅和相位分布，形成虚像；$T_3$ 为 -1 级衍射光，它包含物光的共轭复振幅，是一个畸变的物体实像，位于原物体的共轭位置上.可见，通过参考光照射全息图可以再现出物体的立体像.

2. 全息照相的特点

（1）全息照片再现出的被拍摄物像具有完全逼真的三维立体感.当人们用眼睛从不同角度观察时，就好像面对原物一样，可以看到它的不同侧面.它和观察实物完全一样，具有相同的视觉效应.当从某个角度观察时，一物被另一物遮住，需要把头偏移一下，就可以绕过障碍物，看到被遮挡的物体.

（2）由于全息照片的任一小区域都以不同的物光倾角记录了来自整个物体各点的光信息，因此，一块打碎的全息照片，任取一小碎块，仍能再现出完整的被摄物体立体像.

（3）同一张全息干板可以进行多次曝光.在全息拍摄曝光后，只要稍微改变干板的方位（如转动一个小角度），或改变参考光的入射方向，就可以在同一干板上重叠记录信息，并能互不干扰地再现各自的图像.如果全息记录过程中光路各部件都严格保持不动，只是使被拍摄物体在外力作用下发生微小位移或形变，在发生变形前后使干板重复曝光，则再现时，物体变形前后两次记录的物波将同时再现，并形成反映物体形态变化特征的干涉条纹，这就是全息干涉计量的基础.

（4）若用不同波长的激光照射全息照片，可以得到放大或缩小的再现图像.再现光的波长大于原参考光时，再现图像被放大，反之被缩小.

（5）全息照片再现出的物光波是再现光束的一部分，因此，再现光束越强，再现出的物像越亮.

（6）全息照片具有保密性和防伪性.

【实验器材】

光学平台、激光器、分束镜、全反射镜、扩束镜、曝光定时装置（快门）、被摄物、全息干板、显影和定影液等.为了实现物光波的全息记录，静态全息照相必须具备下列 3 个基本实验条件.

1. 相干性好的光源

2. 高分辨率的记录介质

感光板记录的干涉条纹一般都是非常密集的，而普通照相感光底片的分辨率仅约为每毫米 100 条，因此全息照相需要采用高分辨率的记录介质——全息干板，其分辨率可大于每毫米 1000 条，但感光灵敏度不高，所需曝光时间比普通照相感光底片长，实验所

用全息干板对红光敏感,所以全息照相的全部操作过程可在暗绿色灯光下进行.

3. 稳定的实验系统

密集的干涉条纹,要求曝光、记录时必须有一个非常稳定的环境,轻微的振动或其他扰动,只要使光程差发生波长数量级的变化,干涉条纹即会模糊不清.因此,全息实验室一般都选在远离振源的地方.为此,在实验过程中,全息照相光路各元件全部布置在光学隔振平台上,被拍摄物体、各光学元件和全息干板都严格固定在平台上.同时,拍摄时还需防止实验室内有过大的气流流动.

【实验内容与要求】

1. 拍摄静态物体的全息照片

(1) 元件布置与光路安排.

按图 4-11-1 在光学平台上布置元件和安排光路,使其符合下列要求:

拍摄光
路调节

① 保证物光和参考光等光程.为了便于调节光学元件及光路,扩束镜 $L_1$ 和 $L_2$ 可暂不放入光路,全息干板可暂用一小白板或白纸屏模拟代替.

② 放入扩束镜 $L_1$ 和 $L_2$(应尽量充分利用激光光能,尤其是物光),使被摄物和全息干板位置分别受到物光束及参考光束的均匀照明.需严防扩束后的物光直接照射全息干板背面.

③ 物光与参考光的光强比应在合适的范围内,一般选取在 $1:2$ 与 $1:6$ 之间.光强可用测定仪器在干板位置处测量,或在干板位置处以眼睛目测估计光强比.

④ 物光与参考光束间的夹角通常小于 $45°$(在 $30° \sim 45°$ 之间),因为夹角越大,干涉条纹间距越小,条纹越密,对感光材料分辨率的要求也越高.

(2) 曝光.

① 根据光强情况选定曝光时间.可根据实验室给出的曝光要求,确定曝光时间.

② 挡住激光束,装全息干板(全息干板的感光面朝向激光束).

③ 静置数分钟,然后曝光.曝光过程应严防振动和扰动.除暗绿灯光外,不得有其他杂散光干扰.

(3) 显影和定影.

显影采用 D-19 显影液,定影采用 F-5 定影液.处理过程与普通照相感光片的处理过程相同,可在暗绿灯光下进行.全息干板经冲洗、甩干后,即得全息照片,可观察再现物像.

2. 观察全息照片与再现物像

(1) 尽量用与原参考光方向一致的再现光照射全息照片,观察再现虚像,体会再现像的立体感,比较再现虚像的大小、位置与原物的状况.

(2) 观察再现实像.

3. 二次曝光全息照片的拍摄和观察(选做)

保持光学平台上的各种光学元件和光路不变,将被拍摄物或全息干板微微转动一个小角度,二次曝光拍摄全息照片并再次观察.

【注意事项】

1. 绝对不能用眼睛直视未扩束的激光束,否则会造成眼损伤.

2. 激光器电源开启后,不要随便触摸,以免发生触电危险.

3. 不可用手帕或纸片擦拭各种光学元件的光学表面及全息干板的感光面,更不能用手直接触摸.

4. 冲洗全息干板过程中,手勿直接接触显影液及定影液,防止液体溅入眼睛.

5. 由于需要在黑暗中进行操作,动作要小心谨慎,严格遵守操作程序.

【思考与讨论】

1. 通过本实验的观察和操作,总结全息照相的过程和特点.

2. 如何调节好全息照相的光路?

【附录 4-11-1】

### 显影液和定影液配方

1. D-19 高反差强力显影液配方

| 蒸馏水(约 50 ℃) | 500 ml | 米吐尔 | 2 g |
|---|---|---|---|
| 无水亚硫酸钠 | 90 g | 对苯二酚 | 8 g |
| 无水碳酸钠 | 48 g | 溴化钾 | 5 g |

溶解后加蒸馏水至 1 000 ml;显影温度:20 ℃;显影时间:3~5 min.

2. F-5 酸性坚膜定影液配方

| 蒸馏水(约 50 ℃) | 600 ml | 硫代硫酸钠 | 240 g |
|---|---|---|---|
| 无水亚硫酸钠 | 15 g | 乙酸 | 13.5 ml |
| 硼酸(结晶体) | 7.5 g | 钾矾 | 15 g |

溶解后加蒸馏水至 1000 ml;定影温度:20 ℃;定影时间:5 min;清水冲洗 5 min.

注:配制药液,须按规定的温度、质量和次序依次溶解,前一种药品完全溶解后,再加后一种.

# 实验 4.12  阿贝成像原理与空间滤波

波动光学的一个重要发展就是逐步形成了一个新的光学分支——傅里叶光学,傅里叶光学是光学与电子学和通信理论相结合的新学科,是现代光学的核心.作为傅里叶光学实际应用的全息术和光学信息处理,发展极为迅速.傅里叶光学与计算机技术、数字多媒体技术、光电技术和精密微细加工技术相结合,产生了许多新的研究热点,如数字全息术、数字化信息处理、光学 CT、光信息存储、傅里叶成像光谱技术等.傅里叶光学的奠基人是德国物理学家阿贝,他所提出的显微镜成像原理以及随后的阿贝-波特实验在傅里叶光学早期发展历史上具有重要的地位.这些实验简单而且漂亮,对相干光成像的机理、对频谱的分析和综合的原理作出了深刻的解释.同时,这种用简单模板作滤波的方法,直到今天,在图像处理中仍然有广泛的应用价值.

阿贝成像原理的意义在于它以一种新的频谱语言来描述信息,使人们得到启发,用改造频谱的方法来改造信息.通过本实验,学生可以把透镜成像与干涉、衍射联系起来,初

课件

实验
相关

步了解透镜的傅里叶变换性质,从而有助于学生加深对现代光学信息处理中的空间频谱和空间滤波等概念的理解.

【实验目的】

1. 通过实验了解空间频率、空间频谱的概念以及傅里叶光学的基本思想.
2. 掌握阿贝成像原理,理解透镜成像的物理过程.
3. 了解如何通过空间滤波的方法,实现对图像的改造,加深对光学信息处理实质的理解.

【实验原理】

1. 光学傅里叶变换

在信息光学中,人们常用傅里叶变换来表达和处理光的成像过程.设一物体光场的复振幅二维空间分布函数为 $g(x,y)$,可以将该空间分布展开为无限个复指数基元函数 $\exp[2\mathrm{j}\pi(f_x x+f_y y)]$ 的线性叠加,即

$$g(x,y) = \iint_\infty G(f_x,f_y)\exp[2\mathrm{j}\pi(f_x x + f_y y)]\,\mathrm{d}f_x\mathrm{d}f_y \qquad (4\text{-}12\text{-}1)$$

式中,$f_x$、$f_y$ 分别为 $x$、$y$ 方向的空间频率,$G(f_x,f_y)$ 是相应于空间频率为 $f_x$、$f_y$ 的基元函数的权重,或称为物光场 $g(x,y)$ 的空间频谱.$G(f_x,f_y)$ 可由 $g(x,y)$ 的傅里叶变换求得,即

$$G(f_x,f_y) = F[g(x,y)] = \iint_\infty g(x,y)\exp[-2\mathrm{j}\pi(f_x x + f_y y)]\,\mathrm{d}x\mathrm{d}y \qquad (4\text{-}12\text{-}2)$$

而由 $G(f_x,f_y)$ 的逆傅里叶变换也可得 $g(x,y)$,$g(x,y)$ 和 $G(f_x,f_y)$ 实质上是对同一光场的两种等效描述.

2. 平面波的空间频率

我们对波动力学中的频率概念已很熟悉,此处的频率一般是指时间频率,它表示特定波形在单位时间内重复的次数.而对于空间函数来说,空间频率与其完全不同,它表示特定波形在单位距离内重复的次数,其量纲是长度单位的倒数,为 $\mathrm{L}^{-1}$,通常取 $\mathrm{cm}^{-1}$ 或 $\mathrm{mm}^{-1}$,单位是线对每毫米(1p/mm)或周每毫米(c/mm).空间频率与平面波有一定的联系,对于一列平面波而言,空间频率是一个常量,其大小由平面波的传播方向决定,如在 $Oxz$ 平面内,如图 4-12-1 所示,$x$ 轴方向的空间频率与平面波波矢量 $\boldsymbol{k}$ 和 $x$ 轴间的夹角 $\alpha$ 密切相关,有 $f_x = \dfrac{\cos\alpha}{\lambda}$,$\alpha$ 越小,空间频率越大.当 $\alpha = 90°$ 时,空间频率 $f_x = 0$,称为"零频";当 $\alpha = 0$ 时,$f_x = \dfrac{1}{\lambda}$,称为"极限高频",$\lambda$ 为光波波长.

空间频率还有其他引申意义.当平面波垂直入射到平面光栅上时便可产生多级平面衍

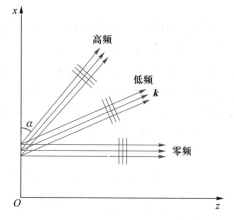

图 4-12-1　空间频率与传播方向的关系

射波,其传播方向不同,各自对应的空间频率也不相同.例如空间频率为 $f_0$、光栅常量为 $d(f_0=1/d)$ 的一维透射光栅,其透射光振幅分布可展开成傅里叶级数

$$g(x) = \sum_{-\infty}^{\infty} G_n \exp(2j\pi n f_0 x) \qquad (4-12-3)$$

式中,$n=0,\pm1,\pm2,\cdots$ 的各项对应的空间频率分别为 $f=0,f_0,2f_0,\cdots$.

### 3. 透镜的傅里叶变换性质

从理论上可以证明,如果将焦距为 $f$ 的会聚透镜的前焦平面振幅透过率为 $g(x,y)$ 的图像作为物,并用波长为 $\lambda$ 的单色平面波垂直照射,则在透镜后焦平面 $(x',y')$ 上的复振幅分布就是 $g(x,y)$ 的傅里叶变换 $G(f_x,f_y)$,其中空间频率 $f_x$、$f_y$ 与坐标 $x'$、$y'$ 的关系为

$$\begin{cases} f_x = \dfrac{x'}{\lambda f} \\[2mm] f_y = \dfrac{y'}{\lambda f} \end{cases} \qquad (4-12-4)$$

故 $(x',y')$ 面称为频谱面(或傅氏面).由此可见,复杂的二维傅里叶变换可以用一透镜来实现,称为光学傅里叶变换,频谱面上的光强分布也就是物的夫琅禾费衍射图.

### 4. 阿贝成像原理

阿贝在 1873 年提出了相干光照明下显微镜的成像原理.他认为,在相干光照明下,显微镜的成像可分为两个步骤:第一步是通过物的衍射光在物镜的后焦平面上形成一个衍射图;第二步是物镜后焦平面上的衍射图复合为像,这个像可以通过目镜观察到.

成像的这两个步骤本质上就是两次傅里叶变换.第一步把物面光场的空间分布 $g(x,y)$ 变为频谱面上的空间频率分布 $G(f_x,f_y)$,第二步则是再作一次变换,又将 $G(f_x,f_y)$ 还原到空间分布 $g(x,y)$.

图 4-12-2 显示了成像的两个步骤,第一步为"衍射分频",第二步为"干涉合成".我们假设物是一个一维透射光栅,单色平行光垂直照在光栅上,经衍射分解成为沿不同方向的很多束平行光(每一束平行光相应于一定的空间频率),经过物镜分别聚焦在后焦平面上形成点阵.然后代表不同空间频率的光束经干涉又重新在像面上复合而成像.

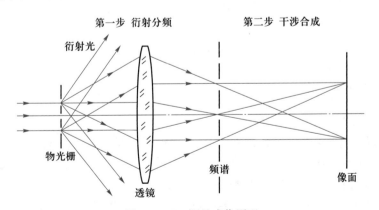

图 4-12-2　阿贝成像原理

如果这两次变换完全是理想的,即信息没有任何损失,则像和物应相似(形状相同,可能有放大或缩小),但一般说来像和物不可能完全相同,这是由于透镜的孔径是有限

的,总有一部分衍射角度较大的高次成分(高频信息)不能进入到物镜而损失掉,所以像的信息总是比物的信息要少一些.高频信息主要反映了物的细节,如果高频信息受到了孔径的限制而不能到达像平面,则无论显微镜放大倍数多大,也不可能在像平面上显示出这些高频信息所反映的细节,这是显微镜分辨率受到限制的根本原因.特别是当物的结构非常精细(如很密的光栅)或物镜孔径非常小时,有可能只有 0 级衍射(空间频率为 0)能通过,则在像平面上完全不能形成像.

5. 空间滤波

根据上面的讨论我们可知道,透镜成像过程可视为两次傅里叶变换,即从空间函数 $g(x,y)$ 变为频谱函数 $G(f_x,f_y)$,再变回到空间函数 $g(x,y)$(忽略放大率).显然,如果在频谱面(即透镜的后焦平面)上放一些不同结构的光阑,以提取(或摒弃)某些频段的物信息,则必然使像面上的图像发生相应的变化,这样的图像处理方法称为空间滤波,频谱面上这种光阑称为滤波器.滤波器使频谱面上一个或一部分频率分量通过,而挡住其他频率分量,从而改变了像面上图像的频率成分.例如,光轴上的圆孔光阑可以作为一个低通滤波器,而圆屏就可以作为高通滤波器.

【实验器材】

光路
调节

光学平台、He-Ne 激光器、扩束镜、准直透镜、成像透镜(傅里叶变换透镜)、物光栅、滤波器、白屏、白纸等.

实验光路如图 4-12-3 所示,扩束镜 $L_0$ 后焦平面与准直透镜 $L_c$ 前焦平面重合,$L_c$ 输出平行光束.依次放上物(20 条/mm 的一维透射光栅)和焦距为 $f = 190$ mm 的透镜 L,将各元件调至共轴.移动白屏位置并使光栅清晰地成像在白屏上.

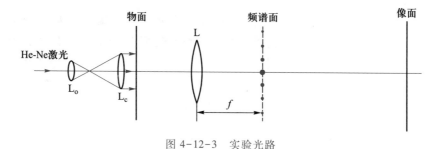

图 4-12-3    实验光路

【实验内容与要求】

1. 观测一维透射光栅的频谱

(1)平行光束照射到一维透射光栅上,在透镜 L 后缓慢移动白屏,寻找光束会聚点,即透镜 L 的后焦面(频谱面),可看到 0 级、±1 级、±2 级、±3 级……一排清晰的衍射光点.衍射角越大,衍射级次越高,空间频率也越高.

(2)将白纸放在频谱面上,仔细观察频谱,并用针尖分别扎透 0 级、±1 级、±2 级、±3 级衍射点的中心.然后,用游标卡尺测出各级衍射点与 0 级衍射点的距离 $\pm x_1'$、$\pm x_2'$、$\pm x_3'$.

2. 阿贝-波特实验(方向滤波)

方向滤波是去除某些方向的频谱或仅让某些方向的频谱通过,以突出图像的某些特

征的方法.本实验步骤如下:

（1）光路不变,将一维透射光栅换成二维正交光栅,在频谱面上可以观察到二维分立的光点阵(频谱),像面上可以看到放大了的正交光栅像.

（2）在频谱面放上可旋转狭缝光阑(方向滤波器),有以下几种情况:(a)只让光轴上水平的一行频谱分量通过;(b)只让光轴上垂直的一行频谱分量通过;(c)只让光轴上45°或135°的一行频谱分量通过.在上述情况中,分别仔细观察像面上的图像变化,将所观测结果填入表 4-12-1 中并说明.

表 4-12-1　阿贝-波特实验记录表

| 二维正交光栅 | 频谱 | 空间滤波器 | 通过的频谱 | 滤波图像 | 说明 |
|---|---|---|---|---|---|
| | | | | | |
| | | | | | |
| | | | | | |
| | | | | | |

### 3. 高低通滤波

图 4-12-4 中,图(a)为低通滤波器,图(b)为高通滤波器,图(c)为带通滤波器.低通滤波器的作用是滤掉高频成分,仅让接近 0 级的低频成分通过.它可以用来滤掉高频噪声,例如滤去有网格照片中的网状结构.高通滤波器是一个中心部分不透光的小光屏,它能滤去低频成分而允许高频成分通过,可用于突出像的边沿部分或者实现像的衬度反转.带通滤波器可以让某些需要的频谱分量通过,其余的被滤掉,可用于消除噪声.

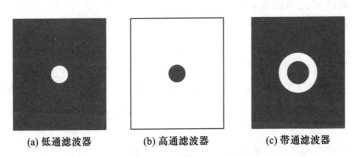

(a) 低通滤波器　　　(b) 高通滤波器　　　(c) 带通滤波器

图 4-12-4　几种光学滤波器

（1）低通滤波.

将一网格"光"字放在物平面上,通过透镜 L 成像在像平面上,放大像如图 4-12-5(a)所示.由于网格为一周期性的空间函数,它的频谱是有规律排列的分立点阵,而字迹是一个非周期性的低频信号,它的频谱是连续的.

将一个可变圆孔光阑放在频谱面上,逐步缩小光阑,直到像上不再有网格,但字迹仍然保留下来.

（2）高通滤波(选做).

将一漏光+字板作为物,通过透镜 L 成像在像平面上,如图 4-12-5(b)所示.在频谱面上放一圆屏光阑(高通滤波器)挡住频谱的中心部分,观察并记录像面上的图像变化.

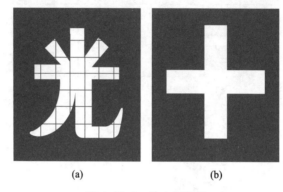

(a)　　　　　　(b)

图 4-12-5　放大的图像

【数据记录与处理】

1. 根据游标卡尺测得的一维透射光栅各级衍射点与 0 级衍射点的距离 $\pm x_1'$、$\pm x_2'$、$\pm x_3'$,计算相应空间频率 $f_x$,并由基频 $f_0(f_0 = 1/d)$ 求出光栅常量 $d$.

2. 观察、记录正交光栅方向滤波实验的现象,并进行分析.

3. 观察、记录网格"光"字的低通滤波现象,并进行解释.

【注意事项】

1. 眼睛不要直视激光束,以免眼损伤.

2. 不要用手触摸所有透镜及光栅的表面.

3. 要轻轻旋动光具座的机械部分.

4. 滤波器不要夹得过紧.

【思考与讨论】

1. 如成像透镜前是 50 条/mm 的一维透射光栅,其频谱面上的空间频率各是多少?相邻两衍射点间距离是多少? 已知透镜焦距 $f = 5.0$ cm,激光器(He-Ne)波长 $\lambda = 632.8$ nm.

2. 在低通滤波实验中,如果想滤掉字而保留光栅,应怎么办?

# 实验 4.13　半导体材料热电效应研究

1821 年发现的泽贝克（T.J.Seebeck）效应、1834 年发现的佩尔捷（J.C.Peltier）效应和 1856 年发现的汤姆孙（W.Thomson）效应,奠定了热电理论的发展基础,为热电能量转换器和热电制冷的应用提供了理论依据.依据这三个效应可以制成不同用途的热电器件,在一定条件下既可以把热能转化成电能（发电器）,也可以把电能转化成热能（热泵或制冷器）.

然而,在以上三个效应发现后较长的时期,温差发电和温差制冷均因为转换效率低而得不到满意的应用效果.随着固体理论和半导体材料制备技术等领域的不断发展,以及军事应用的需要,20 世纪 50 年代末,热电材料的研究取得了重大进展,以碲化铋（$Bi_2Te_3$）和碲化锑（$Sb_2Te_3$）为基体的室温热电材料,为热电技术的实用化奠定了研究基础.热电材料在军事、高科技、经济建设等领域应用广泛,在环境污染和能源危机日益严重的今天,进行新型热电材料的研究具有较好的应用前景和潜在的市场价值.

热机、热泵应用的关键是效率问题,效率的高低取决于作为热电转换器的半导体热电器件.现在的内燃机和喷气机与最初的蒸汽机相比,效率虽然提高了很多,但从当今节约能源的角度来看,热机的效率还远远不能满足要求.现在最好的空气喷气发动机,在比较理想的情况下其效率也只有 60%,应用最广的内燃机,一般效率只达到 40% 左右,大部分能量被浪费掉了.提高能量转化效率一直是科学家和工程师们研究的重要课题.本实验以半导体热电材料作为热电转换器件,基于泽贝克效应和佩尔捷效应,重点研究其热电转换效率及影响因素,加深对热力学系统正循环（热机）、逆循环（热泵）过程工作原理的理解.

课件

实验
相关

【实验目的】

1. 学习循环过程,弄清热机和热泵的工作原理、热机效率、热泵制冷系数的主要影响因素.
2. 了解半导体热电器件的基本结构和工作原理,通过对热机效率、热泵制冷系数的测量,研究半导体材料热电效应.

【实验原理】

1. 循环过程及热机、热泵

在热力学中,如果系统由某一状态出发,经过一系列状态变化后,又回到原来状态,此过程称为循环过程.循环过程分为正循环和逆循环两种,能够实现正循环的装置称为热机,能够实现逆循环的装置称为热泵或制冷机.

正循环过程中,系统将从高温热源吸收的热量,一部分用来对外做功,另一部分在低温热源处放出.正循环过程是热机工作的理论基础,热机工作原理如图 4-13-1 所示.在热机中被用来吸收热

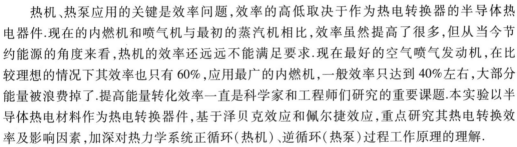

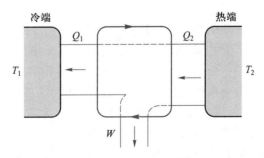

图 4-13-1　热机工作原理图

量、并对外做功的物质称为工作物质.

用 $Q_1$ 和 $Q_2$ 分别表示低温热源(冷端)的热量和高温热源(热端)的热量,$W$ 表示所做的功.根据热力学第一定律,有

$$Q_2 = W + Q_1 \tag{4-13-1}$$

反映热机效能的重要标志之一是热机效率,其定义为

$$\eta = \frac{W}{Q_2} = \frac{Q_2 - Q_1}{Q_2} \tag{4-13-2}$$

如果所有的热量全部都转化为有用功,那么热机效率等于1.在整个循环过程中,$Q_1$ 不可能为零,所以实际的热机效率总是小于1.

假如热机为理想热机,循环过程为卡诺循环,则热机效率为

$$\eta = 1 - \frac{T_1}{T_2} \tag{4-13-3}$$

该效率又称为卡诺效率.卡诺循环效率只与两个热源温度有关,与工作物质、热机的型号无关.假设没有由于摩擦、热传导、热辐射以及装置内部焦耳热引起的能量损失,卡诺效率是给定的两个温度下热机所能达到的最高效率.

逆循环过程中,通过外界对系统做功,使得工作物质从低温热源吸收热量 $Q_1$,并在高温热源放出热量 $Q_2$.该循环过程是热泵或制冷机工作的理论基础,热泵工作原理如图4-13-2所示.也就是说,通过外界做功,热泵在经历一个循环后,把一部分热量从低温热源传递到高温热源.如果是对冷端的应用,则是制冷;如果是对热端的应用,则是制热.

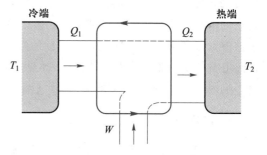

图4-13-2　热泵工作原理图

根据热力学第一定律,有

$$W + Q_1 = Q_2 \tag{4-13-4}$$

对于热泵或制冷机,存在一个描述工作效率的制冷系数,其定义为

$$\varepsilon = \frac{Q_1}{W} = \frac{Q_1}{Q_2 - Q_1} \tag{4-13-5}$$

如果循环过程为卡诺逆循环,则制冷系数为

$$\varepsilon = \frac{T_1}{T_2 - T_1} \tag{4-13-6}$$

卡诺循环的热机效率和卡诺逆循环的制冷系数是最大的.

2. 热电效应与半导体热电器件的效率测量

热电效应是指热能与电能相互转化的效应.1821年德国物理学家泽贝克发现,两种不同的金属所组成的闭合回路中,当两个接点的温度不同时,回路中将产生电动势和电流,这一现象被称为泽贝克效应,又称为热电第一效应,这也是热电偶的基本原理.1834年法国物理学家佩尔捷发现了泽贝克效应的逆效应,当两种不同的金属所组成的闭合回路中存在直流电流时,则两个接点处将存在吸热和放热现象,该效应被称为佩尔捷效应.半导体热电器件同样具有这两种效应,在热能与电能的转化上,可以具有更高的效率,

因此,在温差发电、温差制冷方面获得了应用.本实验基于半导体热电转换器件,在正循环(热机)和逆循环(热泵)模式下进行热机效率和热泵制冷性能的实验研究.

(1) 半导体热电器件简介.

半导体热电器件主要是由 p 型半导体和 n 型半导体构成,其结构如图 4-13-3 所示.假设半导体器件左边的温度始终比右边的温度高,由于 pn 结的两端存在温差,p 型半导体中的空穴由热端(左边)向冷端(右边)扩散,使 p 型半导体的冷端(右边)带正电而热端(左边)带负电;同时 n 型半导体中的电子由热端(左边)向冷端(右边)扩散,使 n 型半导体的冷端(右边)带负电而热端(左边)带正电,所以 n 区的电子从热端(左边)流向冷端(右边),即电流从冷端(右边)流向热端(左边).

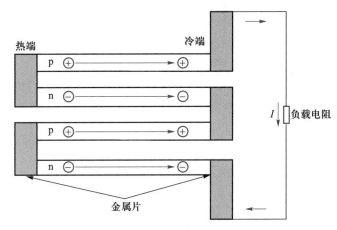

图 4-13-3　半导体热电器件结构

如图 4-13-4 所示,通过金属片把 p 型半导体和 n 型半导体中的热端连接起来,则在 p 型半导体的冷端和 n 型半导体的冷端输出直流电压,将多个 p 型和 n 型半导体串联起来就可以得到较大的输出电压,从而实现"温差发电",这个输出电压可以对外接电阻等负载做功;如图 4-13-5 所示,当给半导体热电器件通入直流电流时,根据电流方向的不同,将在一端吸热,在另一端放热,冷端的热量被移到热端,导致冷端温度降低,热端温度升高,从而实现冷端的"制冷",这种将能量由低温处传送到高温处的装置通常被称为热泵.

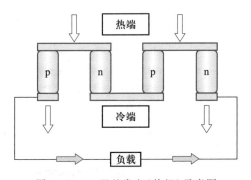

图 4-13-4　温差发电(热机)示意图

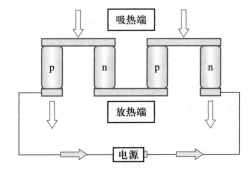

图 4-13-5　热电制冷(热泵)示意图

(2) 热机效率测量.

测量电路如图 4-13-6 所示.半导体热电器件的两端分别与高、低温热源相接触.为维持高温热源的温度,我们通过电加热方式向其提供热量,低温热源的温度可采用冰水混合或水循环的方式维持稳定.这时,在半导体器件两端形成泽贝克效应,即产生电动势.通过测量负载电阻 $R$ 两端的电压 $U_w$,即可获取热机对外输出的电功率 $P_w$;通过测量加热电压 $U_2$ 及其电流 $I_2$,可得到加热功率 $P_2 = U_2 I_2$.如果用功率来表示,则热机效率为

$$\eta = \frac{P_w}{P_2} = \frac{U_w^2}{RU_2 I_2} \tag{4-13-7}$$

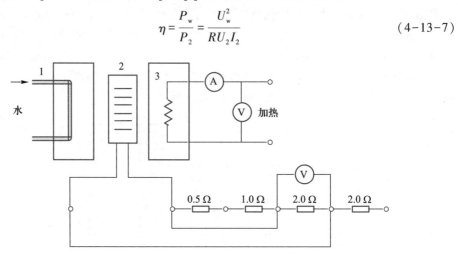

1—低温热源（冷端）；2—半导体热电器件；3—高温热源（热端）.

图 4-13-6　泽贝克效应与热机效率实验电路图

（3）热泵制冷性能测量.

测量电路如图 4-13-7 所示,在外加电源的作用下,通过外界对系统做功,半导体热电器件产生佩尔捷效应,使得热量不断从低温热源传递到高温热源.热泵模式下,外加电源单位时间内对系统所做的功 $P_w'$,可以通过测量电压 $U_w'$ 和电流 $I_w'$ 得到,即 $P_w' = U_w' I_w'$.单位时间内从冷端热源泵取的热量等于单位时间内输入高温热源的热量与单位时间内所做功之差,可采用以下方式获得.

当高温热源保持热平衡状态时,输入的热量等于通过热辐射和热传导获得的热量.如图 4-13-6 所示,来自高温热源热量的一部分被热机用来做功,另一部分热量从高温热源向外界辐射掉,或者通过热机传递到冷端,不管半导体热电器件是否连接负载和热机是否做功,这部分消耗的热量以相同的方式转化.当热机不接负载（开路）时,由于热机没有做功,在热端保持平衡温度的条件下,通过热辐射和热传导到旁路的热量与高温热源电

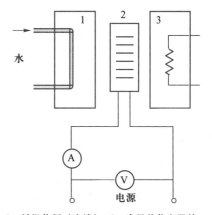

1—低温热源（冷端）；2—半导体热电器件；
3—高温热源（热端）.

图 4-13-7　佩尔捷效应与热泵制冷
实验电路图

加热获得的热量相等.由此可见,通过测量无负载（开路）时单位时间输入高温热源的加热功率 $P_{2开路} = U_{2开路} I_{2开路}$,就可以依据 $P_1 = P_{2开路} - P_w'$ 确定热辐射和热传导的热量.由此可得热泵的制冷系数为

$$\varepsilon = \frac{P_{2开路} - P_w'}{P_w'} \tag{4-13-8}$$

（4）热机效率及热泵制冷系数的修正.

由于摩擦、热传导、热辐射和器件内阻焦耳热等引起的能量损失,实际测量出的热机效率和热泵的制冷系数往往会偏小.如果所有的能量损失都是由摩擦、热传导、热辐射和焦耳热导致的,则实际的热机效率和制冷系数是可以调节的,如果对能量损失加以修正,修正后的热机效率和制冷系数将接近于卡诺效率和最大制冷系数.

消耗在负载电阻上的功率为$\frac{U_w^2}{R}$,假设半导体热电器件内阻为$R_r$,则消耗在半导体热电器件上的功率为$I_w^2 R_r$,则总的输出功率$P_{w总}$为

$$P_{w总} = P_w + I_w^2 R_r \tag{4-13-9}$$

式(4-13-9)中,$I_w = \frac{U_w}{R}$为回路电流.

热端的加热功率分为两部分,一部分被热机用来做功,另一部分通过热辐射和热传导等在热机旁路损失掉.不论半导体器件有无负载,损失的热量是相同的.因此,循环过程中转化为有用功的功率应为

$$P_2' = P_2 - P_{2开路} \tag{4-13-10}$$

式中,$P_2$为有负载时输入热端的加热功率,$P_{2开路}$是器件无负载(开路)时输入热端的加热功率.$P_2$和$P_{2开路}$的测量条件是:保持热、冷端的温度在接负载和不接负载时完全一致.

由此可得,修正后的热机效率为

$$\eta' = \frac{P_{w总}}{P_2'} = \frac{P_w + I_w^2 R_r}{P_2 - P_{2开路}} \tag{4-13-11}$$

内阻$R_r$可通过测量半导体器件开路和有负载时的输出电压$U_s$和$U_w$,按下式计算:

$$R_r = \left( \frac{U_s - U_w}{U_w} \right) R \tag{4-13-12}$$

同样,热泵模式下,考虑外加电源在半导体热电器件内阻上的损耗,修正后的制冷系数为

$$\varepsilon' = \frac{P_{2开路} - P_w'}{P_w' - I_w'^2 R_r} \tag{4-13-13}$$

（5）热机负载的最佳选择.

热机有负载电阻时,半导体器件热电效应等效电路图如图 4-13-8 所示,$R$ 是负载电阻,$R_r$ 是器件内阻,实际电路满足 $U_s = I(R + R_r)$,若冷热端温差不变,则 $U_s$ 不变,负载电阻 $R$ 上的输出功率为

$$P = I^2 R \tag{4-13-14}$$

式中,$I$ 是流过负载电阻的电流.

$$I = \frac{U_s^*}{R + R_r} \tag{4-13-15}$$

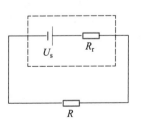

图 4-13-8　半导体热电
效应等效电路图

由式(4-13-14)和式(4-13-15)可知,当负载电阻 $R_0 = R_r$ 时,热机有最大的输出功率,即

$$P_{\max} = \left(\frac{U_s}{R_0 + R_r}\right)^2 R_0 \tag{4-13-16}$$

【实验器材】

热效应实验仪(HE-1 型 1 代及 HE-1 型 2 代)、循环水泵、电压表、水浴桶、温度计等.

以半导体热电器件作为热电转换器的热效应实验仪,可以作为热机或者热泵(制冷机)使用,完成热机和热泵两类实验.当作为热机使用时,来自热端的热量会使半导体热电器件两端产生电压,可以驱动一个负载电阻做功,由此可以测得热机的实际效率和理论最大效率(卡诺效率);当作为热泵使用时,将热量从低温热源传递到高温热源,可以测得热泵实际制冷系数和理论上的最大制冷系数.为了模拟无限大热池和无限大冷池的理论热机,通过水循环(或冰水混合)保持低温热源(冷端或冷池)温度不变,利用电阻加热器保持高温热源(热端或热池)温度稳定.热效应实验仪(HE-1 型 1 代)面板结构如图 4-13-9 所示.

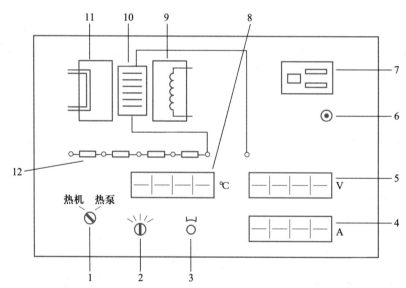

1—切换开关;2—温度设定开关;3—温度微调旋钮;4—加热电流指示;5—加热电压指示;
6—电源开关;7—电源插孔;8—热端温度指示;9—热端热源;10—半导体热电转换器件;
11—冷端热源;12—负载电阻.

图 4-13-9  热效应实验仪面板图(HE-1 型 1 代)

【实验内容与要求】

接好水循环,启动循环水泵电源,保持低温热源(冷端)温度稳定.

1. 冷、热端温差对热机效率和卡诺效率的影响研究

按图 4-13-6 连接电路,其中负载电阻选择 2.0 Ω.将切换开关(HE-1 型 1 代)或工

作模式选择开关(HE-1 型 2 代)拨向"热机".将温度设定开关依次拨至"1""2""3""4" "5"挡(HE-1 型 1 代),或者调节温度设定旋钮,使得设定温度指示依次为 30.0 ℃、40.0 ℃、50.0 ℃、60.0 ℃、70.0 ℃(HE-1 型 2 代),待系统温度分别保持稳定后,依次记录加热电压 $U_2$、加热电流 $I_2$、负载电阻上的输出电压 $U_w$、高温热源温度 $T_2$ 和低温热源温度 $T_1$.

注意:根据不同季节的实际环境温度,HE-1 型 1 代热效率实验仪的温度设定开关可选择 1~4 挡,或者 2~5 挡;调节 HE-1 型 2 代热效率实验仪的温度设定旋钮,使得设定温度指示分别为 30.0 ℃、40.0 ℃、50.0 ℃、60.0 ℃,或者 40.0 ℃、50.0 ℃、60.0 ℃、70.0 ℃.

2. 热机效率修正的测量

将热效率实验仪作为热机使用,需要在两种不同模式负载模式和开路下进行实验.负载模式用来确定实际的热机效率,开路模式用来确定由于热传导和热辐射等引起的热量损失.

(1) 负载模式下的测量.

在图 4-13-6 所示电路中,负载电阻选择 2.0 Ω,将 HE-1 型 1 代热效率实验仪的温度设定开关拨至"4"挡,或者调节 HE-1 型 2 代热效率实验仪的温度设定旋钮,使得设定温度指示为 60.0 ℃,待系统温度稳定后,分别记录加热电压 $U_2$、加热电流 $I_2$、负载电阻上的输出电压 $U_w$、高温热源温度 $T_2$ 和低温热源温度 $T_1$.

(2) 开路模式下的测量.

在图 4-13-6 所示电路中,断开连接负载电阻上的导线,并把电压表直接接在半导体热电器件的 2 个输出端处.可慢慢调节 HE-1 型 2 代热效率实验仪的温度设定旋钮,使热端温度与负载模式中的热端温度指示相同(对 HE-1 型 1 代热效率实验仪不作要求),等系统温度稳定后,记录加热电压 $U_{2开路}$、加热电流 $I_{2开路}$ 及半导体器件的输出电压 $U_s$.

3. 负载电阻对热机效率影响的测量

按图 4-13-6 连接电路,将切换开关(HE-1 型 1 代)或工作模式选择开关(HE-1 型 2 代)拨向"热机".将 HE-1 型 1 代热效率实验仪温度设定开关拨至"3"挡,或者调节 HE-1 型 2 代热效率实验仪的温度设定旋钮,使得设定温度指示为 50.0 ℃,待系统温度稳定后,热端和冷端温度保持恒定.负载电阻依次选择 0.5 Ω,1.0 Ω,1.5 Ω,…,5.5 Ω,分别记录相应的加热电压 $U_2$、加热电流 $I_2$、负载电阻上的输出电压 $U_w$.

4. 热泵制冷系数的测量

参考图 4-13-7,直接将切换开关(HE-1 型 1 代)或工作模式选择开关(HE-1 型 2 代)拨向"热泵".对于使用 HE-1 型 2 代热效率实验仪的学生,需要慢慢调节温度设定旋钮,使高温热源的温度指示与实验内容 2 中的高温热源温度指示相同(对 HE-1 型 1 代热效率实验仪不作要求).待系统温度稳定时,分别记录外加电源施加在半导体热电器件上的电压 $U_w'$、回路电流 $I_w'$、高温热源温度 $T_2$ 和低温热源温度 $T_1$.

【数据记录与处理】

1. 研究冷、热端温差对热机效率和卡诺效率的影响.

根据测量数据,列表并计算加热功率 $P_2$ 和负载电阻的输出电功率 $P_w$,按照式 (4-13-7)和式(4-13-3)分别计算出热机效率和卡诺效率,进行实验结果分析.

注意:计算时,需将测量的摄氏温度换算成热力学温度.

2. 修正热机效率.

计算出有、无负载时系统的加热功率 $P_2$ 和 $P_{2开路}$ 以及负载电阻的输出电功率 $P_w$;按照式(4-13-12)求出半导体热电器件的内阻 $R_i$;分别计算热机效率、修正后的热机效率,与卡诺效率相比较,计算相对误差,进行实验结果分析.

3. 计算不同负载电阻下的热机效率,作出负载电阻-热机效率关系曲线,由关系曲线的变化规律分析负载电阻对热机效率的影响.

4. 计算热泵制冷系数.

按照式(4-13-6)计算热泵的最大制冷系数;按照式(4-13-8)和式(4-13-13)分别计算出热泵的制冷系数、修正后的制冷系数,并与最大制冷系数比较,计算其相对误差.依据实验结果,对半导体热电器件的制冷性能作出客观评价.

【注意事项】

1. 实验开始时,应该先打开循环水泵,再打开实验仪开关;实验结束时应先断开实验仪开关,再断开循环水泵开关.

2. 为了保持冷端水温恒定,水浴桶中水应多一些.

3. 每次测量应尽量使系统达到平衡的时间长些.

【思考与讨论】

1. 随着热端和冷端的温差减少,卡诺效率是增大还是减少? 最大制冷系数是增大还是减少?

2. 通过计算发现实际的热机效率是非常低的,如何提高效率?

3. 通过实验的测量和计算,分析说明如何选择负载电阻,才能使热机效率达到极大值.

4. 修正热机效率时,应主要考虑哪些方面的因素?

# 实验 4.14  用动态法测量固体材料的杨氏模量

📁 课件

物体受外力作用时会发生形变,在弹性限度内,作用力与形变大小遵循胡克定律,这时的作用力为弹性力,形变称为弹性形变.弹性形变发生时,物体内部会出现一种使物体恢复原状的力,我们称之为内应力.

弹性模量包括杨氏模量和切变模量,是表征固体材料弹性性质的重要力学参量,反映了固体材料抵抗外力产生形变的能力.弹性模量也是进行热应力计算、防热与隔热层计算、选用机械构件材料的主要依据之一.因此,精确测量弹性模量对理论研究和工程技术都具有重要意义.

📄 实验
  相关

杨氏模量是表征固体材料抵抗形变能力的重要物理量,其数值的大小与材料的结构、化学成分及加工制作工艺等因素有关.

杨氏模量的测量是物理学的基本测量之一,属于力学范畴.杨氏模量的测量方法可分为静态法、动态法和波传播法三类.静态法(包括拉伸法、扭转法和弯曲法)通常适用于在大形变及常温下金属试样的测量.静态法测量载荷大、加载速度慢并且伴有弛豫过程,对脆性材料(如石墨、玻璃、陶瓷等)不适用,也不适合在高温条件下测量.波传播法(包括连续波法和脉冲波法)所用设备复杂、换能器能量转化效率低且价格昂贵,广泛应用受到限制.动态法(又称共振法或声频法)包括弯曲(横向)共振法、纵向共振法和扭转共振法,其中弯曲共振法所用设备精确易得,理论同实验吻合度好,适用于各种金属及非金属(脆性)材料的测量,测定的温度范围广泛,可从液氮温度测至 3000 ℃左右,在实际应用中已经被广泛采用.动态法是国家标准 GB/T 2105-91 中推荐使用的测量杨氏模量的方法之一,即将棒状试样悬挂起来或给予支撑,用声学的方法测出其作弯曲振动时的共振频率,从而确定材料的杨氏模量.本实验采用横振动声学共振法测定常温条件下固体材料的杨氏模量.

【实验目的】

1. 弄清固有频率和共振频率的概念,学习共振现象的判断方法.
2. 学习用动态法测量杨氏模量的基本原理和方法.
3. 掌握一种近似求值的方法——插值法.

【实验原理】

1. 细长棒的弯曲振动

如图 4-14-1 所示,一根轴线沿 $x$ 方向的细长棒,其长度 $L$ 远大于直径 $d(L \gg d)$,作微小横振动(弯曲振动)时满足下列动力学方程(横向振动方程):

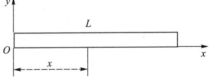
图 4-14-1　细长棒的弯曲振动

$$\frac{\partial^4 y}{\partial x^4} + \frac{\rho S \partial^2 y}{EJ \partial t^2} = 0 \qquad (4-14-1)$$

式中,$y$ 为棒上距左端 $x$ 处截面沿 $y$ 方向的位移;$E$ 为杨氏模量,单位为 Pa 或 N/m²;$\rho$ 为材料密度;$S$ 为棒的截面积;$J$ 为惯性矩.

用分离变量法求解方程(4-14-1),令 $y(x,t) = X(x)T(t)$,则有

$$\frac{1}{X} \frac{\mathrm{d}^4 X}{\mathrm{d}x^4} = -\frac{\rho S}{EJ} \cdot \frac{1}{T} \frac{\mathrm{d}^2 T}{\mathrm{d}t^2} \qquad (4-14-2)$$

等式两边分别是两个独立变量 $x$ 和 $t$ 的函数,当等式两边都等于同一个常量并假设此常量为 $K^4$ 时,可得到下列两个方程:

$$\frac{\mathrm{d}^4 X}{\mathrm{d}x^4} - K^4 X = 0 \qquad (4-14-3)$$

$$\frac{\mathrm{d}^2 T}{\mathrm{d}t^2} + \frac{K^4 EJ}{\rho S} T = 0 \qquad (4-14-4)$$

如果棒中每点都作简谐振动,则上述两方程的通解分别为

$$\begin{cases} X(x) = a_1 \cosh Kx + a_2 \sinh Kx + a_3 \cos Kx + a_4 \sin Kx \\ T(t) = b \cos(\omega t + \varphi) \end{cases} \qquad (4-14-5)$$

于是可以得出

$$y(x,t) = (a_1 \cosh Kx + a_2 \sinh Kx + a_3 \cos Kx + a_4 \sin Kx) \cdot b \cos(\omega t + \varphi) \qquad (4-14-6)$$

式中

$$\omega = \left(\frac{K^4 EJ}{\rho S}\right)^{\frac{1}{2}} \qquad (4\text{-}14\text{-}7)$$

式(4-14-7)称为频率公式,适用于不同边界条件、任意形状截面的试样.

如果试样的悬挂点(或支撑点)在试样的节点附近,这时可认为棒的两端($x=0,L$)是自由端,即端点既不受正应力也不受切应力,则根据边界条件可以得到

$$\cos KL \cdot \cosh KL = 1 \qquad (4\text{-}14\text{-}8)$$

采用数值解法可以得出本征值为

$$K_n L = 0, 4.730, 7.853, \cdots \quad (n=0,1,2,3,\cdots) \qquad (4\text{-}14\text{-}9)$$

其中第一个根 $K_0 L = 0$ 对应试样静止状态;第二个根记为 $K_1 L = 4.730$,所对应的试样振动频率称为基振频率(基频)或称固有频率,此时的振动状态如图 4-14-2(a)所示;第三个根 $K_2 L = 7.853$ 所对应的振动状态如图 4-14-2(b)所示,称为一次谐波.由此可知,试样在作基频振动时存在两个节点,它们的位置分别距端面 $0.224L$ 和 $0.776L$.将基频对应的 $K_1 = 4.730/L$ 值代入频率公式(4-14-7),可得基频为

$$\omega = \left(\frac{4.730^4 EJ}{\rho L^4 S}\right)^{\frac{1}{2}} \qquad (4\text{-}14\text{-}10)$$

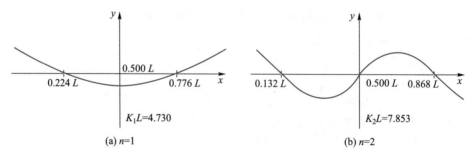

图 4-14-2   两端自由的棒作基频振动和一次谐波振动时的波形

由此可得,杨氏模量为

$$E = 1.9978 \times 10^{-3} \frac{\rho L^4 S}{J}\omega^2 = 7.8870 \times 10^{-2}\frac{L^3 m}{J}f^2 \qquad (4\text{-}14\text{-}11)$$

对于直径为 $d$ 的圆棒,$J = \dfrac{\pi d^4}{64}$,式(4-14-11)可改写为

$$E = 1.6067 \frac{L^3 m}{d^4}f^2 \qquad (4\text{-}14\text{-}12)$$

同样,对于矩形棒试样,$J = \dfrac{bh^3}{12}$,则有

$$E_{\text{矩}} = 0.9464 \frac{L^3 m}{bh^3}f^2 \qquad (4\text{-}14\text{-}13)$$

式中,$m$ 为棒的质量,$f$ 为基频振动的固有频率,$d$ 为圆棒直径,$b$ 和 $h$ 分别为矩形棒的宽度和高度.

如果圆棒试样不能满足 $d \ll L$ 时,式(4-14-12)应乘以一个修正系数 $T_1$,即

$$E = 1.6067 \frac{L^3 m}{d^4} f^2 T_1 \qquad (4-14-14)$$

上式中的修正系数 $T_1$ 可以根据径长比 $d/L$ 查表 4-14-1 得到.

表 4-14-1　径长比与修正系数的对应关系

| 径长比 $d/L$ | 0.01 | 0.02 | 0.03 | 0.04 | 0.05 | 0.06 | 0.08 | 0.10 |
|---|---|---|---|---|---|---|---|---|
| 修正系数 $T_1$ | 1.001 | 1.002 | 1.005 | 1.008 | 1.014 | 1.019 | 1.033 | 1.055 |

　　由式(4-14-12)—式(4-14-14)可知,对于圆棒或矩形棒试样只要测出基频振动的固有频率就可以计算出试样的杨氏模量,这就是用动态法测量杨氏模量的基本原理,所以本实验的主要任务就是测量试样基频振动的固有频率.

　　然而,实际实验中测量的是试样的共振频率,物体固有频率 $f_固$ 和共振频率 $f_共$ 是两个相关的不同概念,二者之间的关系为

$$f_固 = f_共 \sqrt{1 + \frac{1}{4Q^2}} \qquad (4-14-15)$$

式中,$Q$ 为试样的机械品质因数.一般 $Q$ 值远大于 50,共振频率和固有频率相比只偏低 0.005%,二者相差很小,通常忽略其差别,用共振频率代替固有频率.

　　2. 杨氏模量测量的实施及要点

　　用动态法测量杨氏模量的实验装置如图 4-14-3 所示.由信号发生器输出的等幅正弦波信号施加在发射换能器(激振器)上,将信号发生器产生的电信号(正弦波信号)转换为机械振动信号,再由试样一端的悬丝或支撑点将机械振动信号传给试样,使试样作受迫振动,机械振动信号沿试样以及另一端的悬丝或支撑点传送给接收换能器(拾振器),接收换能器将机械振动信号又转换成电信号,该信号经放大处理后再传送给示波器,从示波器上就可以看到正弦波信号.当信号发生器的输出信号频率不等于试样的固有频率时,试样不发生共振,示波器上几乎没有电信号波形或波形很小,而当信号发生器的输出频率与试样的固有频率一致时,试样发生共振,示波器上的电信号突然增大,这时通过频率计读出的信号发生器的频率即为试样的共振频率.测量出共振频率,由上述相应的公式就可以计算出材料的杨氏模量.这一实验装置还可以测量不同温度下材料的杨氏模量,通过可控温加热炉就可以改变试样的温度.

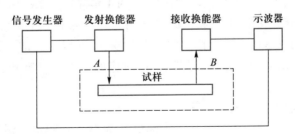

图 4-14-3　用动态法测量杨氏模量的装置图

　　(1) 基频共振的判断(鉴频).

　　实验测量中,发射换能器、接收换能器、悬丝、支撑架等部件都有自身的共振频率,可能以其自身的基频或高次谐波频率发生共振.另外,试样本身也不只在一个频率处发生共

振现象,会出现几个共振峰,导致在实验中难以确认哪个是基频共振峰,上述计算杨氏模量的公式(4-14-12)—式(4-14-14)只适用于基频共振的情况.若要正确判断示波器上显示的共振信号是否为试样基频共振信号,可以通过以下方法.

① 实验前先根据试样的材质、尺寸、质量等参量,通过理论公式估算出基频共振频率的数值,在估算频率附近寻找.

② 换能器或悬丝发生共振时,可通过对上述部件施加负荷(例如用力夹紧)的方式,使此共振信号变化或消失.

③ 试样发生共振需要一个过程,共振峰有一定的宽度,信号亦较强,切断信号源后信号亦会逐渐衰减.因此,发生共振时,若迅速切断信号源(信号发生器),除试样共振会逐渐衰减外,其余假共振会很快消失.

④ 试样共振时,可用一小细杆沿纵向轻碰试样的不同部位,观察共振波振幅.波节处波的振幅不变,波腹处波的振幅减小.波形符合图 4-14-2(a)所示的规律的即为基频共振.

⑤ 用听诊器沿试样纵向移动,能明显听出波腹处声音大,波节处声音小,并符合图 4-14-2(a)的规律.对一些细长棒状(或片状)试样,有时能直接听到波腹和波节.

⑥ 当输入某个频率、在显示屏出现共振时,用手将试样托起,示波器显示的波形仍然较少变化,说明这个共振频率不属于试样.

⑦ 试样振动时,观察各振动波形的幅度,波幅最大的共振是基频共振;出现几个共振频率时,基频共振频率最低.

(2) 测量基频共振频率.

理论上,试样在基频下的共振有两个节点,要测出试样的基频共振频率,只能将试样悬挂或支撑在 $0.224L$ 和 $0.776L$ 的两个节点处.但在这种情况下,两个节点处振动振幅几乎为零,悬挂或支撑在节点处的试样难以被激振或拾振.欲激发棒的振动,悬挂点或支撑点必须离开节点位置.

实验时由于悬丝或支撑架对试样的阻尼作用,所以检测到的共振频率是随悬挂点或支撑点的位置变化而变化的,偏离节点越远(距离棒的端点越近),可检测的共振信号越强,但试样所受到的阻尼作用也越大,产生的系统误差就越大.由于压电陶瓷换能器拾取的是悬挂点或支撑点的加速度共振信号,而不是振幅共振信号,因此所检测到的共振频率随悬挂点或支撑点到节点的距离增大而变大.为了消除这一系统误差,可在节点附近选取不同的点对称悬挂或支撑,测量其共振频率,采用插值法得到节点处的基频共振频率.

本实验中,我们以悬挂点或支撑点的位置为横坐标、以对应的基频共振频率为纵坐标绘制关系曲线,求出曲线最低点(即节点)所对应的基频共振频率,即为试样的基频共振频率.

(3) 用李萨如图形法观测共振频率.

实验时也可采用李萨如图形法测量共振频率.将激振器和拾振器的信号分别输入示波器的 X 和 Y 通道,示波器处于观察李萨如图形状态,从小到大调节信号发生器的频率,直到出现稳定的正椭圆时,即达到共振状态.因为激振器和拾振器的振动频率虽然相同,但当激振器的振动频率不是试样的固有频率时,试样的振幅很小,拾振器的振幅也很小甚至检测不到振动,在示波器上无法合成李萨如图形(正椭圆),只能看到激振器的振动波形;只有当激振器的振动频率调节到试样的固有频率、达到共振时,拾振器的振幅会突然增大,输入示波器的两路信号才能合成李萨如图形(正椭圆).

【实验器材】

功率函数信号发生器、动态杨氏模量测定仪[激振器(发射换能器)、拾振器(接收换能器)、测试架、悬丝、支撑架等)、待测试样(不同规格)、示波器、螺旋测微器、游标卡尺、电子天平、鉴频用小细杆(或医用听诊器)]等.

【实验内容与要求】

1. 用动态支撑法测量不同试样的杨氏模量

(1) 测量和安装试样棒.选择一种试样棒,分别测量试样的质量 $m$、长度 $L$ 和直径 $d$,要求进行多次测量,测量次数不少于 5 次.小心地将试样放在支撑架上,要求试样棒横向水平,支撑点到试样棒端点的距离相同.

(2) 连接测量仪器.如图 4-14-3 所示,动态杨氏模量测定仪激振信号输出端接激振器(发射换能器)的输入端,拾振器(接收换能器)的输出端接拾振信号的输入端,拾振信号的输出端接示波器 Y 通道.如果采用李萨如图形法,同时还要将示波器的 X 通道接激振信号的输出端.

(3) 开机调试.开启仪器的电源,调节示波器,使其处于正常工作状态,将信号发生器的频率置于适当挡位(例如 2.5 kHz 挡),连续调节输出频率,此时发射换能器应发出相应声响.轻敲桌面,示波器 Y 通道信号大小立即变动并与敲击强度有关,说明整套实验装置已处于工作状态.

(4) 鉴频与测量.由低到高调节信号发生器的输出频率,正确找出试样棒的基频共振状态,从频率计上读出共振频率.继续升高频率至约 2.74 倍基频处,仔细测量一次谐波共振频率.

(5) 在两个节点位置两侧,各取 3 个测试点,各点间隔 5.00 mm.从外向内依次同时移动两个支撑点的位置,每移动 5.00 mm,分别测出各位置处相应的基频共振频率.

(6) 换用其他试样,重复上述步骤进行测量.

▶ 共振频率的测量

2. 用动态悬挂法测量不同试样的杨氏模量(选做)

选择一种试样棒,小心地将试样悬挂于两悬丝上,要求试样棒横向水平,悬丝与试样棒轴向垂直,两悬丝点到试样棒端点的距离相同,并处于静止状态.基频共振频率的测量方法与支撑法类似.

3. 设计用动态法测量固体材料切变模量(G)的实验方案(选做)

设计要求:

(1) 阐述基本实验原理和实验方法.

(2) 说明基本实验步骤.

(3) 记录实验测量数据.

(4) 说明数据处理方法,得出实验结果.

(5) 对实验结果进行客观评价.

**【数据记录与处理】**

1. 列表记录和处理数据.试样基本参量的数据记录表和基频共振频率数据记录表可参考表 4-14-2 和表 4-14-3.

表 4-14-2　试样基本参量数据记录表

| 试样 | | | | | | |
|---|---|---|---|---|---|---|
| 截面直径 $d/(10^{-3}\ \mathrm{m})$ | | | | | | |
| | | | | | | |
| | | | | | | |
| | | | | | | |
| 长度 $L/\mathrm{m}$ | | | | | | |
| | | | | | | |
| | | | | | | |
| | | | | | | |
| 质量 $m/\mathrm{kg}$ | | | | | | |
| | | | | | | |
| | | | | | | |
| | | | | | | |

表 4-14-3　测量基频共振频率数据记录表

| 支撑法 | 支撑点相对端点的位置 $x/\mathrm{mm}$ | 5 | 10 | 15 | 20 | 25 | 30 | 35 | 40 |
|---|---|---|---|---|---|---|---|---|---|
| | 基频共振频率 $f/\mathrm{Hz}$ | | | | | | | | |
| 悬挂法 | 悬挂点相对端点的位置 $x/\mathrm{mm}$ | 5 | 10 | 15 | 20 | 25 | 30 | 35 | 40 |
| | 基频共振频率 $f/\mathrm{Hz}$ | | | | | | | | |

2. 用插值法求基频共振频率.以支撑点或悬挂点的位置为横坐标,以对应位置的共振频率为纵坐标,作图法绘制 $x$-$f$ 关系曲线,用插值法求取支撑点为节点处的基频共振频率.

3. 计算杨氏模量.计算出试样的质量 $m$、直径 $d$、长度 $L$ 和共振基频 $f$,估算其不确定度,求出试样的杨氏模量 $E$,并评定其测量不确定度,给出杨氏模量的完整结果.

【注意事项】

1. 换能器由厚度为 0.1~0.3 mm 的压电晶体用胶粘在厚度为 0.1 mm 左右的黄铜片上构成,极其脆弱.测量时要轻拿轻放,切勿用力或敲打.

2. 试样棒要整齐摆放且保持清洁,轻拿轻放,安装试样棒时,应先移动测试架到既定位置后再放置试样棒.

3. 用悬挂法做实验时,悬丝必须系紧,不能松动,切勿用力拉扯悬丝,以免损坏膜片或换能器.悬丝应通过试样轴线的同一截面,等试样稳定后方可正式测量.

4. 尽可能采用较小的信号激发,激振器所加正弦信号的峰-峰值幅度限制在 6 V 内,以降低产生虚假信号的可能性.

5. 信号发生器、换能器、放大器、示波器等测试仪器均应共"地".

6. 如试样材质不均匀或截面呈椭圆形,就会有多个共振频率出现,这时只能通过更换合格试样来解决.

【思考与讨论】

1. 在实验中是否发现了假共振峰? 是何原因? 如何判别假共振信号? 如何消除假共振信号?

2. 为什么要用插值法得到试样棒节点处的基频共振频率?

3. 试样的固有频率和共振频率有何不同? 有何关系? 试推导出不测量质量而引入材料密度 $\rho$ 的用动态法测量杨氏模量的计算公式.

4. 如果试样不满足 $d \ll L$ 条件,则对测量结果我们应如何修正?

# 实验 4.15　太阳能电池基本特性研究

太阳能是一种辐射能,清洁、无污染,储量丰富,每天辐射到地球的能量约相当于全世界年需要能量总和的 5000 倍,对太阳能的充分利用可以解决人类日趋增长的能源需求问题.我国是太阳能资源丰富的国家之一,全国 2/3 以上地区年日照小时数大于 2000时,而像青藏高原地区,年日照小时数可达 3000 时以上.

■ 课件

利用太阳能的主要形式包括光热转换、光化学转换和光电转换.其中光电转换最直接的方式是通过太阳能电池来实现.太阳能电池(solar cell)又称光电池或光生伏打电池,是一种能够将光能直接转化成电能的器件.太阳能电池应用广泛,除了应用于军用航空航天领域之外,还已应用于许多民用领域,如太阳能电站、太阳能电话通信系统、太阳能卫星地面接收站、太阳能微波中继站、太阳能汽车、太阳能游艇、太阳能收音机、太阳能手表、太阳能手机、太阳能计算机等.目前,世界各国对太阳能电池的研究和利用都十分重视,我国光伏电池的产量近几十年来逐年快速增长,现已占全球太阳能电池总产量的主导地位.

■ 实验相关

理想的太阳能电池应具有光电转换效率高、制造能耗少、成本低、原材料丰富、使用寿命长、无污染等特点.按照结构,太阳能电池可分为同质结、异质结及肖特基结三类;按照发展历程和材料,可分为第一代——硅基太阳能电池,如单晶硅、多晶硅和非晶硅电池等;第二代——化合物薄膜太阳能电池,如砷化镓(GaAs)、碲化镉(CdTe)、铜铟镓硒(CIGS)等;第三代——新型薄膜太阳能电池,如染料敏化/钙钛矿电池、有机聚合物电池、量子点太阳能电池等.对于目前应用最为广泛的硅基太阳能电池,一般单晶硅电池的光电转换效率要高于多晶硅电池,但制造成本高,如果能使光电转换效率达到理想高度,薄膜太阳能电池的成本可进一步地降低,进而实现更大规模的实际应用.本实验主要探讨硅基太阳能电池的结构、工作原理及其电学和光学方面的基本特性.

【实验目的】

1. 了解太阳能电池的基本结构和基本原理.

2. 理解太阳能电池的基本特性和主要参量,掌握测量太阳能电池的基本特性和主要参量的基本方法.

【实验原理】

1. 太阳能电池的基本结构与工作原理

太阳能电池工作原理的基础是半导体 pn 结的光生伏打效应.所谓光生伏打效应,就是当物体受到光照时,物体内的电荷分布状态发生变化而产生电动势和电流的一种效应.当太阳光或其他光照射半导体 pn 结时,会在 pn 结两端产生电压,该电压称为光生电动势.在各种半导体光电池中,硅光电池具有光谱响应范围宽、性能稳定、线性响应好、使用寿命长、转换效率较高、耐高温辐射、光谱灵敏度与人眼灵敏度相近等优点,在光电技术、自动控制、计量检测、光能利用等许多领域都被广泛应用,本实验主要研究的是硅光电池,其基本原理结构如图 4-15-1 所示.

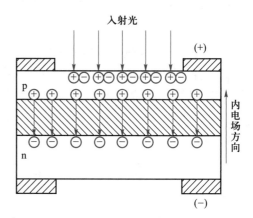

图 4-15-1　硅光电池的基本原理结构

当太阳光或其他光照射 pn 结时,如果照射光子能量大于材料的禁带宽度——导带(晶体中没有被电子占满的能带)和价带(完全被电子占据的能带)之间的空隙宽度,那么在半导体内的原子由于获得光能会释放电子,同时产生电子-空穴对,即光生电子和光生空穴,并扩散到 pn 结中.由于 pn 结本身存在内电场,方向从 n 区指向 p 区,扩散的光生电子会被电场加速而驱向 n 区,而光生空穴会被电场驱向 p 区.于是,在 pn 结的附近就形成了与内电场方向相反的光生电场.光生电场的一部分抵消内电场,其余部分使 p 型区带正电,n 型区带负电,达到动态平衡后,在 pn 结的两端就出现一个稳定的电势差.这种电势差就是光生电动势,这种效应就称为光生伏打效应.为防止表面反射光,提高转换效率,通常在器件受光面上进行氧化,形成保护膜.

如果 pn 结与外电路连接,在光照射下就形成了能够持续提供电能的电源——光电池.若把多个太阳能电池单体串联、并联起来,组成太阳能电池组件,在光的照射下可获得相当可观的输出功率.光电池的电路符号、等效电路和负载电路如图 4-15-2 所示,产生

的光电流 $I_p$ 从光电池的负极经 pn 结流向正极;当光电池与负载电阻 $R$ 联成回路时,光电流便分流为结电流 $I_j$ 和负载电流 $I$.

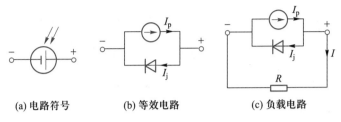

(a) 电路符号　　　(b) 等效电路　　　(c) 负载电路

图 4-15-2　光电池的电路符号、等效电路与负载电路

2. 太阳能电池的基本特性与主要参量

在没有光照时太阳能电池可视为一个理想二极管,正向偏置时,偏置电压 $U$ 与结电流 $I_j$ 间的关系式为

$$I_j = I_0(e^{\frac{eU}{kT}} - 1) = I_0(e^{\beta U} - 1) \tag{4-15-1}$$

式中,$I_0$ 是无光照时的反向饱和电流,温度一定时,$I_0$ 一般是常量;$\beta = \dfrac{e}{kT}$,常温(300 K)时,$\beta \approx 38.7\ \mathrm{V}^{-1}$,$k$ 为玻耳兹曼常量,$T$ 是热力学温度,$e$ 是电子电荷量绝对值.式(4-15-1)表示了无光照(全暗)时光电池的伏安特性.

在一定的光照下太阳能电池的光电流为 $I_p$,如图 4-15-2(c)所示,与光照强度 $J$ 有关.流过负载电阻 $R$ 的外电流 $I$ 为

$$I = I_p - I_j = I_p - I_0(e^{\beta U} - 1) \tag{4-15-2}$$

式(4-15-2)表示了一定光照时光电池的输出电压 $U$ 与输出电流 $I$ 的关系,即伏安特性,其中 $U = IR$.

(1) 短路电流.

当负载短路,即 $R = 0$、$U = 0$ 时,输出外电流为短路电流 $I_{SC}$,即

$$I_{SC} = I_p = SJ \tag{4-15-3}$$

式中,$S$ 为光照灵敏度.因此,短路电流 $I_{SC}$ 与光照强度 $J$ 成正比,如图 4-15-3 所示.

(2) 开路电压.

当负载开路,即 $R = \infty$、$I = 0$ 时,输出的端电压为开路电压 $U_{OC}$.这时,光电流与结电流处在动态平衡状态,由式(4-15-2)有

$$I_p = I_0(e^{\beta U_{OC}} - 1) \tag{4-15-4}$$

所以,开路电压为

$$U_{OC} = \frac{1}{\beta}\ln\left(1 + \frac{I_p}{I_0}\right) \tag{4-15-5}$$

即

$$U_{OC} = \frac{1}{\beta}\ln\left(1 + \frac{I_{SC}}{I_0}\right) \tag{4-15-6}$$

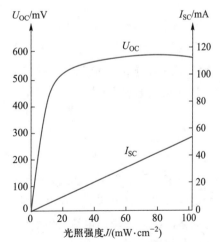

图 4-15-3　短路电流、开路电压与光照强度的关系

式(4-15-6)表示了太阳能电池的开路电压和短路电流之间的关系.当光照强度增加到很大时,开路电压几乎与光照强度无关,如图 4-15-3 所示.

(3) 光电池的内阻.

从理论上可以推导出光电池的内阻 $R_s$ 等于开路电压除以短路电流,即

$$R_s = \frac{U_{OC}}{I_{SC}} \tag{4-15-7}$$

根据图 4-15-3 可知,开路电压和短路电流随光照强度不同而不同,因此,光电池的内阻随光照强度的变化而变化.

(4) 最佳负载电阻与最大输出功率.

如果输出端接负载时,对应的端电压、负载电流和输出功率随负载电阻 $R$ 不同而不同.当 $R$ 为某一定值 $R_{opt}$ 时,输出功率会出现最大值,$R_{opt}$ 称为最佳负载电阻,此时光电池输出效率最高.在一些应用中,必须考虑最佳负载电阻的选取.最佳负载电阻取决于光电池的内阻,用测定最大输出功率所对应的最佳负载电阻可得到光电池的内阻值.最佳负载电阻的大小和光照面积及入射光强有关.输出电压、输出电流、输出功率与负载电阻的关系如图 4-15-4 所示.

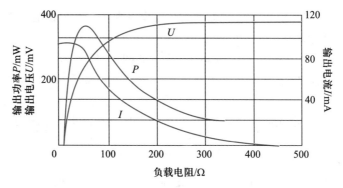

图 4-15-4　输出电压、电流、功率与负载电阻的关系

根据图 4-15-4 可知:当 $R < R_{opt}$ 时,二极管的结电流可以忽略不计,负载电流近似等于短路电流(光电流),光电池可视为恒流源;当 $R > R_{opt}$ 时,二极管的结电流按指数函数形式增加,负载电流近似地按指数函数形式减小;当 $R = R_{opt}$ 时,输出功率最大.最大输出功率 $P_{max}$、最佳负载电阻 $R_{opt}$ 与对应的输出电压 $U_m$ 和输出电流 $I_m$ 之间的关系为

$$R_{opt} = \frac{U_m}{I_m} \tag{4-15-8}$$

$$P_{max} = U_m I_m \tag{4-15-9}$$

在一定光照条件下,如果改变用负载电阻测量光电池的伏安特性曲线,则在电流轴上的截距就是短路电流 $I_{SC}$,在电压轴上的截距就是开路电压 $U_{OC}$,$I_m$ 和 $U_m$ 为最佳负载电阻时的输出电压和输出电流,如图 4-15-5 所示.

(5) 填充因子.

一定光照强度下,太阳能电池的最大输出功率 $P_{max}$ 与电池短路电流和开路电压乘积之比称为填充因子 $FF$:

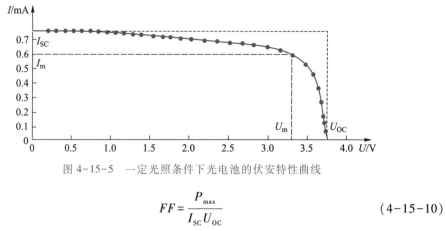

图 4-15-5　一定光照条件下光电池的伏安特性曲线

$$FF = \frac{P_{\max}}{I_{\text{SC}} U_{\text{OC}}} \qquad (4\text{-}15\text{-}10)$$

填充因子是代表太阳能电池性能优劣的一个重要参量.$FF$ 值越大,说明太阳能电池对光的利用率越高,其值一般在 $0.5 \sim 0.8$ 之间.

【实验器材】

LB-SC 太阳能电池实验仪(包括太阳能电池实验主机,面板如图 4-15-6 所示)、单晶硅太阳能电池 2 块、多晶硅太阳能电池 2 块、导线、白炽灯、遮光板等.光源亮度分 5 挡,可调;负载电阻为 $0 \sim 10$ k$\Omega$,可调;加载电压为 $0 \sim 5$ V,可调;太阳能电池板俯仰角可调,以模拟阳光在不同角度照射下对太阳能电池板吸收功率的影响.

【实验内容与要求】

1. 测量一定光照状态下太阳能电池的短路电流 $I_{\text{SC}}$、开路电压 $U_{\text{OC}}$、最大输出功率 $P_{\max}$、最佳负载电阻 $R_{\text{opt}}$ 及填充因子 $FF$

选择单晶硅和多晶硅太阳能电池各 1 块,按以下方法分别研究它们各自的光伏特性.

将太阳能电池实验仪与电池连接,选择明状态,打开电源开关,将加载电

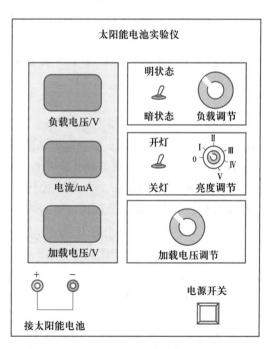

图 4-15-6　太阳能电池实验仪面板示意图

压调到 0,将负载电阻逆时针调到最小,观察此时电流表是否有电流显示,若有,表示外部杂光干扰,需记录以备修正.开启白炽灯,然后将亮度调节到最大,在此光照条件下开始测量,调节实验仪上的负载电阻,由最小调到最大,我们可以看见光电流及负载电压的变化,选取适当的测量间隔,记录负载电压和电流值,直到电压在连续三次调节电阻时都保持不变化为止(保持稳定),这说明太阳能电池已经达到其开路状态.

2. 测量太阳能电池的短路电流 $I_{SC}$、开路电压 $U_{OC}$ 与相对光强的关系,求出近似函数关系并分析结果

逐步调低白炽灯亮度,在不同光照条件下,分别测量负载电阻最大时对应的开路电压和负载电阻调到零时对应的短路电流.

3. 测量不同角度光照下的太阳能电池板的开路电压与短路电流

将白炽灯亮度调到最大,按一定间隔改变太阳能电池板的俯仰角,记录太阳能电池对应的开路电压及短路电流.

4. 测量并研究太阳能电池板的串、并联特性

将同类太阳能电池分别串联、并联,选择最大照明状态,测量相应的开路电压及短路电流,观察与单个太阳能电池板的开路电压及短路电流的区别.

5. 测量并研究太阳能电池无光照的伏安特性(选做)

关闭白炽灯,用遮光板遮住太阳能电池区,使太阳能电池处于全暗状态,此时太阳能电池可视为一个二极管,伏安特性测量电路如图 4-15-7 所示.把可调负载电阻调到最大(阻值可根据明状态的计算结果得到),即负载电阻此时可视为定值电阻,选择适当的测量间隔,在 0~4 V 范围内调节加载电压,负载电压 $U_2$ 显示负载电阻两端电压,太阳能电池(二极管)两端电压 $U$ 等于加载电压 $U_1$ 减去负载电压 $U_2$.

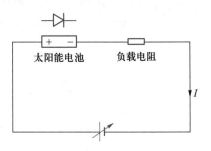

图 4-15-7　无光照测量的电路原理图

【数据记录与处理】

1. 根据单晶硅和多晶硅太阳能电池不同负载的输出电压和输出电流,分别计算负载电阻和输出功率的大小,绘制负载电阻 $R$ 与负载电压、输出电流及输出功率的关系曲线,并找出最大输出功率,利用公式(4-15-10)计算太阳能电池的填充因子 $FF$,对单晶硅太阳能电池和多晶硅太阳能电池的性能进行简要对比分析.

2. 根据在不同光照下测出的 $I_{SC}$ 和 $U_{OC}$ 数据,绘制短路电流 $I_{SC}$ 和开路电压 $U_{OC}$ 之间的关系曲线,分析曲线特点和变化规律,拟合 $I_{SC}$ 与 $U_{OC}$ 之间的近似函数关系,并与理论关系式(4-15-6)进行比较分析.

3. 根据开路电压、短路电流及填充因子,比较分析不同照射角度对太阳能电池板输出的影响.

4. 根据表 4-15-1 所测数据,分析太阳能电池的串、并联特性.

表 4-15-1　太阳能电池板的串、并联特性

|  | 1 号<br>多晶硅 | 2 号<br>多晶硅 | 3 号<br>单晶硅 | 4 号<br>单晶硅 | 多晶硅<br>串联 | 多晶硅<br>并联 | 单晶硅<br>串联 | 单晶硅<br>并联 |
|---|---|---|---|---|---|---|---|---|
| $U_{OC}/V$ |  |  |  |  |  |  |  |  |
| $I_{SC}/mA$ |  |  |  |  |  |  |  |  |

5. 根据无光照时太阳能电池(二极管)的测量数据,绘制 $I–U$ 曲线,分析曲线的特点,并通过拟合 $I–U$ 曲线,建立结电压与电流之间的经验公式.

【注意事项】

1. 红、黑线的串、并联过程中,需要将红线或黑线插入需要连接的插头中间的插孔.
2. 白炽灯带高压,拆卸时需将电源关闭,不要随意或带电插拔电源机箱后方的航空插头.
3. 需缓慢调节加载电压和负载电阻调节旋钮.

【思考与讨论】

1. 太阳能电池在使用时正、负极能否短路? 普通电池在使用时正、负极能否短路? 为什么?
2. 填充因子的物理意义是什么? 如何通过实验方法测量填充因子?
3. 负载电阻大小对太阳能电池的输出特性有何影响? 什么是最佳负载电阻?

# 实验 4.16　声速的测量

声波是一种在弹性介质中传播的机械波.频率在 20 Hz~20 kHz 的声波可以被人听到,称为可闻声波;频率低于 20 Hz 的声波称为次声波;频率在 20 kHz 以上的声波称为超声波.次声波和超声波人耳不能听到.声波的波长、强度、声速、频率和相位等参量是表征声波性质的重要特征物理量,特别是声速,与弹性介质的特性和状态相关,许多物理量均可与声速之间建立某种关系.通过介质中声速的测量,可以了解介质的特性和状态变化.声速测量可用于材料成分分析、固体弹性模量测量、液体密度测量和输油管中不同油品的分界面确定等.因此,测量声速具有重要的理论意义和实用价值.

在一定条件下,不同频率的声波在介质中的传播速度是相等的.由于超声波具有波长短、定向性强且无噪声等优点,在超声波段测量声速比较方便,所以实验室常用超声波来测量声速.超声波在科学研究、生产和生活中应用非常广泛,如无损检测、测距和定位、显示以及液体流速测量等.本实验中利用压电陶瓷的电声可逆效应来发射和接收超声波,并借助于示波器来测量不同介质(固体、液体和气体)中的声速,测量中采用压电换能器实现声能(声压)和电能(电压)之间的相互转化,应用容栅测量系统和数显技术实现长度的数显测量,这些都是非电学量电测方法.

课件

实验
相关

【实验目的】

1. 了解压电换能器和数显尺的基本结构与功能.
2. 熟悉信号源、数显尺和数字示波器的基本使用方法.
3. 掌握共振干涉法、相位比较法及时差法测量声速的原理与方法,加深对振动合成和波动干涉理论的理解.
4. 学会用逐差法、作图法和差值法处理数据.

## 【实验原理】

### 1. 测量声速的基本原理

声速是描述声波在介质中传播特性的一个基本物理量.测量声速的方法可以分为两类,第一类方法是利用声速与传播距离和传播时间的关系测量,第二类方法是利用声速与波长和频率的关系测量.

声波传播的距离 $L$、传播的时间 $t$ 与传播速度 $v$ 之间存在下列关系:

$$L = vt \tag{4-16-1}$$

根据上式可知,只要测出 $L$ 和 $t$ 就可测出声波传播的速度 $v$,这就是用时差法测量声速的原理.

在波动过程中波速 $v$、波长 $\lambda$ 和频率 $f$ 之间存在着下列关系:

$$v = f\lambda \tag{4-16-2}$$

实验中我们可通过测定声波的波长 $\lambda$ 和频率 $f$ 来求得声速 $v$.测定声波波长 $\lambda$ 的常用方法有共振干涉法与相位比较法.

### 2. 声波的发射和接收

声波的发射和接收可以利用压电换能器实现,压电换能器的基本结构如图 4-16-1 所示.

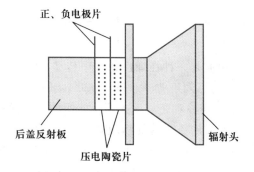

图 4-16-1    压电换能器的基本结构

压电陶瓷片是压电换能器的核心,具有可逆压电效应.利用逆压电效应发射声波,当输入一个电信号时,压电陶瓷片按电信号的频率产生机械振动,从而推动空气分子振动产生声波;利用压电效应接收声波,当压电陶瓷片受到机械振动后,又将机械振动转换为相同频率的电信号.

压电换能器有一谐振频率 $f_0$,当输入电信号频率等于 $f_0$ 时,压电换能器可产生机械谐振,发射的声波振幅最大,作为发生器,此时辐射功率最强.当外加驱动力的频率等于 $f_0$ 时,压电换能器作为接收器,转换出的电信号最强,则灵敏度最高.

### 3. 共振干涉法(驻波法)

从声源发出的一定频率的平面声波,经过空气沿一定方向传播到达接收器.如果发射面与接收面相互平行,在接收面处入射波会被垂直反射,在接收面与发射面之间的空气中入射波和反射波相干叠加.当接收面与发射面之间的距离 $l = n\dfrac{\lambda}{2}(n = 1, 2, 3, \cdots)$ 时,可形成稳定的驻波,当 $l \neq n\dfrac{\lambda}{2}$ 时,则不能形成驻波.在一系列特定的位置上,接收面上的声压可达极大或极小,可以证明,相邻两极大值或极小值之间的距离为半波长 $\dfrac{\lambda}{2}$.

实验装置如图 4-16-2 所示,为了测出驻波相邻波腹或波节之间的距离,可用示波器观察接收器接收的信号,信号的强弱反映着作用在接收器上声压变化的大小.通过比较发

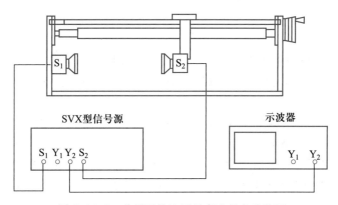

图 4-16-2　共振干涉法测量声速的实验装置

现,声场中空气质点为波腹(振幅最大)处,声压为波节(声压最小);而空气质点为波节(振幅为零)处,声压为波腹(声压最大).当形成稳定的驻波时,$S_2$ 端面为空气质点的波节,该处空气质点的振动位移幅度虽为零,但两侧空气质点的位移反向,因而声压最大,即 $S_2$ 端面为声压的波腹.所以,如果示波器显示的信号最强,则表明接收面处于声压变化最大处,亦即驻波波节所在的位置.移动接收器的位置,改变接收面与发射面之间的距离时,如图 4-16-3 所示,可以看到示波器上显示的信号幅度发生周期性的大小变化;而幅度每作一次周期性的变化,就相当于接收面与发射面之间的距离改变了半个波长 $\dfrac{\lambda}{2}$.另外,由于声波在传播过程中有散射和损耗,示波器上信号最大值会越来越小.如果能够测出相邻两次接收信号达到极大时接收面的位置变化量 $\Delta l$,即可得到波长

$$\lambda = 2\Delta l \tag{4-16-3}$$

根据式(4-16-2)可以计算声波在空气中的传播速度

$$v = 2\Delta l \cdot f \tag{4-16-4}$$

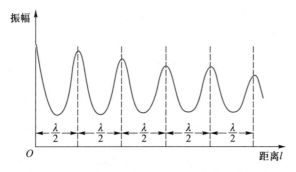

图 4-16-3　接收器表面声压随距离的变化波形

### 4. 相位比较法

波的传播是波源振动状态的传播,而振动状态是由相位这一物理量来决定的,因而波的传播也就是相位的传播.在波传播方向上的任一个状态点的振动相位是随时间而变化的,但是两个状态点之间的相位差不随时间变化.在波传播方向上的两个状态点之间的相位差 $\Delta\varphi$ 与两点间距离 $L$ 及波长 $\lambda$ 之间有如下关系:

$$\Delta\varphi = \frac{2\pi}{\lambda}L \tag{4-16-5}$$

当两个状态点之间的相位差 $\Delta\varphi = \pi$ 即 $L = \lambda/2$ 时,这两点的振动状态相反,称为反相;当 $\Delta\varphi = 2\pi$ 即 $L = \lambda$ 时,这两点的振动状态相同,称为同相.这就是相位法测量波长的理论基础.

相位比较法的实验装置如图 4-16-4 所示,发射换能器 $S_1$ 发出声波,接收换能器 $S_2$ 的端面垂直于声波的传播方向,沿传播方向移动接收器,总可以找到一个位置使接收到的声波信号与发射器的激励信号同相.继续移动接收器,直到接收的信号与发射器的激励信号反相或再次同相时,可以断定接收器移动的距离 $L$ 等于声波的半个波长 $\lambda/2$ 或一个波长 $\lambda$.这样,通过判断相位的变化就可以确定波长.判断相位的变化(同相或反相),可以通过李萨如图形法或双曲线比较法.

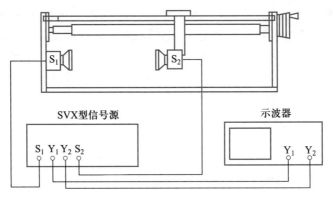

图 4-16-4    相位比较法测量声速的实验装置

(1) 李萨如图形法.

将发射换能器 $S_1$ 和接收换能器 $S_2$ 的信号分别输入示波器的 $Y_1$(CH1)通道和 $Y_2$(CH2)通道,通过示波器观察两个相互垂直的振动所合成的李萨如图形.由于两信号的频率相同,所以图形一般为椭圆,当相位差为 $0$、$\pi$ 和 $2\pi$ 时,李萨如图形退化为左斜直线或右斜直线,如图 4-16-5 所示.通过观察左斜直线或右斜直线来进行相位差的分析与判断最为敏锐和准确.实验中选择图形呈左斜直线(或右斜直线)时为测量起点,当 $S_1$ 和 $S_2$ 的距离 $L$ 改变半个波长 $\lambda/2$ 时,会出现右斜直线(或左斜直线),测出一系列 $L$ 值,求出波长 $\lambda$,即可计算出声速 $v$.

(2) 双曲线比较法.

将发射换能器 $S_1$ 和接收换能器 $S_2$ 的信号分别输入到示波器的 $Y_1$ 通道和 $Y_2$ 通道,通过示波器直接观察两信号的波形,进行反相或同相的判断.

5. 时差法

时差法是一种较精确测量声速的方法,在工程中应用非常广泛.如图 4-16-6 所示,连续波经脉冲调制后的电信号加到发射换能器上,发射脉冲声波在介质中传播,经过时间 $t$ 后,到达距离 $L$ 处的接收换能器.根据牛顿运动定律可知,声波在介质中传播的速度 $v$ 为

$$v = \frac{L}{t} \qquad\qquad (4-16-6)$$

发射换能器发出脉冲调制超声波时,计时电路开始计时,同时接收器的控制电路也开始检测是否收到超声波信号,收到信号时计时电路停止计时,从而测出超声波传播时间 $t$.这样,测量出脉冲调制超声波在介质中传播 $L$ 距离所用的时间 $t$,就可以根据式(4-16-6)计算出声速.

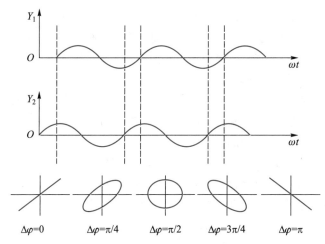

图 4-16-5　李萨如图形与相位差的关系

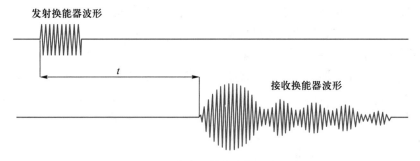

图 4-16-6　脉冲发射波和接收波的波形

【实验器材】

声速测定仪、SVX 型声速测定仪信号源、双踪数字示波器、待测介质(气体、液体和固体)等.

【实验内容与要求】

1. 测量谐振频率

信号源输出的正弦信号频率调节到换能器的谐振频率时,才能较好地进行声能与电能的相互转化,发射换能器能发射出较强的超声波,接收器才能有一定幅度的电信号输出.谐振频率的具体调节方法如下:

(1) 将信号源的发射端"波形"接口接至示波器 $Y_1$(CH1)端,调节示波器,可按示波器"自动设置"按钮,清楚地观察到同步的正弦波信号.

(2) 调节信号源"连续波强度"旋钮,使输出电压在 20 $V_{p-p}$ 左右(示波器探头衰减默认设置为 10× 挡),然后将换能器的接收信号接至示波器 $Y_2$(CH2)端,调节信号源的输出频率(25~45 kHz),观察接收信号的电压幅度变化,在某一频率点处(34.50~39.53 kHz 之间,因不同的换能器或介质而异)信号的电压幅度最大,这一频率即为与压电换能器 $S_1$、$S_2$ 相匹配的频率点,记录此频率值.

(3) 改变 $S_1$、$S_2$ 的距离,使示波器的正弦波振幅最大,再次调节正弦信号频率,直至示波器显示的正弦波振幅达到最大值.重复测量 5 次,取平均频率作为谐振频率 $f$.

2. 用共振干涉法(驻波法)测量空气中的声速

(1) 将信号源的测试方法设置到连续方式,将频率调至最佳工作频率即谐振频率.

(2) 转动距离调节鼓轮使接收换能器 $S_2$ 靠近发射换能器 $S_1$,但两换能器的端面不能接触.如示波器上接收波形有畸变,可调节信号源上的"接收增益"旋钮.开启数显尺的开关,起始点清零.数显尺的使用说明请参见附录 4-16-1.

(3) 转动距离调节鼓轮使接收换能器 $S_2$ 远离发射换能器 $S_1$,观察示波器,找到接收波形的最大值,在数显尺上直接读出距离即 $S_2$ 的位置 $L_0$.然后,向着同方向转动距离调节鼓轮,这时波形的幅度会发生变化(同时在示波器上可以观察到来自接收换能器的振动曲线相位的移动),依次记下信号振幅最大时对应的位置.

(4) 记录空气的温度 $T$(即室温,下同).

3. 用相位比较法测量空气中的声速

(1) 将信号源的测试方法设置到连续方式,将频率调至最佳工作频率即谐振频率.

(2) 转动距离调节鼓轮使接收换能器 $S_2$ 靠近发射换能器 $S_1$,但两换能器的端面不能接触.开启数显尺的开关,起始点清零.

(3) 采用李萨如图形法或双曲线比较法判断相位差的变化.转动距离调节鼓轮使接收换能器 $S_2$ 远离发射换能器 $S_1$,观察示波器,找到相位相同或相反的波形,在数显尺上直接读出 $S_2$ 的位置 $L_0$.然后,向着同方向转动距离调节鼓轮,依次记下同相或反相波形时 $S_2$ 的位置.

(4) 记录测量空气的温度 $T$.

4. 用时差法测量固体(铝、有机玻璃)中的声速

测量固体中声速的实验装置如图 4-16-7 所示,将发射换能器的发射端面朝上竖立放置在托盘上,在换能器端面和固体棒端面上涂上适量的耦合剂,再将固体棒置于发射端面上,将接收换能器的接收端面放置在固体棒上端,固体棒与发射器及接收器端面要紧密接触并且对准.这时计时器的读数为 $t_i$(时间由信号源时间显示窗口直接读出或由示波器调出),固体棒的长度为 $l_i$.实验中改变固体棒长度三次,依次记为 $l_0$、$l_1$、$l_2$,相应的计时器读数依次为 $t_0$、$t_1$、$t_2$.同时记下测量介质的温度 $T$.

【数据记录与处理】

1. 自行设计适合实验内容的数据表格,列表记录和处理数据.

2. 用共振干涉法测量声速,采用逐差法处理数据(参考表格 4-16-1),并评定不确定度,表示声速测量结果.

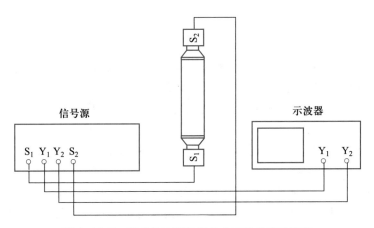

图 4-16-7  用时差法测量固体中声速的实验装置

3. 用相位比较法测量声速,采用作图法处理数据,并计算声速测量结果的相对误差.

4. 用时差法测量声速,采用差值法处理数据,并计算声速测量结果的相对误差.

表 4-16-1  用共振干涉法测量空气中声速的数据记录与处理

| 序号 $i$ | $L_i/\text{mm}$ | $\Delta L_i = L_{i+8} - L_i/\text{mm}$ |
|---|---|---|
| 0 | | |
| 1 | | |
| 2 | | |
| 3 | | |
| 4 | | |
| 5 | | |
| 6 | | |
| 7 | | |
| 8 | | |
| 9 | | |
| 10 | | |
| 11 | | |
| 12 | | |
| 13 | | |
| 14 | | |
| 15 | | |
| $f/\text{Hz}$ | | |
| $T/{}^\circ\!C$ | | |
| $\overline{\Delta L}/\text{mm}\,(\overline{\Delta L} = \sum \Delta L_i/8)$ | | |
| $\overline{\lambda}/\text{mm}\,(\overline{\lambda} = \overline{\Delta L}/4)$ | | |
| $v_{测}\,(=f\lambda)/(\text{m}\cdot\text{s}^{-1})$ | | |
| $v_{理}\,(=331.45+0.59T)/(\text{m}\cdot\text{s}^{-1})$ | | |
| $E = \dfrac{\lvert v_{测} - v_{理}\rvert}{v_{理}} \times 100\%$ | | |

【注意事项】

1. 严禁将声速测定仪信号源的功率输出端短路,以免损坏仪器.

2. 超声换能器的发射端面和接收端面应始终保持平行.

3. 实验中为了高效地实现电能与声能之间的相互转化,应使超声换能器在谐振频率下工作.

4. 数显尺对环境和使用要求相对较高,需防潮、防磕碰等,使用时要注意爱护.测量完毕后,须将数显尺电源关掉.

5. 在测量过程中,距离调节鼓轮应始终向一个方向旋转,避免回程螺距引起的误差.

6. 用时差法测量固体中声速时,接收增益需调到最大;待测固体棒两端应对准换能器发射端面和接收端面的中心,用手适当加力,夹紧固体棒,使计时器读数稳定.

7. 用时差法测量声速时,要根据计时器读数显示情况和两换能器之间距离的大小合理调节"接收增益"旋钮,使计时器读数显示正常且稳定.当两换能器之间的距离增大时,如果计时器读数有跳字,应顺时针调节"接收增益"旋钮,增大接收增益;距离减小时出现跳字,应逆时针调节,减小接收增益.

8. 用时差法测量声速时,如果示波器显示的波形不稳定,出现时断时续的现象,可通过调节示波器的"触发电平"或"信源"使波形稳定.最简单的调节方法是按"设为 50%"按钮,或直接按"自动设置"按钮.

9. 测量液体中的声速时,应避免超声换能器的发射端面和接收端面上出现气泡,否则会产生较大的误差.避免液体溢出和侵蚀其他部件(特别是数显尺),测量完成后应立即用干燥清洁的抹布擦拭干净测试架和换能器.

【思考与讨论】

1. 用不同方法测量声速时,应怎样正确连接示波器?

2. 用驻波法测量声速时,为什么测量驻波波节之间的距离而不测波腹之间的距离?

3. 用李萨如图形法判断相位变化时,为什么选择直线图形作为测量基准? 从正斜率的直线变为负斜率的直线过程中相位改变了多少?

4. 实验中采用逐差法和作图法处理数据有什么好处?

5. 超声波在液体中传播时,声速与介质的浓度、pH、黏度、温度等有关;在气体中传播时,声速与气体的含量、温度等有关.请提出一种利用测量声速方法解决实际问题的方案或设想.

【附录 4-16-1】

### 容栅数显尺的使用和维护方法

数显尺是随着传感器技术和大规模集成电路技术的发展而出现的一种数字式长度测量器具,由容栅测量系统和数字显示两部分组成.与普通量具尺相比,数显尺具有精度高、功能多、测量效率高、可实现相对测量等优点,可以作为标准计量器具使用.但是,数显尺对环境和使用要求相对较高,如需防潮、防磕碰等,使用时要注意爱护,数显表头的使用和维护方法如下.

（1）"inch/mm"按钮用于英/公制转换,测量声速时用"mm".

（2）"OFF/ON"按钮为数显表头电源开关.

（3）"ZERO"按钮用于表头数字回零.

（4）数显表头在标尺范围内,接收换能器处于任意位置时都可设置"0"位.摇动丝杆,接收换能器与"0"位之间的距离为数显表头显示的数字.

（5）数显表头右下方有"▼"处为打开更换表头内扣式电池处.

（6）使用时,严禁将液体淋到数显表头上,如不慎将液体淋入,可用电吹风吹干.(电吹风用低挡并保持一定距离,使温度不超过 70℃.)

（7）数显表头与数显杆尺的配合极其精确,应避免剧烈的冲击和重压.

（8）仪器使用完毕后,应关掉数显表头的电源,以免不必要的电池消耗.

【附录 4-16-2】

### 不同介质中声速测量的参考数据（供参考）

1. 空气中的声速

标准大气压下传播介质空气中的声速.

（1）理论公式.

$$v = v_0 \sqrt{\frac{T}{T_0}} \quad (v_0 = 331.45 \text{ m/s} \text{ 为 } T_0 = 273.15 \text{ K 时的声速})$$

（2）经验公式.

$$v = (331.45 + 0.59T) \text{m/s} \quad [T \text{ 为介质温度(℃)}]$$

2. 液体中的声速

| | |
|---|---|
| （1）淡水（普通水）： | 1497 m/s(25.0 ℃) |
| （2）甘油： | 1920 m/s(25.0℃) |
| （3）变压器油： | 1425 m/s(32.5℃) |
| （4）蓖麻油： | 1540 m/s(25.0℃) |
| （5）菜籽油： | 1450 m/s(30.8℃) |
| （6）海水： | 1510~1550 m/s(17.0℃) |

3. 固体中的声速

| | |
|---|---|
| （1）有机玻璃： | 1800~2250 m/s |
| （2）尼龙： | 1800~2200 m/s |
| （3）聚氨酯： | 1600~1850 m/s |
| （4）黄铜： | 3100~3650 m/s |
| （5）金： | 2030 m/s |
| （6）银： | 2670 m/s |
| （7）铝： | 5150 m/s |
| （8）钢： | 5050 m/s |
| （9）玻璃： | 5200 m/s |

注:固体材料由于其材质、密度、测试的方法各有差异,故声速测量参量仅供参考.

# 实验 4.17  交流电桥的使用与研究

**课件**

**实验相关**

　　交流电桥是一种比较式仪器,其结构与直流电桥相似,也由四个桥臂组成.但交流电桥组成桥臂的元件不仅是电阻,还包括电容或电感等,四个桥臂均为阻抗元件,工作电源采用交流电.因此,交流电桥的桥臂特性变化繁多,它的平衡条件、线路的组成以及实现平衡的调节过程都比直流电桥的复杂,测量范围及应用更广泛.除了用于精确测量交流电阻、电感、电容外,它还可以测量材料的介电常量、电容器的介质损耗、线圈间的互感和耦合系数、磁性材料的磁导率以及液体的电导率等.当交流电桥的平衡与电桥交流电源的频率有关时,可以做成各种滤波网络或者用于测量交流电频率.交流电桥电路在自动测量和自动控制电路中也有着广泛的应用.

　　本实验中,我们将通过几种常用交流电桥测量未知的电阻、电感、电容,掌握调节交流电桥平衡的方法,加深对交流电桥的结构和原理的了解.

## 【实验目的】

1. 掌握交流电桥的工作原理和平衡条件.
2. 了解常用交流电桥的特点和桥路设计思想,掌握调节平衡的基本方法.
3. 学会用交流电桥测量电阻、电容及其损耗因数、电感及其品质因数.

## 【实验原理】

### 1. 交流电桥的平衡条件及分析

　　交流电桥的结构形式如图4-17-1所示.四个桥臂一般由电阻、电感、电容等阻抗元件组成.在电桥的一条对角线 $cd$ 上接入交流指零仪(本实验采用高灵敏度的电子放大式指零仪,有足够的灵敏度),另一条对角线 $ab$ 上接入交流电源.以下在正弦稳态的条件下讨论交流电桥的平衡条件.

　　当调节电桥参量,使交流指零仪中无电流通过(即 $I_0 = 0$)时,说明 $c$、$d$ 两点的电势相等,电桥达到平衡,这时有

$$Z_1 Z_3 = Z_2 Z_4 \qquad (4\text{-}17\text{-}1)$$

式(4-17-1)就是交流电桥的平衡条件.

　　若第一桥臂 $Z_1$ 由待测阻抗 $Z_x$ 构成,则

$$Z_x = \frac{Z_2}{Z_3} Z_4 \qquad (4\text{-}17\text{-}2)$$

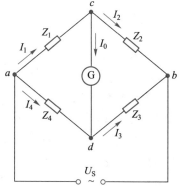

图 4-17-1　交流电桥原理图

根据式(4-17-2),当其他桥臂的参量已知时,就可求出待测阻抗 $Z_x$ 的值.

　　在正弦交流电情况下,把各桥臂阻抗写成复数的形式:

$$Z = R + jX = |Z| e^{j\varphi} \qquad (4\text{-}17\text{-}3)$$

若将电桥的平衡条件用复数的指数形式表示,则可得

$$|Z_1||e^{j\varphi_1}|Z_3||e^{j\varphi_3} = |Z_2||e^{j\varphi_2}|Z_4||e^{j\varphi_4} \qquad (4\text{-}17\text{-}4)$$

即

$$|Z_1||Z_3||e^{j(\varphi_1+\varphi_3)} = |Z_2||Z_4||e^{j(\varphi_2+\varphi_4)} \qquad (4\text{-}17\text{-}5)$$

根据复数相等的条件,因为等式两端的幅模和幅角必然分别相等,故有

$$\begin{cases} |Z_1||Z_3| = |Z_2||Z_4| \\ \varphi_1+\varphi_3 = \varphi_2+\varphi_4 \end{cases} \qquad (4\text{-}17\text{-}6)$$

式(4-17-6)是交流电桥平衡条件的另一种表现形式.

由此可见,交流电桥的平衡必须满足两个条件:一是相对桥臂上阻抗幅模的乘积相等;二是相对桥臂上阻抗幅角之和相等.根据交流电桥的平衡条件,如果已知三个桥臂的幅模和幅角,就可求出第四个桥臂的幅模和幅角.

2. 交流电桥的桥路设计

要设计一个好的实用的交流电桥应注意以下几个方面.

(1)桥臂中的标准元件尽量不采用电感.

由于制造工艺上的原因,标准电容的准确度要高于标准电感,并且标准电容不易受外磁场的影响.所以,常用的交流电桥,不论是测电感还是测电容,除了待测臂之外,其他三个臂均采用电容和电阻.

(2)尽量使平衡条件与电源频率无关.

为发挥电桥的优点,应使待测量只取决于桥臂参量,而不受电源的电压或频率的影响.否则,若桥路的平衡条件与频率有关,电源的频率将直接影响测量的准确性.

(3)合理配置桥臂阻抗,增强交流电桥的收敛性.

通常将电桥趋于平衡的快慢程度称为交流电桥的收敛性.收敛性越好,电桥趋向平衡越快;收敛性越差,则电桥不易平衡或者说平衡过程时间要很长.电桥的收敛性取决于桥臂阻抗的性质以及调节参量的选择.

由交流电桥的平衡条件可知,交流电桥必须按照一定的方式来配置桥臂阻抗,才能使电桥平衡.如果用任意不同性质的四个阻抗组成一个电桥,不一定能够将电桥调节到平衡.因此,必须按交流电桥的两个平衡条件适当配合电桥各元件的性质,精心设计桥路.

在很多交流电桥中,为了使电桥结构简单和调节方便,通常将交流电桥中的两个桥臂设计为纯电阻,分为以下两种情况.

(1)相邻两桥臂为纯电阻.

如果相邻两桥臂接入纯电阻,由式(4-17-6)的平衡条件可知,另外相邻两桥臂也必须接入相同性质的阻抗,否则不可能将交流电桥调至平衡.

在图 4-17-1 所示的电路中,设待测对象 $Z_x$ 在第一桥臂,两相邻臂 $Z_2$ 和 $Z_3$ 为纯电阻,即 $\varphi_2=\varphi_3=0$,则由式(4-17-6)可得 $\varphi_4=\varphi_x$.若待测对象 $Z_x$ 是电容,则相邻桥臂 $Z_4$ 也必须是电容;若 $Z_x$ 是电感,则 $Z_4$ 也必须是电感.

(2)相对两桥臂为纯电阻.

如果相对两桥臂接入纯电阻,则另外相对两桥臂必须为异性阻抗,否则不可能将交流电桥调至平衡.在图 4-17-1 所示的电路中,设相对两桥臂 $Z_2$ 和 $Z_4$ 为纯电阻,即 $\varphi_2=\varphi_4=0$,则由式(4-17-6)可知 $\varphi_3=\varphi_x$.若待测对象 $Z_x$ 为电容,则相对桥臂 $Z_3$ 必须是电感;若 $Z_x$ 是电感,则 $Z_3$ 必须是电容.

### 3. 常用的交流电桥

（1）电阻电桥.

测量电阻时采用的电桥如图 4-17-2 所示,桥路形式与直流单臂电桥相同,只是电源采用交流电源,平衡指示器用交流指零仪.

当桥路平衡时,有

$$R_x = \frac{R_b}{R_a} R_n \qquad (4-17-7)$$

已知 $R_n$、$R_a$ 和 $R_b$,即可测出 $R_x$.

由于采用交流电源和交流电阻作为桥臂,所以测量一些残余电抗较大的电阻时电桥不易平衡,这时可改用直流电桥进行测量.

（2）电容电桥.

电容电桥主要用来测量电容器的电容及损耗电阻,从而得到损耗因数或损耗角.

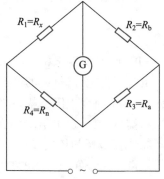

图 4-17-2    交流电桥测量电阻

① 损耗因数或损耗角.

实际电容器并非理想元件,存在介质损耗,所以通过电容器 $C$ 的电流和两端电压的相位差并不是 90°,要比 90°小一个 $\delta$ 角,$\delta$ 称为介质损耗角.具有损耗的电容可以用两种形式的等效电路表示.一种是理想电容和一个电阻相串联的等效电路,如图 4-17-3(a)所示;一种是理想电容与一个电阻相并联的等效电路,如图 4-17-4(a)所示.在等效电路中,理想电容表示实际电容器的等效电容,而串联(或并联)等效电阻则表示实际电容器的发热损耗.

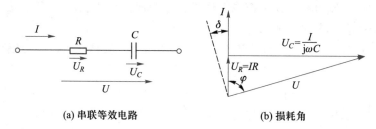

(a) 串联等效电路                        (b) 损耗角

图 4-17-3    实际电容器的串联等效电路与损耗角

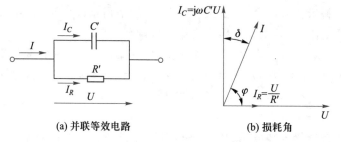

(a) 并联等效电路                        (b) 损耗角

图 4-17-4    实际电容器的并联等效电路与损耗角

图 4-17-3(b)及图 4-17-4(b)分别给出了相应电压、电流的矢量图.必须注意,等效串联电路中的 $C$ 和 $R$ 与等效并联电路中的 $C'$、$R'$ 是不相等的.在一般情况下,当电容

器介质损耗不大时,应有 $C \approx C'$, $R \leqslant R'$.所以,如果用 $R$ 或 $R'$ 来表示实际电容器的损耗时,还必须说明它对于哪一种等效电路而言.因此为了方便起见,通常用电容器的损耗角 $\delta$ 的正切 $\tan \delta$ 来表示它的介质损耗特性,并用符号 $D$ 表示,我们称之为损耗因数.

在串联等效电路中,损耗因数表示为

$$D = \tan \delta = \frac{U_R}{U_C} = \frac{IR}{I/\omega C} = \omega CR \qquad (4\text{-}17\text{-}8)$$

在并联等效电路中,损耗因数表示为

$$D = \tan \delta = \frac{I_R}{I_C} = \frac{U/R'}{\omega C'U} = \frac{1}{\omega C'R'} \qquad (4\text{-}17\text{-}9)$$

应指出的是,在图 4-17-3(b)和图 4-17-4(b)中,$\delta = 90° - \varphi$ 对两种等效电路都是适用的,所以不管用哪种等效电路,求出的损耗因数是一致的.

② 测量小损耗电容的电桥——串联电容电桥.

图 4-17-5 所示的电容电桥适用来测量损耗小的电容,将待测电容 $C_x$ 接到电桥的第一臂,等效为电容 $C'_x$ 和串联电阻 $R'_x$,其中 $R'_x$ 表示它的损耗;将与待测电容相比较的标准电容 $C_n$ 接入相邻的第四臂,同时与 $C_n$ 串联一个可变电阻 $R_n$,桥的另外两臂为纯电阻 $R_b$ 及 $R_a$.

当电桥调到平衡时,有

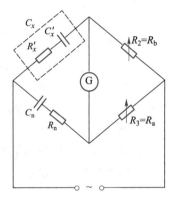

$$\left( R'_x + \frac{1}{j\omega C'_x} \right) R_a = \left( R_n + \frac{1}{j\omega C_n} \right) R_b \qquad (4\text{-}17\text{-}10)$$

式(4-17-10)的实数部分和虚数部分分别相等,可得

$$R'_x = \frac{R_b}{R_a} R_n \qquad (4\text{-}17\text{-}11)$$

$$C'_x = \frac{R_a}{R_b} C_n \qquad (4\text{-}17\text{-}12)$$

图 4-17-5　串联电阻式电容电桥

由式(4-17-8),待测电容的损耗因数 $D$ 为

$$D = \tan \delta = \omega C'_x R'_x = \omega C_n R_n \qquad (4\text{-}17\text{-}13)$$

综上所述,要使交流电桥达到平衡,必须同时满足式(4-17-11)和式(4-17-12)两个条件,因此至少调节两个变量.从理论上讲,如果改变 $R_n$ 和 $C_n$,便可以单独调节、互不影响地使电容电桥达到平衡.然而,实际上标准电容 $C_n$ 通常都是做成固定间隔变化的,不能连续可调,要使式(4-17-12)得到满足,就需要调节比值 $R_a/R_b$,但如果调节比值 $R_a/R_b$,必然又会影响到式(4-17-11)的平衡.因此,要使电桥同时满足两个平衡条件,必须对 $R_n$、$C_n$ 和 $R_a/R_b$ 等参量反复调节才能实现,在使用交流电桥时,必须通过实际操作取得经验,才能迅速获得电桥的平衡.

③ 测量大损耗电容的电桥——并联电容电桥(西林电桥).

假如待测电容的损耗较大,则用上述电桥测量时,与标准电容相串联的电阻 $R_n$ 必须很大,这将会降低电桥的灵敏度.因此,当待测电容的损耗较大时,宜采用图 4-17-6 所示的另一种电容电桥来进行测量.该电桥的特点是标准电容 $C_n$ 与电阻 $R_n$ 是并联的.根据电

桥的平衡条件,有

$$R_a\left(\frac{1}{R_n}+j\omega C_n\right)=R_b\left(\frac{1}{R_x'}+j\omega C_x'\right) \quad (4-17-14)$$

整理后可得

$$R_x'=\frac{R_b}{R_a}R_n \quad (4-17-15)$$

$$C_x'=\frac{R_a}{R_b}C_n \quad (4-17-16)$$

由式(4-17-9),待测电容的损耗因数 $D$ 为

$$D=\tan\delta=\frac{1}{\omega C_x'R_x'}=\frac{1}{\omega C_n R_n} \quad (4-17-17)$$

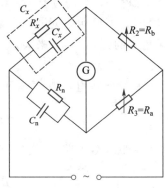

图 4-17-6　并联电阻式电容电桥

与串联电容电桥一样,也必须对 $R_n$、$C_n$ 和 $R_a/R_b$ 等参量反复调节,才能获得电桥的平衡.

除了以上两种形式的电容电桥,用交流电桥测量电容时根据需要还有一些其他电桥形式,可参考相关的文献.

(3)电感电桥.

电感电桥是用已知电感或电容来测量未知电感的电桥.电感电桥有多种线路,通常采用标准电容作为与待测电感相比较的标准元件.从前面的分析可知,这时标准电容一定要安置在与待测电感相对的桥臂中.根据实际的需要,也可采用标准电感作为标准元件,这时标准电感一定要安置在与待测电感相邻的桥臂中,这里不作介绍.

① 电感器的品质因数.

一般实际的电感线圈都不是纯电感,除了电抗 $X_L=\omega L$ 外,还有有效电阻 $R$,二者之比称为电感线圈的品质因数 $Q$,即

$$Q=\frac{\omega L}{R} \quad (4-17-18)$$

② 测量高 $Q$ 值电感的电感电桥——海氏电桥.

测量高 $Q$ 值的电感电桥的原理电路如图 4-17-7 所示.电桥平衡时,可得

$$(R_x+j\omega L_x)\left(R_n+\frac{1}{j\omega C_n}\right)=R_a R_b \quad (4-17-19)$$

整理后可得

$$L_x=\frac{R_a R_b C_n}{1+(\omega R_n C_n)^2} \quad (4-17-20)$$

$$R_x=\frac{R_a R_b R_n(\omega C_n)^2}{1+(\omega R_n C_n)^2} \quad (4-17-21)$$

由式(4-17-20)和式(4-17-21)可知,海氏电桥的平衡条件与频率有关.因此,在应用成品电桥时,若改用外接电源供电,必须注意要使电源的频率与该电桥说明书上规定的电源频率相符,而且电源波形必须是正弦波,否则,谐波频率就会影响测量的精度.

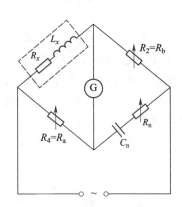

图 4-17-7　测量高 $Q$ 值电感的电桥

用海氏电桥测量时,待测电感的品质因数 $Q$ 值为

$$Q = \frac{\omega L_x}{R_x} = \frac{1}{\omega C_n R_n} \qquad (4-17-22)$$

由式(4-17-22)可知,待测电感 $Q$ 值越小,则要求标准电容 $C_n$ 的值越大,但一般标准电容的电容值都不能做得太大.此外,若待测电感的 $Q$ 值过小,则海氏电桥的标准电容的桥臂中所串联的 $R_n$ 也必须很大,但当电桥中某个桥臂阻抗数值过大时,将会影响电桥的灵敏度.因此,海氏电桥电路适合测量 $Q$ 值较大的电感参量,而在测量 $Q<10$ 的电感元件时则需用测量低 $Q$ 值电感的电桥.

③ 测量低 $Q$ 值电感的电感电桥——麦克斯韦-维恩电桥.

测量低 $Q$ 值的电感电桥的原理电路如图 4-17-8 所示.这种电桥与测量高 $Q$ 值电感的海氏电桥所不同的是,标准电容 $C_n$ 和可变电阻 $R_n$ 是并联的.电桥平衡时,有

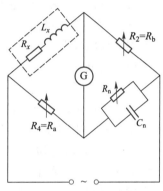

$$\left( R_x + j\omega L_x \right)\left( \frac{1}{\frac{1}{R_n} + j\omega C_n} \right) = R_a R_b \quad (4-17-23)$$

整理后可得

$$L_x = R_a R_b C_n \qquad (4-17-24)$$

$$R_x = R_a R_b \frac{1}{R_n} \qquad (4-17-25)$$

待测电感的品质因数 $Q$ 为

$$Q = \frac{\omega L_x}{R_x} = \omega C_n R_n \qquad (4-17-26)$$

图 4-17-8　测量低 $Q$ 值电感的电桥

麦克斯韦-维恩电桥的平衡条件式(4-17-24)和式(4-17-25)表明,它的平衡是与频率无关的,即在电源为任何频率或非正弦的情况下,电桥都能平衡,且其实际可测量的 $Q$ 值范围也较大,所以这一电桥的应用范围较广.但是实际上,由于电桥内各元件间的相互影响,所以交流电桥的测量频率对测量精度仍有一定的影响.

4. 交流电桥平衡的调节

由以上分析可知,所有交流电桥都需要同时满足两个平衡条件.因此,调节交流电桥平衡时,至少有两个可调参量,只有调节这两个参量、使它们同时达到平衡的数值,指零仪才指零.但是,实际调节时总是一个参量一个参量地调节.因此,调节交流电桥的平衡应采取分步调节和反复调节的方法.这种调节方法的基本思想是:先固定某一个参量,调节第二个参量,直到指零仪的指示最小;然后固定第二个参量,调节第一个参量,再使指零仪的指示最小;如此反复调节,直到指零仪的指示逼近于 0.

在调节交流电桥平衡的过程中,有时指零仪的指针不能完全回到零点,这对于交流电桥是完全可能的,一般来说有以下原因:

(1) 测量电阻时,待测电阻的分布电容或电感太大.

(2) 测量电容或电感时,损耗平衡($R_n$)的调节精度受到限制,尤其是测量低 $Q$ 值的电感或高损耗的电容时更为明显.另外,电感线圈极易受到外界的干扰,也会影响电桥的平衡,这时我们可以试着变换电感的位置来减小这种影响.

（3）用不合适的桥路形式测量，也可能使指针不能完全回到零点．

（4）由于桥臂元件并非理想的电抗元件，所选择的测量量程不当或待测元件的电抗值太小或太大，均会造成电桥难以平衡的情况．

（5）在保证精度的情况下，灵敏度不要调得太高，灵敏度太高也会引入一定的干扰．

【实验器材】

DH4505 型交流电路综合实验仪、待测电阻、电容、电感及导线等．

【实验内容与要求】

▶ 平衡
调节

1. 用交流电桥测量电阻

用交流电桥测量不同阻值的电阻．

2. 用交流电桥测量电容

根据实验原理设计合适的桥路，测量两个电容的电容值及其损耗电阻，两电容中，一个为低损耗的电容，另一个为有一定损耗的电容．

3. 用交流电桥测量电感

根据实验原理设计合适的桥路，测量两个电感的电感值及其损耗电阻．两电感中，一个为低 $Q$ 值的空芯电感，另一个为高 $Q$ 值的铁芯电感．

4. 研究性内容（选做）

（1）研究分析串联和并联电容电桥的灵敏度；改变电源的工作频率，研究分析电源的工作频率对测量结果的影响．

（2）研究分析海氏电桥和麦克斯韦-维恩电桥的灵敏度；改变电源的工作频率，研究分析电源的工作频率对测量结果的影响．

5. 设计性内容（选做）

（1）自己设计其他形式的交流桥路，测量电容或电感．

（2）设计实验方案，测量电阻、电感、电容串联电路的谐振频率．

【数据记录与处理】

1. 列表记录电阻的测量数据．计算待测电阻的测量结果，与标称值比较，计算相对误差．

2. 列表记录电容的测量数据．计算待测电容器的电容、损耗电阻和损耗因数；计算电容测量的不确定度，表示测量结果．

3. 列表记录电感的测量数据．计算待测电感器的电感、损耗电阻和品质因数；计算电感测量的不确定度，表示测量结果．

【注意事项】

1. 实验前应充分掌握实验原理，接线前应明确桥路的形式，错误的桥路可能会造成较大的测量误差，甚至无法测量．

2. 正确使用专用连接线，注意接线的正确性．要对各仪器和元件进行合理布局，连接导线尽量短，避免交叉连线，以减小分布电容的影响；正确连接各仪器和元件之间的接地端,以减小导线连接和人体感应引起的杂散信号的影响.

3. 实验初期,应先将指零仪的灵敏度调到较低位置,待电桥基本平衡时再调高灵敏度并进行桥路调节,直至最终平衡.

4. 仪器使用前应预热 5~10 分钟,并避免周围有强磁场源或磁性物质,使用完毕后应关闭电源.

【思考与讨论】

1. 交流电桥的桥臂是否可以由任意选择的不同性质的阻抗元件组成? 应如何选择?

2. 为什么在交流电桥中至少需要选择两个可调参量? 怎样调节才能使电桥趋于平衡?

3. 交流电桥对使用的电源有何要求? 交流电源对测量结果有无影响?

4. 电桥平衡时,若把交流信号源在电路中的位置与指零仪的位置互换,电桥是否仍然平衡? 这时相应的计算公式是否仍成立?

# 实验 4.18　光的偏振特性研究

光的干涉和衍射现象曾有力地揭示了光的波动性,而表明光波是横波的依据则是光的偏振特性,它清楚地显示其振动方向与传播方向垂直,说明光是横波.19 世纪初,法国物理学家马吕斯(E.Malus)研究双折射时发现折射的两束光在两个互相垂直的平面上偏振.此后物理学家又有了布儒斯特律和色偏振等一些新发现.

■ 课件

在波动光学中,光的偏振比光的干涉和衍射更为抽象,若不借助于专门的器件与方法,人眼和一般的光探测器便无法直接观察或识别一束光的偏振状态.正因为如此,偏光技术的发展在过去一直比较缓慢,其应用也不如另二者广泛.20 世纪 60 年代之前,偏光技术的应用还仅局限于确定晶体的光轴、测量机械构件的应力分布和量糖技术等方面,所用的偏光器件主要是人造偏振薄膜和偏光棱镜.自 20 世纪 60 年代起,特别在激光技术、光纤通信技术问世以后,偏光技术作为整个应用光学技术领域的一个分支学科得到了飞速发展,其应用范围几乎涉及所有与光学技术有关的学科领域,已成为光学检测、计量和光学信息处理中的一种专门化手段,它在相干测量、光开关、光调制、外差探测、薄膜参量测量、生物细胞荧光测量、图像识别等许多技术领域已得到广泛应用.

■ 实验
　相关

本实验中,我们将通过对偏振光的观察、分析和测量,加深对光的偏振基本规律的认识和理解.

【实验目的】

1. 观察光的偏振现象,了解偏振光的产生方法和检验方法.

2. 了解波片的作用,学习用 1/4 波片产生椭圆偏振光和圆偏振光及其检验方法.

3. 通过布儒斯特角的测量,测定玻璃的折射率.

4. 研究偏振光光强分布规律,用实验研究马吕斯定律.

**【实验原理】**

1. 自然光和偏振光

光是一种电磁波,电磁波中的电矢量 $E$ 就是光波的振动矢量,称为光矢量.通常,光源发出的光波,其电矢量的振动在与光传播方向垂直的平面内取向无规则,光矢量可能有的各种各样的振动状态,被称为光的偏振态.光矢量的振动方向和传播方向所组成的平面称为振动面.按照光矢量振动的不同状态,我们通常把光波分为自然光、部分偏振光、线偏振光(平面偏振光)、椭圆偏振光和圆偏振光五种形式,如图 4-18-1 所示.

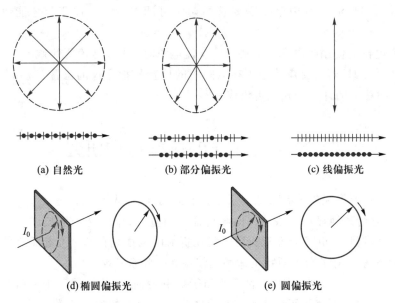

图 4-18-1    光矢量的振动状态示意图

通常太阳光和各种热辐射光源发出的光波,其电矢量的振动在垂直于光传播方向的平面内呈无规则的取向,从统计规律上看,在所有可能的方向上电矢量的分布机会是均等的,且在各个方向上光矢量的大小的时间平均值是相等的,这种光称为自然光.自然光通过介质的反射、折射、吸收和散射后,光波电矢量的振动变得在某个方向具有相对的优势,而使其分布相对于传播方向不再对称.具有这种光矢量取向特征的光,统称为偏振光.

偏振光可分为部分偏振光、线偏振光(平面偏振光)、椭圆偏振光和圆偏振光.如果光矢量可以采取任何方向,但不同方向的振幅不同,某一方向振动的振幅最强,而与该方向垂直的方向振动最弱,这种光称为部分偏振光.如果光矢量的振动限于某一固定方向,则这种光称为线偏振光或平面偏振光.如果光矢量的大小和方向随时间作有规律的变化,且光矢量的末端在垂直于传播方向的平面内的轨迹是椭圆,则这种光称为椭圆偏振光;如果轨迹是圆,则称为圆偏振光.

将自然光变成偏振光的过程称为起偏,用于起偏的装置称为起偏器;鉴别光的偏振状态的过程称为检偏,它所使用的装置称为检偏器.本实验所用的起偏器和检偏器均为分子型薄膜偏振片,二者可以通用.

2. 线偏振光的产生

产生线偏振光的方法有选择性吸收产生偏振、反射产生偏振、多次折射产生偏振、双折射产生偏振等.

（1）选择性吸收产生偏振与马吕斯定律.

有些晶体材料对自然光在其内部产生的偏振分量具有选择吸收作用，即对一种振动方向的线偏振光吸收强烈，而对与这一振动方向垂直的线偏振光吸收较少，这种现象称为二向色性.例如，仅需约 1 mm 厚度的电气石天然晶体（铝硼硅酸盐）就能将寻常光完全吸收，只透过非寻常光，即获得线偏振光.

偏振片是人工制造的具有二向色性的膜片.每个偏振片的最易透过电场分量的方向称为偏振化方向，也称透振方向.即当光波穿过它时，平行于偏振化方向振动的光容易透过，垂直于偏振化方向振动的光则被吸收，从而获得线偏振光.因此，自然光通过偏振片后，透射光基本上成为电矢量的振动方向与偏振化方向平行的线偏振光.实验室常用偏振片得到线偏振光.偏振片既可以用作起偏器又可以作为检偏器.

如果自然光通过起偏器后变成强度为 $I_0$ 的线偏振光，再通过一个理想检偏器后，成为强度为 $I$ 的线偏振光，如图 4-18-2 所示.在不考虑吸收和反射的情况下，其透射光的强度为

$$I = I_0 \cos^2 \theta \qquad (4-18-1)$$

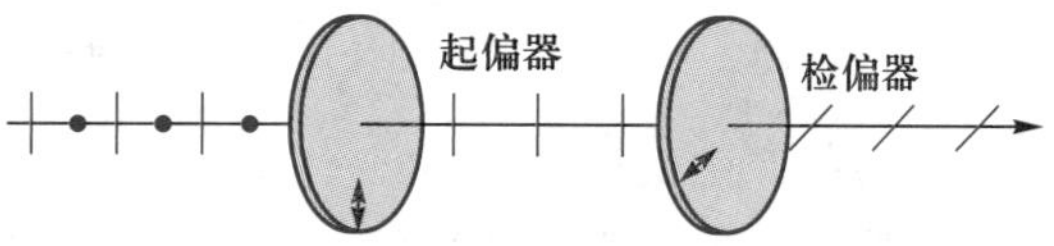

图 4-18-2　马吕斯定律示意图

此式称为马吕斯定律，式中 $\theta$ 为起偏器与检偏器两个偏振化方向之间的夹角，改变 $\theta$ 角可以改变透过检偏器的光强.

根据马吕斯定律，线偏振光透过检偏器的光强随偏振面和检偏器的偏振化方向之间的夹角 $\theta$ 发生周期性变化.当 $\theta$ 为 0 或 $\pi$ 时，透射光强度最大；而当 $\theta$ 为 $\frac{\pi}{2}$ 或 $\frac{3\pi}{2}$ 时，透射光强度为零，即若检偏器转动一周会出现两次消光现象.如用普通偏振片作检偏器，则需引入透射系数 $k$，则式（4-18-1）可改为

$$I = k I_0 \cos^2 \theta \qquad (4-18-2)$$

显然，当以光的传播方向为轴旋转检偏器时，每转 90°，透射光强将交替出现极大和消光位置.如果部分偏振光或椭圆偏振光通过检偏器，当旋转检偏器时，虽然透射光强每隔 90°也从极大变为极小，再由极小变为极大，但无消光位置.而如果圆偏振光通过检偏器，当旋转检偏器时，透射光强却无变化.

（2）反射产生偏振与布儒斯特定律.

当自然光入射到各向同性的两种介质（如空气和玻璃）分界面时，反射光和透射（折射）光一般为部分偏振光，如图 4-18-3（a）所示.若改变入射角，则反射光的偏振程度也随之改变.当光线由折射率为 $n_1$ 的介质入射到折射率为 $n_2$ 的介质表面时，可以证明，入射角为某一特定值 $i_p$，且

$$\tan i_p = \frac{n_2}{n_1} \qquad (4-18-3)$$

时，反射光变为线偏振光，其振动面垂直于入射面，平行于入射面振动的光反射率为零，而透射光为部分偏振光，如图 4-18-3（b）所示，其中"●"表示振动面垂直于入射面的线

偏振光,短线"-"表示振动面平行于入射面的线偏振光,圆圈和短线的数量表示偏振程度.式(4-18-3)称为布儒斯特定律,$i_p$ 为布儒斯特角,或称起偏振角.根据光反射的这一特性,我们就可以用调节入射角的方法获得线偏振光,也可以通过测量 $i_p$ 来计算折射率 $n_2$.例如,通过测量激光光束从空气射向玻璃表面反射时的布儒斯特角 $i_p$ 可以测定玻璃相对空气的折射率.

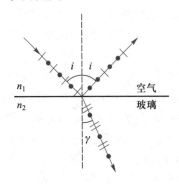

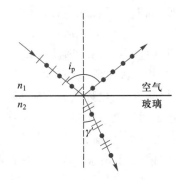

(a) 自然光经反射和折射后产生部分偏振光          (b) 入射角为布儒斯特角时,反射光为线偏振光

图 4-18-3    反射产生偏振原理图

（3）透射产生偏振.

当光波的入射角为布儒斯特角时,虽然反射光为线偏振光,但反射率很低(如空气和玻璃界面处,反射光强约为入射光强的 8%).对折射光而言,平行于入射面的振动分量全部透过界面,而垂直于入射面的振动分量仅一小部分被反射,大部分也透过了界面,所以透射光只是偏振化程度不高的部分偏振光.如果自然光以 $i_p$ 入射到重叠的互相平行的玻璃片堆上,则经过多次折射,最后从玻璃片堆透射出来的光一般是部分偏振光.如果玻璃片数目足够多,则透射光也变为线偏振光,其振动面平行于入射面.

（4）晶体双折射产生偏振.

当一束光射入各向异性的晶体时,产生折射率不同的两束光的现象称为双折射现象.当光垂直于晶体表面入射而产生双折射现象时,如果将晶体绕光的入射方向慢慢转动,按原入射方向传播的那一束光方向不变,满足折射定律,称为寻常光(o 光),它在介质中传播时,沿各个方向的速度相同.另一束折射光线随着晶体的转动绕前一束光(o 光)旋转,可见此光束不满足折射定律,它在各向异性介质内的速度随方向而变,称为非寻常光(e 光).在一些双折射晶体中,有一个或几个方向,o 光和 e 光的传播速度相同,这个方向称为晶体的光轴.光线在晶体内沿光轴传播时,不发生双折射,垂直于光轴传播时,o 光和 e 光沿同一方向传播,不再分离,但传播速度仍是不同.光轴和光线构成的平面称为主截面.o 光和 e 光都是线偏振光,但其振动方向不同.o 光电矢量振动方向垂直于自己的主截面,e 光的电矢量振动方向在自己的主截面内,o 光和 e 光电矢量互相垂直.

利用晶体的双折射现象,可以做成复合棱镜,使其中一束折射光偏离原来的传播方向而得到线偏振光.实验中常采用格兰棱镜做成的偏振器,用于产生或检验线偏振光.

3. 椭圆偏振光和圆偏振光的产生

若使线偏振光垂直射入厚度为 $d$ 的晶体中,发生双折射现象.设晶体对 o 光和 e 光的

折射率分别为 $n_o$ 和 $n_e$,则通过晶体后两束光的光程差为

$$\delta = (n_o - n_e)d \tag{4-18-4}$$

经过晶体后,其相位差为

$$\Delta\varphi = \frac{2\pi}{\lambda}(n_o - n_e)d \tag{4-18-5}$$

其中 $\lambda$ 是光在真空中的波长.

如果以平行于光轴的方向为 $x$ 方向,垂直于光轴的方向为 $y$ 方向,由晶片出射后的 o 光和 e 光的振动可以用两个相互垂直、同频率、有固定相位差的简谐振动方程式表示为

$$x = A_e \sin \omega t \tag{4-18-6}$$
$$y = A_o \sin(\omega t + \Delta\varphi) \tag{4-18-7}$$

两式联立消去 $t$,可得合振动方程

$$\frac{x^2}{A_e^2} + \frac{y^2}{A_o^2} - \frac{2xy}{A_e A_o}\cos \Delta\varphi = \sin^2 \Delta\varphi \tag{4-18-8}$$

一般来说,此式为椭圆方程,合振动矢量的端点轨迹一般是椭圆,因此称为椭圆偏振光.决定椭圆形状的因素是入射光的振动方向与光轴的夹角 $\alpha$ 和晶片的厚度 $d$.但是,当

$$\Delta\varphi = 2k\pi \quad (k=1,2,3,\cdots) \quad 或 \quad \Delta\varphi = (2k+1)\pi \quad (k=0,1,2,\cdots) \tag{4-18-9}$$

时,式(4-18-8)变为直线方程

$$x = \frac{A_e}{A_o}y \quad 或 \quad x = -\frac{A_e}{A_o}y \tag{4-18-10}$$

代表两个沿不同方向振动的线偏振光.而当

$$\Delta\varphi = (2k+1)\frac{\pi}{2} \quad (k=0,1,2,\cdots) \tag{4-18-11}$$

时,光程差

$$\delta = (n_o - n_e)d = (2k+1)\frac{\lambda}{4} \tag{4-18-12}$$

式(4-18-8)成为正椭圆方程.当 $\alpha = 45°$ 时,$A_e = A_o$,合振动就是圆偏振光.

把双折射晶体沿光轴切割成平行平板,平板表面平行于光轴,这就是晶片.能使振动方向互相垂直的两束线偏振光产生一定相位差的晶片称为波片.选定晶体后,对于某一波长的单色光,$\Delta\varphi$ 只取决于波片的厚度.波片是从单轴双折射晶体上平行于光轴方向截下的薄片,它可以改变偏振光的偏振态.

(1) 当 $\Delta\varphi = 2k\pi(k=1,2,3,\cdots)$ 时,光程差 $\delta = (n_o - n_e)d = k\lambda$ 或 $d = \frac{k\lambda}{n_o - n_e}$,即这样的晶片能使 o 光和 e 光产生 $k\lambda$ 的光程差,称为全波片(或 $\lambda$ 波片).此时由式(4-18-8)可得直线方程,表示合振动为线偏振光(与入射线偏振光方向平行).

(2) 当 $\Delta\varphi = (2k+1)\pi(k=0,1,2,\cdots)$ 时,光程差 $\delta = (n_o - n_e)d = (2k+1)\lambda/2$.此时晶片的厚度可使 o 光和 e 光产生 $(2k+1)\lambda/2$ 的光程差,称为二分之一波片(或 $\lambda/2$ 波片).由式(4-18-8)可得到直线方程,表示合振动仍为线偏振光(但与入射光的振动方

向有 $2\alpha$ 的夹角).

（3）当 $\Delta\varphi=(2k+1)\pi/2(k=0,1,2,\cdots)$ 时,则光程差 $\delta=(n_\circ-n_e)d=(2k+1)\lambda/4$,此时晶片的厚度可使 o 光和 e 光产生 $(2k+1)\lambda/4$ 的光程差,称为四分之一波片(或 $\lambda/4$ 波片).由式(4-18-8)得到正椭圆方程,表示合振动为正椭圆偏振光.$\lambda/4$ 波片主要用于产生或检验椭圆偏振光和圆偏振光.当线偏振光垂直入 $\lambda/4$ 波片,且振动方向与波片光轴成 $\alpha$ 角时,合成的光偏振状态还有以下几种情况:

① 当 $\alpha=0$ 时,$A_\circ=0$,可得到振动方向平行于光轴的线偏振光.

② 当 $\alpha=\pi/2$ 时,$A_e=0$,可得到振动方向垂直于光轴的线偏振光.

③ 当 $\alpha=\pi/4$ 时,$A_\circ=A_e$,可得到圆偏振光.

④ 当 $\alpha$ 为其他值时,$A_\circ\neq A_e$,经 $\lambda/4$ 波片透出的光为椭圆偏振光.

表 4-18-1 给出了各种光经过 $\lambda/4$ 波片后偏振态的变化情况.

表 4-18-1　各种光经过 $\lambda/4$ 波片后偏振态的变化

| 入射光 | $\lambda/4$ 波片位置 | 出射光 |
|---|---|---|
| 线偏振光 | $\lambda/4$ 波片光轴与振动方向一致或垂直 | 线偏振光 |
| | $\lambda/4$ 波片光轴与振动方向成 45°角 | 圆偏振光 |
| | 其他位置 | 椭圆偏振光 |
| 圆偏振光 | 任何位置 | 线偏振光 |
| 椭圆偏振光 | $\lambda/4$ 波片光轴与椭圆长轴或短轴方向一致 | 线偏振光 |
| | 其他位置 | 椭圆偏振光 |
| 自然光 | 任何位置 | 自然光或部分偏振光 |
| 部分偏振光 | 任何位置 | 自然光或部分偏振光 |

【实验器材】

WZP-1 型偏振光实验仪及其配件等.

1. 仪器简介

WZP-1 型偏振光实验仪由导轨平台、磁力滑座、光源、偏振部件、光电接收单元和聚光镜及白屏(观察实验现象)组成,图 4-18-4 为其结构示意图.导轨带有导向凸台并附有标尺,实验时根据需要选择部件并将磁力滑座的基准面靠入导轨凸台,旋转磁力滑座可进行升降调节使系统达到同轴.

2. 使用方法

在导轨平台上靠近两端处分别放置光源及光电接收器,如图 4-18-5 所示.利用激光器调节架调节光束发射角度,与二维磁力滑座联调使光信号进入接收器,二维滑座为光电接收器专用.在光路中放置一偏振片,轻旋偏振片使光电接收器显示数值较大.若用白炽灯作光源,可用聚光镜进行准直.

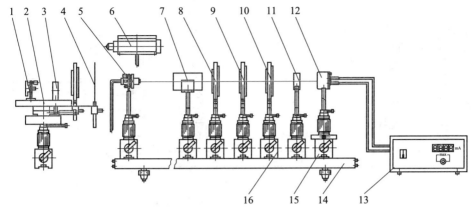

1—涂黑反射镜；2—旋转载物台；3—玻璃堆；4—白屏；5—半导体激光器及调节架；6—白炽灯；
7—旋光管；8—偏振片组；9—半波片；10—$\lambda/4$ 波片；11—聚光镜；12—光电接收器；
13—检流计数显箱；14—导轨平台；15—二维磁力滑座；16——维磁力滑座.

图 4-18-4　偏振光实验仪结构示意图

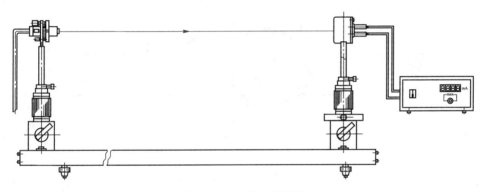

图 4-18-5　实验装置图

## 【实验内容与要求】

### 1. 起偏和检偏

如图 4-18-6 所示,在光源和接收器之间放置偏振片,此为起偏器,放置另一偏振片为检偏器,旋转检偏器观察到光强发生变化.由偏振片转盘刻度值可知,当起偏器、检偏器的偏振化方向平行时,光强最强;偏振化方向垂直时,光强最弱.将检偏器旋转一周,光强会作周期性变化,两明两暗.固定检偏器,旋转起偏器可产生同样的现象.

由以上实验可以知道光通过偏振片后成为线偏振光,偏振片起到了起偏器和检偏器的作用.

### 2. 线偏振光强分布规律的研究

依照实验 1 的方法安装仪器,使起偏器和检偏器正交,记录光电接收器的示值 $I$,然后将检偏器间隔 10°～15°转动并记录一次,直至转动 90°为止,利用所得实验数据分析线偏振光强分布规律,用实验研究马吕斯定律.

### 3. 根据布儒斯特角测定介质的折射率

（1）依图 4-18-7 中的配置,在光路中放置载物台、玻璃堆、偏振片、光电接收器及白

▶ 布儒斯
特角测
量

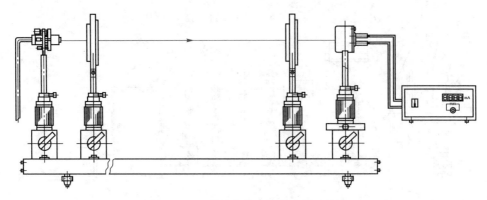

图 4-18-6　光的起偏和检偏装置示意图

屏.观察白屏,对激光器进行调焦,按照载物台以上、玻璃堆高度的约三分之二调节入射光,如图 4-18-8 所示.

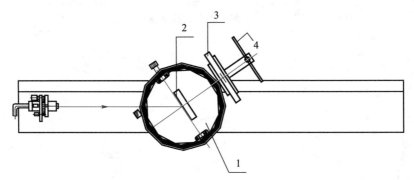

1—载物台；2—玻璃堆；3—偏振片；4—白屏.

图 4-18-7　反射光的偏振

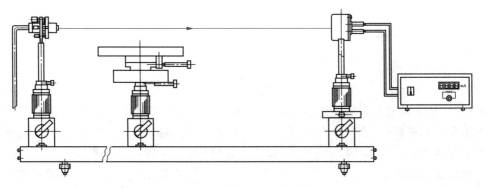

图 4-18-8　布儒斯特角测定实验装置图(1)

　　(2) 将玻璃堆置于载物台上,使玻璃堆垂直于光轴,此时入射光通过玻璃堆的法线射向光电池.放入偏振片、白屏.旋转内盘使入射光以 $50° \sim 60°$ 的角度射入玻璃堆,反射光射到白屏上并使偏振片、白屏与反射光垂直.旋转偏振片,观察到光的亮度有强弱变化,说明玻璃堆起到了起偏器的作用.旋转偏振片使光斑处于较暗的位置,如图 4-18-9 所示.

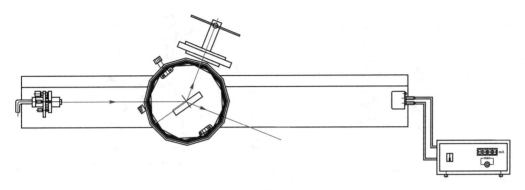

图 4-18-9　布儒斯特角测定实验装置图（2）

（3）转动内盘，通过白屏观察反射光亮度的改变，如果亮度渐渐变弱，则再旋转偏振片使亮度更弱。反复调节直至亮度最弱，接近全暗。这时再转偏振片，如果反射光的亮度由黑变亮，再变黑，说明此时反射光已是线偏振光。记下反射光的强度几乎为零时，度盘的两个读数 $\varphi_1$ 和 $\varphi_1'$。

（4）继续转动内盘，使入射光与玻璃堆的法线同轴并使玻璃堆反射光射入激光器出射孔，记录此时度盘的两个读数 $\varphi_2$ 和 $\varphi_2'$。于是，布儒斯特角 $i_p=(|\varphi_1-\varphi_2|+|\varphi_1'-\varphi_2'|)/2$。重复测量 3~5 次，记录测量数据。

（此方法不是唯一的测量方法，学生可以自己动手，设计其他的实验方法。）

4. 椭圆偏振光和圆偏振光的观测

由物理光学可知，线偏振光通过 $\lambda/4$ 波片后，透射光一般是椭圆偏振光，当 $\alpha=\pi/4$ 时（$\alpha$ 为线偏振光的振动方向与波片光轴的夹角），透射光则为圆偏振光；但当 $\alpha=0$ 或 $\pi/2$ 时，椭圆偏振光退化为线偏振光。也就是说，$\lambda/4$ 波片可将线偏振光变成椭圆偏振光或圆偏振光，也可将椭圆偏振光或圆偏振光变成线偏振光。

▶ 椭圆（圆）偏振光观测

如果线偏振光的振动方向与 $\lambda/2$ 波片光轴的夹角为 $\alpha$，则通过 $\lambda/2$ 波片后的光仍为线偏振光，但其振动面相对于入射光的振动面转过 $2\alpha$ 角。

如图 4-18-10 所示，在光源前放入两偏振片，将 $\lambda/4$ 波片放入两偏振片之间，并使 $\lambda/4$ 波片的光轴与起偏器的偏振化方向成 45° 角，透过 $\lambda/4$ 波片的光就是圆偏振光。因为人眼不能分辨圆、椭圆偏振光，所以借助检偏器来检验，旋转检偏器可在白屏看到在各个方向上光强保持均匀（由于 $\lambda/4$ 波片的波长与光源的波长不一定能完全匹配，因此光强在各个方向上只是大体均匀）。

如果 $\lambda/4$ 波片的光轴与起偏器的偏振化方向不成 45° 角，则由波片透出的光为椭圆偏振光，旋转检偏器可看到光强在各个方向上有强弱变化。

取下 $\lambda/4$ 波片，使两偏振片正交，视场最暗。将 $\lambda/2$ 波片（波片的指标线对至 0°）放入两偏振片之间，使 $\lambda/2$ 波片的光轴与起偏器的偏振化方向成 $\alpha$ 角，视场变亮。旋转检偏器使视场最暗，此时检偏器的转盘刻度相对于起偏器转动了 $2\alpha$ 角，说明线偏振光经 $\lambda/2$ 波片后仍为线偏振光，但振动面旋转了 $2\alpha$ 角。

5. 旋光现象的观察（选做）

在光源前放入两偏振片使其正交，将装有蔗糖溶液的旋光管放入两偏振片之间。由于蔗糖溶液的旋光作用，视场由暗变亮，将偏振片旋转某一角度后，视场由亮变暗。这说明线

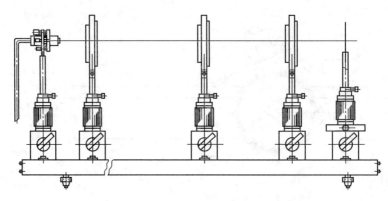

图4-18-10 圆、椭圆偏振光的产生与检测

偏振光透过旋光物质后仍是线偏振光,但其振动面旋转了一定角度.

【数据记录与处理】

1. 根据实验内容与要求自拟表格,记录所测量数据.其中线偏振光强度分布规律的研究实验数据表可参考表4-18-2.

表4-18-2 马吕斯定律的实验研究数据表

| $\theta/(°)$ | | | | | | | |
|---|---|---|---|---|---|---|---|
| $I/\mu A$ | | | | | | | |
| $\cos^2\theta$ | | | | | | | |
| $I_0\cos^2\theta/\mu A$ | | | | | | | |

2. 根据测量数据,计算布儒斯特角 $i_p$,代入式(4-18-3)计算玻璃的折射率 $n_2$,并与实验室给定值比较,进行误差分析.

3. 采用合适的数据处理方法,总结实验中观察到的线偏振光、椭圆偏振光以及圆偏振光等实验现象,总结实验规律,得出实验结论.

【注意事项】

1. 激光器发光强度的起伏对实验会有影响,应配置稳压电源,并预热半小时.

2. 应保持仪器清洁,光学元件表面灰尘应用皮老虎吹掉,或用脱脂棉轻轻擦拭,切勿用手触摸表面;光学导轨面可涂少许润滑剂.

3. 眼睛不要正视激光束,以免对视网膜造成伤害.

4. 正确调节激光器的方位,使激光束照射到硅光电池上.正确使用激光器的强度调节旋钮和光电接收器的衰减旋钮,使其读数较大而又不超过最大量程.

5. 光学仪器(偏振片、波片、反射镜等)要轻拿轻放,特别是本实验所用的偏振片和波片的支架较重,而波片本身又易碎,需要格外爱护.

6. 进行光的起偏和检偏时,起偏器和检偏器的放置方向要一致;进行反射光的偏振实验时,要缓缓旋转内盘和偏振片,以准确测出反射光是线偏振光时的入射角.

7. 在光学导轨上移动元件时,打开磁锁,其余时间一定使之处于锁定状态,以免元件掉落在地面而损坏.

【思考与讨论】

1. 在测定布儒斯特角过程中,需要改变几个参量? 采用怎样的步骤能最快地找到全偏振的反射光?

2. 若测得 $I$-$\cos^2\theta$ 的图线不是直线,而是一扁椭圆,试分析原因.

3. 在两正交偏振片之间再插入一偏振片,并转动一周,会有什么现象? 如何解释?

4. 假如有三种光(自然光、圆偏振光、自然光与圆偏振光的混合光)分别从不同光源射出,怎样识别它们分别是哪种光?

5. 用何种简易方法能够大致判断无标志偏振片的偏振化方向?

# 本章参考文献

# 第 5 章
## 设计与研究性实验

# 第5章
## 设计与研究性实验

    设计与研究性实验是在学生具有一定实验知识和技能的基础上开设的较高层次实验,它要求学生应用所学的物理学原理和实验技能,根据实验课题、任务和要求自行设计实验方案,自选实验仪器,自拟实验操作程序,在规定的时间内完成实验,并写出完整的实验报告或规范的研究论文.设计与研究性实验的训练,可以使学生积极主动地学习和思考,培养学生的科学实验素养、实验创新能力、分析问题和解决问题的能力.

    设计与研究性实验包含的主要环节如下:

### 1. 实验方案的选择

    实验方案的选择包括实验原理和实验方法的选择.实验原理是实验的理论依据,选用不同的实验原理就有不同的实验方法,同一实验原理也可能有不同的实验方法.学生应根据课题所要研究的对象,在已有知识的基础上,通过查阅相关文献和资料,尽量收集各种与课题相关的实验方法,绘制实验的原理图,推导相关测量的公式,或者依据物理学原理,提出新的方法,推导出新的公式.然后,从各种实验方法所能达到的准确度、适用条件、实验实施的可行性等方面进行比较,依据实验课题所提出的要求和现有实验条件进行全面考察,最后确定出最佳的实验方法.例如,对重力加速度的测量实验,可以有单摆法、复摆法、自由落体法、气轨法等多种,这些实验方法各有优缺点,要进行综合的分析与比较,最终确定出合理可行的方法,完成实验.

### 2. 测量方法的选择

    实验方案确定后,为使各物理量,尤其是关键物理量的测量误差最小,需要进行误差的来源分析、误差的估算,并结合提供的仪器条件,确定合适的测量方法.从不同的需要出发,依据不同的实验对象和条件,选用不同的测量方法,总的原则是"准确、高效、经济".

    (1) 简单性原则.

    直接比较测量法具有简单、直观的特点,人们常常追求现象描述的简单性、物理规律形式的简单性和物理思想的简单性,在测量方法的选择上,也应借鉴这一原则.比如在用单摆法测量重力加速度的实验中,使用最普通的计时仪器——秒表,再利用累积放大法,即可以比较准确地测量单摆的周期.测量方法并非越复杂越好,复杂的方法往往会引入某些新的参量,这些新参量可能使结果的测量不确定度增大,甚至成为其主要分量.要克服"方法越复杂、仪器越高级、结果越准确"的片面观念.

    (2) 系统误差最小化原则.

    减小或消除系统误差是提高测量精度的关键措施,系统误差最小化往往是测量方法选择时所依据的要点之一.

    (3) 经济性原则.

经济性既包括仪器设备的经济性,也包括测量效率对工程或技术整体的经济性贡献,即经济性不能只看测量仪器价格,如果测量时间过长,也是不经济的.因此,充分利用已有的仪器设备条件,选用合适的测量方法,也是经济性的内涵之一.

3. 测量仪器的选择、配套及正确使用

进行设计与研究性实验的一个重要内容是测量仪器的选择与配套,实验情况往往比较复杂,需要具体问题具体分析.测量仪器的选择包括仪器的类型、仪器的精度(分度值或准确度等级)和测量范围(量程)等方面的选择,要从待测对象的特性、仪器的特性、测量环境、操作技术水平、经济条件、设备及人身安全等因素全面考虑.在满足精度要求的前提下,尽量选用级别低的仪器,这就是“可粗不精”的原则.因为高精度的仪器仪表不但价格昂贵,而且调节和操作也比较麻烦,实验条件的要求相应比较苛刻.如果所进行的设计与研究性实验没有严格给出测量精度要求及测量条件,则仪器的选择应在经济方便的前提下,尽量选择测量精度较高的.仪器类型的选择,要从环境条件、待测对象和仪器特性等方面综合考虑;仪器精度的选择就是根据测量任务对测量精度的要求,利用“误差等作用”分配原则选择合适的分度值或准确度等级以及测量范围.

“误差等作用”分配原则是一种常规的处理方法,但对于不同的测量来讲,不一定都合理.因为有些物理量的精密测量比较容易实现,而有些物理量的精密测量却很难实现.因此,在进行设计与研究性实验时,应根据实验室现有仪器、实验条件及技术水平等因素来考虑误差的合理分配,对那些难以精密测量的物理量分配较大的误差,对那些比较容易测得精密结果的物理量分配较小的误差.

完成一项实验工作,往往要使用多种仪器,有的仪器又由几个部件构成,各仪器间以及仪器各部件之间要配套.所谓配套,就是要在电源选择、精度配合、灵敏度选择、阻抗匹配等方面进行综合分析,使仪器或各部件的特性能得到充分发挥,在操作上既不会造成困难,又不会造成经济上的浪费.

按照说明书规定正确使用仪器,可以充分发挥仪器的特性,也可以保证仪器和人身的安全.正确使用仪器包括以下内容.

(1) 校准仪器.仪器应按照有关标准进行定期校准,检查它的主要技术指标是否符合出厂时的技术指标,特别是准确度等级等指标,如果不符合应降级使用.

(2) 满足仪器工作的标准条件.仪器的技术指标都是在特定的工作条件下检定出厂的,使用时应满足这些条件.当使用条件偏离标准条件时,仪器除了基本误差外,还会有附加的误差.

(3) 注意仪器的测量范围.有的仪器有多个测量范围而每个测量范围的准确度等级可能是不一样的.在使用仪器时,一定要弄清楚.

(4) 按照说明书规定的操作步骤使用.

(5) 了解仪器使用的注意事项.仪器使用的注意事项直接关系到仪器的测量精度、仪器及人身的安全,在使用前应仔细阅读.

(6) 注意消除仪器读数时的系统误差.仪器读数时出现系统误差常见的情况主要有:零点误差、螺距误差、滞后效应产生的误差、视差等,读数时一定要注意.

(7) 正确读出测量值.有些仪器面板上有许多条刻线,或者同一条刻线在不同量程时代表不同的分度值,一定要弄清楚每条刻线或每分度所代表的物理量及其数值.

**4. 测量条件的选择**

在实验方案、测量方法、测量仪器选定后,我们还应明确在怎样的条件下测量才能达到要求,这主要依靠对不确定度的来源进行合理的评估.确定测量的有利条件,要考虑很多方面的问题.下面我们用举例的形式进行简要的介绍.

(1) 确定仪器使用的安全条件.

例如,电压表或电流表的使用中就会碰到这样的问题.通常为了保证电表的使用安全,同时兼顾测量的精度,要求待测量的电压或电流要小于并接近于所选择电表的量程.

(2) 确定待测对象的安全条件.

例如,在用伏安法测量电阻时,为了避免电阻被击穿或烧毁,首先要根据待测电阻大概的阻值和额定功率,估算其最大耐受电压与可承受的最大电流,然后,调节工作电压与电流,使其小于计算值.

(3) 确定使系统最快达到测量状态的方法.

例如,在用稳态法测量不良导体的导热系数实验中,合理选择加热电源电压,使系统最快达到热平衡的要求就属于这一范畴.若想使系统最快达到测量状态,不仅要有相应的理论基础,还需要有一定的实验经验积累.

(4) 确定使测量误差最小的方法.

例如,在用电热法测量液体比热容实验中,要根据牛顿冷却定律,合理选择系统初始和终了的温度,只有当它们相对于室温对称时,才能使热交换带来的误差最小.再比如,在直流电桥实验中,应使比率臂约等于1,即滑动头两端电阻丝的长度近似相等时,测量的误差才最小.

**5. 数据处理方法的选择**

不同的数据处理方法对应不同的物理模型或不同的近似化程度,对同一组实验数据用不同的数学方法可能得出不同的实验结论,因此,选择合理的数据处理方法也是实验设计的一个重要环节.通过合理的数据处理,可以进一步分析物理规律,评定不确定度并给出完整的测量结果,还可以为实验的改进提供依据.应选择既能充分利用测量数据、又符合客观实际的数据处理方法.合理地选择数据处理方法,还可以获取不能直接测量或不易测准的物理量.

**6. 撰写研究报告**

设计与研究性实验项目完成后,撰写的研究报告主要包括以下内容:

(1) 课题概述.是实验目标和对整个研究报告全貌的概括介绍,语言文字要求言简意赅.

(2) 研究内容摘要.在理解的基础上,用简要的文字扼要阐述实验内容.

(3) 关键词.研究报告中涉及的主要概念、定律、方法等的名称.

(4) 实验原理.简明扼要地写出设计思想、理论依据、相关测量计算公式等.

(5) 设计方案.根据课题设计要求和误差要求选择仪器设备,设计实验装置图或电路图、实验步骤等.

(6) 实验操作要点.主要介绍实验过程中遇到的关键技术问题及解决方法.

(7) 数据记录与处理.对测量数据的误差与不确定度尽可能作较为全面的记录和处理.

(8) 实验结果与讨论分析.这是由实验数据或实验现象直接得到的结果,结果必须合理、科学和规范,讨论分析可以是实验感悟或对实验方案改进的建议等,此外,学生也可以提出今后实验探究的方向,尝试分析下一步研究的可能结果.

(9) 相关参考资料.

# 实验 5.1  气垫导轨系列实验

📁 课件

📁 实验相关

气垫导轨（air track）简称气轨，是一种阻力极小的力学实验设备，是 20 世纪 60 年代发展起来的.它是利用从导轨表面喷出的压缩空气，在导轨与滑行器（滑块）间形成空气薄膜（即气垫），使滑块悬浮在导轨面上.滑块在导轨上运动时，由于滑块与导轨面不直接接触，从而大大减小了运动时的摩擦阻力，减少了磨损，延长了仪器寿命，提高了机械效率，为力学测量创造了比较理想的实验条件.在机械、电子、纺织、运输等领域中得到了广泛的应用，如激光全息实验台、气垫船、空气轴承、气垫输送线等.

摩擦力的存在严重制约了力学测量的准确性.当调节气垫导轨使其达到细调水平要求，调节光电计时系统使其处于正常工作状态时，气垫导轨可用于观察和研究在近似无摩擦阻力的情况下物体的运动规律，光电计时系统可测量时间，用实验的方法对力学规律进行研究，使实验结果接近理论值，实验现象更加真实、直观.在力学实验中，由于采用了气垫技术，人们可对许多力学实验进行定量的分析和研究，大大提高了实验的精确度，如速度和加速度的测定实验，重力加速度的测定实验，牛顿运动定律、动量守恒定律、谐振运动的实验研究等.

## 实验 5.1A  牛顿第二定律的研究

牛顿第二定律是质点动力学的基本方程，给出了力 $F$、质量 $m$ 和加速度 $a$ 三个物理量之间的定量关系.用实验数据从以下两方面出发来研究牛顿第二定律:（1）系统总质量保持不变，研究合外力和加速度的关系;（2）合外力不变，研究总质量和加速度的关系.通过牛顿第二定律的实验研究，重点学习探究物理规律的基本实验方法，即怎样做物理规律的研究实验和如何判断实验是否能够与理论相符，从而引导学生掌握研究问题的方法和思路.

【实验目的】

1. 熟悉气垫导轨的构造和性能，掌握其水平调节及操作的方法.

2. 了解光电计时系统的基本组成和原理，学会用光电计时系统测量短暂时间的方法.

3. 掌握在气垫导轨上测定速度、加速度的方法，学习在低摩擦条件下研究力学问题的方法.

4. 用实验数据获取关系式 $F = ma$，学习研究物理规律的实验方法和思路，进行科学探究基本训练.

【实验原理提示】

1. 瞬时速度的测量

一个作直线运动的物体，如果在 $t \sim t+\Delta t$ 时间内通过的位移为 $\Delta x(x \sim x+\Delta x)$，则该物体在 $\Delta t$ 时间内的平均速度为 $\bar{v} = \dfrac{\Delta x}{\Delta t}$，$\Delta t$ 越小，平均速度就越接近于 $t$ 时刻的实际速度.当

$\Delta t \rightarrow 0$ 时,平均速度的极限值就是 $t$ 时刻(或 $x$ 位置)的瞬时速度,

$$v_t = \lim_{\Delta t \to 0} \frac{\Delta x}{\Delta t} = \frac{\mathrm{d}x}{\mathrm{d}t} \tag{5-1A-1}$$

2. 加速度的测量

在气垫导轨上相距一定距离 $s$ 的两个位置处各放置一个光电门,分别测出滑块经过这两个位置时的速度 $v_1$ 和 $v_2$.对于匀加速直线运动问题,通过加速度、速度、位移及运动时间之间的关系,我们就可以实现加速度 $a$ 的测量.

(1) 由 $v_2 = v_1 + at$ 测量加速度.

在气垫导轨上滑块运动经过相隔一定距离的两个光电门时的速度分别为 $v_1$ 和 $v_2$,经过两个光电门之间的时间为 $t_{21}$,则加速度 $a$ 为

$$a = \frac{v_2 - v_1}{t_{21}} \tag{5-1A-2}$$

根据式(5-1A-2)即可获取滑块的加速度.

(2) 由 $v_2^2 = v_1^2 + 2as$ 测量加速度.

设 $v_1$ 和 $v_2$ 为滑块经过两个光电门的速度,$s$ 是两个光电门之间的距离,则加速度 $a$ 为

$$a = \frac{v_2^2 - v_1^2}{2s} \tag{5-1A-3}$$

根据式(5-1A-3)也可以获得作匀加速直线运动的滑块的加速度.

(3) 由 $x = x_0 + v_0 t + \frac{1}{2} at^2$ 测量加速度.

根据匀加速直线运动加速度 $a$、位移 $s(s = x - x_0)$ 及运动时间 $t$ 之间的关系式 $x = x_0 + v_0 t + \frac{1}{2} at^2$ 测量加速度.据此计算加速度有多种方法,常用的一种方法是根据式(5-1A-4)由作图法求出加速度.

$$\frac{x - x_0}{t} = v_0 + \frac{1}{2} at \tag{5-1A-4}$$

实验时固定初位置 $x_0$(光电门 1 的位置),改变不同的末位置 $x$(光电门 2 的位置),使物体(滑块)从静止开始运动,测出相应的运动时间 $t$,作 $\frac{x - x_0}{t}$-$t$ 关系曲线.如果是直线,说明物体作匀加速运动,直线的斜率为 $\frac{1}{2} a$.

3. 牛顿第二定律的实验研究方案

如图 5-1A-1 所示的运动物体系统,由 $m_1$(滑块)和 $m_2$(砝码盘+砝码)组成,用细线与滑块相连,跨过滑轮悬挂砝码盘.分析系统中 $m_1$、$m_2$ 的受力情况,$m = m_1 + m_2$ 为系统总质量,忽略其他配件质量、摩擦力等因素,且细线不伸长,则系统所受合外力为

$$F = m_2 g = (m_1 + m_2) a, \quad F = ma \tag{5-1A-5}$$

式(5-1A-5)即为牛顿第二定律的数学表达式,$a$ 为系统运动的加速度.

牛顿第二定律的实验研究方法:

(1) 保持系统总质量 $m$ 不变,研究加速度 $a$ 与合外力 $F$ 间的关系.当系统总质量 $m$

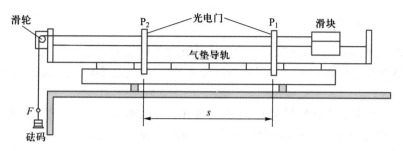

图 5-1A-1  牛顿第二定律的研究实验装置

保持不变时,加速度 $a$ 应与合外力 $F$ 成正比,比值为常量,即

$$\frac{a}{m_2 g} = \frac{1}{m_1 + m_2} \qquad (5\text{-}1\text{A}\text{-}6)$$

在保持系统总质量 $m$ 不变的情况下,改变合外力 $F_i = m_{2i}g$,即逐次改变砝码的质量,测量系统相应的加速度 $a_i$. 如果在实验误差允许的范围内式(5-1A-7)成立,

$$\frac{a_1}{m_{21}g} = \frac{a_2}{m_{22}g} = \cdots = \frac{a_i}{m_{2i}g} = \frac{1}{m_1 + m_2} \qquad (5\text{-}1\text{A}\text{-}7)$$

则表明,在 $m$ 不变的情况下,$a$ 与 $F$ 成正比. 或者作 $a$-$F$ 关系曲线,若为直线,则 $a$ 与合外力 $F$ 间的正比关系成立.

（2）保持系统合外力不变,改变系统总质量 $m$,研究加速度与系统总质量的关系. 若在实验误差允许范围内满足

$$F = m_i a_i = m_2 g, \quad a_i \propto 1/m_i \quad (i = 1, 2, \cdots) \qquad (5\text{-}1\text{A}\text{-}8)$$

或者作 $a$-$\frac{1}{m}$ 关系曲线,若为直线,则表明 $a$ 与 $m$ 间的反比关系成立.

4. 实验拓展研究

实验中可进行恒定质量的物体在恒力作用下加速度与位置(时间)的关系研究. 系统总质量不变,并保持合外力恒定不变,研究加速度与位置(时间)的关系. 在气轨上安置两个光电门,利用气轨上附带的米尺可以测出两个光电门之间的距离 $s$,在滑块上安装一对挡光片(两挡光片前沿之间的距离为 $\Delta x$),利用光电计时系统分别可以测出两挡光片经过两个光电门时的时间间隔. 于是可以利用式(5-1A-1)和式(5-1A-3)求出滑块在两个光电门之间运动的平均加速度 $a$. 保持系统总质量 $m$ 和合外力 $F$ 不变,改变 $s$,若测出的平均加速度 $a$ 在误差范围内保持不变,则实验结果表明,加速度与位置(时间)无关.

5. 判断实验结果与理论是否相符

根据实验数据,计算加速度 $a$ 实验值和理论值的不确定度,如果式(5-1A-9)成立,

$$|a_{理} - a_{实}| \leqslant \sqrt{(3u_{理})^2 + (3u_{实})^2} \qquad (5\text{-}1\text{A}\text{-}9)$$

则说明实验结果与理论结论相符合,式(5-1A-9)中的 $\sqrt{(3u_{理})^2 + (3u_{实})^2}$ 就是 $a_{实}$ 实验中允许的最大误差范围.

【实验器材】

气垫导轨、光电计时系统、滑块、砝码、砝码盘、配重块(金属块)、滑轮等.

【实验内容与要求】

1. 系统总质量不变时,加速度与合外力正比关系的实验研究

(1)依次改变合外力大小并保证系统总质量不变,通过实验数据获取系统加速度和合外力的关系.

(2)同一合外力下的重复测量,尽量保持在同一初始位置由静止释放滑块.

2. 系统合外力不变时,加速度与总质量反比关系的实验研究

(1)依次改变系统总质量并保持合外力大小不变,通过实验数据获取系统加速度和总质量间的关系.

(2)同一系统总质量下的重复测量,尽量保持在同一初始位置由静止释放滑块.

3. 分析实验结果,得出实验结论

【实验拓展研究】

1. 系统总质量和合外力恒定不变时,加速度与位置(时间)关系的实验研究

(1)保持系统总质量 $m$ 和合外力 $F$ 恒定不变,并保持一个光电门的位置不变,改变另一个光电门的位置以改变两个光电门之间的距离 $s$,研究距离和速度的关系.

(2)尽量保持从同一初始位置由静止释放滑块.

2. 设计出测量滑块在气垫导轨上运动所受空气阻力的实验方案

(1)阐述基本实验原理和实验方法.

(2)给出基本实验步骤.

(3)进行实际实验测量.

(4)说明数据处理方法,得出滑块运动所受的阻力与运动速度的关系.

(5)分析和讨论实验结果.

【数据处理要求】

1. 对每一合外力和每一总质量,分别获取加速度的理论值 $a_{理}$、实验值 $a_{实}$ 和相对误差 $E_r = \left| \dfrac{a_{理} - a_{实}}{a_{理}} \right| \times 100\%$,分析实验结果,判断实验研究结论是否成立.

2. 用作图法判断理论与实验结果是否相符.分别用 $E_r = \left| \dfrac{m_{理} - m_{实}}{m_{理}} \right| \times 100\%$ 和 $E_r = \left| \dfrac{F_{理} - F_{实}}{F_{理}} \right| \times 100\%$ 定量分析实验结果.

3. 任选一种合外力或者一种总质量条件下,依据 $|a_{理} - a_{实}| \leqslant \sqrt{(3u_{理})^2 + (3u_{实})^2}$ 进行定量分析,判断实验研究结果是否与理论规律相一致(选做).

4. 依据拓展内容 1 的测量数据,绘制 $s$ 与 $v_t^2 - v_0^2$ 关系曲线,进行实验结果分析,得出结论或给出适当理由(选做).

【注意事项】

1. 挡光片要从光电门的空隙通过,不能碰到光电门上;在滑块上加配重块时,需对称

放置,保持滑块平衡.

2. 实验时要保证细线在滑轮上运动,运动长度内细线应保证平滑,不能打结,细线长度要合适,太长则砝码盘可能在滑块通过第二个光电门之前就落地.

3. 气垫导轨表面和气孔是精密加工而成的,实验中严禁碰撞、重压、划伤导轨,以免造成导轨的变形和损伤.

4. 使用时要先给导轨通气,后放滑块.没有给导轨通气时,严禁在导轨上强行推动滑块;使用完毕,应先取下滑块,再关闭气源.

5. 滑块的内表面光洁度高,拿放需轻缓,防止划伤和碰坏滑块.实验时滑块的速度不宜过大,以免在与导轨两端缓冲弹簧碰撞后跌落受损.

【思考与讨论】

1. 如何将气垫导轨调至水平? 在实验中,若气轨未调节到水平状态,对所测的 $a$ 值有何影响?

2. 测量瞬时速度的基本实验方法是什么?

3. 实验中如何改变合外力? 怎样在改变系统合外力大小的同时保持系统总质量不变?

4. 实验中如何改变系统总质量? 在改变系统总质量的时候,应注意哪些细节问题?

5. 在实验中,所得 $a$–$F$ 图线是否一定过原点? 若图线不经过原点可能是什么原因? 对实验结论有何影响?

## 实验 5.1B  碰撞及动量守恒定律的研究

17 世纪中叶,碰撞问题成了科学界共同关注的课题,在这个时期英国成立了皇家学会.英国皇家学会就该问题悬奖征文,激励科学家们研究碰撞定律,当时将质量和速度平方的乘积叫活力.17 世纪末、18 世纪初,运动的量度问题引起了一场争论,也称为"活力争论".动量 $mv$ 和动能 $\frac{1}{2}mv^2$ 哪个量可以代表机械运动? 在什么条件下动量守恒? 在什么条件下动能守恒? 在这场争论过程中,人们不但进行了理论分析,而且还进行了大量的实验研究,当时使用的仪器称为冲击摆,它在"活力争论"中起到过非常重要的作用.当气垫导轨(简称气轨)出现后,研究碰撞问题就在气轨上进行了.

碰撞现象在生产实践及日常生活中广泛存在,锻铁、打桩、台球桌上台球之间的相互作用、交通事故中车辆的相撞等都是碰撞过程.在研究分子、原子、原子核的散射时,在一定意义下也可作为碰撞过程来处理.

动量守恒定律是自然界最基本的普适规律之一,不仅适用于宏观物体,也适用于微观粒子,在科学研究和生产技术方面都被广泛应用,其中,火箭可作为动量守恒定律最重要和最具代表性的应用之一.本实验通过两个滑块在水平气垫导轨上的完全弹性碰撞和完全非弹性碰撞过程来研究动量守恒定律.

【实验目的】

1. 熟悉气垫导轨的调节和使用方法,掌握光电计时系统的使用方法.

2. 通过碰撞前后动能的变化,用观察法研究完全弹性碰撞、完全非弹性碰撞的特点及动能损耗问题.

3. 通过动量守恒定律的实验研究思路,学习用实验数据研究物理规律的基本方法,培养科学思维.

【实验原理提示】

动量守恒的条件是被研究的系统所受合外力为零,或者在研究的方向上合外力为零.在气垫导轨上进行动量守恒定律研究的实验系统是由两个滑行器(滑块)组成.对于完全弹性碰撞,两个滑行器(滑块)的碰撞面处,应该由弹性良好的弹簧构成缓冲器;对于完全非弹性碰撞,碰撞面上应贴有橡皮泥、黏油或者尼龙搭扣.无论哪种情况,都必须是对心碰撞,即碰撞的瞬间碰撞点必须在两碰撞物体质心的连线上.为了保证研究系统在水平方向上的合外力为零,必须使气垫导轨保持良好的水平状态.

1. 碰撞与动量守恒定律

如果系统在运动过程中,所受的合外力为零,则系统的总动量保持不变,这就是动量守恒定律(law of conservasion of momentum).当气垫导轨上两个滑块在水平方向作对心碰撞,若忽略滑块运动过程中受到的摩擦阻力和空气阻力等,则两滑块在水平方向上合外力为零.

设两个滑块的质量分别为 $m_1$ 和 $m_2$,碰撞前的运动速度为 $v_{10}$ 和 $v_{20}$,碰撞后的运动速度为 $v_1$ 和 $v_2$,则有

$$m_1 v_{10} + m_2 v_{20} = m_1 v_1 + m_2 v_2 \qquad (5-1\text{B}-1)$$

由上式可知,可通过测量碰撞前后各滑块运动速度的大小来实现动量守恒定律的实验研究.滑块在气轨上运动时,固定在滑块上遮光距离为 $\Delta x$(10 mm)的两挡光片随滑块一起通过光电门,所用时间 $\Delta t$ 由光电计时系统获得,则滑块通过光电门的平均速度为 $\bar{v} = \dfrac{\Delta x}{\Delta t}$,由于 $\Delta x$ 较小,滑块运动又比较快,$\Delta t$ 较小,因此,这个平均速度就可近似作为滑块通过光电门中间位置的瞬时速度.

2. 完全弹性碰撞

完全弹性碰撞的特点是碰撞前后系统的动量和机械能守恒.如图 5-1B-1 所示,如果在两个滑块相碰的两端装上缓冲弹簧,在滑块相碰时缓冲弹簧发生弹性形变后恢复原状,系统的机械能基本无损失,则有

$$\frac{1}{2} m_1 v_{10}^2 + \frac{1}{2} m_2 v_{20}^2 = \frac{1}{2} m_1 v_1^2 + \frac{1}{2} m_2 v_2^2 \qquad (5-1\text{B}-2)$$

两滑块碰撞后的速度为

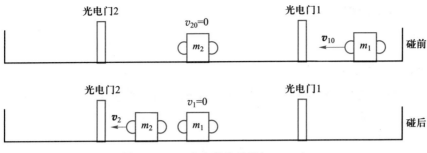

图 5-1B-1　完全弹性碰撞($m_1 = m_2$)

$$\begin{cases} v_1 = \dfrac{(m_1 - m_2)v_{10} + 2m_2 v_{20}}{m_1 + m_2} \\[3mm] v_2 = \dfrac{(m_2 - m_1)v_{20} + 2m_1 v_{10}}{m_1 + m_2} \end{cases} \tag{5-1B-3}$$

对于两滑块质量相等的特殊情况,$m_1 = m_2$,且 $v_{20} = 0$,则碰撞后滑块 $m_1$ 变为静止,而滑块 $m_2$ 却以滑块 $m_1$ 原来的速度沿原方向运动.

若两个滑块质量 $m_1 \neq m_2$,且 $v_{20} = 0$,则有

$$\begin{cases} v_1 = \dfrac{(m_1 - m_2)v_{10}}{m_1 + m_2} \\[3mm] v_2 = \dfrac{2m_1 v_{10}}{m_1 + m_2} \end{cases} \tag{5-1B-4}$$

实际实验中,完全弹性碰撞只是理想情况,一般碰撞时总有一定的机械能损耗,所以碰撞前后仅是总动量保持守恒,当 $v_{20} = 0$ 时有

$$m_1 v_{10} = m_1 v_1 + m_2 v_2 \tag{5-1B-5}$$

### 3. 完全非弹性碰撞

完全非弹性碰撞的特点是两个物体碰撞后一起以相同的速度运动.如图 5-1B-2 所示,在两个滑块的两个碰撞端分别装上尼龙搭扣,碰撞后两个滑块粘在一起以同一速度运动就可视为完全非弹性碰撞.

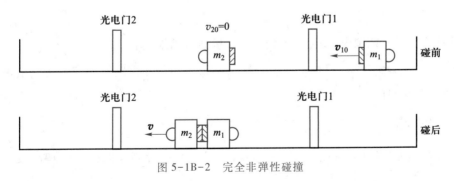

图 5-1B-2　完全非弹性碰撞

若 $m_1 \neq m_2$,$v_{20} = 0$,$v_1 = v_2 = v$,则有

$$v = \dfrac{m_1}{m_1 + m_2} v_{10} \tag{5-1B-6}$$

若 $m_1 = m_2, v_{20} = 0$，则有

$$v = \frac{1}{2} v_{10} \qquad (5\text{-}1\text{B}\text{-}7)$$

### 4. 恢复系数和动能比

相互碰撞的两物体，碰撞后的相对速度和碰撞前的相对速度之比，称为恢复系数，常用符号 $e$ 来表示，即

$$e = \frac{v_2 - v_1}{v_{10} - v_{20}} \qquad (5\text{-}1\text{B}\text{-}8)$$

若 $e = 1$，即 $v_{10} - v_{20} = v_2 - v_1$，则碰撞是完全弹性碰撞；若 $e = 0$，即 $v_1 = v_2$，则碰撞是完全非弹性碰撞；若 $0 < e < 1$，则碰撞是一般的非完全弹性碰撞.

碰撞后和碰撞前的动能之比 $R$ 也是反映碰撞特征的物理量，即

$$R = \frac{\frac{1}{2} m_1 v_1^2 + \frac{1}{2} m_2 v_2^2}{\frac{1}{2} m_1 v_{10}^2 + \frac{1}{2} m_2 v_{20}^2} \qquad (5\text{-}1\text{B}\text{-}9)$$

当 $v_{20} = 0$ 时

$$R = \frac{m_1 + m_2 e^2}{m_1 + m_2} \qquad (5\text{-}1\text{B}\text{-}10)$$

当 $v_{20} = 0$、$m_1 = m_2$ 时

$$R = \frac{1}{2}(1 + e^2) \qquad (5\text{-}1\text{B}\text{-}11)$$

若物体作完全弹性碰撞，$e = 1$，则 $R = 1$，无动能损失；若物体作完全非弹性碰撞，$e = 0$，则 $R = \frac{1}{2}$；若物体作非完全弹性碰撞，$0 < e < 1$，则 $\frac{1}{2} < R < 1$.

### 5. 判断实验结果与理论是否相符

设物体碰撞前后系统的总动量分别为 $p_0$ 和 $p$，其标准不确定度分别 $u_{p_0}$ 和 $u_p$，如果满足如下关系式

$$|p - p_0| \leqslant \sqrt{(3u_{p_0})^2 + (3u_p)^2} \qquad (5\text{-}1\text{B}\text{-}12)$$

则说明在实验误差范围内，动量守恒定律的实验研究结果成立.

如果 $|p - p_0| \leqslant \sqrt{(3u_{p_0})^2 + (3u_p)^2}$ 不成立，则说明动量守恒定律的实验研究结果不成立，需分析查找原因.

【实验器材】

气垫导轨、光电计时系统、滑块、配重块（金属块）、弹性碰撞器（缓冲弹簧）及尼龙搭扣等.

【实验内容与要求】

1. 观察完全弹性碰撞和完全非弹性碰撞的特点

将气垫导轨调至水平,达到细调水平要求.调节光电计时系统,使其处于正常工作状态.分别选取质量相等和质量不等的两个滑块,进行完全弹性碰撞和完全非弹性碰撞,观察并总结碰撞的特点.

2. 动量守恒定律的实验研究

(1) 完全弹性碰撞.

① 两个质量相等的滑块作完全弹性碰撞,进行重复测量,测量次数 $n$ 满足 $n \geq 5$.

② 两个质量不等的滑块作完全弹性碰撞,使二者在两个光电门之间作对心碰撞,两滑块质量满足 $m_1 > m_2$,改变 $m_1$ 的质量,进行多次测量.

(2) 完全非弹性碰撞.

① 两个质量相等的滑块作完全非弹性碰撞,进行重复测量,测量次数 $n$ 满足 $n \geq 5$.

② 两个质量不等的滑块作完全非弹性碰撞,使二者在两个光电门之间作对心碰撞,滑块质量满足 $m_1 > m_2$,改变 $m_1$ 的质量,进行多次测量.

【实验拓展研究】

设计利用动量守恒定律测量物体(如滑块)质量的实验方案.

设计要求:

(1) 简要阐述基本实验原理和实验方法.

(2) 说明基本实验步骤.

(3) 进行实验测量.

(4) 说明数据处理方法,给出实验结果.

(5) 分析实验结果,并对测量方法进行评价.

【数据处理要求】

1. 完全弹性碰撞

(1) 依据每种情况下碰撞前后系统的总动量 $p_0$ 和 $p$,相对误差 $\dfrac{|p_0-p|}{p_0} \times 100\%$ 和恢复系数 $e$,分析实验结果,总结完全弹性碰撞的特性,判断实验研究结论是否成立.

(2) 在 $m_1 = m_2$ 或 $m_1 \neq m_2$ 实验条件下(任选一种情况),依据 $|p-p_0| \leq \sqrt{(3u_{p_0})^2+(3u_p)^2}$ 进行定量分析,判断实验研究结果是否与理论规律相一致(选做).

2. 完全非弹性碰撞

(1) 计算出每种情况碰撞前后系统的总动量 $p_0$ 和 $p$、相对误差 $\dfrac{|p_0-p|}{p_0} \times 100\%$ 和动能比 $R$,分析实验结果,总结完全非弹性碰撞的特性,判断实验研究结论是否成立.

(2) 任选一种情况,依据 $|p-p_0| \leq \sqrt{(3u_{p_0})^2+(3u_p)^2}$ 进行定量分析,判断实验研究结果是否与理论规律相一致(选做).

## 【注意事项】

1. 为了保证滑块在被碰撞前静止,实验中可用手轻扶滑块,快要碰撞时放开.
2. 碰撞时应为对心正碰,使碰撞前后滑块不发生左右晃动.
3. 气垫导轨使用的注意事项参见实验 5.1A.

## 【思考与讨论】

1. 在调节导轨水平时,如果装有双挡光片的滑块通过两个光电门时 $\Delta t_1 = \Delta t_2$,这时导轨是否水平?
2. 试分析动量守恒定律研究实验中误差的主要来源.
3. 碰撞实验中两个光电门之间的距离是大些好还是小些好? 为什么?
4. 在完全弹性碰撞情况下,当 $m_1 \neq m_2$、$v_{20} = 0$ 时,两个滑块碰撞前后的总动能是否相等? 如果不完全相等,试分析产生误差的原因.

## 实验 5.1C　弹簧振子振动规律的研究

在振动过程中,物理量随时间作余弦式(或正弦式)变化的振动称为简谐振动(简称谐振动).简谐振动是最简单、最基本也是最特殊的机械振动.任何复杂的周期性振动都可视为是若干个简谐振动的叠加,所以简谐振动是研究复杂振动的基础.

弹簧振子(spring oscillator)是研究简谐振动的理想模型,弹簧振子在作简谐振动时,尽管位移、速度、加速度、回复力均发生变化,但机械能的总量保持不变,因为振子作水平振动时只有弹性力做功,满足机械能守恒条件.本实验以低阻尼下弹簧振子的运动为研究对象,研究简谐振动的特征,如周期与振幅的关系、周期与系统质量的关系等.通过实验研究,学习如何对一个运动规律进行观察、分析、测量,再经过数据处理获取经验公式的研究方法.

## 【实验目的】

1. 观察简谐振动的规律特征,学习建立经验公式的基本方法.
2. 通过实验研究,建立简谐振动弹簧振子的周期与质量的经验公式.
3. 研究弹簧振子机械能总量的变化规律.
4. 通过实验探索研究,建立在低阻尼条件下弹簧振子的振幅随振动时间变化的经验公式.

## 【实验原理提示】

如图 5-1C-1 所示,在水平气垫导轨上质量为 $m_1$ 的滑块两端,连有弹性系数分别为 $k_1$、$k_2$ 的两根弹簧,两弹簧的另一端分别固定在气垫导轨的两个端点处.在弹性限度内,给 $m_1$ 施加一个水平外力,使它偏离平衡位置后将其释放,滑块就在两弹簧的弹性回复力作用下,在气垫导轨上作往复运动,这种系统称为弹簧振子或谐振子.滑块在气垫导轨上滑动时,与气轨之间的摩擦力可忽略,但仍受空气阻力和黏性力的作用,振幅将逐渐减小.由于阻力较小,可认为弹簧振子处在低阻尼状态,振动周期与无阻尼时的振动周期相同.

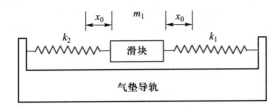

图 5-1C-1　弹簧振子的振动

设质量为 $m_1$ 的滑块处于平衡位置时,每个弹簧的伸长量为 $x_0$,当 $m_1$ 与平衡位置的距离为 $x$ 时,$m_1$ 只受弹性力 $-k_1(x+x_0)$ 与 $-k_2(x-x_0)$ 的作用.根据牛顿第二定律可得

$$-k_1(x+x_0)-k_2(x-x_0)=m\frac{\mathrm{d}^2x}{\mathrm{d}t^2} \tag{5-1C-1}$$

令 $\omega^2=(k_1+k_2)/m$,则有

$$\frac{\mathrm{d}^2x}{\mathrm{d}t^2}+\omega^2x=0 \tag{5-1C-2}$$

这个微分方程的解为

$$x=A\cos(\omega t+\varphi) \tag{5-1C-3}$$

式(5-1C-3)表明,滑块的运动是简谐振动.式中,$A$ 为振幅,表示滑块运动的最大位移;$\varphi$ 为初相位;$\omega$ 为振动系统的固有角频率.

滑块作简谐振动的周期为

$$T=\frac{2\pi}{\omega}=2\pi\sqrt{\frac{m}{k_1+k_2}}=2\pi\sqrt{\frac{m_1+m_0}{k_1+k_2}} \tag{5-1C-4}$$

式中,$m$ 为振动系统的有效质量,$m_0$ 为弹簧的等效质量.由式(5-1C-4)可以看出,弹簧的弹性系数 $k_1$、$k_2$ 和振动系统质量 $m$ 改变,振动周期也随之改变.

当两弹簧弹性系数相同,即 $k_1=k_2=k/2$ 时,滑块作简谐振动的周期为

$$T=2\pi\sqrt{\frac{m_1+m_0}{k}} \tag{5-1C-5}$$

若在滑块上放置质量为 $m_i$ 的砝码(或配重块),则弹簧振子的有效质量变为 $m=m_1+m_0+m_i$,其周期为

$$T=2\pi\sqrt{\frac{m_1+m_0+m_i}{k}} \tag{5-1C-6}$$

依据实验测量数据研究物理量间的经验公式,一般遵循以下程序:(1)通过实验确定物理量间的相关性,确定所研究的物理量与哪些因素有关;(2)根据已经掌握的相关知识和经验,对物理量间的相关关系建立一个数学模型,该模型中含有若干个待定参量;(3)对所研究的物理量在一定条件下进行测量;(4)运用适当的数学方法对实验数据进行处理,确定数学模型中的待定参量,从而获得反映物理量间数值关系的经验公式.

例如,研究弹簧振子的振动规律时,首先我们要对弹簧振子的振动现象进行细致的观察,确定弹簧振子的振动周期与哪些物理量有关;要研究低阻尼下弹簧振子的振幅 $A$

随时间的变化规律,就需要测量出弹簧振子在不同振动时间下的振幅.

气垫导轨上弹簧振子(滑块)的振动周期 $T$ 与振动系统弹簧的弹性系数 $k$ 和振动系统的有效质量 $m$ 的大小有关.为了研究它们之间的关系,可尝试从量纲入手,假设它们之间满足关系式

$$T = Ck^\alpha m^\beta \tag{5-1C-7}$$

式(5-1C-7)中,$\alpha$、$\beta$ 和 $C$ 均为待定参量,可以通过实验来确定.

当振动系统弹簧的弹性系数 $k$ 保持不变时,式(5-1C-7)可写成

$$T = C'm^\beta, \quad C' = Ck^\alpha = 常量 \tag{5-1C-8}$$

由此可见,对于不同的 $m$ 值,就有不同的 $T$ 值.要建立弹簧振子作简谐振动周期与质量的关系式,只需测出在不同质量 $m_i$ 下弹簧振子对应的周期 $T_i$ 即可.

由式(5-1C-8)可知,只要 $\beta$ 不等于 1,$T$ 与 $m$ 之间就不是线性关系.将式(5-1C-8)两边取对数可得

$$\ln T = \ln C' + \beta \ln m \tag{5-1C-9}$$

由式(5-1C-9)可知,通过图解法,可以求出常量,再将它们分别代入式(5-1C-8)中就可以确定出弹簧振子振动规律的经验公式.

当弹簧的弹性系数 $k$ 保持不变时,建立弹簧振子振动周期的经验公式,可通过以下方法进行:

(1)保持振子质量不变,改变振幅,测量其振动周期,研究振动周期与振幅的关系(注意振幅不能超过 30.00 cm).

(2)保持振幅(不超过 30.00 cm)不变,改变振子的质量,测量其振动周期,研究振动周期与振子质量的关系.

实验中,由于忽略空气阻力、滑块与气轨间的摩擦力,因此近似认为滑块在运动过程中只受弹性回复力的作用.任意时刻振动系统的总机械能为

$$E = E_k + E_p = \frac{1}{2}mv^2 + \frac{1}{2}kx^2$$

研究系统的总机械能变化,可以通过测量不同位置 $x$ 处滑块的速度 $v\left(v = \frac{\Delta x}{\Delta t}\right)$,求得 $E_k$(动能)和 $E_p$(势能),研究二者之间相互转化和系统机械能的变化规律.

要得到低阻尼下弹簧振子振幅 $A$ 随时间变化关系式,需测出弹簧振子在不同振动时间时的振幅.但是由于振幅 $A$ 和对应时间 $t$ 在气轨上不容易用简单方式同时直接测量,因此可从以下几方面进行考虑:

(1)由于是低阻尼,振动时间可由完成全振动周期的个数 $n$ 来确定,即设定 $t = nT$.

(2)振幅 $A$ 可由滑块经过平衡位置时的最大速率 $v_{max}$ 来确定.即由 $\frac{1}{2}mv_{max}^2 = \frac{1}{2}kA^2$ 及 $v_{max} = \frac{\Delta x}{\Delta t}$($\Delta x$ 为常量,速率 $v_{max}$ 的测量参见实验 5-1A 中相关内容),可得 $A = \sqrt{\frac{m}{k}}\frac{\Delta x}{\Delta t}$.

(3)要研究振幅 $A$ 和振动时间 $t$ 的关系,只需通过测量获取 $\Delta t$ 与振动时间 $t$(即 $nT$)的关系,便可解决.

【实验器材】

气垫导轨、滑块、附加砝码(或配重块)、轻质弹簧、光电计时系统等.

实验装置如图 5-1C-2 所示,在水平气垫导轨上的滑块两端,连接两根质量可以忽略的弹簧,这两根弹簧同时和气轨两端连接起来,滑块在气垫导轨上作往复运动.利用光电门配合通用计时器即可测量滑块的振动周期.在弹性限度内轻轻地拉动滑块,然后释放,挡光片连同滑块经过光电门作往复运动(振动).当挡光片第一次遮光时光电计时系统开始计时,第二次遮光时光电计时系统停止计时.因此,无论滑块先从右边通过光电门,还是先从左边通过光电门,都可以记录下滑块的振动周期.

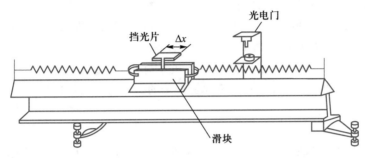

图 5-1C-2　实验装置图

【实验内容与要求】

将气垫导轨调至水平,将光电计时系统调节到正常工作状态.

1. 弹簧振子振动周期 $T$ 与振幅 $A$ 关系的实验研究

分别改变振幅 $A$(最大值不超过 30.00 cm),测量其相应周期.

2. 弹簧振子振动周期 $T$ 与质量 $m$ 关系的实验研究

改变质量 $m$,测量其对应的振动周期,将光电门放在平衡位置处,使滑块上的挡光片正对光电门,周期测量采用累积放大法,放大倍数 $n$ 取 10~20,振幅 $A$ 不宜过大,取 15.00~30.00 cm 即可.

3. 通过测量 $\Delta t$ 与 $nT$ 的关系,进行弹簧振子的振幅 $A$ 与振动时间 $t$ 关系的实验研究

振动系统质量 $m$ 保持不变,采用双挡光片,将光电门置于平衡位置处,使滑块初始振幅保持不变,待滑块运行平稳后,每间隔 $n$ 个周期(如 $n=10$)测一次 $\Delta t$,分别测出系统振动 $n$ 的整数倍周期(如 $10T, 20T, 30T, \cdots$)时对应的 $\Delta t$.

【实验拓展研究】

研究振动系统的机械能变化.

设计要求:

(1) 简要阐述基本测量方法.

(2) 说明基本实验步骤.

(3) 进行实验测量.

(4) 得出实验结果,并对实验结果进行评价.

**【数据处理要求】**

1. 根据记录的测量数据,建立振动周期 $T$ 与质量 $m$ 的经验公式.

(1) 绘制振动周期 $T$ 与质量 $m$ 的关系曲线,判断其函数关系(质量 $m$ 与振动周期 $T$ 近似成二次曲线关系).

(2) 建立函数模型:$T^2 = C_2 m$($C_2$ 为常量),进行曲线改直,绘制 $T^2$ 与 $m$ 间的关系曲线,求取 $C_2$ 值.

2. 建立振幅 $A$ 与振动时间 $t$ 的经验公式.

(1) 列表记录每间隔 10 个振动周期所测得的 $\Delta t$.

(2) 绘制 $n$-$\Delta t$ 关系曲线,判断该关系曲线的数学类型.

绘制 $n$-$\ln \Delta t$ 关系曲线,若其近似为一直线,设该直线方程为 $\ln \Delta t = nCT + D$,用图解法可求得直线斜率 $CT$,从而求出 $C$.通过实验数据所得经验公式可表示为 $A = A_0 e^{-Ct}$ 的形式(本实验中 $\Delta x$、$m$、$k$、$D$ 均为常量,可将其合并为常量 $A_0$).

3. 根据数据处理结果,分析和讨论弹簧振子的振动规律,得出实验结论.

**【注意事项】**

1. 选择两根相同(或接近)的弹簧,弹簧切勿用手随意拉伸,以免超过其弹性限度而无法恢复原状.

2. 测量完毕,先取下滑块、弹簧等,再关闭气源,切断电源,整理好仪器.

3. 气垫导轨使用的注意事项参见实验 5.1A.

**【思考与讨论】**

1. 仔细观察,可以发现滑块振幅是不断减小的,为什么还可以认为滑块作的是简谐振动? 实验中如何尽量保证滑块作的是简谐振动?

2. 本实验的弹簧弹性系数 $k_1 \approx k_2$,若 $k_1$、$k_2$ 相差较大,对本实验有何影响?

3. 本实验中若气轨没有被调节水平,对振动周期的测量有何影响?

4. 若考虑弹簧的质量,则弹簧振子的周期 $T = \sqrt{\dfrac{m_1 + m_0}{k}}$(其中,$m_0$ 为弹簧的有效质量,$k$ 为系统的弹性系数).通过本实验如何测出弹簧的有效质量?

5. 测量弹簧振子的振动周期时,采用什么测量方法可以达到提高测量精度的目的?

**【附录 5-1-1】**

气垫导轨介绍

1. 气垫导轨的结构与组成

气垫导轨是一种接近于无摩擦阻力的力学实验装置,由导轨、滑块和光电计时系统组成,外形结构如图 5-1-1 所示.

(1) 导轨.

导轨是一根固定在钢架上的三角形铝合金空腔管,在空腔管的侧面钻有数排等距离的小孔,导轨剖面如图 5-1-2 所示.空腔管的一端封闭,另一端通过塑料管与气泵相连.当

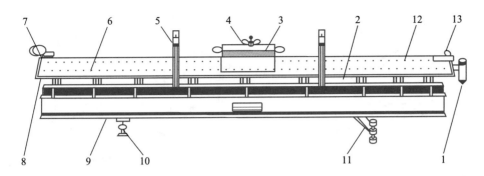

1—进气口；2—标尺；3—滑块；4—挡光片；5—光电门；6—导轨；7—滑轮；8—测压口；
9—底座；10—垫脚（底脚螺钉）；11—支脚；12—喷气小孔；13—端盖.

图 5-1-1　气垫导轨装置图

压缩空气送入空腔管后，再从小孔高速喷出.在导轨上方可安放作为测量对象的滑块，在导轨上还有用于测量位置的标尺，在导轨下装有调节气轨水平用的底脚螺钉.

（2）滑块.

滑块由直角形铝板制成，其内表面可以与导轨的两个侧面精密吻合.当压缩空气从导轨上的小孔中高速喷出时，在滑块和导轨之间形成很薄的空气层即气垫，使滑块悬浮在导轨面上.滑块与导轨面不发生直接接触，因此滑块在导轨上的运动，可近似地认为是无摩擦的运动.当然，实际上还存在滑块与导轨面间的空气黏力和滑块周围的空气阻力，但这些阻力很小，一般可以忽略不计.气垫导轨之所以能成为定量研究许多力学现象的一种良好实验装置，就是因为这一特性.滑块中部的上方水平安装着挡光片（也称为遮光片），与光电门和计时器相配合，测量滑块经过光电门的时间或速度.滑块上还可以安装配重块（即金属块，用以改变滑块的质量）、弹性碰撞器（弹簧）、非弹性碰撞器（尼龙搭扣）等配件，用于完成不同的实验.

（3）光电计时系统.

光电计时系统由光电门和通用计时器组成，光电门的结构和测量原理如图5-1-3所示.当滑块从光电门旁经过时，安装在滑块上的挡光片穿过光电门，从发射器（如发光二极管）射出的红外线被挡光片遮住而无法照到接收器上，此时接收器（如光电二极管）产生一个脉冲信号.在滑块经过光电门的整个过程中，挡光片两次挡光，则接收器共产生两个脉冲信号，计时器将测出这两个脉冲信号之间的时间间隔 $\Delta t$.设双挡光片间的遮光距离为 $\Delta x$，则平均速度为 $\bar{v} = \dfrac{\Delta x}{\Delta t}$，当速度变化不大，或 $\Delta x$ 较小时，这个平均速度就可认为是滑块通过光电门中间位置的瞬时速度.

2. 气垫导轨的水平调节

导轨水平状态的调节是气垫导轨调节的重要内容，许多测量都需要先将导轨调节到水平状态.由于导轨较长，用一般的水平仪判断有困难，实验中常采用观察滑块的运动情况的方式来判断导轨是否水平.调节气垫导轨水平有一定的难度，需要耐心地反复调节，常用的调节方法有下列两种.

▶ 气垫导
轨水平
调节

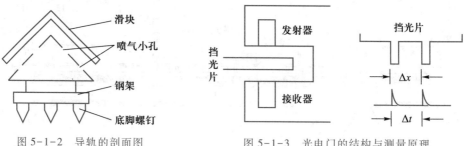

图 5-1-2 导轨的剖面图　　　图 5-1-3 光电门的结构与测量原理

（1）静态粗调.

导轨通气后,将滑块轻轻放置于导轨中间位置附近,如果滑块定向运动,说明导轨不水平,慢慢调节底脚螺钉(图 5-1-1 中的 10),直到滑块保持不动,或稍有滑动,但不定向滑动.再将滑块放置在导轨两端处,作同样的检查,若滑块保持不动,或稍有滑动,但不定向滑动,则可认为导轨基本调平.

（2）动态细调.

先使滑块以一定速度平稳地从左端向右端运动,分别记录先后通过两个光电门的时间间隔 $\Delta t_1$ 和 $\Delta t_2$,仔细调节底脚螺钉,使 $\Delta t_2$ 和 $\Delta t_1$ 十分接近.当导轨完全水平时,由于滑块与导轨间的黏性阻力和滑块周围的空气阻力,$\Delta t_2$ 比 $\Delta t_1$ 稍长一些,一般应在第三位读数以下才有差别.再使滑块以同样的速度从右端向左端运动,分别记录先后通过两个光电门的时间间隔 $\Delta t_3$ 和 $\Delta t_4$,$\Delta t_4$ 和 $\Delta t_3$ 也应十分接近,即 $\Delta t_2 - \Delta t_1 \approx \Delta t_4 - \Delta t_3$,这时可认为气轨处于水平状态.

【附录 5-1-2】

## MUJ 系列通用计时器的使用

MUJ 系列通用计时器以单片微机为中央处理器,并且编入了相应的数据处理程序,具备多组实验数据的记忆存储功能.具有计时 1、计时 2、碰撞、加速度、重力加速度、周期、计数等七种功能.它能与气垫导轨、自由落体仪等多种仪器配套使用.从 $P_1$、$P_2$ 两个光电门(光电门接在通用计时器背面的光电门插口上)采集数据信号,经中央处理器处理后,在显示屏上显示出测量结果.实验中所使用的 MUJ 系列通用计时器面板结构和背面结构分别如图 5-1-4 和图 5-1-5 所示.

通用计时器的主要按键及其基本功能如下:

（1）功能键.

用于七种功能的选择或用于清除显示数据.按功能键,仪器将进行功能选择,按住功能键不放,可进行循环选择;光电门遮过光,按功能键,可清"0"复位.本系列实验主要使用"计时 2($S_2$)"功能,即测量滑块经过 $P_1$ 和 $P_2$ 两光电门(即光电门 1 和光电门 2)时滑块上凹形挡光片遮光的时间间隔 $\Delta t$,从而可得到滑块经过光电门时刻的瞬时速度.

按下取数键,再按下功能键,仪器将清除之前所记录的测量结果.

（2）取数键.

在使用计时 1、计时 2、周期功能时,仪器可自动存储前 20 个测量值.自上一次清零后开始记录,前 20 组测量结果会自动保留存储下来.按下取数键,可依次显示数据存储顺序及相应值.

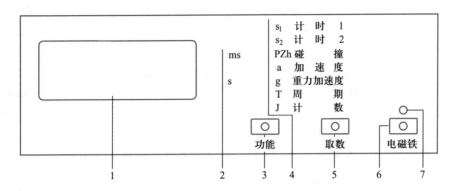

1—显示屏；2—测量单位指示灯；3—功能键；4—功能转换指示灯；

5—取数键；6—电磁铁键；7—电磁铁通断指示灯.

图 5-1-4　通用计时器面板结构示意图

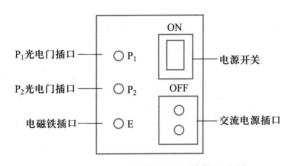

图 5-1-5　通用计时器背面结构示意图

按下取数键大于 1 s,选择所用挡光片的宽度(1 cm、3 cm、5 cm 或 10 cm),在显示的宽度值与所用挡光片的宽度相同时,放开此键即可.每次开机时挡光片的宽度自动设定为 1 cm.

(3) 电磁铁键.

按此键可控制电磁铁的通断.

【附录 5-1-3】

### 光电计时系统的基本原理

光电计时系统是由光电门和通用计时器组成.光电门由聚光灯泡和光敏三极管组成,利用光敏三极管受光照射或不受光照射时输出电流的不同,可将光信号转换成电信号,使计时器"计时"或"停止",实现时间间隔的测量.光电门架可以安装在气垫导轨的任一位置.

常用的石英晶体振荡器所产生的交流电信号被用作计时标准,该晶体振荡器组成了精确的计数电路,其基本原理如图 5-1-6 所示.

晶体振荡器可以不断地产生一定频率的

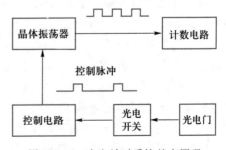

图 5-1-6　光电计时系统基本原理

交流电信号,为满足计数电路的需要,交流电信号的正弦波形要转换为脉冲波形,每秒产生的电脉冲数与交流电信号的频率数值相同.计数电路的作用是记录进入电路的电脉冲数并以数字显示.

晶体振荡器与计数电路接通时,由晶体振荡器输出的脉冲被送入计数电路进行计数.所显示的脉冲数随着脉冲的进入而增加,直到晶体振荡器与计数电路断开,此时显示的脉冲数是稳定的且可直接读数.所累计的脉冲数代表两个电路从接通到断开的这一时间间隔内所输送的晶体振荡器输出的脉冲数总和.例如,晶体振荡器交流电信号的频率为 $10^4$ Hz,即每秒产生 $10^4$ 个脉冲,电路从接通到断开,累计的脉冲数为 2001,显然这一时间间隔为 $\dfrac{2001}{10000}$ s = 0.2001 s 或 200.1 ms,最后一位数"1"代表 0.1 ms,也就是晶体振荡交流电信号的周期.振荡频率越高,即周期越短,末位数字代表的时间也越短.

控制电路的作用相当于一个开关.一般是采用电脉冲(控制脉冲)来控制晶体振荡器与计数电路的接通或断开.第一个控制脉冲使二者接通,开始计时;第二个控制脉冲使二者断开,停止计时.这两个控制脉冲之间的时间间隔就是所要测量的时间.

控制脉冲产生的方法之一是光电转换法.气垫导轨上的光电门是由一个光电二极管和一个发光二极管组成.光电二极管受光照时电阻较小,当光线被遮挡而不受光照时电阻很大.由于光电二极管电阻的变化,经过光电开关电路产生一个控制脉冲.滑块上装有双挡光片,第一次遮光边缘经过光电门时,产生一个控制脉冲而开始计时;第二次遮光边缘经过光电门时,又产生一个控制脉冲而停止计时.计数电路上显示的读数即为两次遮光的时间间隔.

# 实验 5.2    热敏电阻温度特性研究及
# 数字温度计的设计

■ 课件

■ 实验
  相关

热敏电阻是一种阻值随温度改变发生显著变化的敏感电子元件.在工作温度范围内,阻值随温度升高而增加的称为正温度系数(positive temperature coefficient,简称 PTC)热敏电阻,反之称为负温度系数(negative temperature coefficient,简称 NTC)热敏电阻.在温度测量领域应用较多的是 NTC 型热敏电阻.热敏电阻的共同特点是体积小、响应快、灵敏度高、重复性好、工艺性强、适于大批量生产、成本较低、使用方便等.热敏电阻可以把温度的变化转换成电学量或电学量的变化,在温度测控、现代电子仪器及家用电器(如电视机的消磁电路、电子驱蚊器等)中有着广泛应用.

直流电桥是一种精密的电学测量仪器,可分为平衡电桥和非平衡电桥两类.平衡电桥是通过调节电桥平衡,将待测电阻与标准电阻进行比较、得到待测电阻大小的仪器,如惠斯通电桥、开尔文电桥等都是平衡电桥.由于需要调节平衡,因此平衡电桥只能用于测量具有相对稳定状态的物理量.随着测量技术的发展,电桥的应用不再局限于平衡电桥的范围,非平衡电桥在非电学量的测量中已得到广泛应用.

实际工程和科学实验中,待测量往往是连续变化的,只要能把待测量同电阻值的变化联系起来,便可采用非平衡电桥来测量.将各种电阻型传感器接入电桥回路,桥路的非平衡电压就能反映出桥臂电阻的微小变化,因此,将热敏电阻作为传感器接入电桥回路,通过测量非平衡电桥的输出电压就可以检测出待测温度的变化.

【实验目的】

1. 了解非平衡电桥的工作原理和工作特性.
2. 掌握应用平衡电桥研究热敏电阻温度特性的实验方法.
3. 掌握利用热敏电阻结合非平衡电桥设计制作数字温度计的实验方法.

【实验原理提示】

1. 热敏电阻的温度特性

适合制作热敏电阻的材料一般可分为半导体类、金属类和合金类三种,其中,半导体类热敏电阻材料有单晶半导体、多晶半导体、玻璃半导体、有机半导体以及金属氧化物等.它们均具有较大的电阻温度系数和较高的电阻率,用其制成的传感器灵敏度也较高,广泛用于制作热敏电阻温度计、热敏电阻开关和热敏电阻延迟继电器等.半导体类热敏电阻中参与导电的一般是载流子,由于载流子数目会随温度的增加而上升,其电阻值随温度的升高而下降,因此,半导体类热敏电阻多为 NTC 型.

对于 NTC 型热敏电阻,其电阻值与温度的关系可近似表示为

$$R_T = R_0 e^{\beta\left(\frac{1}{T} - \frac{1}{T_0}\right)} \tag{5-2-1}$$

式中,$R_T$ 是温度为 $T$(采用热力学温标,单位为 K)时热敏电阻的阻值,$R_0$ 是温度为 $T_0$(采用热力学温标,单位为 K)时热敏电阻的阻值,$\beta$ 为热敏电阻的材料常量.

热敏电阻的材料常量 $\beta$ 是由制作热敏电阻的半导体材料和其热处理方法所决定的,它是热敏电阻固有特性,在一定温度范围内可认为是一常量.$\beta$ 值越大,表示热敏电阻对温度的灵敏度越高.

对式(5-2-1)两边取自然对数,可以得到

$$\ln R_T = \ln R_0 + \beta\left(\frac{1}{T} - \frac{1}{T_0}\right) \tag{5-2-2}$$

由此可以看出,$\ln R_T$ 与 $\frac{1}{T}$ 之间满足线性关系,直线的斜率即为材料常量 $\beta$.改变温度,测量不同温度下热敏电阻的阻值,然后以 $\ln R_T$ 为纵坐标、$\frac{1}{T}$ 为横坐标作散点图并拟合,便可获取直线的斜率 $\beta$ 值.

电阻温度系数 $\alpha_T$(temperature coefficient of resistance,简称 TCR)表示当电阻温度改变 1 K 时,电阻值的相对变化.它是一个与电阻微观结构密切相关的参量,温度系数本身的大小在一定程度上表征了电阻的性能.

$$\alpha_T = \frac{1}{R}\frac{dR}{dT} = -\frac{\beta}{T^2} \tag{5-2-3}$$

由上式可以看出,电阻温度系数 $\alpha_T$ 并不恒定,而是一个随着温度而变化的数值,$\alpha_T$ 与 $T^2$ 成反比.通过 $\alpha_T$ 可判断一个热敏电阻是正温度系数(PTC)型热敏电阻,还是负温度系数(NTC)型热敏电阻.一般的热敏电阻产品介绍中所给的电阻温度系数指的是热敏电阻在

293 K(20 ℃)时的 $\alpha_T$ 值.

2. 非平衡电桥的原理

（1）利用平衡电桥法研究热敏电阻的电阻温度特性.

在如图 5-2-1 所示的电桥电路中，$R_1$、$R_3$ 和 $R_3'$ 是精密的可调电阻箱，$R_T$ 为热敏电阻.在某一温度下，当 S 闭合时，调节电阻 $R_1$ 使电桥达到平衡，则 $R_T = \dfrac{R_3'}{R_3}R_1$，即可用平衡电桥法测量出热敏电阻在该温度下的电阻，进而可研究热敏电阻的电阻温度特性.

（2）利用非平衡电桥法设计数字温度计.

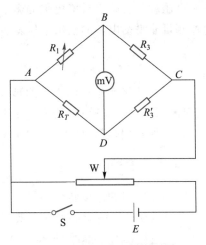

图 5-2-1　平衡电桥原理图

在如图 5-2-1 所示的电桥桥路中，若热敏电阻的温度发生改变，则 $R_T$ 随之发生变化，电桥会处于非平衡状态.根据分压原理，非平衡电桥的输出电压 $U_0$ 为

$$U_0 = U_{BC} - U_{DC} = \frac{R_T R_3 - R_1 R_3'}{(R_1 + R_3)(R_T + R_3')}U_{AC} \tag{5-2-4}$$

可见 $U_0$ 随着热敏电阻 $R_T$ 的改变而改变，当电压 $U_{AC}$ 和桥臂电阻 $R_1$ 不变时，$U_0$ 与 $R_T$ 二者间为一一对应的单调关系；式（5-2-1）表明，在一定温度范围内热敏电阻 $R_T$ 与温度 $T$ 二者间亦为一一对应的单调关系，因此，在图 5-2-1 的电桥桥路中，当电压 $U_{AC}$ 和桥臂电阻 $R_1$ 不变时，电桥的输出电压 $U_0$ 与温度 $T$ 二者间为一一对应的单调关系.当电压 $U_0$ 与温度 $T$ 的关系得到确定后，即可通过检测 $U_0$ 的变化来确定温度值，这就是热敏电阻数字温度计的基本工作原理.

一般来说，$U_0$ 与温度 $T$ 的关系是非线性的，但我们通过一定的方法可以对其进行线性化处理.常用的方法有：①串联法.通过选取一个合适的低温度系数的电阻与热敏电阻串联，可以使温度与电阻的倒数呈线性关系，再利用恒压源构成测量电源，就可使测量电流与温度呈线性关系.②串、并联法.在热敏电阻两端串、并联电阻，使得总电阻是温度的函数，在选定的温度点进行级数展开，并令展开式的二次项为 0，忽略高次项，从而求得串、并联电阻的阻值，这样就可以使总电阻与温度呈线性关系.③用运算放大器结合电阻进行转换，可使电桥输出电压与温度在一定范围内成近似的线性关系.④非平衡电桥法.通过选择合适的电桥参量（$R_1$、$R_3$、$R_3'$ 和 $E$ 值），使非平衡电桥的输出电压与温度在一定温度范围内成近似的线性关系.本实验中使用了非平衡电桥法使 $U_0$ 与温度 $T$ 的关系线性化，线性化电桥参量为 $R_3 = R_3' = 1000\ \Omega$ 左右.

3. 制作数字温度计的方法

（1）不满足线性条件时（拟合定标法）.

在如图 5-2-1 所示的电桥桥路中，设定 $U_{AC}$、$R_3$、$R_3'$ 和 $R_1$ 不变，在一定范围内（本实验中建议取 20~60 ℃），测量 $U_0$ 随温度 $T$ 的变化过程中的数据，拟合得到 $T$ 与 $U_0$ 的函数关系：

$$T = f(U_0) \tag{5-2-5}$$

对应不同的 $U_{AC}$、$R_3$、$R_3'$ 和 $R_1$ 组合,函数关系 $f$ 是不同的.

（2）满足线性条件时（两点定标法）.

在如图 5-2-1 所示的电桥桥路中,经过线性化处理后,在一定范围内(本实验中建议取 20~60 ℃),$U_0$ 与 $T$ 为线性关系.设定 $U_{AC}$ 和 $R_1$ 不变,可以测量 $T$-$U_0$ 数据,实现温度 $T$ 与 $U_0$ 的线性函数关系的确定:

$$T = a \cdot U_0 + b \qquad\qquad (5\text{-}2\text{-}6)$$

对应不同的 $U_{AC}$ 和 $R_1$,上式中系数 $a$ 和 $b$ 的取值也不同,通过设定不同的 $U_{AC}$ 和 $R_1$ 初始值可实现 $a$ 和 $b$ 系数的调节.

本实验对式（5-2-6）的确定过程即为数字温度计的定标,根据两点即可确定一条直线的基本规律,通过合理设定 $U_{AC}$ 和 $R_1$ 的初始值来确定 $T$-$U_0$ 直线上两个标定点,从而完成数字温度计的定标.确定 $T$-$U_0$ 直线上两个标定点(温度标定点 $P$ 和温度标定点 $Q$)是制作数字温度计的重要内容.

在图 5-2-1 的电桥桥路中,$R_1$ 用来确定温度计的温度标定点 $P(T_P, U_P)$,即在热敏电阻温度为 $T_P$ 时,调节 $R_1$ 使 $U_0 = 0$ mV(不能是其他数值),即确定了式（5-2-6）的温度标定点 $P$ 为 $(T_P, 0$ mV$)$;电位器 W 可调节 $U_{AC}$,用来确定温度计的温度标定点 $Q(T_Q, U_Q)$,即在热敏电阻温度为 $T_Q$ 时,调节电位器 W 使 $U_0 = 500$ mV(或其他非零数值),即确定了式（5-2-6）的温度标定点 $Q$ 为 $(T_Q, 500$ mV$)$.经过以上操作后,我们即确定了线性方程系数 $a$ 和 $b$ 的值.温度标定点 $P$ 与 $Q$ 确定后,即完成了数字温度计的定标.后续可将制作完成的数字温度计的热敏电阻置于某温度环境中,根据输出的电压值测量该环境的温度.

【实验器材】

旋钮式可调电阻箱、标准电阻（1 kΩ）、热敏电阻、恒温控制系统、滑线变阻器、单刀开关、单刀双掷开关、导线等.

【实验内容与要求】

1. 热敏电阻的电阻温度特性研究

自拟测量热敏电阻阻值的实验方案和步骤,作出热敏电阻的电阻温度特性曲线,并根据图解法计算热敏电阻的材料常量 $\beta$;确定室温下的热敏电阻的电阻温度系数并判断其类型.(温度变化范围可以自定,建议取室温至 60 ℃;由于存在温度滞后效应,若实验时间允许,建议用升温和降温各测一次.)

2. 数字温度计的定标

（1）设计实验方案,按图 5-2-1 搭设电路,采用拟合定标法实现数字温度计的定标.定标过程,尽量使得温度均匀变化.

（2）作出数字温度计的 $U_0$-$T$ 关系曲线,得到 $U_0$-$T$ 的函数关系式,评价数字温度计的测温精度.

3. 数字温度计的制作

（1）设计实验方案,按图 5-2-1 搭设电路,采用两点定标法实现数字温度计的制作.定标过程中尽量使温度稳定.

▶ 温度计定标

（2）确定直线方程.

（3）总结用两点定标法制作数字温度计的要领.

【实验拓展研究】

1. 用替代法研究热敏电阻的电阻温度特性

在图 5-2-1 所示的桥路中,若在 $A$、$D$ 之间接入一个单刀双掷开关 $S_1$ 和电阻箱 $R_2$,如图 5-2-2 所示,也可用替代法测量热敏电阻 $R_T$ 在不同温度下的阻值.

在某一温度下,单刀双掷开关 $S_1$ 掷向位置 1 时,调节电阻 $R_1$ 使电桥达到平衡,再将 $S_1$ 掷向位置 2,保持其他电阻不变,调节电阻 $R_2$ 使电桥重新达到平衡,则 $R_T = R_2 = \dfrac{R_3'}{R_3}$.由此可以测量热敏电阻在该温度下阻值的大小.

2. 搭建其他形式的桥路,利用热敏电阻设计数字温度计

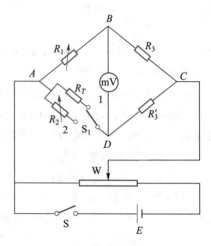

图 5-2-2　替代法测量原理图

为了加深对非平衡电桥工作原理的理解,尝试用非平衡电桥搭建不同的桥路形式进行测量.

（1）等臂电桥.

电桥的三个桥臂阻值相等的桥路称为等臂电桥.首先使热敏电阻处于某一起始温度 $T_0$,待达到热平衡时,选择 $R_3 = R_3' = 1$ kΩ,调节 $R_1$ 使电压输出为零,然后调节 $R_3$、$R_3'$,使 $R_1 = R_3 = R_3' = R_{T0}$,若电压输出不为零,可微调 $R_1$,直至电压指示为零,这时已构成等臂电桥.改变温度 $T$,这时就有相应的输出电压,记录下不同温度 $T$ 时的 $R_T$ 和 $U_0$ 值.

（2）卧式电桥.

当 $R_3 = R_1$、$R_3' = R_{T0}$,但 $R_3 \neq R_3'$ 时,这种形式的桥路称为卧式电桥.实验时,测出 $R_{T0}$ 的值后,调节 $R_2$、$R_3$,使 $R_2 = R_{T0}$,$R_3 = R_1$,但 $R_3 \neq R_3'$,这样就构成了卧式电桥,改变温度 $T$,记录下不同温度 $T$ 时的 $R_T$ 和 $U_0$ 值.

（3）立式电桥.

当 $R_3 = R_3'$、$R_1 = R_{T0}$,但 $R_3 \neq R_1$ 时,这种形式的桥路称为立式电桥.改变温度 $T$,记录下不同温度 $T$ 时的 $R_T$ 和 $U_0$ 值.

（4）比例电桥.

取 $R_3 = KR_1$,$R_3' = KR_{T0}$,$K$ 为倍率,为了计算方便 $K$ 可选取整数,这时桥路已构成比例电桥,改变温度 $T$,记录下不同温度 $T$ 时的 $R_T$ 和 $U_0$ 值.

通过以上实验我们可以比较几种不同桥路工作方式的异同.等臂电桥和卧式电桥的测量范围小,但有较高的灵敏度;立式电桥的测量范围较大,但灵敏度比前两个要低;比例电桥可以灵活地选用桥臂电阻,且测量范围大,所以在实际中使用较为广泛.

【注意事项】

1. 热敏电阻只能在规定的温度变化范围内工作,否则会损坏元件,导致其性能不稳定;测量时,流过热敏电阻的电流必须很小.

2. 使用电桥时,应避免将 $R_1$、$R_2$、$R_3$ 同时调到零值附近,因为如果 $R_1$、$R_2$、$R_3$ 阻值均较小可能会出现较大的工作电流,测量精度也会下降.

3. 用两点定标法制作数字温度计时一定是先调节 $R_1$ 确定标定点 $P$,然后调节电位器 W(本质上是 $U_{AC}$ 的调节)确定标定点 $Q$,调节顺序不可颠倒.

4. 选择不同的桥路测量时,应注意选择合适的电源电压.

【思考与讨论】

1. 怎样测定热敏电阻的电阻温度特性? $\beta$ 和 $\alpha$ 的物理意义是什么? 如何确定它们?

2. 实验过程中怎样检查 $U_{AC}$ 是否变化? 变化后怎么办?

3. 用两点定标法制作数字温度计时,先调节 $R_1$ 后调节电位器 W,顺序不可颠倒,为什么?

4. 用两点定标法制作数字温度计时,高、低两个温度取何值才能保证温度 $T$ 与电压 $U_0$ 保持良好的线性关系?

# 实验 5.3　电表的改装与校准

电表在电学测量中有着广泛的应用,如何了解电表和使用电表就显得尤为重要.由于电流计结构的原因,一般磁电式电流计的可动线圈允许通过的电流很小,这种测量结构通常称为"表头",表头只适合测量微安级(低等级的也有毫安级)的电流,而数字显示式(简称数显式)表头只能测量毫伏级的电压,即只能测量较小的电压或电流.如果要用来测量较大的电流或电压,就需要将表头改装,以扩大其量程.直流电流表、交流电流表、直流电压表、交流电压表、欧姆表、万用表等都是由微安表表头或数显式表头配以不同的电路和元件后改装而成.任何一种仪器(尤其是自行组装的仪器)在使用前都应进行校准,校准是一项非常重要的实验技术.本实验就是对此展开探索研究,自行设计并实践这种应用技能.

■ 课件

▸ 实验
相关

【实验目的】

1. 了解磁电式电表的基本原理,测量所给表头的内阻和量程.

2. 掌握将磁电式表头改装成电流表、电压表和欧姆表的原理和方法.

3. 学习电流表、电压表、欧姆表的校正方法,并利用校正曲线对改装电表进行修正.

4. 了解数字式电表的改装原理和方法,组装多量程数字电流表、电压表.

【实验原理提示】

1. 磁电式电表

实验室常用的指针式电表,其结构属于磁电式,尽管各种电表的内部组成不同,但原理都是利用通电线圈在永久磁铁的磁场中受到力矩的作用而发生偏转.其结构由表头和附加电路组成.

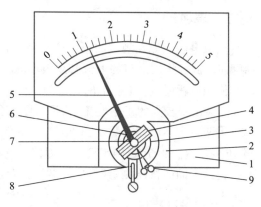

磁电式电表的结构如图 5-3-1 所示,在永久磁铁的两个磁掌 2 和圆柱形铁芯 3 之间的空隙磁场中有一个可转动的线圈 4.当线圈中有待测电流通过时,线圈在磁场作用下发生偏转,直到和游丝 6 的反作用力矩相平衡为止.偏转角的大小与通过线圈的电流成正比,并由指针 5 指示出来.磁电式电表表头指针偏转满度时的电流很小,一般仅只适于测量微安级电流.

1—永久磁铁；2—磁掌；3—圆柱形铁芯；4—线圈；
5—指针；6—游丝；7—半轴；8—调零螺杆；9—平衡锤.

图 5-3-1  磁电式仪表结构

**2. 测量表头的量程和内阻**

用于改装的电流计习惯上称为"表头".表头允许通过的最大电流称为表头的量程,用 $I_g$ 表示,这个电流越小,表头的灵敏度越高.表头线圈的电阻,用 $R_g$ 表示,称为表头的内阻.$I_g$ 与 $R_g$ 是表示电流计(表头)特性的重要参量.测量 $R_g$ 常用的方法有中值法和替代法.

(1)中值法(也称半电流法).

当将待测电流计接在电路中时,使电流计满偏,再用十进位电阻箱与电流计并联作为分流电阻,改变分流电阻值即改变分流程度.当电流计指针指示到中间值,且回路总电流仍保持不变时,此时的分流电阻值就等于电流计内阻.

(2)替代法.

当将待测电流计接在电路中时,用十进位电阻箱替代它,且改变电阻箱的电阻值.当电路中的电压不变,且电路中的电流亦保持不变时,则电阻箱的电阻值即为待测电流计的内阻.替代法是一种运用较广的测量方法,具有较高的测量准确度.

**3. 将磁电式微安表改装成大量程电流表**

根据电阻并联规律,如果在表头两端并联上一个阻值适当的分流电阻 $R_s$,如图 5-3-2 所示,可使表头不能承受的大部分电流从 $R_s$ 上分流通过,而表头仍保持原来允许通过的最大电流 $I_g$.这种由表头和并联分流电阻 $R_s$ 组成的整体(图 5-3-2 中虚线框内的部分)就是改装后的电流表.

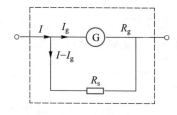

图 5-3-2  并联分流电阻
改装成电流表

设微安表(表头)改装后的量程为 $I$,根据欧姆定律可知,$R_s$ 的大小如下式所示

$$(I-I_g)R_s = I_g R_g$$

$$R_s = \frac{I_g R_g}{I-I_g} \tag{5-3-1}$$

若 $I=nI_g$,则

$$R_{s} = \frac{R_{g}}{n-1} \tag{5-3-2}$$

用电流表测量电流时,电流表应串联在待测电路中,所以要求电流表应具有较小的内阻.在表头上并联阻值不同的分流电阻,便可制成多量程的电流表.由于实际的多量程电流表往往是在表头上同时串联、并联几个低值电阻,因而各个电阻的计算也略有不同. 图 5-3-3 是将 $I_{g} = 100~\mu A$、$R_{g} = 1000~\Omega$ 的表头改装成具有两个量程($I_{1} = 1~mA$、$I_{2} = 10~mA$)的电流表的实际电路.其中 $R_{s1}$、$R_{s2}$ 的计算公式分别为

$$R_{s1} = \frac{I_{g}R_{g}I_{1}}{I_{2}(I_{1}-I_{g})}, \quad R_{s2} = \frac{I_{g}R_{g}(I_{2}-I_{1})}{I_{2}(I_{1}-I_{g})}$$

其分流电阻 $R_{s1}$、$R_{s2}$ 的计算值分别为 11.1 Ω 和 100 Ω.

**4. 将磁电式微安表改装成大量程电压表**

表头虽然也可以测量很低的电压,但一般不能满足实际测量需要.为了测量较高的电压,可按图 5-3-4 所示,给表头串联一个分压电阻 $R_{p}$,使表头上不能承受的大部分电压降落在分压电阻 $R_{p}$ 上,而表头上电压降较小,仍能保持最大压降为 $I_{g}R_{g}$.这种由表头和串联分压电阻 $R_{p}$ 组成的整体就是大量程的电压表,串联的分压电阻 $R_{p}$ 称为扩程电阻.

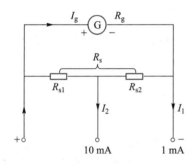

图 5-3-3 两个量程的电流表

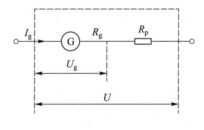

图 5-3-4 串联分压电阻改装成电压表

设表头量程为 $I_{g}$、内阻为 $R_{g}$,要把它改装成量程为 $U$ 的电压表,由图 5-3-4 可得扩程电阻值为

$$R_{p} = \frac{U}{I_{g}} - R_{g} \tag{5-3-3}$$

在表头上串联不同阻值的分压电阻 $R_{p}$,可以得到如图 5-3-5 所示的多个不同量程的电压表,图 5-3-5(a)中的 $R_{p1}$ 为两个量程共用,图 5-3-5(b)所示为单独配置分压电阻的电路.

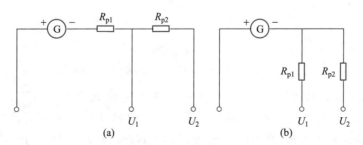

图 5-3-5 双量程电压表电路

用电压表测量电压时,总是将其并联在待测电路上,为了避免因为并联电压表而改变电路中的工作状态,要求电压表应该有较高的内阻.

5. 把表头改装成欧姆表

欧姆表是测量电阻的仪表.万用表的电阻测量部分实际上就是一个多量程的欧姆表.

图 5-3-6 是用欧姆表测量电阻的原理图.设表头电流量程为 $I_g$、内阻为 $R_g$,$R_0$ 为可调电阻,$E$ 为欧姆表所用电池的电动势,a、b 两点为测量电阻所用的表笔接头.欧姆表使用前应进行调零.当 a、b 两点短路时,若忽略电池内阻,根据闭合电路欧姆定律可得

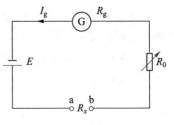

图 5-3-6   欧姆表原理

$$I = \frac{E}{R_g + R_0} \qquad (5-3-4)$$

适当调节 $R_0$,可得 $I = I_g$,即表头指针达到满偏位置,该过程称为欧姆表的调零.可见,欧姆表的零点就在表头标度尺的满刻度处,与电流表和电压表的零点正好相反.如果在 a、b 两点接上一个未知电阻 $R_x$,则有

$$I = \frac{E}{R_g + R_0 + R_x} \qquad (5-3-5)$$

这时表头指针偏转某一角度.当 a、b 两点断开时,指针不动,$I = 0$,即指针在表头的机械零点处,表示待测电阻的阻值为无限大.当电流减小一半时,即

$$R_x = R_{中} = R_g + R_0$$

$$I = \frac{1}{2} I_g$$

此时指针指在表头的中间位置,对应的阻值 $R_{中}$ 为中值电阻.当中值电阻确定后,欧姆表的刻度也就确定了.欧姆表的中值电阻 $R_{中}$ 就等于 a、b 两点短路时电路的总电阻.$R_x = \infty$(相当于开路)时,$I = 0$,此时表头指针在电流刻度的零点.

欧姆表的标度尺为反向刻度,且不均匀(如图 5-3-7 所示).$R_x$ 越大,电流 $I$ 越小,刻度间隔越密.如果表头的标度尺预先按照已知电阻值进行刻度,就可以用电流表来直接测量电阻了.欧姆表在使用过程中电池的路端电压会有所改变,而表头的内阻 $R_g$ 为常量,故要求 $R_0$ 要随着 $E$ 的变化而改变,以满足调零的要求.

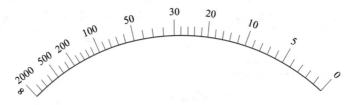

图 5-3-7   欧姆表的刻度盘

根据 a、b 两点所接不同阻值可列表如表 5-3-1 所示.从表 5-3-1 可以看出,电流随外接电阻 $R_x$ 的改变成非线性关系,这一结果严重影响测量范围,也就是说当待测电阻比 $R_{中}$ 大得太多或小得太多时,就测不准确.为了解决这一矛盾,欧姆表一般采用多个量程,

即采用一个刻度盘,以基准挡 $R$ 为基础,采用 10 的整倍数来扩大量程,如 $R×1$、$R×10$、$R×100$、$R×1000$ 等.

表 5-3-1  欧姆表电流与电阻的关系

| $R_x$ 值 | $I$ 值 | 电表指针位置 |
|---|---|---|
| $R_x = 0$ | $I = I_g$ | 电表满偏 |
| $R_x = R_中$ | $I = I_g/2$ | 指针指中间刻度 |
| $R_x = 2(R_g + R_0)$ | $I = I_g/3$ | 在满刻度值的 1/3 处 |
| $R_x = 3(R_g + R_0)$ | $I = I_g/4$ | 在满刻度值的 1/4 处 |

需要注意的是,当电池长期使用后或者刚更换新电池后,往往 a、b 两点短路而指针不能恰好满偏.为了解决这一问题,在万用表上安装了一个零欧姆校正电位器.

在使用万用表测量电阻时,应预先将 a、b 两点短路进行零点校正,使指针正好指在欧姆挡零点处,然后才能进行电阻的测量.

6. 数字万用表的组成原理

数字式电表具有准确度高、灵敏度高、测量速度快的优点,并可以和计算机配合给出一定形式的编码输出等特点.数字万用表是采用集成电路 A/D 转换器和液晶显示器,将待测量的数值直接以数字形式显示出来的电子测量仪表,其组成原理如图 5-3-8 所示.

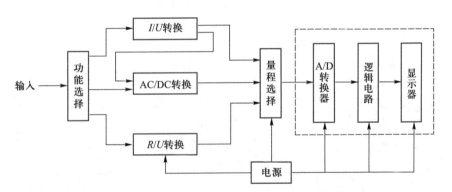

图 5-3-8  数字万用表原理图

数字万用表是在直流数字电压表基础上扩展而成的,要用它测量交流电压、电流、电阻、电容、二极管正向压降、晶体管放大系数等电学量,就需要增加相应的转换器,将待测电学量转换成直流电信号,再由 A/D 转换器转换成数字量,并以数字形式显示出来.数字万用表主要由功能转换器、A/D 转换器、液晶显示器(LCD)、电源和功能/量程转换开关等构成.

目前常用的数字万用表主要有三位半、四位半和五位半几种,对应的数字显示最大值分别为 1999,19999,199999,由此构成不同型号的数字万用表.

7. 将直流数字毫伏表改装成数字电压表和电流表

数字毫伏表(表头)可用来直接测量低电压,作为平衡指零仪,测微电流,也可改装成较大量程的电压表、电流表.将其改装成电流表需要并联一个附加电阻,改装成电压表则需要串联一个附加电阻.通常使用的数字毫伏表量程为 200 mV.数字式电压表和电流表的主要规格包括量程、内阻和准确度.数字式电压表内阻很高,一般在 MΩ 以上,数字式电流表具有内阻低的特点.

图 5-3-9 为用直流数字毫伏表(表头)组装多量程数字电压表、电流表的电路原理图,可根据改装后的量程计算出相应的电阻大小.$R_1$、$R_2$、$R_3$ 与数字表头组成了不同量程的数字电压表或电流表,通过波段选择开关可选择输入电压的大小,达到改变量程的目的.图 5-3-10 和图 5-3-11 为将 200 mV 数字毫伏表改装成数字电压表、电流表的参考电路图.

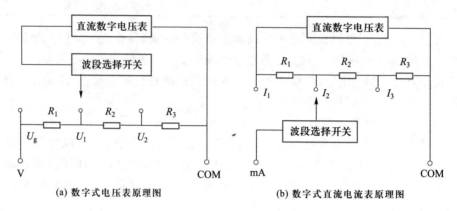

(a) 数字式电压表原理图　　　　　(b) 数字式直流电流表原理图

图 5-3-9　数字式电压表、电流表原理图

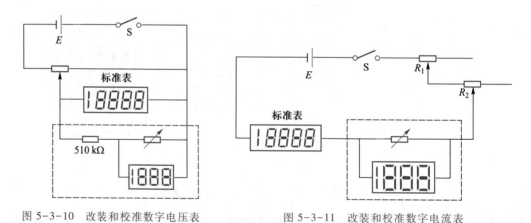

图 5-3-10　改装和校准数字电压表　　　　图 5-3-11　改装和校准数字电流表

8. 改装电表的校准与准确度等级的确定

经过改装的电表在使用前需进行校准,就是将改装电表与一准确度较高的标准电表进行比较,分别校准改装表的量程和其他刻度.校准的方法如下:

(1) 先校准改装电表及标准电表的机械零点,使电表的指针指向零点.

(2) 校准量程.

将电表接入相应的校准电路,用待校准电表与标准电表测量同一物理量(比如电压、电流、电阻等);然后改变待测物理量的大小,使标准电表的读数恰好等于待校准电表的满刻度值或最大值,若待校准电表不能指向满刻度或最大值,则应调节分流电阻(对电流表)或分压电阻(对电压表),直到待校准电表指针指到满刻度或最大值.

（3）校准刻度值（或中间数值）.

用标准电表测出改装电表各个刻度值（改装表取整刻度）或各个数值所对应的实际读数，分别记为 $I_{xi}$ 和 $I_{si}$（或 $U_{xi}$ 和 $U_{si}$），记录对应测量数据，由此获取各个刻度的修正值 $\Delta I_i = I_{si} - I_{xi}$（或 $\Delta U_i = U_{si} - U_{xi}$）.将改装电表的各个刻度或各个数值都校准一遍，以被校准电表的指示值 $I_x$（或 $U_x$）为横坐标，以修正值 $\Delta I$（或 $\Delta U$）为纵坐标作出校准曲线.在一般情况下，

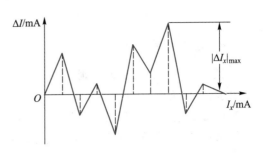

图 5-3-12　校准曲线

把两个相邻的校准点之间近似当作线性关系，即相邻两个校准点之间用直线连接，根据校正数据作出呈折线状的校准曲线，如图 5-3-12 所示.校准点间隔越小，其可靠程度就越高.将校准曲线和被校准电表一起使用，被校准电表指示某一值，从校准曲线上就可以查出它的实际数值为 $I_x + \Delta I_x$.使用这个改装成的电表时，根据校准曲线可以修正电表的读数，从而获得较高的准确度.

（4）改装电表准确度等级的确定（磁电式电表）.

设标准表所用量程的极限误差为 $\Delta_\text{标}$，$\Delta_\text{标}$＝量程×准确度等级/100，自制表与标准表读数的最大绝对误差为 $\Delta_\text{max}$，则自制表的极限误差为

$$\Delta = \sqrt{\Delta_\text{max}^2 + \Delta_\text{标}^2} \tag{5-3-6}$$

由于电表的极限误差 $\Delta$＝量程×准确度等级/100，则自制表的准确度等级 $\alpha$ 为

$$\alpha = 100 \times \frac{\Delta}{\text{量程}} \tag{5-3-7}$$

注意：电表的准确度等级一般为 0.1、0.2、0.5、1.0、1.5、2.5 和 5.0，共七级，电表准确度等级应根据 $\alpha$ 的大小确定，若 $\alpha$ 在两级之间，则应归属准确度等级较低（级别数较大）的较近的那个级别.例如计算得级别 $\alpha$ 值为 1.2 或 1.3，则该表应定为 1.5 级.

【实验器材】

磁电式微安表（表头）和数字毫安表（表头）、磁电式标准电流表、磁电式标准电压表、数字式四位半或五位半万用表、电阻箱、滑线变阻器、小阻值电阻、直流稳压电源等.

【实验内容与要求】

1. 测量所给磁电式表头的参量

设计并画出测量电路图，制定测量步骤，测量出表头的内阻和量程（要求用中值法或替代法测量表头内阻）.

2. 将磁电式表头改装成电压表

设计并画出测量电路图，计算所需串联分压电阻的理论值，制定测量步骤，将表头改装成量程为 5.00 V（也可为 3.00 V、7.50 V、10.00 V 或自定量程）的电压表，并校准.

3. 将磁电式表头改装成电流表

设计并画出测量电路图，计算所需并联分流电阻的理论值，制定测量步骤，将表头改

装成量程为 $I_{max}$ = 100.0 mA(也可为 50.0 mA、150.0 mA、200 mA 或自定量程)的电流表,并校准.

【实验拓展研究】

1. 把磁电式表头改装成欧姆表

要求:画出刻度盘,并用自己改装的欧姆表对电阻箱的电阻进行初步测量.

2. 将数字毫伏表改装成量程为 2.000 V、4.000 V 或其他任意量程的电压表并校准

要求:按照图 5-3-10 所给的参考电路估算所需电阻的阻值大小,并对改装表进行校准.

3. 将数字毫伏表改装成量程为 100.0 mA、200.0 mA 或其他量程的电流表并校准

要求:按照图 5-3-11 所给的参考电路估算所需电阻的阻值大小,并对改装表进行校准.

【数据记录与处理】

1. 列表记录有关测量数据.

2. 作出改装电压表与电流表的校对曲线,并根据校对曲线确定磁电式电流表和电压表的准确度等级.

3. 总结各种电表改装的方法和关键点,对改装的电表进行综合评价.

【注意事项】

1. 接通电源前一定要检查滑线变阻器的滑动端是否处在安全的位置.滑线变阻器作限流器使用时,开始应置于电阻最大位置;滑线变阻器作分压器使用时,滑动端要调至初始安全位置.

2. 连接在电路中的电阻箱初始值不能为零,操作过程中避免电阻盘从 9→0 的突然减小而烧坏电表.

3. 改装表量程校准后,在校准其他中间值的过程中,分流电阻(或分压电阻)的阻值不能改变.

4. 使用电表多为多量程电表,一定要正确选择量程(尤其是电流表),避免误选过载而烧毁电表.

【思考与讨论】

1. 校准电流表时,如果发现改装表的读数相对于标准表的读数偏高,试问要达到标准表的读数,此时改装表的分流电阻应调大还是调小? 校准电压表时,如果发现改装表读数相对于偏低,试问要达到标准表的数值,此时改装表的分压电阻的阻值应调大还是调小?

2. 在校准电表,选择测量点时,是取改装表为确定值还是标准表为确定值? 为什么?

3. 改装电流表时,实用的分流电阻较小,若使用电阻箱怎么调节也无法使两个电流表都恰好为 100.0 mA,你能否想出一个办法来使两个电流表都恰好为 100.0 mA?

4. 改装电表的量程校准后,在校准中间值的过程中,分流电阻(或分压电阻)能否改变? 为什么?

5. 若需要测量 0.5 A 的电流,下列哪个电流表测量误差最小?

(1) 量程 $I_{max}$ = 3 A,等级 $\alpha$ = 1.0 级.

(2) 量程 $I_{max}$ = 1.5 A,等级 $\alpha$ = 1.5 级.

(3) 量程 $I_{max}$ = 1 A,等级 $\alpha$ = 2.5 级.

从结果比较中可以得出什么结论?

# 实验 5.4　光的等厚干涉的研究及应用

课件

实验
相关

光的干涉是重要的光学现象,也是光波动说的有力证据之一.在干涉现象中,对相邻两干涉条纹来说,形成干涉条纹的两束光光程差的变化量等于相干光的波长.因而测量干涉条纹数目和间距的变化,就可以知道光程差的变化,从而推导出以光波波长为单位的微小长度变化.

牛顿环和劈尖干涉是典型的用分振幅法产生的干涉现象,其特点是同一干涉条纹处两反射面间的空气薄层厚度相等,故属于两种典型的光的等厚干涉现象.牛顿环是牛顿在制作天文望远镜时,偶然将一个望远镜的物镜放在平板玻璃上发现的,但由于牛顿信奉光的微粒说而未能对其作出正确的解释.虽然牛顿提出的"光的微粒学说"被证明是错误的,但牛顿环却是光的干涉现象的极好演示.

在科学研究和实际测量中,等厚干涉现象常用来检验光学元件表面质量和测量相关物理量,可以利用牛顿环来测量平凸、平凹透镜中球面的曲率半径(牛顿环法适用于测定大的曲率半径),还可以利用劈尖干涉检查光学表面的平整度、光洁度和测量细丝直径及微小厚度等.同时,研究光的干涉现象也有助于加深对光的波动性的认识,为进一步学习近代光学实验技术打下基础.

【实验目的】

1. 观察牛顿环和劈尖干涉现象,分析干涉图样特点和规律,加深理解光的等厚干涉原理.

2. 掌握读数显微镜的调节与使用.

3. 设计实验方案,利用牛顿环干涉测量光学元件的曲率半径并利用劈尖干涉测量微小厚度.

【实验原理提示】

入射角为 $i$ 的光照射到透明薄膜上,薄膜上、下表面对入射光依次反射和折射,形成相干光.两束相干光在空间相遇时的光程差仅取决于薄膜的厚度,干涉图样中同一干涉条纹所对应的薄膜厚度相同,这就是等厚干涉,如图 5-4-1 所示.等厚干涉与等倾干涉虽说都是薄膜干涉,但却有所不同.等倾干涉条纹是扩展光源上的各个发光点沿各个方向入射在均匀厚度薄膜上产生的条纹;而等厚干涉条纹则是由同一方向的入射光在厚度不均匀薄膜上产生的干涉条纹.

1. 牛顿环

（1）牛顿环的干涉原理.

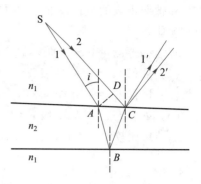

图 5-4-1　光的等厚干涉

如图 5-4-2(a)所示,将一块曲率半径较大的平凸透镜的凸面置于一光学平板玻璃上,在透镜凸面与平板玻璃之间就形成了一层空气薄膜,厚度从中心接触点到边缘逐渐增加.当波长为 $\lambda$ 的单色平行光从透镜上部向下垂直入射时,入射光在薄膜上、下表面反射,形成具有一定光程差的两束相干光,它们将在空气层附近相干叠加,两束相干光的光程差随着空气层的厚度而改变,而空气层厚度相同处反射后的两束光具有相同的光程差,其轨迹是一个圆环.显然,它们的干涉图样是以接触点为中心的一系列明暗交替的同心圆环——牛顿环,如图 5-4-2(b)所示.从反射方向观察,干涉圆环中心为暗斑;若从透射方向观察,中心处为亮斑.

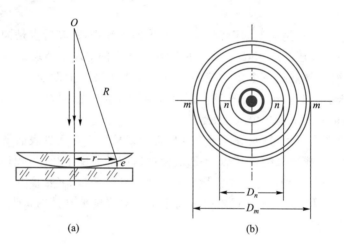

(a)　　　　　　　　　(b)

图 5-4-2　牛顿环示意图

根据图 5-4-2(a)可得出

$$R^2 = r^2 + (R-e)^2 \qquad (5\text{-}4\text{-}1)$$

式中,$R$ 为平凸透镜的曲率半径,$r$ 为干涉条纹的半径,$e$ 表示空气薄膜的厚度.

当 $e \ll R$ 时,略去二级小量 $e^2$ 后,可得到

$$e = \frac{r^2}{2R} \qquad (5\text{-}4\text{-}2)$$

而两束相干光束的光程差为

$$\delta = 2ne + \frac{\lambda}{2}$$

$$= 2e + \frac{\lambda}{2} \qquad (5\text{-}4\text{-}3)$$

式(5-4-3)中,$n=1$(该实验中薄膜为空气层,空气的折射率近似为 1);$\lambda/2$ 是由于光线

由光疏介质进入光密介质在反射时有半波损失而附加的光程差.

将式(5-4-2)代入式(5-4-3)可得

$$\delta = \frac{r^2}{R} + \frac{\lambda}{2} \tag{5-4-4}$$

根据光的干涉减弱条件,对于第 $k$ 级暗环,对应两束相干光的光程差应满足

$$\delta = \frac{r^2}{R} + \frac{\lambda}{2} = (2k+1)\frac{\lambda}{2} \quad (k=0,1,2,\cdots) \tag{5-4-5}$$

根据光的干涉加强条件,对于第 $k$ 级亮条纹,对应两束相干光的光程差应满足

$$\delta = \frac{r_k^2}{R} + \frac{\lambda}{2} = k\lambda \quad (k=1,2,3,\cdots) \tag{5-4-6}$$

由此可得第 $k$ 级暗环和亮环满足的条件分别为

$$\begin{cases} r_k^2 = kR\lambda & (k=0,1,2,\cdots),\text{暗环} \\ r_k^2 = (2k-1)R\frac{\lambda}{2} & (k=1,2,3,\cdots),\text{亮环} \end{cases} \tag{5-4-7}$$

（2）利用牛顿环测量薄透镜曲率半径的方案设计.

由式(5-4-7)可知,如果已知入射光的波长 $\lambda$,并测得第 $k$ 级暗环对应的半径 $r_k$,就可以由式(5-4-7)计算出透镜的曲率半径 $R$.反之,如果透镜的曲率半径 $R$ 已知,就可以由式(5-4-7)计算出入射光的波长 $\lambda$.

但实际观察牛顿环时会发现,牛顿环的中心不是一点,而是一个不太清晰、不甚规则、或明或暗的圆斑.其原因是透镜和平板玻璃平面不可能是理想的点接触,由于接触压力会产生一定的弹性形变,使接触面成为一圆面,所以圆环的中心点不能确定,也就无法准确测量半径.另外,光学元件表面可能会有微小的灰尘,透镜与平板玻璃在接触处实际存在一定的微小间隙,从而引起附加光程差,使某一圆环的级数 $k$ 不能准确确定.这些情况都会给测量带来较大的系统误差.为了消除系统误差对测量的影响,可采用测量与中心距离较远、比较清晰的干涉环直径的方法(实际上测量的是干涉环的近心弦长).

设由灰尘等引起的附加厚度为 $a$,将式(5-4-3)改写并由干涉减弱条件可得

$$\delta = 2(e_k \pm a) + \frac{\lambda}{2} = (2k+1)\frac{\lambda}{2} \tag{5-4-8}$$

将式(5-4-2)代入,整理得

$$r_k^2 = k\lambda R \pm 2aR \tag{5-4-9}$$

取第 $m$、第 $n$ 级暗环,并以圆环直径代替半径,则有

$$\begin{cases} D_m^2 = 4m\lambda R \pm 8aR \\ D_n^2 = 4n\lambda R \pm 8aR \end{cases} \tag{5-4-10}$$

将以上两式相减,得到透镜曲率半径的计算公式为

$$R = \frac{D_m^2 - D_n^2}{4(m-n)\lambda} \tag{5-4-11}$$

若已知入射光的波长,只要测出一系列第 $m$、第 $n$ 级($m$、$n$ 为变量)暗环对应的直径(实验中实际上用近心弦长代替直径),将其分成两组,计算出对应级暗环直径的平方差 $D_m^2 - D_n^2$ 和级数差 $m-n$,根据式(5-4-11)就可以计算出透镜的曲率半径.

式(5-4-11)表明,透镜的曲率半径 $R$ 值只与任意两环的直径平方差和相应的级数差有关,而与干涉级数 $k$ 无关,这样就避免了因圆环中心点和级数 $k$ 不能准确确定带来的影响,消除了附加光程差带来的误差.对于 $D_m^2 - D_n^2$,由几何关系可以证明,两同心圆的直径平方差等于对应弦的平方差,因此,测量时无须准确确定环心位置,只要测量出同心暗环对应的近心弦长即可.

(3)测量液体折射率.

当平凸透镜与平板玻璃之间形成的薄膜不再是空气薄膜,而是其他介质的薄膜,如,水等液体"薄膜"时,可以用以上得出的结论测量液体"薄膜"的折射率.

设在厚度为 $d$ 的地方,牛顿环的半径公式由 $r_k = \sqrt{\dfrac{kR\lambda}{n}}$ 给出(其中 $n$ 为介质的折射率,$\lambda$ 为光在真空中的波长).对于空气 $n_0 = 1$,则有 $r_k' = \sqrt{kR\lambda}$,联立以上两式并用直径代替半径得 $n = (D_k'/D_k)^2$.由此可知,只需测出透镜与玻璃之间介质分别为空气和待测液体时,某级牛顿环暗环相应的直径 $D_k'$ 和 $D_k$,即可求出液体的折射率.

2. 劈尖干涉

(1)劈尖干涉原理.

将两块光学平板玻璃叠放在一起,在一端插入一薄片(或细丝),则在两块平板玻璃之间就形成了一层劈尖形状的空气薄膜,称为劈形空气膜.当单色光垂直照射时,在劈尖形空气薄膜的上、下两表面层反射的两束光相互干涉,形成明暗相间、平行于两块玻璃面交线(棱边)的等距干涉条纹,如图 5-4-3 所示.

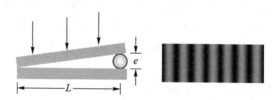

图 5-4-3　劈尖干涉示意图

第 $k$ 级暗条纹对应的两束光的光程差为

$$\delta = 2e_k + \frac{\lambda}{2} = (2k+1)\frac{\lambda}{2} \quad (k = 0,1,2,\cdots) \tag{5-4-12}$$

第 $k$ 级明条纹对应的两束光的光程差为

$$\delta = 2e_k + \frac{\lambda}{2} = k\lambda \quad (k = 1,2,3,\cdots) \tag{5-4-13}$$

(2)利用劈尖干涉测量细丝直径的方案设计.

由(5-4-12)和式(5-4-13)可知,同一级明条纹或同一级暗条纹对应相同厚度的空气薄膜,这样的干涉条纹称为等厚干涉条纹.同样易得,两相邻暗条纹(或明条纹)对应空气薄膜厚度差等于 $\dfrac{\lambda}{2}$;相应第 $k$ 级暗条纹对应的薄膜厚度为

$$e_k = k \frac{\lambda}{2} \tag{5-4-14}$$

当 $k=0$ 时，$e_k=0$，对应于两玻璃的搭接（棱边）处，两条反射光线的光程差仅取决于由于半波损失而产生的附加光程差 $\frac{\lambda}{2}$，所以在棱边处出现零级暗条纹.随着薄膜厚度的增加，依次是第一级明条纹、第一级暗条纹、第二级明条纹、第二级暗条纹…若棱边处到薄片（或细丝）处共有 $N$ 条干涉暗（或明）条纹，则薄片的厚度（或细丝的直径）为

$$e = N \frac{\lambda}{2} \tag{5-4-15}$$

由于 $N$ 值较大，且干涉条纹细密，不易测准，实测时可先测出 $n$ 条干涉暗（或亮）条纹的距离 $l$，得出单位长度内的干涉暗（或亮）条纹数，再测出两玻璃板接触处（棱边）至薄片（或细丝）的距离 $L$，则薄片的厚度（或细丝的直径）为

$$e = \left( L \frac{n}{l} \right) \frac{\lambda}{2} \tag{5-4-16}$$

（3）劈尖干涉图样的应用.

根据劈尖干涉图样，可以检测物体表面的平整度，判断一个表面的几何形状.取一块光学平板玻璃（称为光学平面），放在待检验工件（玻璃片或待测物体）的表面上方，在光学平面与工件表面间形成劈尖形空气膜，用单色光垂直照射，观察干涉条纹.如果工件表面是平整的，那么干涉条纹应该是平行于棱边的一组平行线，如图 5-4-4(a)所示；如果工件表面不平整（肉眼一般看不出来），则干涉条纹就应该是随着工件表面凹凸的分布而呈现出形状各异的曲线，如图 5-4-4(b)所示.因为相邻两条干涉暗条纹或明条纹之间的空气薄膜厚度相差 $\frac{\lambda}{2}$，所以通过条纹的几何形状，就可以测得表面上凹凸缺陷或沟纹的情况，从而判断待测表面的几何形状.

(a)工件表面平整　　(b)工件表面凹凸不平

图 5-4-4　检验工件平面质量的干涉条纹

当空气劈尖张角变大，则劈尖干涉条纹就会变得密集.因此，可以根据劈尖干涉条纹的疏密程度变化来判断、检测微小位移的变化.例如，图 5-4-5 中的上玻璃片的右端与竖直方向的一金属细丝连接，金属丝上端固定，在下端施加向下的拉力 $\boldsymbol{F}$，金属丝会被拉伸，随着金属丝的伸长，空气劈尖张角变小，依据劈尖干涉条纹的疏密或条纹数量的变化可计算金属丝的伸长量，从而进一步确定其杨氏模量.同理，如果把金属丝替换成因受热而

伸长的金属杆,那么根据干涉条纹的数量变化也可以得
到金属杆受热膨胀的伸长量,进而可计算其线膨胀系数.

【实验器材】

读数显微镜、牛顿环装置、劈尖干涉装置、钠光灯等.

牛顿环装置是由曲率半径较大的平凸透镜和一个平
板玻璃叠合并装在金属框架中构成如图 5-4-6(a) 所
示. 劈尖装置是由两块平板玻璃一端互相叠合,另一端垫
入一薄纸片或一细丝而构成,如图 5-4-6(b) 所示.

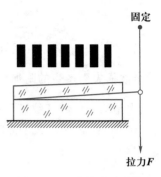

图 5-4-5　条纹疏密变化

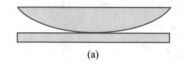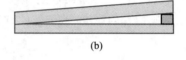

(a)　　　　　　　　　　　　　　(b)

图 5-4-6　牛顿环和劈尖装置图

【实验内容与要求】

1. 设计方案,测量牛顿环平凸透镜的曲率半径

(1) 打开钠光灯,预热 5 min,调节读数显微镜的位置,使光线射向显微镜物镜下方
的 45° 透反镜.调节半透半反镜的取向,使得显微镜目镜视野中亮度最好,并使单色平行
光垂直入射到牛顿环装置的中央部分.

(2) 微调牛顿环装置,使牛顿环中心大致位于装置的中央并使干涉条纹呈圆环形.合
理布置好实验装置,使显微镜镜筒正对牛顿环装置的中心.

▶ 读数显
微镜的
调节

(3) 调节目镜焦距,使十字叉丝和干涉条纹最清晰且无视差,并使一根叉丝与镜筒
左右移动方向平行.下移显微镜镜筒,使其接近牛顿环装置,然后自下而上移动显微镜镜
筒进行物镜调焦,直至能在左右方向上看清 40 条以上的清晰干涉条纹(切勿自上而下调
焦,以免损坏显微镜和待测标本).

(4) 观察干涉条纹的分布特征,如各级条纹的粗细是否一致,条纹间隔有无变化,并
作出解释;观察牛顿环中心是亮斑还是暗斑,并作出解释.

(5) 测量出干涉暗环的直径 $D_m$ 和 $D_n$.测量时,若叉丝交点在圆心的一侧、与各环内切,
则在另一侧应外切;也可使叉丝交点对准暗环条纹的中央,以消除条纹宽度造成的误差.

2. 设计方案,用劈尖干涉装置测量细丝直径(或薄片的厚度)

(1) 观察、描述劈尖干涉的条纹特点;改变薄片(或细丝)在平板玻璃间的位置,观察
干涉条纹的变化,并从理论上作出解释.

(2) 测量 $n$ 条干涉条纹的长度 $l$,再测量所有干涉区域的总长度 $L$.

【实验拓展研究】

1. 利用牛顿环测量液体折射率

基于牛顿环干涉原理和装置,设计测量透明液体折射率的实验方案,简述实验操作

步骤和数据处理过程.

2. 劈尖干涉条纹的应用

基于劈尖干涉原理和装置,设计测量金属杆线膨胀系数的实验装置,并画出测量设计图,写出实验方案,简述实验操作步骤和数据处理过程.

【数据记录与处理】

1. 自拟数据表格,记录和处理数据.

2. 根据牛顿环实验测量数据,用逐差法或者作图法处理实验数据,计算平凸透镜的曲率半径,评价测量结果.

3. 根据劈尖干涉测量数据,计算出细丝直径(或薄片厚度),评定其测量不确定度,完整表示实验结果,对实验结果作出客观评价.

4. 通过实验观察、分析,总结牛顿环和劈尖干涉的条纹特征,得出实验结论.

【注意事项】

1. 拿取牛顿环及劈尖装置时,切忌触摸光学平面,若平面不洁,要用专用擦镜纸轻轻擦拭.

2. 调节牛顿环装置时,可以拧动装置上的三个螺钉,但不可拧得过紧.

3. 必须调节读数显微镜,消除视差后再测量数据.

4. 测量过程中为了避免空程误差,十字叉丝应朝一个方向移动,不可反转.如果条纹读数有误,需重新开始测量.

【思考与讨论】

1. 如果实验中测量的 $D$ 是靠近中心的弦长而非直径,对测量结果有无影响?为什么?

2. 本实验中观察到的是反射光的干涉所形成的牛顿环,实际上透射光的干涉也会形成牛顿环.试分析透射光的牛顿环是如何形成的.它与反射光的牛顿环有何区别?应如何观察透射光的牛顿环?

3. 牛顿环的各干涉环是否等宽?为何距离中心越远条纹越密?

4. 试比较牛顿环和劈尖干涉条纹的异同点.若用白光照射,能否看到牛顿环和劈尖干涉条纹?此时的条纹有何特征?

# 实验 5.5　显微镜、望远镜和幻灯机的设计组装

为了近距离观察微小物体的细节,要求光学系统具有较高的视角放大率,需要采用复杂的组合光学系统,显微镜就属于这种光学系统.望远镜是用来观察远处物体细节的仪器,分为开普勒望远镜和伽利略望远镜两类.开普勒望远镜由两个正光焦度的物镜和目镜组成,因此该光学系统成倒立像.为了使经系统形成的倒立像转变成正立的像,需要加入一个透镜或者棱镜转像系统.由于开普勒望远镜的物镜在其后焦平面上形成一个实像,因

■ 课件

此,可以在中间像的位置放置一分划板,用作准线或用于测量.伽利略望远镜是由一个正光焦度的物镜和一个负光焦度的目镜组成,其视角放大率大于1,形成正立的像,它不需要加转像系统,但无法安装分划板,故而应用比较少.显微镜和望远镜都能大大提高人眼的分辨率,是延展人眼功能的工具.幻灯机主要有两种:透射式和反射式.透射式幻灯机用于放映透明画片;反射式幻灯机用于放映不透明画片,是使光源直接照射不透明画片,由画片漫反射的光线通过凸透镜成像而组成.本实验主要介绍透射式幻灯机的构成和成像原理.显微镜、望远镜和幻灯机是生产、生活和科研中经常用到的光学仪器,是几何光学应用的典例.本实验通过让学生利用实验室所提供的仪器自主组装这三种仪器,加深学生对仪器原理的理解,引导学生创造性地将所学理论知识和实践技能应用到实际中.

【实验目的】

1. 了解显微镜、望远镜、幻灯机的结构及放大原理,设计并组装显微镜、望远镜及幻灯机系统.

2. 掌握光学系统的共轴调节技术,学习显微镜、望远镜等放大倍率的测量方法.

3. 通过实际测量,了解显微镜、望远镜、幻灯机的主要光学参量.

【实验原理提示】

一般的显微镜和望远镜都是由两个正焦透镜组成,靠近被观察物的是物镜,靠近人眼的是目镜.物镜的作用是使物体成像于目镜物方焦点以内,且靠近物方焦点或者位于物方焦点处;目镜实际上就是一个放大镜.放大镜最主要的指标就是视角放大率 $M_e$.如图5-5-1所示,当人眼观察物 $Y$($Y$ 被置于明视距离25 cm处)时,$Y$ 对人眼的张角为 $\theta_0$,如果通过一个放大镜,如图5-5-2所示,调节物 $Y$ 与放大镜间的距离,使人眼所看到的虚像 $Y'$ 成在与放大镜距离为明视距离25 cm处,则定义放大镜的视角放大率 $M_e$ 为

$$M_e = \theta / \theta_0 \tag{5-5-1}$$

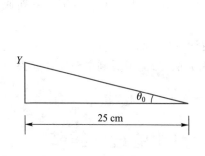

图 5-5-1　人眼张角示意图

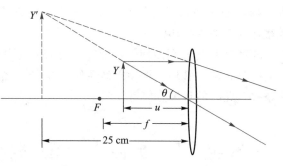

图 5-5-2　放大镜成像示意图

在近轴附近,$\theta$ 和 $\theta_0$ 都很小,有 $\tan\theta_0 \approx \theta_0 \approx Y/25$ 和 $\tan\theta \approx \theta \approx Y/u$,因此有

$$M_e = \theta / \theta_0 = 25/u = 1 + 25/f \tag{5-5-2}$$

当物 $Y$ 在一倍焦距之内移动时,我们都可以看清放大的虚像 $Y'$,当物 $Y$ 移到焦点处时,$u = f$,则视角放大率变为

$$M'_e = 25/f_e \tag{5-5-3}$$

1. 显微镜的原理

显微镜是用来观察近距离微小物体细节的目视光学仪器,由两个共轴光学系统,即物镜 $L_o$、目镜 $L_e$ 组成.显微镜一般物镜焦距很短、目镜焦距较长,且具有较大的光学间隔.显微镜对被观察物进行了两次放大:第一次是位于显微镜物方焦点外的物体 $Y$,通过短焦距的物镜 $L_o$ 在目镜 $L_e$ 的物方焦平面附近(焦平面内侧)成一个倒立放大的实像 $Y'$(中间像);第二次是经过目镜 $L_e$ 将第一次所成像再次放大成一与物体 $Y$ 成倒立的虚像 $Y''$ 供眼睛观察,目镜的作用相当于放大镜,如图 5-5-3 所示.可见,物体 $Y$ 经过显微镜系统放大,在人眼明视距离处得到一个倒立放大的虚像.

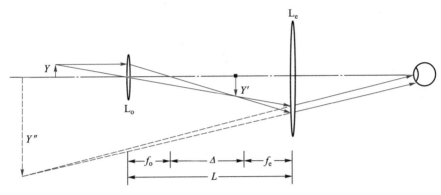

图 5-5-3　显微镜成像光路图

由于经过物镜和目镜的两次放大,显微镜总的放大率 $M$ 应是物镜放大率和目镜放大率的乘积.设物镜和目镜之间的光学间隔(或称为光学筒长)为 $\Delta$,物镜焦距为 $f_o$,目镜焦距为 $f_e$,则显微镜的放大率为

$$M = M_o \cdot M_e = -\frac{\Delta}{f_o} \cdot \frac{s_0}{f_e} \qquad (5-5-4)$$

式中,负号表明成像是倒立的,$M_o$ 是物镜的横向放大率,$M_e$ 是目镜的视角放大率,$s_0$ 为正常人眼的明视距离,一般取为 25 cm,$\Delta = L - f_o - f_e$,一般选择 16~19 cm.可见,物镜、目镜焦距越短,光学筒长越长,显微镜的放大率越高.一般将物镜、目镜的放大率和光学筒长值标在镜头上以供选用.

显微镜的测量放大率为 $M_{实测} = Y''/Y$.

2. 望远镜的原理

望远镜是观察远距离目标的目视光学仪器,其作用是使通过望远镜看到的物体对眼睛的张角大于用眼睛直接观察物体的张角,从而产生放大的感觉,使人看清物体的细节.

望远镜由物镜和目镜两个共轴的光学系统组成,物镜和目镜为两个凸透镜,其中长焦距的凸透镜作为物镜,短焦距的凸透镜作为目镜.物镜的像方焦平面与目镜的物方焦平面重合,因此平行光射入望远镜系统后,仍以平行光射出.物镜的作用是将无穷远的物体发出的光会聚后在像方焦平面上成一倒立的实像(中间像),目镜再把该中间像放大成一与原物倒立的虚像.常用的望远镜有伽利略型和开普勒型两种.伽利略望远镜由一块薄凸透镜和一块薄凹透镜构成.薄凸透镜作为物镜,薄凹透镜作为目镜.物镜的像方焦点与目镜的物方焦点重合.在数值上,物镜焦距大于目镜焦距.开普勒望远镜由两块薄凸透镜组成,物镜的焦距大于目镜的焦距,物镜的像方焦点与目镜的物方焦点重合.本实验中我们主要组装开普勒望远镜,其光学系统的原理如图 5-5-4 所示.

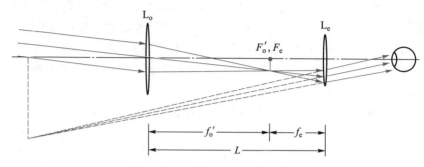

图 5-5-4   望远镜光学系统原理图

望远镜系统的放大率仅仅取决于望远系统的结构参量,与物距无关.望远镜放大率的定义为出射光对目镜所张的角 $\theta$ 与入射光对物镜所张的角 $\theta_0$ 之比,即

$$M = \frac{\theta}{\theta_0} \tag{5-5-5}$$

在近轴近似下,$\theta$ 与 $\theta_0$ 都很小,可利用近似关系 $\theta \approx Y'/f_e$,$\theta_0 \approx Y'/f_o$,得到望远镜的放大率为

$$M = \frac{f_o}{f_e} \tag{5-5-6}$$

望远镜的视角放大率为像与物的高度比.

3. 透射式幻灯机原理

电影放映机、投影仪和幻灯机等都属于投影仪器,原理基本相同.本实验主要介绍幻灯机.幻灯机能将图片的像放映在远处的屏幕上,但由于图片本身并不发光,所以要用强光照亮图片,因此幻灯机包括聚光系统和成像系统两个主要部分.在透射式幻灯机中,图片是透明的.如图 5-5-5 所示,成像系统主要包括物镜 $L_o$、幻灯片 P 和远处的屏幕 H.为了使这个物镜能在屏上产生高倍放大的实像,幻灯片 P 必须放在距离物镜 $L_o$ 的物方焦平面处很近的地方,使物距稍大于物镜 $L_o$ 的物方焦距.聚光系统主要包括很强的光源(通常采用溴钨灯)和聚光镜 $L_1$.聚光镜的作用有两个.一方面要在未插入幻灯片时,能使屏幕上有强烈而均匀的照度,并且不出现光源本身结构(如灯丝等)的像;插入幻灯片后,能够在屏幕上单独出现幻灯图片的清晰像.另一方面,聚光镜要有助于增强屏幕的照度.因此,应使从光源发出并通过聚光镜的光束全部到达像面.为了实现这一目的,必须使这束光全部通过物镜 $L_o$,这可以用所谓"中间像"的方法实现.即聚光镜使光源成实像,成像后的那些光束继续前进时,不超过物镜 $L_o$ 的边缘范围.光源的大小以能使光束完全充满 $L_o$ 的整个面积为限.聚光镜焦距的长短是无关紧要的.通常将幻灯片放在聚光镜 $L_1$ 前面较近的地方,而光源则置于聚光镜后两倍于聚光镜焦距之外.

4. 与实验有关的几个重要概念

工作距:即被观察物与物镜之间的距离.在调节显微镜、望远镜寻找清晰像时,必须首先考虑工作距的大小,如果工作距太小,被观察物不能成像在分划板上,调节时将达不到成像清晰的位置,就无法进行观察和测量.

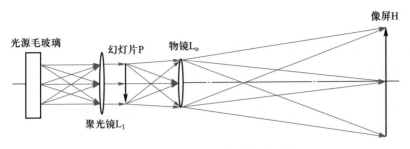

图 5-5-5　幻灯机光学系统原理图

共轭距:显微镜物镜的物面与像面之间的距离.显微镜物镜调焦后,要求像面不动,物面不动,我国规定生物显微镜共轭距为 195 mm.

光学筒长:物镜的后焦平面与目镜的前焦平面的距离,通常用 $\Delta$ 表示.

机械筒长:物镜与目镜之间的距离,一般为 160~190 mm,我国的标准为 160 mm.

【实验器材】

光具座及其配件、薄透镜(多种规格)若干、幻灯片、干板架、分束镜 1:1、可调支架座、分划板(多种规格)、观察屏、带有磨砂玻璃的白炽灯光源等.

【实验内容与要求】

1. 比较各种测量薄透镜焦距的方法,设计出合适的测量薄透镜焦距的光路,测量出实验室所提供的透镜焦距,选择出适合组装显微镜、望远镜和幻灯机的透镜组.

2. 设计出自组显微镜的光学系统,并用所选择的透镜组成显微镜;测量自组显微镜的放大率.

3. 设计出自组望远镜的光学系统,并用所选择的透镜组成望远镜;测量自组望远镜的放大率.

4. 设计出自组幻灯机的光学系统,并用所选透镜组成幻灯机;测量自组幻灯机的主要光学性能.

【数据记录与处理】

1. 总结显微镜、望远镜和幻灯机的主要光学系统特征和组装方法.

2. 根据测量数据计算显微镜和望远镜的放大率.

3. 分析自组幻灯机的主要光学性能.

【注意事项】

1. 各透镜的光心或屏幕平面与滑块刻线之间可能有一定距离,在测定位置和计算距离时要根据说明书或实验的具体条件进行修正.

2. 实验中使用的光学配件种类较多,实验对象大多为玻璃制品,容易摔碎,一定要轻拿轻放,切勿用手触摸镜面.

【思考与讨论】

1. 显微镜与望远镜的结构和功能有何不同？
2. 如何提高显微镜和望远镜的放大率？
3. 组装幻灯机屏幕接收到的像的大小、虚实、亮暗如何调节？
4. 如何通过实验方法使望远镜物镜的像方焦平面与目镜的物方焦平面重合？

# 本章参考文献

# 附录

# 附录

## 附录 A　国际单位制与我国法定计量单位

　　1948 年召开的第 9 届国际计量大会作出了决定,要求国际计量委员会创立一种简单而科学的、供所有米制公约组织成员国均能使用的实用单位制.1954 年第 10 届国际计量大会决定,采用米(m)、千克(kg)、秒(s)、安培(A)、开尔文(K)和坎德拉(cd)作为基本单位.1960 年第 11 届国际计量大会决定,将以这六个单位为基本单位的实用计量单位制命名为"国际单位制",并规定其国际简称为"SI".1974 年第 14 届国际计量大会又决定,增加一个基本单位——"物质的量"的单位摩尔(mol).因此,目前国际单位制共有七个基本单位(见表 A-1).SI 导出单位是由 SI 基本单位按定义式导出的,以 SI 基本单位代数形式表示的单位,其数量很多,有些单位具有专门名称(见表 A-2).SI 单位的倍数单位包括十进倍数单位与十进分数单位,它们由 SI 词头(见表 A-3)加上 SI 单位构成.

　　1985 年 9 月 6 日,我国第六届全国人民代表大会常务委员会第十二次会议通过了《中华人民共和国计量法》.这一法律明确规定国家实行法定计量单位制度.国际单位制计量单位和国家选定的其他计量单位(见表 A-4)为国家法定计量单位,国家法定计量单位的名称、符号由国务院公布.

　　2018 年第 26 届国际计量大会通过的"关于修订国际单位制的 1 号决议"将国际单位制的七个基本单位全部改为由常数定义.此决议自 2019 年 5 月 20 日(世界计量日)起生效.这是改变国际单位制采用实物基准的历史性变革,是人类科技发展进步中的一座里程碑.对国际单位制七个基本单位的中文定义的修订是我国科学技术研究中的一个重要活动,对于促进科技交流、支撑科技创新具有重要意义.

表 A-1　SI 基本单位及其定义

| 量的名称 | 单位名称 | 单位符号 | 单位定义 |
|---|---|---|---|
| 时间 | 秒 | s | 当铯频率 $\Delta \nu_{Cs}$,也就是铯-133 原子不受干扰的基态超精细跃迁频率,以单位 Hz 即 $s^{-1}$ 表示时,将其固定数值取为 9192631770 来定义秒 |
| 长度 | 米 | m | 当真空中光速 $c$ 以单位 m/s 表示时,将其固定数值取为 299792458 来定义米,其中秒用 $\Delta \nu_{Cs}$ 定义 |
| 质量 | 千克(公斤) | kg | 当普朗克常量 $h$ 以单位 J·s 即 $kg \cdot m^2/s$ 表示时,将其固定数值取为 $6.62607015 \times 10^{-34}$ 来定义千克,其中米和秒分别用 $c$ 和 $\Delta \nu_{Cs}$ 定义 |

| 量的名称 | 单位名称 | 单位符号 | 单位定义 |
|---|---|---|---|
| 电流 | 安[培] | A | 当元电荷 $e$ 以单位 C 即 A·s 表示时,将其固定数值取为 $1.602176634\times10^{-19}$ 来定义安培,其中秒用 $\Delta\nu_{Cs}$ 定义 |
| 热力学温度 | 开[尔文] | K | 当玻耳兹曼常量 $k$ 以单位 J/K 即 $kg\cdot m^2/(s^2\cdot K)$ 表示时,将其固定数值取为 $1.380649\times10^{-23}$ 来定义开尔文,其中千克、米和秒分别用 $h$、$c$ 和 $\Delta\nu_{Cs}$ 定义 |
| 物质的量 | 摩[尔] | mol | 1 mol 精确包含 $6.02214076\times10^{23}$ 个基本单元.该数称为阿伏伽德罗数,为以单位 $mol^{-1}$ 表示的阿伏伽德罗常量 $N_A$ 的固定数值.一个系统的物质的量,符号为 $n$,是该系统包含的特定基本单元数的量度.基本单元可以是原子、分子、离子、电子及其他任意粒子或粒子的特定组合 |
| 发光强度 | 坎[德拉] | cd | 当频率为 $540\times10^{12}$ Hz 的单色辐射的光视效能 $K_{cd}$ 以单位 lm/W 即 $cd\cdot sr/W$ 或 $cd\cdot sr\cdot s^3/(kg\cdot m^2)$ 表示时,将其固定数值取为 683 来定义坎德拉,其中千克、米和秒分别用 $h$、$c$ 和 $\Delta\nu_{Cs}$ 定义 |

表 A-2　包括 SI 辅助单位在内的具有专门名称的 SI 导出单位

| 量的名称 | 单位名称 | 单位符号 | 用 SI 基本单位和 SI 导出单位表示 |
|---|---|---|---|
| [平面]角 | 弧度 | rad | $1\ rad = 1\ m/m = 1$ |
| 立体角 | 球面度 | sr | $1\ rad = 1\ m^2/m^2 = 1$ |
| 频率 | 赫[兹] | Hz | $1\ Hz = 1\ s^{-1}$ |
| 力 | 牛[顿] | N | $1\ N = 1\ kg\cdot m/s^2$ |
| 压力,压强;应力 | 帕[斯卡] | Pa | $1\ Pa = 1\ N/m^2$ |
| 能[量],功,热量 | 焦[耳] | J | $1\ J = 1\ N\cdot m$ |
| 功率,辐[射能]通量 | 瓦[特] | W | $1\ W = 1\ J/s$ |
| 电荷[量] | 库[仑] | C | $1\ C = 1\ A\cdot s$ |
| 电压,电动势,电势(电位) | 伏[特] | V | $1\ V = 1\ W/A$ |
| 电容 | 法[拉] | F | $1\ F = 1\ C/V$ |
| 电阻 | 欧[姆] | Ω | $1\ \Omega = 1\ V/A$ |
| 电导 | 西[门子] | S | $1\ S = 1\ \Omega^{-1}$ |
| 磁通[量] | 韦[伯] | Wb | $1\ Wb = 1\ V\cdot s$ |
| 磁感应强度,磁通[量]密度 | 特[斯拉] | T | $1\ T = 1\ Wb/m^2$ |

续表

| 量的名称 | 单位名称 | 单位符号 | 用 SI 基本单位和<br>SI 导出单位表示 |
|---|---|---|---|
| 电感 | 亨[利] | H | 1 H = 1 Wb/A |
| 摄氏温度 | 摄氏度 | ℃ | 1℃ = 1 K |
| 光通量 | 流[明] | lm | 1 lm = 1 cd · sr |
| [光]照度 | 勒[克斯] | lx | 1 lx = 1 lm/m² |
| [放射性]活度 | 贝可[勒尔] | Bq | 1 Bq = 1 s⁻¹ |
| 吸收剂量 | 戈[瑞] | Gy | 1 Gy = 1 J/kg |
| 剂量当量 | 希[沃特] | Sv | 1 Sv = 1 J/kg |

表 A-3  SI  词  头

| 因数 | 词头名称 英文 | 词头名称 中文 | 符号 | 因数 | 词头名称 英文 | 词头名称 中文 | 符号 |
|---|---|---|---|---|---|---|---|
| $10^1$ | deca | 十 | da | $10^{-1}$ | deci | 分 | d |
| $10^2$ | hecto | 百 | h | $10^{-2}$ | centi | 厘 | c |
| $10^3$ | kilo | 千 | k | $10^{-3}$ | milli | 毫 | m |
| $10^6$ | mega | 兆 | M | $10^{-6}$ | micro | 微 | μ |
| $10^9$ | giga | 吉[咖] | G | $10^{-9}$ | nano | 纳[诺] | n |
| $10^{12}$ | tera | 太[拉] | T | $10^{-12}$ | pico | 皮[可] | p |
| $10^{15}$ | peta | 拍[它] | P | $10^{-15}$ | femto | 飞[母托] | f |
| $10^{18}$ | exa | 艾[可萨] | E | $10^{-18}$ | atto | 阿[托] | a |
| $10^{21}$ | zetta | 泽[它] | Z | $10^{-21}$ | zepto | 仄[普托] | z |
| $10^{24}$ | yotta | 尧[它] | Y | $10^{-24}$ | yocto | 幺[科托] | y |

表 A-4    国际单位制单位以外的我国法定计量单位

| 量的名称 | 单位名称 | 单位符号 | 与 SI 单位的关系 |
|---|---|---|---|
| 时间 | 分 | min | 1 min = 60 s |
| | [小]时 | h | 1 h = 60 min = 3600 s |
| | 日(天) | d | 1 d = 24 h = 86400 s |
| [平面]角 | 度 | ° | $1° = (\pi/180)$ rad |
| | [角]分 | ′ | $1′ = (1/60)° = (\pi/10800)$ rad |
| | [角]秒 | ″ | $1″ = (1/60)′ = (\pi/648000)$ rad |
| 体积 | 升 | L(l) | 1 L = 1 dm³ = $10^{-3}$ m³ |
| 质量 | 吨 | t | 1 t = $10^3$ kg |
| | 原子质量单位 | u | 1 u ≈ $1.660539 \times 10^{-27}$ kg |

续表

| 量的名称 | 单位名称 | 单位符号 | 与 SI 单位的关系 |
|---|---|---|---|
| 旋转速度 | 转每分 | r/min | $1\ \text{r/min} = (1/60)\ \text{s}^{-1}$ |
| 长度 | 海里 | n mile | 1 n mile = 1852 m(只用于航行) |
| 速度 | 节 | kn | $1\ \text{kn} = 1\ \text{n mile/h} = (1852/3600)\ \text{m/s}$ (只用于航行) |
| 能[量] | 电子伏 | eV | $1\ \text{eV} \approx 1.602177 \times 10^{-19}\ \text{J}$ |
| 级差 | 分贝 | dB | |
| 线密度 | 特[克斯] | tex | $1\ \text{tex} = 10^{-6}\ \text{kg/m}$ |
| 面积 | 公顷 | $\text{hm}^2$ | $1\ \text{hm}^2 = 10^4\ \text{m}^2$ |

注:1. 周、月、年(年的符号为 a),为一般常用时间单位.

2. [　]内的字,是在不致混淆的情况下,可以省略的字.

3. 平面角单位度、分、秒的符号,在组合单位中应采用(°)、(′)、(″)的形式.例如,不用°/s 而用(°)/s.

4. 升的两个符号属同等地位,可任意选用.

5. r 为"转"的符号.

6. 公顷的国际通用符号为 ha.

7. 公里为千米的俗称,符号为 km.

8. $10^4$ 称为万,$10^8$ 称为亿,$10^{12}$ 称为万亿,这类数词的使用不受词头名称的影响,但不应与词头混淆.

# 附录 B　常用物理常量

表 B-1　常用物理常量

| 物理量 | 符号 | 数值 | 单位 | 相对标准不确定度 |
|---|---|---|---|---|
| 真空中的光速 | $c$ | 299792458 | $\text{m} \cdot \text{s}^{-1}$ | 精确 |
| 普朗克常量 | $h$ | $6.62607015 \times 10^{-34}$ | $\text{J} \cdot \text{s}$ | 精确 |
| 约化普朗克常量 | $h/2\pi$ | $1.054571817 \cdots \times 10^{-34}$ | $\text{J} \cdot \text{s}$ | 精确 |
| 元电荷 | $e$ | $1.602176634 \times 10^{-19}$ | C | 精确 |
| 阿伏伽德罗常量 | $N_{\text{A}}$ | $6.02214076 \times 10^{23}$ | $\text{mol}^{-1}$ | 精确 |
| 摩尔气体常量 | $R$ | $8.314462618 \cdots$ | $\text{J} \cdot \text{mol}^{-1} \cdot \text{K}^{-1}$ | 精确 |
| 玻耳兹曼常量 | $k$ | $1.380649 \times 10^{-23}$ | $\text{J} \cdot \text{K}^{-1}$ | 精确 |
| 理想气体的摩尔体积 (标准状态下) | $V_{\text{m}}$ | $22.41396954 \cdots \times 10^{-3}$ | $\text{m}^3 \cdot \text{mol}^{-1}$ | 精确 |
| 斯特藩-玻耳兹曼常量 | $\sigma$ | $5.670374419 \cdots \times 10^{-8}$ | $\text{W} \cdot \text{m}^{-2} \cdot \text{K}^{-4}$ | 精确 |
| 维恩位移定律常量 | $b$ | $2.897771955 \times 10^{-3}$ | $\text{m} \cdot \text{K}$ | 精确 |
| 引力常量 | $G$ | $6.67430(15) \times 10^{-11}$ | $\text{m}^3 \cdot \text{kg}^{-1} \cdot \text{s}^{-2}$ | $2.2 \times 10^{-5}$ |
| 真空磁导率 | $\mu_0$ | $1.25663706212(19) \times 10^{-6}$ | $\text{N} \cdot \text{A}^{-2}$ | $1.5 \times 10^{-10}$ |

| 物理量 | 符号 | 数值 | 单位 | 相对标准不确定度 |
|---|---|---|---|---|
| 真空电容率 | $\varepsilon_0$ | $8.8541878128(13)\times10^{-12}$ | $F\cdot m^{-1}$ | $1.5\times10^{-10}$ |
| 电子质量 | $m_e$ | $9.1093837015(28)\times10^{-31}$ | kg | $3.0\times10^{-10}$ |
| 电子比荷 | | $-1.75882001076(53)\times10^{11}$ | $C\cdot kg^{-1}$ | $3.0\times10^{-10}$ |
| 质子质量 | $m_p$ | $1.67262192369(51)\times10^{-27}$ | kg | $3.1\times10^{-10}$ |
| 中子质量 | $m_n$ | $1.67492749804(95)\times10^{-27}$ | kg | $5.7\times10^{-10}$ |
| 里德伯常量 | $R_\infty$ | $1.0973731568160(21)\times10^{7}$ | $m^{-1}$ | $1.9\times10^{-12}$ |
| 精细结构常数 | $\alpha$ | $7.2973525693(11)\times10^{-3}$ | | $1.5\times10^{-10}$ |
| 精细结构常数的倒数 | $\alpha^{-1}$ | $137.035999084(21)$ | | $1.5\times10^{-10}$ |
| 玻尔磁子 | $\mu_B$ | $9.2740100783(28)\times10^{-24}$ | $J\cdot T^{-1}$ | $3.0\times10^{-10}$ |
| 核磁子 | $\mu_N$ | $5.0507837461(15)\times10^{-27}$ | $J\cdot T^{-1}$ | $3.1\times10^{-10}$ |
| 玻尔半径 | $a_0$ | $5.29177210903(80)\times10^{-11}$ | m | $1.5\times10^{-10}$ |
| 康普顿波长 | $\lambda_C$ | $2.42631023867(73)\times10^{-12}$ | m | $3.0\times10^{-10}$ |
| 原子质量常量 | $m_u$ | $1.66053906660(50)\times10^{-27}$ | kg | $3.0\times10^{-10}$ |

注：表中数据为国际数据委员会（CODATA）2018 年的国际推荐值.

# 附录 C　常用电气测量指示仪表和附件的符号

表 C-1　测量单位及功率因数的符号

| 名　称 | 符　号 | 名　称 | 符　号 |
|---|---|---|---|
| 千安 | kA | 千乏 | kvar |
| 安培 | A | 乏 | var |
| 毫安 | mA | 兆赫 | MHz |
| 微安 | $\mu$A | 千赫 | kHz |
| 千伏 | kV | 赫兹 | Hz |
| 伏特 | V | 太欧 | $T\Omega$ |
| 毫伏 | mV | 兆欧 | $M\Omega$ |
| 微伏 | $\mu$V | 千欧 | $k\Omega$ |
| 兆瓦 | MW | 欧姆 | $\Omega$ |
| 千瓦 | kW | 毫欧 | $m\Omega$ |
| 瓦特 | W | 微欧 | $\mu\Omega$ |
| 兆乏 | Mvar | 相位角 | $\varphi$ |

续表

| 名　称 | 符　号 | 名　称 | 符　号 |
|---|---|---|---|
| 功率因数 | cos $\varphi$ | 皮法 | pF |
| 无功功率因数 | sin $\varphi$ | 亨利 | H |
| 库仑 | C | 毫亨 | mH |
| 毫韦伯 | mWb | 微亨 | $\mu$H |
| 毫特斯拉 | mT | 摄氏度 | ℃ |
| 微法 | $\mu$F | | |

表 C-2　仪表工作原理的图形符号

| 名　称 | 符　号 | 名　称 | 符　号 |
|---|---|---|---|
| 磁电式仪表 |  | 电动式比率表 |  |
| 磁电式比率表 |  | 铁磁电动式仪表 |  |
| 电磁式仪表 |  | 铁磁电动式比率表 |  |
| 电磁式比率表 | 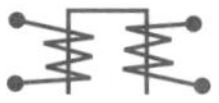 | 感应式仪表 |  |
| 电动式仪表 |  | 静电式仪表 |  |
| 整流式仪表(带半导体整流器和磁电式测量机构) | 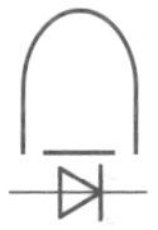 | 热电式仪表(带接触式热变换器和磁电式测量机构) |  |

表 C-3　电流种类的符号

| 名　称 | 符　号 |
|---|---|
| 直流 | —— |
| 交流(单相) | ∼ |
| 直流和交流 | ≈ |

续表

| 名　称 | 符　号 |
|---|---|
| 具有单元件的三相平衡负载交流 | ≋ |

表 C-4　准确度等级的符号

| 名　称 | 符　号 |
|---|---|
| 以标度尺量限百分数表示的准确度等级,例如 1.5 级 | 1.5 |
| 以标度尺长度百分数表示的准确度等级,例如 1.5 级 | 1.5（∨形） |
| 以指示值的百分数表示的准确度等级,例如 1.5 级 | ⑴.5（圆圈内） |

表 C-5　工作位置的符号

| 名　称 | 符　号 |
|---|---|
| 标度尺位置为垂直的 | ⊥ |
| 标度尺位置为水平的 | ⌐ |
| 标度尺位置与水平面倾斜成一角度,例如 60° | ∠60° |

表 C-6　绝缘强度的符号

| 名　称 | 符　号 |
|---|---|
| 不进行绝缘强度试验 | ☆0 |
| 绝缘强度试验电压为 2 kV | ☆2 |

表 C-7　端钮、调零器的符号

| 名　称 | 符　号 | 名　称 | 符　号 |
|---|---|---|---|
| 负端钮 | — | 接地用的端钮(螺钉或螺杆) | ⏚ |
| 正端钮 | ＋ | 与外壳相连接的端钮 | (接机壳符号) |

| 名　称 | 符　号 | 名　称 | 符　号 |
|---|---|---|---|
| 公共端钮（多量限仪表和复用电表） | ✕ | 与屏蔽相连接的端钮 | ◯ |
| 调零器 | ⌒ | | |

表 C-8  按外界条件分组的符号

| 名　称 | 符　号 | 名　称 | 符　号 |
|---|---|---|---|
| I 级防外磁场（例如磁电系） | ⌂ | Ⅲ级防外磁场及电场 | Ⅲ   Ⅲ |
| I 级防外磁场（例如静电系） | ⊥ | Ⅳ级防外磁场及电场 | Ⅳ   Ⅳ |
| Ⅱ级防外磁场及电场 | Ⅲ   Ⅲ | | |

读者意见反馈

为收集对教材的意见建议，进一步完善教材编写并做好服务工作，读者可将对本教材的意见建议通过如下渠道反馈至我社。

咨询电话　　400-810-0598

反馈邮箱　　hepsci@pub.hep.cn

通信地址　　北京市朝阳区惠新东街4号富盛大厦1座
　　　　　　高等教育出版社理科事业部

邮政编码　　100029

防伪查询说明

用户购书后刮开封底防伪涂层，使用手机微信等软件扫描二维码，会跳转至防伪查询网页，获得所购图书详细信息。

防伪客服电话　　（010）58582300